海之聲

The Sound of the Sea

Seashells and the Fate of the Ocean

貝殼與海洋的
億萬年命運

Cynthia Barnett
辛西亞・巴內特

吳莉君 譯

獻給母親，蓋芮，

銘記一段貝殼人生。

寶藏不嫌多——

超量的貝殼裡，總有一兩枚意義深長。

——安妮・莫洛・林白（Anne Morrow Lindbergh），

《來自大海的禮物》（*Gift from the Sea*）

目次

「我懷抱著雖然逐漸減弱的強烈願望，希冀能在某日短暫的沙洲挖掘中，發現一枚右旋的左旋香螺；甚或，在某個吉祥的惡劣天氣之後，在數百雙不敢攻擊我也不敢搶奪我的嫉妒眼睛的注視下，從海灘中挖出一枚完美的女神渦螺。」

【第三篇 神諭】

不自尊自重的馬賽魚湯廚師只使用一種魚、一種甲殼類和一種軟體動物，但應該每一類各要三種：一開始用一條鱸魚、一條紅鯛魚和一條比目魚，接著加入螃蟹、蝦子和一隻龍蝦，最後加入蛤蜊、貽貝和牡蠣——或任三種軟體動物。如果你想讓吃的人印象深刻，就帶殼煮。

在邁阿密法官否決他們強制令的第二天，西礁島市長和支持者策畫了一場脫離美國的假獨立，宣布西礁島是一個主權國家—鳳凰螺共和國；這場面並非如後來經常被記憶的那樣輕鬆。

導論　鳥尾蛤

十萬年前，一位人類表親走在地中海岸一道岩脊突露的海灘上，她低著頭，睜大眼睛搜尋海岸線。她時不時停下來，彎下健壯身軀，撿起一枚貝殼。

在距離她的洞穴數公里外，被沖刷上岸的光滑螺殼與堅硬半殼中，尼安德塔女孩清楚知道，她要尋找什麼。那是某種尺寸與形狀的鳥尾蛤——大約二．五公分寬，完美的圓形，頂端還要有個天然小孔。

她對小孔也很挑剔。她蒐集的貝殼，有她認為最適合穿線的孔眼；她對貝殼的欣賞，超越了果腹的食物。她想像著，把它們串在一起做成項鍊或其他用途。這將幫助科學家推翻長達將近兩個世紀的假設——他們差勁地認為，尼安德塔人是蠢傻的野蠻人。

研究者發現，尼安德塔時代採集的鳥尾蛤，已跟西班牙卡塔赫納灣（Cartagena Harbor）的一處海蝕洞口融為一體。[1] 洞穴裡還發現同一時代的其他幾種貝類，採集時仍是活的，是用來吃的；考古學家可以從它們無瑕的輪廓，確認它們從未在岩石海岸上衝撞過。

空無貝肉的鳥尾蛤滾躺在海岸上；某人刻意蒐集它們，但不是用來果腹。某個來自圓蚶蜊

（Bittersweet Clam）的貝殼配飾被漆成了紅色；來自海菊蛤（Thorny Oyster）的另一枚貝殼被當成化妝品盒，有過漫長的第二段生命旅程。它上頭仍然殘留著的紅色顏料，是用赤鐵礦、黃鐵礦和其他礦物碎片手工研磨而成，這些成分沒有一樣是洞穴裡的天然物。[2]

萬古之後，那些粉末依然閃耀。而那名女孩的人類表親，依然在撿拾貝殼。

當我讀到尼安德塔人的貝殼蒐藏時，我很好奇，那位蒐藏家會不會是個小孩——一個約莫五歲的小女孩。我的女兒伊蓮娜（Ilana）就是在那個年紀，在佛羅里達東海岸的一次沙灘週末，迷上蒐藏頂部有著完美圓孔的貝殼，把它們串成項鍊或吊飾。

那是我們家的「串珠歲月」。她在井然有序的釣具箱裡，積攢了彩色和透明的珠子、貓頭鷹和蘇格蘭犬圖案的珠子，還有字母珠子，可以拼出她朋友的名字和「我♥你」。當我們漫步在由潮汐雕鑿而成的貝殼與海藻堤岸時，相同的蒐藏家基因在大西洋岸啟動。她專注的沉默，放大了我們身旁的濤聲、頭上海鷗的唳叫，以及貝殼落入紫色沙桶裡的叮噹聲響。她掠過閃亮的榧螺（Olive Shell）、鯊魚眼球，以及其他被壓入濕沙中的盤繞狀貝殼。和我們的祖先一樣，伊蓮娜只挑選渾圓形的半殼——橘色的大西洋鳥尾蛤，紫條紋的花布海扇蛤（Calico Scallop），以及一堆墜子大小、有著硬糖條紋和顏色的大西洋衝浪馬珂蛤（Surf Clam）——它們的頂端全都有一個小圓孔。

當她挑完她想要的一切之後，會在沙上用大寫字母寫下她的名字，再加上我們居住的小鎮名稱——宛如在海神涅普頓發來的貝殼付款通知上簽名。

十年後，那些貝殼仍然藏在我們內陸小鎮的家，裝在一個沉重的小袋子裡，塞在我書房的某個櫃子底部。自從我把這些貝殼從春季大掃除時丈夫準備丟掉的一堆家庭雜物中拯救下來後，它們就一直放在那裡。我們用魚線串的貝殼項鍊和吊飾早就損壞丟棄，但我不忍心丟掉一個幼稚園小孩用雙手細細挑選的貝殼，特別是如今她成了與我們保持距離的青少年。

我知道許多的貝殼寶盒，還繼承了其中一個。我婆婆給過我一個手繪瓷杯，是來自她已故婆婆的瓷器櫃。這份精緻傳家寶的重點並非瓷器，而是裡頭二十幾枚叮鈴作響的貝殼，閃爍著淡黃與淡橘色光芒。丈夫的祖母曾和她年輕的女兒們沿著長島的佩孔尼克灣（Peconic Bay）蒐集半透明的「美人魚腳趾甲」，她將記憶收藏在那只小杯裡。七十年後，當我用手指撥弄貝殼們薄如蟬翼的形體時，它們依然叮鈴作響。貝殼比瓷器更細緻，並且更加強韌。

我很好奇，有多少沉重的貝殼小袋或小盒以類似的方式囤積在世界各地的櫃子或衣櫥裡——從美國馬斯基根到印度孟買；也許靠近大海或是距離海岸好幾公里。積累在湯瑪斯·傑佛遜（Thomas Jefferson）蒙蒂塞羅莊園（Monticello）裡的所有自然奇景中，最吸引我的是一枚並非這位由建國之父取得的小黃寶螺（Money Cowrie，也稱貨貝，學名*Monetaria moneta*）。這枚卑微的黃寶螺，是在一棟奴隸房下方的地板墊層坑洞裡發現的。殼背有一個小孔，曾經穿過的繩線在孔洞上磨擦出兩處凹槽，似乎可以證明是某個非洲奴隸將它帶到了維吉尼亞。[3]這枚貝殼或許曾經被縫在衣服上，或以項鍊的形式存活下來。

它可能是某人的祕密寶藏，是他與家的聯繫。

貝殼也是一個家，是動物畢生勞作的成果，是牠用周圍環境裡的礦物質一層一層分泌出來。想想軟體動物，這些柔軟生物所打造的硬殼，遠比牠們殼內的生命更廣為人知。軟體動物是動物界的第二大門，僅次於包括昆蟲在內的節肢動物門，牠們無所不在——從高居喜馬拉雅山的數百種蝸牛，到群聚在地球最深處，過濾著西太平洋馬里亞納海溝（Marinan Trench）海底熱泉的骨白蛤蜊。[4]

貝殼是海洋軟體動物的作品，而軟體動物是多樣性最高的海洋動物群。牠們棲居在迷你的世界裡，例如螺旋狀的小凹馬螺（Ammonicera），帶著細小到無法欣賞的精緻條紋在世界各地的海灘上沖刷；牠們也棲居在巨大的世界裡，例如重達好幾百公斤的巨硨磲蛤（Giant Clam，學名 *Tridacna gigas*），以數百萬計的微藻發出光芒。

海洋軟體動物棲息在珊瑚礁、岩石、海草、沙灘、泥灘以及水上水下的無數地方。俗稱紫色海螺的紫螺（*Janthina janthina*）只生活在熱帶地表水中，是軟體動物版的頑童哈克*，漂浮在牠自己的泡筏上。如果牠自造的船筏發生什麼意外，紫殼哈克就會沉沒而亡。[5]細錘狀的長鼻鳳凰螺（*Tibia fusus*）深埋在沙子裡，因為牠有一條虹管，可藉由細長的殼道吸水呼吸，原理類似從小藥瓶裡汲取藥水的皮下注射針。俗名挑夫螺（Carrier Snail）的綴殼螺（Xenophoridae）會把其他貝殼、珊瑚碎屑甚至鵝卵石黏在自己的外殼上，進行精心偽裝。

海洋軟體動物是素食者也是同類相食者，是捕魚者也是濾食性動物，是藻類蒸餾器也是腐肉食用者。牠們是定棲的柔軟團塊，但也會跳能游。這些害羞的生物，打造出有史以來最浮誇的建築；這些黏糊糊的無脊椎動物，製造出最堅硬的一些建築材料；這些瀕危的物種，擁有今日所有生靈中最漫長的演化史。

從史前時代的貝殼崇拜，到數量驚人、受到軟體動物啟發的寶可夢角色，沒有其他生物曾如此長期或如此親密地激起人類的欽慕。然而，即便是在我們這個會上街發起「反抗滅絕」（Extinction Rebellion）示威，並將瀕危物種的影像投射在帝國大廈三百八十公尺側牆上的時代，軟體動物卻幾乎還是籍籍無名的藝術家。

地球上的巨大貝塚（沿著世界海岸線高高堆起的牡蠣、香螺〔Whelk〕和其他貝殼丘）至少從石器時代早期就證明了軟體動物做為食物的重要性。無論是生食或是烤熟，軟體動物經常滿足我們的味蕾。牠們富含的鐵、鋅和其他對大腦有益的營養素，或許曾幫助我們演化出更大的腦容量，使我們成為人類。[6]

但激發我們想像力的，是牠們的外殼。貝殼是硬幣出現之前的貨幣，寶石出現之前的珠寶，畫布出現之前的藝術。在印尼爪哇梭羅河（Solo River）河畔，「爪哇人遺址」出土的貽貝化石上面可看到鋸齒狀的幾何紋路，那是五十萬年前某個人刻意雕琢而成。這些裝飾過的貝殼

＊編按：馬克・吐溫創作的《頑童歷險記》中角色，曾經乘坐在木筏上沿著密西西比河順流而下。

代表了直立人（*Homo erectus*）祖先的認知能力，以及目前已知世界最古老的藝術。[7]

貝殼是目前所知最早埋在墓葬中的陪葬品。[8] 一枚小芋螺（Cone Shell，也稱斑芋螺，學名*Conus ebraeus*）在入土七萬五千年後，依然維持它的玫瑰色澤。這枚粗短芋螺從一座四到六個月大的嬰兒墳墓中出土，位於南非名為邊境洞穴（Border Cave）的一處大型岩棚裡。小芋螺經過手工切割，串在吊墜上；在與那名石器時代嬰兒一同入葬之前，有過幾年的磨損痕跡。

貝殼與岩石是最常被蒐集的自然物，它們比蝴蝶容易積攢，比寶石容易負擔；孩童蒐集，國王也蒐集。龐貝遺址便曾出土過一份貝殼蒐藏。貝殼的忠實愛好者（所謂的貝類學家〔conchologist〕）承認自己有些瘋狂，但貝殼的光滑造形甚至能吸引業餘崇拜者在沙灘或博物館陳列中流連漫步——鸚鵡螺（Chambered Nautilus）的完美對稱，女王鳳凰螺（Queen Conch）的粉紅亮唇，鮑魚的珠光鑲嵌，骨螺（Murex）尖利如猛禽爪或些精細如娃娃梳的超凡棘刺，以及總是被舉在耳畔聆聽的、法螺（Trumpet Shell）腔室中古老大海的智慧之聲。

我們總是試圖聆聽貝殼。驚人的是，它們經常引領我們在渾濁的時代中找到清明的真理。在一個篤信上帝於同一時間創造出所有完美生靈的時代，菊石（Ammonite）等陌生貝類為人們提供了演化與滅絕的證據；山巔的海貝講述了大陸漂移、海洋升降的故事，闡述了比聖經六千年更古老的地球歷史；貝殼在峽谷壁、懸崖邊與地底，一層層記錄出長達五十億年的化石日記，為地球的過往生活與全球變遷留下最完整的檔案。

正如貝殼在山巔承載了地球的記憶，或在小杯裡盛裝了母親的記憶；它們是歷史的記錄者，並且比寫下歷史的人類更精準。貝塚曾在北美矗立，一如上古世界的神廟。有些早期的科學家和歷史學家認為，它們只是遊牧民族的垃圾堆；然而在很久以前，貝殼就由一雙雙人手勾勒出住家、聖所和公共建築的輪廓，被埋入古老的墳墓與貝殼工藝品工廠，甚至在美國土地上打造出前哥倫布時期的主要城市。那些「偉大的貝殼城市」清楚表明，新世界一點也不新。貝殼正在世界各地校正歷史，核實征服者的敘事。

葡萄牙考古學家若昂．齊良（João Zilhão）的職業生涯都投注在深入岩棚與洞穴，以了解尼安德塔人如何生活。對西班牙伊比利半島沿岸洞穴裡的貝殼提出詮釋，有助他闡明尼安德塔人的聰明才智以及他們的人性。鳥尾蛤連同其他數種誘人的貝殼發現，證明象徵主義與美的觀念遠早於解剖學上現代人類出現的時間。

隨著早期人類與更多外來者互動，鳥尾蛤項鍊或其他貝殼吊飾，可能是彰顯個人身分，或宣示效忠於某一社會群體的方式。海岸居民會用海洋生物來裝飾自己，至於遠離海洋的內陸，裝飾品就換成了鷹爪或猛獁象的牙齒。貿易網絡起飛後，貝殼的非凡吸引力隨即將它們帶往遠離海洋的他鄉。不同種類的海菊蛤（Spondylus）——那些尖刺張揚、鮮紅如血、盛裝著閃閃發亮尼安德塔粉末的雙殼貝，在新石器時代歐洲各地的墓葬遺址以及前哥倫布時代南美文化的儀式和珠寶中都可以見到。貝殼找到自己的路，從太平洋深淵爬到安地斯山巔。

我問齊良，藏在尼安德塔海蝕洞裡的鳥尾蛤，有可能是某個小孩蒐集的嗎？他沒有一絲猶豫，「孩童和青少年對探索發掘更加開放，」齊良說，「可以猜測，這種具有重要社會目的的用途，最初可能是源自於孩童的遊戲。這類蒐藏一開始可能是幫忙在岸邊捕撈魚貝的某個孩子，一路蹦跳地撿拾起這些美麗的東西。」

「貝殼之美裡有某個很根本的東西能取悅大腦，而且非常強大。那不僅是象徵性的思考，而是非常現代意義的美。」[9]

某個悶熱的六月夜，佛羅里達的女俘島（Captiva）舉行了一場貝殼拍賣會。一九五五年，安妮・莫洛・林白（Anne Morrow Lindbergh）就是在這座離岸沙洲島上，寫下她那本備受鍾愛、有關貝殼的智慧之書：《來自大海的禮物》（*Gift from the Sea*）。我在拍賣宴會廳上，目睹兩位蒐藏家為了一只腥紅色的中美海菊蛤（*Spondylus crassisquama*）相互喊價。這枚貝殼的兩瓣外殼依然緊黏在鉸合部上，殼體又大又圓，宛如棒球；上面至少有一百根曲刺，或長或短地向外突出，宛如一只針插。

我欣賞那兩位爭搶的女性，兩人競奪的那個物種，是一度被安地斯山的印第安居民遵奉為帕查瑪瑪（*Pachamama*）的食物，是一位生育女神，也被視為大地之母。投標的起價是五十美元，接著在每二十五美元遞加的競價聲浪中，一路攀高到二百五十美元的成交價。

這並不是當晚單一貝殼的最高價格。一位名為唐納・丹（Donald Dan）的男子，以兩千美元買下一只罕見的翁戎螺（Slit Shell），它錐形階梯金字塔狀的造型，是由一種神祕的深海軟體動物打造而成：亞當斯百慕達翁戎螺（*Entemnotrochus adansonianus bermudensis*）。丹是佛羅里達知名的貝殼經銷商，在菲律賓長大，年少時便因對貝殼的敏銳專精，獲邀到馬尼拉的總統府參加貝殼俱樂部會議。丹曾協助警方解決美國自然史博物館罕見貝類的失竊案，也幫助科學家鑑定過眾多物種，科學家們以丹的名字命名了至少八個新物種。

在海洋所面臨的諸多危險中，貝殼蒐藏家對軟體動物造成的傷害程度，大概就類似私家汽車的碳排放在地球暖化責任中所占據的比例。如何駕車確實很重要，畢竟交通是美國碳排放的最大來源；我們的個人行為將反映出，大環境的社會風氣是否能協助我們在地球的生態限制下生活。然而，如果我們不改變正在打破生態限制的大型工業系統，一個家庭的生活方式並無法改變太多。

軟體動物和牠們的外殼從海灣、沙灘與河口消失，最常見的原因是和棲地破壞有關，包括汙染。軟體動物以清理周遭水質聞名，科學家有時將牠們稱為「河流的肝臟」。然而，就和肝臟一樣，牠們柔軟的身軀能承受的有限。生活在人類海岸附近的海洋軟體動物，消化腺裡充滿了幾十種毒素，例如多氯聯苯，以及一九七二年便遭美國禁止的ＤＤＴ成分*殺蟲劑。這讓我們看到，人類投放到世界上的每樣東西，最終是如何回到我們身上。而塑膠甚至擴散得更遠，無人居住的熱帶島嶼，被厚如海藻的塑膠袋汙泥給窒息；棲息在最遙遠的北極以及最深海底的

*編按：學名為雙對氯苯基三氯乙烷，對人類毒性高，曾經是最著名的合成農藥和殺蟲劑。

軟體動物，正在攝取從我們瑜伽褲上脫落的微塑膠纖維。

與此同時，以自身之美備受人類鍾愛的貝殼製造者，例如女王鳳凰螺和腔室鸚鵡螺，則成了我們此刻為了奪取美麗貝殼的殺戮對象。其他受到威脅的物種，並未得到如此這般的羅列和研究，因為軟體動物不像海龜和熊貓那樣能吸引關注或研究經費；牠們沒有深情大眼，而還長了觸手。[10]國際自然保護聯盟（IUCN）的紅色名錄（Red List）編列了目前世界各地數量銳減之動物的官方名單，然而這份名單嚴重低估了無脊椎動物的流失程度，而牠們約占了生物總數的百分之九十七。[11]

歷史的紙頁填補了某些缺失。早期的美國海濱曾盛產牡蠣、扇貝、蛤蚌，外加西岸的鮑魚——在我們為了濱海開發區而將牠們拖撈或活埋之前。一六〇九年，亨利．哈德遜（Henry Hudson）駕駛著他的「半月號」（Half Moon）進入紐約港時，他得想盡辦法在九百平方公里的牡蠣礁間航行。不到三個世紀，牡蠣便不再是這座港口的殖民者。

五顏六色的巨硨磲蛤曾在印太海域淺水海岸大量生長。十九世紀的英國貝類學家休．康明（Hugh Cuming），曾描述他如何在某次蒐集之旅中，從密集綿延超過一．六公里的巨硨磲蛤上方漂流而過。[12]今日，這個最大的物種在中國、台灣、新加坡和無數小島間幾乎滅絕，因為當地人為了牠們的閉殼肌（一種美味的干貝）和外殼而濫捕濫撈。

雄心壯志的復育計畫，正在紐約與世界各地的古老牡蠣灣進行，包含位於隱密地點以避免盜捕者的太平洋巨硨磲蛤復育區。復育這些具有繁殖力的生物，有助於恢復海洋的生機，乾淨的海洋養殖也為人類提供可食貝類並拯救野生魚貝。不過，這些生物很容易受到暖化與酸化海洋的傷害，復育能否成功，還在未定之天。

人類燃油燒煤、製造水泥塑膠，以及因為夷平世界最大森林而排放到大氣層的二氧化碳，正在讓地球以不平均的方式暖化。海洋與生活其中的生物所遭受的打擊，遠大於陸地上的我們。海洋默默吸收掉九成的額外熱量，以致有些地方甚至已經溫暖到不適合軟體動物生長。海洋也吸收了三分之一的過量二氧化碳，使得海水的酸度比工業時代初期多了三成。[13]

這種名為「海洋酸化」（Ocean Acidification）的化學變化，限制了軟體動物用來製造貝殼的碳酸鹽。[14]酸水也會鑽進一些貝殼裡，造成凹痕或腐蝕。[15]蝶螺（Sea Butterfly）是世上最迷你的帶殼生物之一，是鷸形岸鳥（Shorebirds）和鯨魚等海洋生物的食物來源；牠們有著纖薄硬殼，對海洋的化學變化特別敏感。世界各地的科學家發現，這些翼足類（pteropod）殼體的細緻外層，正日益受蝕變薄。

這些發光的小仙子或許正在對人類發出警告，若海洋繼續酸化，其他殼體生物會有怎樣的下場。在太平洋西北部，幼蠔大量死亡，因為牠們無法在酸鹼值過低的海水中打造貝殼；在加州，科學家察覺，貽貝為了適應酸水，改用截然不同的方式打造牠們的光滑黑殼；在實驗室裡，隨處可見的玉黍螺（Periwinkle）（沿岸與湯碗中常見的雙殼類）適應了比今日略酸一點的海水之後，打造出的殼體較為薄弱；根據一個世紀後酸度預測摹製而成的實驗中，海螺的殼體將變質惡化——扇貝與蛤蜊的屋殼變薄了。科學家發現，生活在未來二氧化碳預測值裡的法螺，殼體會比生活在正常環境中的法螺薄，體積也會小上三分之一。希臘特里頓神（Triton）用來鎮海興浪的大螺，正在向我們發出警告。[16]

在威廉．華茲華斯（William Wordsworth）的自傳詩《序曲》（*The Prelude*）裡，敘事者在海邊沉睡，進入夢鄉。他將貝殼靠在耳畔聆聽：

一聲響亮如預言的和諧之爆；
一首頌歌，激昂發出，預告了
地球子民的毀滅
洪水氾濫，就在眼前。

貝殼並未真的回放了牠們原生海洋的聲響，儘管人們數百年來如此深信；牠們也未預告即將來臨的風暴，儘管古老迷信如此述說；不同於依然能在某些兒童小百科裡找到的現代理論，貝殼並未放大我們動脈裡的血流聲。

不，不對，反倒是詩人的理解更接近科學。當詩人筆下的敘事者將貝殼靠在耳畔聆聽時，他聽到自己內心的恐懼。諸如海螺、蛾螺或西印度聖螺（India's Sacred Chank）這樣的大旋螺，簡直就是完美的共鳴室。就像用一隻手攏住耳朵一樣，它攏聚了環境中的背景雜音，放大了此刻正在周遭上演的事件。

貝殼所揭示的現代徵象非常清晰，一如它們在地球紀元早年或古海洋升降上所展現的。貝殼也指出，一些重要的解決方案就在海潮之下。軟體動物以及孕生牠們的海草床，可固存數以噸計的碳；牠們打造出世界上最高效的住宅，以及目前所知最棒的暴風屏障；牠們從陽光與海藻中汲取燃料。

帶殼軟體動物的行伍包括目前已知壽命最長的動物，也就是可以存活超過四百年的潛沙北極蛤（Ocean Quahog，學名 *Arctica islandica*）；以及存續最久的動物——傳說中的鸚鵡螺熬過先前暖化、酸化的海洋存活了下來。牠們確實握有來自海洋的智慧。

本書誕生於佛羅里達西南方的薩尼貝爾島（Sanibel Island），一個破紀錄溫暖多雨的冬季（那些紀錄如今再次被打破）。薩尼貝爾島的每條街道，都以沖刷到南邊海灘上的貝殼命名。海洋生物學家荷西・萊亞爾（José H. Leal），邀請我到薩尼貝爾島的貝里－馬修斯國家貝殼博物館（Bailey-Matthews National Shell Museum）舉辦一次談書會，該館全心專注於貝殼和它們的製造者。在里約熱內盧海邊長大的萊亞爾，身形矯健，戴著皮製手環，散發著終生衝浪者的沉穩氣質。他是軟體動物生物多樣性的專家，精通牠們變化多端的科學術語，通曉四種語言，還能閱讀另外兩種。萊亞爾曾在全世界最偉大的幾個貝殼典藏單位工作過，包括華盛頓史密森尼學會（Smithsonian）的國家自然史博物館和巴黎的自然史博物館，編輯歷史最悠久的軟體動物科學期刊之一──《鸚鵡螺》（*The Nautilus*）雜誌。然而，他卻在一個舉辦貝殼工藝課程、遊客忙著將塑膠眼睛黏在大自然傑作上的地方，找到他認為最重要的角色。對萊亞爾以及此後我結識的許多海洋科學家而言，幫助人們了解世界以及世上生物的眼下發展，甚至比他們自身的研究更加重要。（我曾詢問萊亞爾對貝殼工藝有何看法，他只說，他的一些摯友會把塑膠眼睛黏在貝殼上。）

在我結識萊亞爾的十年之前，貝殼博物館曾對訪客進行調查，想知道造訪佛羅里達的遊客和他們的子女對貝殼的了解程度。結果顯示，高達**九成**的訪客根本不知道貝殼是由活生生的動物製造的，大多數人以為貝殼是石頭。[17]

就像現代的真相危機是一種政治傲慢，它同時也是脫離自然的結果。當孩子們對寶可夢角色的熟悉度更甚於能啟發他們的蝸牛，當在世界各地的許多海灘上看到塑膠漂流物的機率遠超過貝殼時，大自然的歷史與生存的奮鬥確實很難了解。

接下來的章節將採用螺旋殼的形式，從薩尼貝爾島（所有拾貝狂人的精神之家）這個殼頂開始向外開展。殼頂，也就是螺旋的尖頂，是軟體動物的生命起點，也是牠們造殼工作的伊始之處。我也是出生在世界的這一處──薩尼貝爾島的所在郡縣。小時候，我很愛蒐集貝殼，造訪主島上那些俗里俗氣、自吹自擂的「世界最大貝殼店」。長大後我才知道，生活在此地的海岸原住民，曾在一千多年前打造過偉大的貝殼城市。卡魯薩人（Calusa）留下美國已知最浩大的貝殼工事，可惜那些文化與自然檔案，幾乎都被二十世紀的壓路機夷為平地。[18]

故事將從佛羅里達向外蜿蜒，講述人類歷史上最具代表性的一些貝殼、打造它們的動物、與它們交織的人物，以及我們共享的變動之海。現代的貝殼狂熱在歐洲隨著第一代巨型企業——荷屬與英屬東印度公司興起，它們的船艦從東方運回熱帶貝殼與其他需求量高的貨品，點燃了全球資本主義之火，燃燒成一座煉獄。

大航海時代還見證了第一種全球貨幣的興起——一種在歷史與文化上留下巨大印記的白色小貝殼。在馬爾地夫一連串女王統治下大量開採的閃亮黃寶螺，以壓艙石的角色隨著貿易路線移動，並成為洲際奴隸貿易的主要貨幣。在販奴船隻首次從西非海岸航抵美洲的四百週年紀念日那天，我和我十幾歲的兒子沿著黃寶螺的足跡來到了西非的奴隸城堡。海洋貝殼不僅揭露了自然，更揭露了人性。

本書將帶領讀者觀看那些看不見的過往：貝殼內部的生命，馬爾地夫的女王們，以及其他被史書遺忘之人，揭示人類與海洋境況之間的關聯。一如我們喜愛貝殼華麗的外表勝過打造它們的動物，我們也喜歡將海洋當成生命的美麗背景而非源頭。書中的敘事也在時間中悠轉，始於將近十億年前已知最早的有殼生物，接著轉向螺旋菊石之類的貝殼化石。貝殼它們為演化、滅絕與地質轉變留下了印記。

科學革命之前，在許多人眼中，這些古老的貝殼只是石頭。

第一篇
奇蹟
MIRACLE

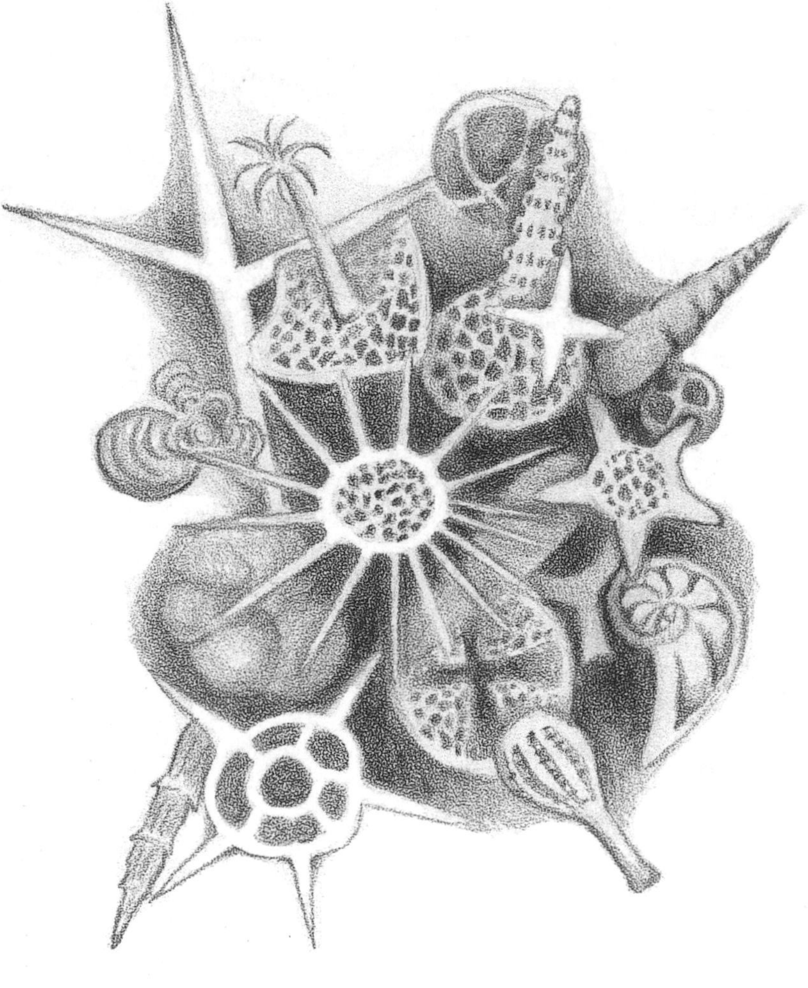

第一章 最早的殼

海洋化石
MARINE FOSSILS
Quadrireticulum allisoniae

在阿拉斯加與加拿大的邊界上，育空河（Yukon River）湧著「深時」（deep time）*的淤泥發出嘶嘶聲。四十年前，一位地球科學家憑藉她對古海洋岩石的直覺，跳出直升機，落腳在一處被遺忘的山坡上。

卡蘿・華格納・艾利森（Carol Wagner Allison）在育空地區長大，祖父是一八九〇年代於該地定居的一名醫療傳教士。艾利森於二十一歲展開她的職業生涯，尋找世上最古老的一些海

＊深時（Deep time）是地質時間概念，於十八世紀時由蘇格蘭地質學家詹姆斯・赫頓（James Hutton）提出。

洋生命。一九五三年，她剛從柏克萊大學畢業，殼牌石油（Shell Oil）就聘雇她擔任加州貝克斯菲爾德的微體古生物學家（micropaleontologist），那裡是西部的石油之都。[1] 石化燃料裡的海洋生物殘骸可為石油公司提供指引，該把他們的錢和油井沉在何處。地球上大部分可鑽井開採的石油，都位於地下的碳酸鹽儲油層，在高解析的地震成像技術可為地質學家提供儲油層立體視圖之前，所謂的「獵蟲人」（bug hunter）或「微體人」（micro men）（大多是男性）就是石油產業最搶手的科學家。[2]

一九六〇年，艾利森為了沙錢（Sand Dollar）化石離開石化公司。她回到柏克萊，取得她的無脊椎古生物學博士學位，專攻早在恐龍出現之前就製作出精美五瓣殼的扁海膽。但她更熱中於更古老、更微小、肉眼無法看見的生命形式。艾利森在費爾班克斯的阿拉斯加大學擔任教授和博物館典藏研究員，好幾個夏季都在東方六百五十公里外度過，沿著育空地區的邊界「尋找她的寶藏」，同為古生物學家的丈夫迪克．艾利森（Dick Allison）日後如此說道。[3]

一九七七年，艾利森在「十五英里群」（Fifteenmile Group）這條偏僻山脈的石灰岩和黑頁岩層中挖鑿到她的寶藏。她回到實驗室，將鑿下運回的岩石放大觀察，發現一批奇怪的迷你化石——來自原始海的單細胞生物。這些細微的生命覆蓋在錯綜複雜的板片裡，有如交織成蕾絲的礦物質。但這些化石在脆弱的岩石中保存得並不好，艾利森無法確定它們的年齡，前後有幾億年的差別。而在艾利森於五十九歲死於癌症之前，她也未曾解開那些板片之謎——是如她所猜，由那些有機體自行打造的，抑或是在牠們死後形成的？

艾利森為了與疾病對抗，不得不放棄她的研究，是以她從不知道自己發現的究竟是什麼。[4]還要等上幾十年，才有另一位獵蟲人拾起線索，終於確認了這位已故古生物學家的直覺；而在艾利森蒐集這些板狀的微體化石時，那位獵蟲人還沒出生呢。育空地區的岩石裡，保存了目前所知最早的生物礦化（biomineralization）證據——生物從周遭環境中汲取礦物質，並將它們轉化成堅硬器官的獨特能力。

艾利森發現了地球上已知最早的殼體。

就顏色、光澤和建築風格而言，貝殼的魅力可能主要來自於其形態的幾何秩序。那些複雜的圖案，是遵循在初始之海中起草的演化藍圖。當鳥尾蛤的兩枚半殼闔在一起時，從側面看，那些放射肋（radial rid）近似巨鳥的一雙羽翼；凝視一枚香螺或芋螺的螺頂，有如在凝望銀河系的渦旋。它提醒我們，美洲原住民儘管四散分布、相隔遙遠，但無論是墨西哥的阿茲提克人或內布拉斯加的溫尼巴哥人，都將貝殼視為星辰。[5]

螺旋狀的貝殼因其對數生長模式而令人聯想到星系，這種模式在腔室鸚鵡螺的剖面中看得最清楚。每條優雅的螺線都比下一條寬上一個常數因子，使得鸚鵡螺殼成為自然界中最容易辨識的螺旋之一。生命熱愛對數螺線[6]，它們塑造出迷你有孔蟲（Foraminifera）的外殼，那是十七世紀最早在顯微鏡下得到研究的海洋微體化石之一，有著早已滅絕的化石軟體動物菊石的圖案，又和依然存活的鸚鵡螺相當近似，激勵了同一時代的科學家去思考演化與地質變遷。

大自然的精確審美也變成我們的美學。有證據指出，法國布洛瓦城堡（Château de Bloisa）的左旋樓梯是達文西設計的，而且靈感來自一枚貝殼。關於這些論證，建築界分為相信與懷疑兩派，至今仍爭論不休。[7]翻看達文西的筆記本，裡頭充滿了旋卷狀的化石貝殼與他畫的螺紋速寫，我決定站在相信這一邊。

貝殼是尖塔、防護性門簷、扇形飾邊以及其他無數經典造型的初始模型，如今已從海洋竄至天際：安東尼・高第（Antoni Gaudí）在加泰隆尼亞設計的拱形屋頂；法蘭克・洛伊・萊特（Frank Lloyd Wright）在紐約設計的螺旋狀古根漢美術館；約恩・烏戎（Jørn Utzon）在澳大利亞設計的雪梨歌劇院——烏戎將歌劇院美麗的濱海立面，歸功於模樣凶狠的鋸齒牡蠣（cockscomb oyster，學名 *Lopha cristagalli*）。[8]

然而，欣賞貝殼卻將打造它們的生命排除在外，就像欣賞達文西的速寫本卻漠視他那栩栩如生、令人屏息的畫作。

確實，有些軟體動物真的有兩隻可伸縮的眼睛，長在喜愛四處探索的觸手尖端，就像《蒙娜麗莎》一樣緊盯著你移動；還有一些長了一百隻靛藍色的眼睛，排列成行，令人眼花撩亂。這些動物有著貪婪的舌頭和成排牙齒，以便填飽狼吞虎嚥的大胃，牠們會潛水會跳躍，可咻地溜過海底、鑽進沙裡、爬上岩石，還能轉彎、會翻觔斗，這些動物在泥上留下鴻爪般的痕跡。軟體動物們在水中揮動雙翼前進，優雅如海蝶或振翅貝，又笨重似卡通裡的蛞蝓。這些動物在水柱中上升下沉——鸚鵡螺在各腔室注滿液體或氣體，有如花了五億年精進浮力的潛水大師。

這些動物會呼吸，會流血，有心跳。然而，往往是在牠們心跳停止後，才引發我們的迷戀。

二〇〇七年夏天，也就是艾利森在阿拉斯加邊境的育空地區採集奇妙化石的三十年後，另一架直升機把同一塊岩石露頭上的一頭灰熊嚇了一跳；一對地球科學家扛著一把霰彈槍以及他們的鑿岩錘和行李跳下飛機。

菲比．柯恩（Phoebe Cohen）和法蘭西斯．麥唐諾（Francis Macdonald）當時還是哈佛研究生，兩人踵繼艾利森的腳步，想看看能否發現更多保存較好的板狀生物。那是個出奇寒冷的六月，山腰上還有著斑斑雪痕。一連好幾個星期，兩位科學家從白天到午夜，沿著陡峭山坡不停錘敲，背包裡塞滿岩石，在那頭灰熊回來時，還得慌忙逃跑。

他們蒐集了閃亮亮的黑頁岩和更堅硬的石灰岩。事後證明，石灰岩保存了它的製造者。回到劍橋實驗室後，柯恩與麥唐諾用弱酸將岩石鑿孔，發現那些微生物被保存得無懈可擊。牠們只有二十微米寬，大約是一根髮絲寬度的五分之一。兩位科學家用掃描式電子顯微鏡將牠們放大成三維圖，瞧見了他們在尋找的東西——艾利森口中的格狀板。[9]

柯恩與麥唐諾認為，自己看到生命初始路途上的一場革命。那些生物體宛如微型的中世紀武士，穿著精緻鏈甲，周身布滿鋒利尖刺。有些看起來像是原蟲針插，一如海菊蛤上的曲刺。兩位科學家懷疑他們正在目睹生物礦化的起源，即生物體從周遭環境中汲取礦物質打造硬殼、骨骼和牙齒等堅硬結構體的能力。

先前的研究已將生物礦化的時間點設定在七億五千萬年前，但並不確定。一如石化森林裡的樹木，一些看似生物傑作的礦物結構，其實可能是在生物死後才化為石頭；柯恩的博士指導教授認為，阿拉斯加的那些微化石就是這種情況。柯恩自小就熱愛貝殼，受到貝殼造形的鼓舞，她在實驗室裡花了無數小時研究並欣賞名為鈣板藻（Coccolithophore）的微型帶殼海藻。她懷疑指導教授錯了，但她花了十年的時間才證實自己的懷疑。

柯恩目前是威廉斯學院（Williams College）的地球科學教授，有一雙含笑的棕色眼睛，搭配一頭帥氣短髮，崇拜電影《X檔案》中的女主角黛娜・史卡莉（Dana Scully）。和她的偶像一樣，柯恩鍥而不捨，持續追蹤。接下來那十年，柯恩回到育空地區的陡峭山坡，與達特茅斯大學和牛津的同事們合作，用全世界最強大的顯微鏡放大分析數百個帶有微化石的礦物板。[10]

眾多標本間並無結構上的差異，意味著生命體是根據某種生物藍圖打造它們。透過比較可以看出，這些軟體生物的化石會被地質和時間的力量隨機擠壓變形。拜經年累月的影像分析之賜，柯恩與同僚已有能力說明，每個礦物板是如何用細長的礦物纖維、以準確的秩序編織而成——彷彿帶著目的。

「六邊形的秩序，細節繁多，顯示這並非隨機而成，而是受到生命體的影響，」柯恩告訴我。「這些有機體決定了它們的長相。」

科學家最後將這些礦物板的時間點定在八億年前左右。這些微體生物曾生活在一個動盪的地質時代，名為新元古代（Neoproterozoic）[11]，橋接著大多數是微生物的世界與即將來臨的物動多樣性。柯恩也很感謝另一座橋梁，「我很開心得知，在一個由男性絕對主導的領域，是另一位女性爬上山脈，與蚊子對抗，一邊留心灰熊，一邊蒐集神奇的岩石。」

第一批有殼生命出現時，地球還像是動畫電影《荷頓奇遇記》裡的無名鎮*：一個微型生命的世界，沒有任何大東西。（今日的地球大體上**依然**是微型生命的世界；只不過微生物數量雖多，受到的關注卻遠遠比不上少數如我們的動物、真菌與植物。）生命已在原始海中甦醒，或許是在海底熱泉裡，在因地殼板塊摩擦而裂開的海床縫隙中，隨著化學物質滾動。微生物滲出綠色、紫色和棕色黏液，散發出硫化氫氣體的臭雞蛋味。牠們聚集成浩大的墊、丘與礁，早在第一批珊瑚礁出現的億萬年前就已成形。[12]

單細胞生物在登陸之前的這段時間裡，養成了一個常見的習慣：同類相食。柯恩與其他地球科學家發現，捕食性動物的最早痕跡與貝殼的最早證據約莫同時出現。微小的變形蟲也會留下被鑽孔的疤痕，與鑽在沒有戒心的蛤蜊殼上的孔洞並無不同。在我五歲女兒蒐集貝殼串成項鍊的那個夏日午後，她沒問為何貝殼上會有那些完美的斜孔，我也沒有主動跟她說。那不是個解釋的好時機——還不適合告訴她，有些軟體動物會從沙子底下偷偷接近其他軟體動物，分泌

＊編按：電影中大象荷頓在一粒小小塵埃上發現了一個無名鎮，上面居住了整個家族。

酸液侵蝕蛤蜊或鳥尾蛤的殼頂，用覆滿數百顆牙齒的尖利舌頭鑽一個洞，接著將鋸齒狀的舌頭探進殼內麻痺牠們的兄弟，再把牠們從殼裡挖扯出來，活活吃掉。

最早的有殼動物被充滿掠食者的海洋包圍，牠們因而就近取材，武裝自己。艾利森發現、柯恩鑑定的板狀微生物，使用的材料是磷酸鈣，一種在原始海中含量豐富的礦物質。數億年後，軟體動物將用碳酸鈣製造貝殼，將它混入材料之中，製作出各種著名的創意性防衛——看起來和原始裝甲微生物非常類似的尖刺。狹窄的開口可以阻擋不速之客；光滑的表皮可逃過螃蟹的鉗子；名為口蓋（opercula）的堅固小門，則可像城門一樣砰地關上。

如果夠幸運，當你在岸邊拾起一隻活海螺並將牠翻過身時，可瞥見那柔軟的動物正將自己拉回殼內，眼前那塊收縮的肌肉就是所謂的足。而你在大多數軟體動物身上都看不見的外套膜，是軟體動物建造貝殼的部位，在殼內有如一層纖薄斗篷裹著內臟，就像民俗傳說中的神奇斗篷一樣。外套膜施展著奇蹟、保護動物的柔軟部分，還能從周遭海水中汲取礦物質，在其外緣分泌殼體。

軟體動物將碳酸鈣與少許蛋白質混合，形成黏性基質，然後隨著自身成長層層打造外殼。人類磚匠是由下往上砌，軟體動物則是從頂端開始，在底部添增新層。牠們不斷拓寬殼口（也就是我們貼耳聆聽的那個部位），擴展牠的生活空間。在磚牆上，頂層最新；在貝殼上，螺體的尖頂則是軟體動物之家最古老的部分。被稱為殼頂的這個部位，就是軟體動物出生時的安身之處。

打造單一螺旋殼的軟體動物，屬於腹足類（gastropod，源自希臘文的胃「*gaster*」，和足「*podos*」），牠們在成長過程中繞著一條隱形軸線打造自己的外殼。有鉸齒的雙殼貝（蛤之類的雙殼軟體動物）是從開口邊緣為屋殼增建。不同種的軟體動物有各自排列碳酸鈣晶體的模式，以不同的角度打造或粗糙或亮澤的表面、色彩與結構。

軟體動物和早期的裝甲微生物一樣，汲取海水裡的礦物質雕鑿成堅硬部件。牠們與自身的外殼成為海洋化學大合奏的一部分，繼而成為地球的一部分。包括軟體動物、甲殼動物、珊瑚、海膽，與有殼植物在內的鈣化海洋生物，回收海洋的化學物質，打造出自身形式。分布廣闊、熱愛陽光、令柯恩在顯微鏡下崇拜不已的鈣板藻就是如此，牠們利用溶解的鈣和碳製造自己的碳酸鈣（碳原是生命的骨幹，但當它多到以二氧化碳形式在大氣中超載時，就不再是好東西）。每一枚貝殼不僅是一件藝術品，也是一座化學寶庫；碳在此應用來美化而非暖化世界。

在義大利作家伊塔羅．卡爾維諾（Italo Calvino）的想像中，打造如貝殼這般美麗至極的東西，只可能有一個目的。在卡爾維諾的短篇小說〈螺旋體〉（*The Spiral*）裡，一隻五億年前的軟體動物墜入愛河。意識到自己必須和黏呼呼的同儕競爭，他開始分泌殼體，吸引愛慕者的注意。他在藝術中表現自己，將他所有的愛纏繞成貝殼的螺旋與繽紛。

但那隻軟體動物沒預料到，隨著演化，其他生物有了視覺，卻不包括他的愛人。她永遠無法看見他為她打造的聖殿。從現代回望，他深感遺憾。但可堪安慰的是，他也打造了世界——

創造了六角形的蜂巢，促成了埃及豔后的統治，還有望遠鏡與冰淇淋車。

「而我在製造貝殼的同時，」他領悟到，「也製造了其他事物。」[13]

隨著鈣化生物的演進、興榮和衰退，牠們創造了許多其他。我們行走在貝殼的世界——曾經活過的所有鈣化生命的碳酸鈣遺骸之中。將海裡與陸上的這些遺骸加總起來，構成了地球上最大的碳儲存。

有殼的浮游生物、珊瑚和軟體動物，構成獵蟲人獵捕的某些藏油。有殼生物製造了石灰岩含水層，將淡水保存在地下；鈣化的生命形式帶給我們山脈，給了我們大理石。在從密西根湖到俄羅斯境內摩多瓦的石灰岩懸崖裡，在越南、希臘和加勒比海的喀斯特島嶼裡，以及在地球最高的山巔，微型生物轉化成就巨型輪廓。四億多年前，聖母峰還沉在介於印度板塊與亞洲板塊之間的特提斯海（Tethys Sea）裡，海洋生物在它峰頂巡游。約翰．麥克菲（John McPhee）在他的地質學巨作《前世年鑑》（*Annals of the Former World*）中寫道，「如果基於某種命令我必須將這本書濃縮成一句話，那麼我會挑選這句：『聖母峰頂是海洋石灰岩。』」

海洋生物轉世化身為古代神祇的雕像，以及胃灼熱時嚼下的制酸劑；上古人民燃燒貝殼製造的熟石灰是最早的化學製品之一。如今，石灰岩在世上最大的製造業裡，攪拌成水泥。石灰岩也以較小的形式融入我們的生活，它是穀物片與牙膏的重要成分。至遲從古希臘開始，人類就一直用貝殼刷牙——古希臘人將牡蠣殼磨碎，摻入牙膏中，做為清潔用的磨砂；而基於同樣的原因，今日美國的佳潔士（Crest）牙膏也添加了碳酸鈣。

在美國，我們許多人帶小孩上幼稚園的第一天，就是一路踩在貝殼上。貝殼在地下深處的碳酸鹽基石裡，在新鞋底下的人行道裡。在元素與時間的擠壓下，微小的貝殼化石形成石灰岩，支撐著這個國家的大多數地區，接著被挖掘、切鑿、建造成一些指標性的人類空間：五角大廈、林肯紀念中心、華盛頓國家大教堂、帝國大廈。這些巨大建築的所有力量皆歸功於有殼動物脆弱的生命。

從遠處看，紐約洛克斐勒中心的牆壁平滑如奶油；貼近看，你會瞧見嵌在石灰岩裡的渦紋、螺旋、扇形和花卷。那是在印第安納州開採，由三億年前覆蓋了美國中西部的淺海生物居民所打造。在洛克斐勒廣場三十號的寬敞大廳裡，你可以看到扁螺圈狀、名為馬氏螺（maclurites）的軟體動物，在暗色石頭上形成的白色渦旋，它們在奧陶紀時代的海洋中成形，開採自佛蒙特州的皇冠岬地質層。在奧古斯塔的緬因州議會大廈裡，來自同一塊石頭的扁螺圈閃耀在黑色地板上，在不經意中提醒我們，人類事務的跨度有多麼微不足道。[14]

地質壓力如擠牙膏般，在五十多億年的時間裡，將帶殼生物的遺骸一點一點擠出地表，將牠們的堅硬部分融入粗糙的岩床露頭、平滑的大理石，以及纖細的白堊岩中。一億年前，大量的鈣板藻沿著英國東南部的海岸線漂流到海床上。[15]牠們埋在淺海中，直到地殼變動將牠們往上推升，形成多佛白崖（White Cliffs of Dover），是地貌學和莎士比亞《李爾王》裡的一次高潮：

那邊有一座懸崖，它峭拔絕頂
俯瞰著幽深海水；
領我到那懸崖邊上，我就賞你一些隨身攜帶的貴重物品，
拯救你的苦難生活。
抵達之後，我便無須勞煩你帶路。

從遙遠的高處俯瞰，那座懸崖貌似光滑、潔白無瑕。一旦近觀，會發現白堊岩裡充滿了已然滅絕的海洋生物外殼與壓痕。遊客可以找到鯊魚的牙齒、海綿和海膽、史前時代龍蝦的螯，以及古老的雙殼貝。當高潮拍擊、崖壁崩落，盤捲的菊石從白堊岩中冒出，嶄新如初。

一八六八年，鬢角濃密的英國生物學家湯瑪斯．赫胥黎（Thomas Huxley），對英國諾威治的工人階級發表了一次演說「論粉筆」（On a Piece of Chalk）；直到今日，它依然是歷史上最令人印象深刻的科學書寫之一。赫胥黎從「每位木匠揣在馬褲口袋的一小塊粉筆」談起，勾勒出自海洋生物出現在原始海之後的英國地質全史。[16]

赫胥黎說，在顯微鏡下可看到粉筆裡有「數不清的屍體」。這些微小的動植物從海水中分離出碳酸鈣，打造牠們的殼。隨著時間推移，這些微生物在海底逐漸硬化，就像沉澱在茶壺底部的那層鈣垢。「結論無可逃避，粉筆本身就是古老深海中乾掉的汙泥，」赫胥黎告訴那些工

人，「世界史上最偉大的篇章是用粉筆寫就的。」

從魚龍這類會游泳的怪異爬行動物曾經的家，到今日工人與木匠的粉筆，橫跨今昔的，只有這些帶殼的生物。「在這些不起眼的魚貝系譜之前，人類最悠久的世系也只有羞慚的份，」赫胥黎說，「我們英國人光是有個參加過黑斯廷斯之戰*（Battle of Hastings）的祖先就驕傲得不得了，卻不想那些腕足動物（lamp shells）的祖先曾在白堊粉筆成形的遠古，於漫淹過黑斯廷斯的那片海洋上，參加過魚龍會戰呢。」

如果有一個現代的赫胥黎，他將會向我們解釋人類正在對世界進行的「反向工程」（reverse engineering）。正常情況下，長久埋葬的碳得花上好幾百萬的時間才會返回大氣層，但當我們燃燒石化燃料時，卻會在瞬間釋放。人類的統治鬆散了大自然的優雅精準。用生命澆灌出來的石灰岩，環繞著我們的公路、海堤和停車場，它是水泥的主要成分，而水泥又是混凝土的主要成分。繼水之後，混凝土變成地球上的第二大耗材，每年要為這星球上的每一個男、女、孩童各製造三噸。[17]這種需求強度，使得製造混凝土成為世界上最大的碳排放來源之一。

粉筆成了二〇二〇年新冠病毒大流行的象徵之一——藝術家用粉筆在人行道上勾勒出充滿希望的訊息；孩童回到跳房子之類的街道遊戲；店家則用粉筆畫出圓圈或直線，協助排隊顧客保持安全社交距離。在始於法國、隨即擴散到全世界的一股潮流中，叛逆的植物學家開始用粉

*編按：黑斯廷斯之戰為諾曼第征服中最重要的戰役。

筆將穿破人行道裂縫與沿著路邊牆角冒竄的野生植物寫上名字。[18]這個名為「我街野情」（Sauvages de ma rue）的粉筆植物學活動，是想幫助民眾看見小雛菊、蒲公英以及其他經常被嗤為野草、噴灑殺蟲劑的植物。

而粉筆本身以及混凝土畫布也應該成為活動的內容——這粉筆……這人行道……這牆面，是由有孔蟲……鈣板藻……珊瑚……軟體動物帶給你的。它們讓碳安全埋藏了五億年。

亞里斯多德創造了「軟體動物」（mollusk）一詞（在英國，它寫做mollusc），源自拉丁文用來形容肉體的*mollis*，柔軟之意。柔軟的概念也在亞里斯多德談論說服藝術的《修辭學》中頻繁出現，該書描繪了以軟性論述為硬道理鋪墊的方式——軟調總是比剛硬可口。[19]

軟體動物留下自身演化、滅絕以及周遭環境長達五億年的紀錄，成為這世界的偉大吐實者。積澱在世界各地山巔山谷裡的貝殼堆，正是地球和其生命劇烈擾動的明證。基督紀元前六世紀，希臘哲學家暨詩人色諾芬尼（Xenophanes）曾在馬爾他島的懸崖高處看到貝殼，據此猜想大海曾覆蓋這塊土地。亞里斯多德後來推測，海洋與陸地有時必須交換位置。[20]海洋的升降，陸地的澇旱，都是世界「生命過程」的一部分。[21]

祖尼人（Zunis），也就是來自美國祖尼河谷的普韋布洛（Pueblo）原住民，也具有同樣的洞見。他們將牡蠣、蛤蜊、菊石和其他海洋生物的化石視為海洋曾經覆蓋北美沙漠的證據，只可惜他們得到的關注很少。[22]要到十九世紀末，史密森尼學會的人類學家法蘭克．漢米爾頓．

庫欣（Frank Hamilton Cushing）與深居內陸的祖尼人居住在一起時，才發現他們對環繞大陸的海洋知之甚詳。[23]他們描述了日出之洋、日落之洋、永雪地之洋，以及熱水之洋（祖尼人對助長颶風的墨西哥灣的精準描述）。庫欣帶了一小群祖尼人進行了一趟橫越全國的火車之旅，去拜訪他們「摯愛的母親」大西洋。[24]當祖尼人坐在波士頓港口的鹿島（Deer Island）岩石上，體驗潮水在腳下升漲，「他們在潮水中認出摯愛的海洋眾神前來迎接，對他們所做的一切表示歡喜。」

很久以前，石頭裡的生命就讓祖尼人相信，有更早期的生命形式存在。他們告訴庫欣，「我們經常在岩石間看到不再存活的許多生命形式，這告訴我們，在『新時代』裡，一切都不同了。」[25]

那些信念在化石紀錄中得到證明，緩慢地雕鑿揭露出不復存在的海洋生命，以及保存在崖頂的海底。但是，現代人沉緬於傳說與宗教信仰，花了好幾個世紀才終於發現並接受演化與地質變遷的科學。

線圈狀的菊石與鏢箭狀的箭石（Belemnite，源自希臘文的鏢箭，〔*belemon*〕）似乎都出現在最「吉利」的地方。在中國，它們被稱為劍石；梵文將鑲嵌在喜馬拉雅山中的菊石稱為「谷石」（*salagrama*）；印度教徒將它們奉為毗濕奴神的神聖化身。在南北美洲，黑腳族（Blackfoot）與其他高原印第安人將菊石及其他海洋化石統稱為「水牛石」（*iniskim*），因為它們肖似沉睡的水牛。人們認為這些神聖的石頭可帶來水牛和其他好運。

在世界的許多地方，人們留意到這類護身符往往會在暴雨後出現。中世紀時，箭石和其他化石貝殼經常被稱為「雷石」，認為它們是在暴風雨中被閃電擊中，從天上落入凡塵。荷蘭傳說指出，凡是發現它們的人，只要一枚，就可終生免遭雷擊。[26]

到了一四〇〇年代，對於積澱在山坡巔頂的貝殼，受過教育的歐洲人通常接受以下兩種理論之一。第一種，與聖經的說法相符，那些貝殼可能是在某次史詩級的洪水中從海裡升起；第二種名為「自然生成」，認為貝殼可能是從岩石裡面自己長出來的——就像春天的番紅花。

達文西的皮面筆記本裡，充滿了許多還要數十百年科學家才會清楚的地質真相。童年時，他曾在由侏羅紀海洋形成的義大利山丘裡漫遊。「牡蠣與其他類似生物的殼體，誕生於海泥之中，」他以有趣的鏡像文字寫道，伴隨著紅黑兩色的粉筆素描，「向我們證明地球的變遷。」[27]貝殼並非神奇地出現在岩壁上，而是為岩壁的形成助了一臂之力，因為海泥和貝類「轉化成石頭」。

關於諾亞大洪水將貝殼升漲到山頂的說法，「這理論令人生疑」，違背水往低處流這個簡單事實。針對存在於「義大利境內，遠離海洋並位於高地上」的貝殼，達文西逐一思考了每一種相關理論，並逐一提出挑戰。「就算洪水曾經淹到山頂，」他寫道，「比水重的貝殼也上不去。」對那些宣稱「貝殼離開它們先前的位置，隨著上升的洪水來到最高點」之人，達文西將活的鳥尾蛤在沙中蠕行的緩慢動作描繪出來。「以這樣的動作，根本不可能在四十天的時間內從亞得里亞海移動到倫巴底的蒙費拉托丘陵。」

達文西從未發表他的貝殼觀察，可能是知道這些觀點在他的時代難以被接受。一個多世紀後，丹麥解剖學家尼古拉斯・斯泰諾（Nicolaus Steno）在義大利托斯卡尼的實驗學院（Accademia del Cimento）服務時，也迷上同樣的貝殼。[28]

斯泰諾將成為發表下述理論的第一位科學家。他認為窩居在山上的鳥尾蛤、蛤蜊和其他「華麗石頭」，肯定是有機物的遺體。他是在一次解剖過程中洞悉這點，當時他正在切開一條從義大利西海岸捕獲的巨鯊頭部，那些巨大的牙齒相當眼熟，很像在布滿貝殼的鄉間經常可見的「舌石」（tongue stones）——當時人以為那是蛇或龍的石化舌頭。

斯泰諾在他一六六九年的經典著作《論固體》（*De solido*）中寫道，「對貝殼的檢視證明，這些貝殼是曾經生活在水中的動物的一部分。」他接著證明，何以海裡與山中的雙殼貝必定是同一種。[29] 斯泰諾推測，這些動物打造了自己的外殼，用的是自身外緣部分泌的液體，「類似汗水」。事後證明，他對軟體動物製造外殼的描述相當準確：

> 紛繁多樣的色彩與棘刺引發許多人的驚奇，有可能是因為這些貝殼不僅來自本土，也來自異地……但這些紛繁唯一的來源，只會是包裹在殼體裡那隻動物的外緣部。這個外緣部是從某個極小的東西逐漸生長擴張，並會在每個分支邊緣留下自身印記。因為這些邊緣若不是由動物外緣部分泌的液體所構成，就是它們本身即是該生物的外緣部，就像鯊魚的牙齒是在先前的外緣長出新的。[30]

斯泰諾先前加入實驗學院是為了對肌肉做實驗，特別是肌肉如何收縮。（他的工作約定內容，包括對方要穩定提供絞刑犯的屍體——如果他需要脖子完好無缺，就要徒手將囚犯勒死。）[31]不過，化石貝殼讓他興奮，他放棄肌肉轉向貽貝。在《山頂貝殼》（*The Seashell on the Mountaintop*）一書中，艾倫．卡特勒（Alan Cutler）描述斯泰諾歷時越來越長的「貽貝之旅」。他深入托斯卡尼的群山與礦區，歸結出為他贏得「現代地質學之父」美名的原理：較年輕的岩層座落在較老的岩層之上，層層疊加，依序述說一則故事。

地質系學生至今仍要學習「斯泰諾原理」。不過，他的石化理論卻是花了兩百年的時間才得到社會接受，畢竟當時的社會把神祕貝殼視為具有魔法的雷石、舌石或蛇石——由盤捲之蛇變成的石頭。

傳說中，英格蘭北約克郡的捕鯨港鎮惠特比曾遭受嚴重的蛇毒侵襲，直到當地修道院的創立者聖希爾達（St. Hilda）將造成那場的瘟疫毒蛇點化成石，拋下懸崖。聖希爾達的壯舉解釋了在絕壁上發現的大量菊石。

就在斯泰諾遊蕩於托斯卡尼貽貝之旅那些年，美國早期的博物學家也對貝殼感到好奇，即便當時他們也在這塊大陸上遇見蜂鳥、響尾蛇和其他奇異的新生物。他們的油蠟皮靴踩踏在河畔與阿帕拉契山頂的海洋貝殼上；他們的鐵橇在田野、山脊以及東海岸多數地區隱約可見的土丘中挖掘貝殼。

新世界之下躺著一個舊世界。河岸是「由大量的扇貝、鳥尾蛤和其他海貝與地土混合而成，」來自維吉尼亞州殖民地、未被承認的美國第一位博物學家約翰．巴尼斯特（John Banister）寫道。[32]巴尼斯特是在牛津受訓的牧師，教區位於阿波馬托克河河口，他編纂了殖民地的第一本植物與貝殼目錄，時間比博物學家威廉．巴特蘭（William Bartram）那本較有名的《遊記》（*Travels*）早了一世紀。巴尼斯特是大西洋兩岸最早描繪軟體動物解剖圖（一隻蝸牛正在收縮舒張的心臟上的斑點）的科學家之一，據信他讓歐洲人首次瞧見一只來自北美的海洋化石。那只如鐵一般的巨大扇貝，出現在一六八五年由倫敦醫生馬丁．李斯特（Martin Lister）出版的《貝類史》（*Historiae Conchyliorum*）裡。[33]

巴尼斯特一定無法想像，這種貝邊帶有迷人渦旋的深肋大扇貝在當時已經滅絕，而它曾在四、五百萬年前的上新世（Pliocene）生活在今日維吉尼亞州的海岸平原。[34]當時人們還無法接受滅絕的觀念——那意味著上帝創造了不完美之物。[35]人們認為是魔鬼將動物的肖像放進岩石裡，挑唆基督徒的信念。不過巴尼斯特拒絕這種想法，「若不是地球用它自身某種自然射入這些圖案中的鹽來產生這些東西，」他在《軟體動物、化石與岩石》（*Mollusca, Fossils, and Stones*）一書中如此寫道，「就是先前時代的海洋曾經覆蓋在這個國家之上。我比較傾向後者。」[36]

在美國，海洋貝殼不僅現身於沉默岩石或活躍海灘上，還有一個更引人注目的場域——不論在實際面或精神面上，貝殼都蜿蜒貫穿了長久定居在這塊大陸上的人民的生活。沿著大西洋和墨西哥灣的大多數地區，上至密西西比河和更遠之處，都有原住民的丘塚隆起；另有數以百計未經挖掘的丘塚遍布於舊金山灣區與西部其他地區。這些用吃完的貝殼打造的海濱丘塚，是歐洲人抵達美洲時，牡蠣、蛤蜊、扇貝和其他軟體動物大量密集於河口的明證。

宛如群鳥遮蔽了天空，成百奔竄的松鼠一夜清空玉米田，以及蚊子「軍團」在夏夜裡將殖民者牢牢封鎖在屋內；美洲早年的軟體動物數量之大，今日很難想像。[37]新英格蘭的殖民者形容，城寨般的牡蠣堤岸綿延好幾公里，其中一座甚至阻塞了查爾斯河口。[38]根據可資信賴的十七世紀英國旅人約翰・喬斯林（John Josselyn）的描述，牡蠣「從關節到足尖長達二十三公分」。[39]

巴尼斯特的《軟體動物、化石與岩石》在早期的科學編目裡相當不尋常，因為它包含了原住民的貝殼杯和貝殼珠，以及「印第安人和北方人用來製作貝殼串珠（Wampom Peack）貨幣」的貝殼。「wampum」是英語化自原住民對傳統貝殼珠的稱呼，那是他們用北大西洋水道裡的香螺和圓蛤手工雕成的。[40]原住民將貝殼加工成白色和紫色的管狀珠子，編成圖紋飾帶——貝殼串珠顯然頗具價值。歐洲人經常將這種貝殼串珠詮釋為金錢，俚語以「clam」（蛤）代表錢幣即源自於此。但這些貝殼與錢幣之間的關係，遠不如貝殼和語言之親密。[41]

二〇一七年，現代奧農達加族國（Onondaga Nation）的領袖小艾文・鮑勒斯（Irving Powless Jr.）在去世之前解釋道，「人們認為貝殼串珠是活的，它延續了賦予貝殼紫白色光澤的那個動物的生命，是一種活文件（living documents）」。[42]透過交換乘載了故事的飾帶，貝殼串珠成了一套話語和外交系統。[43]凡是持有貝殼串珠之人，據說都會講述事實。[44]

易洛魁人（Iroquois）用名為「*Guswenta*」的「雙列貝殼串珠」歡迎歐洲人來到他們的領土。由深色貝殼組成的兩條橫列，象徵兩艘船隻在同一條河流裡和平航行，各自遵守自身的法律習俗，不會駛進對方航道。[45]然而，當殖民者將貝殼串珠挪用成他們口中的「金錢交易」（mercenary transactions）時，法律和習俗就產生碰撞。[46]「金錢交易」的詮釋又扯上了卡爾．林奈（Carl Linnaeus）；根據殖民者的詮釋，這位創立二名分類法的瑞典博物學家，將用來製造紫色貝殼串珠的美國圓蛤命名為*Venus mercenaria*，後來變成了*Mercenaria mercenaria*。[46]殖民者為未來國家的自由市場體系指明了方向，把貝殼串珠當成官方版的殖民地替代貨幣，甚至開始自行製造。貝殼串珠就此變成金錢交易的工具。

殖民者在美東地區遇到的原住民與祖尼人一樣，基於自身傳統認為，「這些地方在過去的歲月裡曾經位於海底」。[48]身為殖民者一員的巴尼斯特，想要跟這些早期居民學習。就在他研究維吉尼亞自然史中的原住民部分時，不幸於某次採集之旅死於意外事故。當時，他跪在羅亞諾克河（Roanoke River）河畔，撿拾某個小東西，意外被他雇用的一名組員射殺身亡。[49]

巴尼斯特死時才三十八歲，正準備花更多時間和印第安人「去看看他們的城鎮、堡壘與生活習俗」。[50]他那本未完成的「論原住民」（Of the Natives）手稿，對定居在潮水附近的一支原住民生活做了簡單介紹；歷史學家認為，那應該是阿波馬托克族（Appomattoc）。巴尼斯特描述他們的祭祀、語言、食物、醫藥、音樂、工具與衣著，透露出貝殼的影子無所不在。男人用鋒利的貽貝殼修面；女人將長髮束成一絡，纏上白色貝殼珠；祭祀者將貝殼串珠留在瀑布區的神聖之地。

要到兩百多年後，蘇格蘭地質學家查爾斯．萊爾（Charles Lyell）才在他的《地質學原理》（*Principles of Geology*）一書中，闡述何以地球不是由聖經中的大災難所塑造，而是由緩慢移動的自然變化所形成。萊爾對於不同地質時代的洞見，大多來自於化石貝殼——有些是他在一八〇〇年代中期多次前往美國時學到的。[51]他與妻子瑪麗．伊莉莎白．萊爾（Mary Elizabeth Lyell）一起旅行；妻子是一名貝殼蒐藏家，曾師從她的地質學家父親，後來成為化石貝殼分類學的專家。[52]

接受過律師訓練的萊爾，知道如何找到對的證人並問出對的問題。在美國「深南地方」（Deep South）各州拜訪種植園的旅程中，他得知化石貝殼經常會出現在棉花田裡或從井中冒出。[53]萊爾試著詢問種植園主人田地底下有什麼，但他們往往無法回答，因為地主並非自己鑿井，也沒有從事任何挖掘工作。萊爾發現，奴隸們更了解那塊土地，以及地裡的化石。當地主無法回答萊爾的問題，他會去找管理土地的奴隸，而「奴隸通常能清楚告訴我，他們行經土地的砂石、黏土與石灰岩層的分布，能告訴我他們發現過哪些魚的牙齒，偶爾還有一些被保存下來」。[54]

奴隸們「很想知道我的看法，為何海洋貝殼、鯊魚牙齒、海膽和珊瑚之類的東西，會埋在離海這麼遠又這麼高的泥土裡」，萊爾寫道，「他們確實見識過大洪水，但這答案他們並不滿意，因為他們觀察到，這些殘餘物不僅可在地表附近找到，還出現在深井底部，甚至燧石裡面。」[55]

這個故事反映出，發現的途徑往往是緩慢的、循環的、多元的，而非某位孤獨天才的線性突破。科學受惠於無數貢獻者——歷史的和今日的，有名的和無名的。化石貝殼與活貝殼的發現者和愛好者貢獻至鉅，至今依然。據說「她在海邊販售海貝」（She sell seashells by the seashore）這句繞口令寫的正是英國化石專家瑪麗・安寧（Mary Anning），但讀著這句繞口令長大的好幾代民眾卻並不知曉。[56]她的真實遺產，那些她在萊爾時代發現的化石，往往被歸功到男性古生物學家和富有的蒐藏家頭上，而其實那些人是從她位於英國侏羅紀海岸的店裡買下那些化石。[57]

安寧十一歲喪父，家裡一貧如洗。她和弟弟在英國海濱萊姆里傑斯的崖壁裡挖掘當時還稱為蛇石的菊石，以及其他珍奇貝類，讓母親賣給海邊的觀光客。安寧在三十歲之前，就完成歷史上最偉大的三項古生物學發現，包括挖掘出第一批完整的魚龍和蛇頸龍的骨骸。她在大西洋兩岸的科學界逐漸有了名聲，帶領訪客穿越山谷與懸崖，分享她的發現與想法。有位訪客指出，安寧可以辨認所有的化石骨骼和貝殼，「她對科學的了解勝過這個王國裡的任何人。」[58]她與當時第一流的地質學家通信，包括萊爾。一八二九年，萊爾為了證明他對地質變遷的想法，曾在她的協助下測量了多塞特（Dorset）海岸的侵蝕情況。[59]但萊爾與大多數受惠於安寧和她化石的科學家們，並未將功勞歸給她。

在安寧於四十七歲死於乳癌之前的幾年，她寫信給朋友，謙遜地表示，「根據我對化石世界與自然史的有限了解，我認為過往與現今世界生物之間的連結或類比，比一般認為的大多了。」[60]

還要再等上二十年，達爾文才發表了他的演化論——過往與現今世界的生物大類比。

阿拉斯加古生物學家卡蘿．艾利森，在她死於癌症之前已發現目前所知最古老的有殼生物，育空地區踵繼她腳步的年輕獵蟲人，將榮耀歸功於她；菲比．柯恩以她的名字將她發現的板狀微化石命名為 *Quadrireticulum allisoniae*。

艾利森首開先例發現地球上已知最早的有殼生物，但她留下的恆久遺產不僅於此。柯恩與新一代的科學家，如今在鑽探世界上從最古老到較晚近的化石貝殼層，想藉此了解往昔的氣候變遷，以及生物如何在其中存滅。貝殼訴說著種種故事，以盤繞如菊石的微型有孔蟲；以向科學家展示世界溫暖時期的珊瑚；以年輪如樹木般明顯可見的巨硨磲蛤……。它們訴說氣溫的劇烈轉變，不同的氣層，海洋的升降，以及冰層的大規模縮脹；它們訴說誰活下，誰死去。柯恩表示，艾利森的發現所留下的遺產，是一則共同演化與存續的故事：「有機體和牠們的環境，隨著時間一起演化。」

或者，如同過往，因海洋裡的化學變化而走向滅絕。柯恩懷疑，那正是艾利森所發現的那些古代裝甲微生物的命運。

第二章 萬物始於貝

鸚鵡螺
THE CHAMBERED NAUTILUS
Nautilus pompilius

紐澤西東多佛小學裡，一位四年級學生坐在教室靠窗的位置，用他的點字筆（一種盲人書寫工具）在厚紙上描摹樹葉。他的老師已經將點字板釘在木板上，並將紙張安裝好，這樣盲眼學生就能在他的新國家打出一份樹木目錄。楓葉與橡葉很奇怪，與他在故鄉荷蘭認識的不同——更粗糙也更刺鼻。

海爾特・福爾邁伊（Geerat Vermeij）可以聽到鉛筆刮擦紙張的聲音，那是班上同學正在他們的素描本上畫畫。接著，他聽到一個不同聲響——他的老師，卡洛琳・柯柏格（Caroline Colberg）正忙著在窗台上布置新展覽。他走過去一探究竟。

柯柏格太太剛結束在佛羅里達西南部薩尼貝爾島的度假，帶了一堆貝殼回來。那是一九五六年，蒐集貝殼變成「全國成長最快速的嗜好」，《華盛頓郵報》如此宣稱。[1]二次大戰期間駐紮在沖繩、關島、中途島和太平洋其他島嶼的軍人回家了，行囊裡裝了滿滿的熱帶貝殼——貝殼的寧靜之美或許緩和了戰爭砲彈的恐怖記憶。從紐約到加州，蒐藏家們相繼成立貝殼俱樂部，分享珍貴標本和旅行訣竅。其中，薩尼貝爾是他們的聖地。[2]

這座島嶼從佛羅里達半島的側邊突出，呈現開口朝上的寬闊弧線，就像《愛麗絲夢遊仙境》裡柴郡貓微笑的形狀。當軟體動物和牠們的貝殼隨著墨西哥灣的洋流、潮汐和暴雨滾落時，這些動物和牠們令人著迷的家屋就被困在沿著貓頰緩緩傾斜的二十公里海灘上。貝殼堆積成聲名遠播的小丘，「有時高達九十公分，」在柯柏格太太布置窗台展覽那年，《紐約時報》上一篇薩尼貝爾的旅遊文章嘖嘖寫道，「每一枚貝殼都嶄新無瑕，色彩斑斕。」[3]

柯柏格太太從那些小丘裡，揀了一枚長形、尖角的左旋香螺（Lightning Whelk）、一枚有著深溝波浪的大西洋大鳥尾蛤，與許多其他貝殼，準備送給住在多佛的四年級學生。即將迎接十歲生日的福爾邁伊走到教室窗邊，沿著窗台移動雙手，拿起那枚香螺——貝殼出乎意料地沉重。他驚訝於貝殼的重量和形狀，從頂端似皇冠的旋鈕逐漸收窄成末梢的纖細漏斗，內部平滑有如他家中低調的荷蘭餐盤；那些餐盤在從荷蘭運往美國新家的途中碎裂。

福爾邁伊用手指觸摸螺旋狀的尖峰和鋸齒狀的邊緣，比較高低起伏的外部與平滑的內部。這些貝殼令他震驚，它們和他在北海沙灘上撿拾過的粗糙小貝殼大不相同。佛羅里達與荷蘭的貝殼有如天壤之別，差別之大更甚於兩地的樹葉。來自斯赫佛寧恩海灘的貝殼，是樸實的白堊質地，而薩尼貝爾島的貝殼，則是光滑又富有裝飾性。即便有著相同的名字——鳥尾蛤，但除了扇形分布的肋之外，幾乎沒有共通點。家鄉的鳥尾蛤疙疙瘩瘩，而且比此刻包覆他手掌的這個巨大雕塑厚得多。

「那份美麗與優雅征服了我，」六十年後，在沙加緬度城外加州大學戴維斯分校的辦公室裡，與我促膝而坐的福爾邁伊教授如此告訴我。這位演化生物學家的頭髮鬍子都白了，但仍保有十歲孩童的開懷笑容與熱情。他蒼白的藍眼睛十分迷人，似乎直視著我的雙眼——雖然我知道它們是義眼。

他的辦公室堆滿貝殼，小標籤上有凸起的點字。不過，我只想到他的雙親；他們在一九五〇年代之際，為他們最小的兒子做了兩項改變人生的決定。第一，在他三歲時決定開刀移除他的雙眼。福爾邁伊罹患罕見的兒童青光眼，在一連串不成功的手術之後，父母決定犧牲他微弱的視力，以消除劇烈疼痛和腦傷風險；第二，離開故鄉荷蘭。當時，那裡的盲眼兒童必須在特殊的寄宿學校接受教育——福爾邁伊的學校離家很遠。這家人選中紐澤西，因為該地的教育政策很開明，認為盲人就該跟視力正常的同齡孩童在柯柏格太太這樣的班上接受教育。

福爾邁伊同學的父親有許多曾在太平洋打過仗，開始從家裡帶來其他貝殼；這個男孩的問題也隨著窗台上的貝殼日益增加而變多。為什麼寶螺（Cowrie）像是覆了一層厚厚的清漆？為什麼身形迷你如同學父親在菲律賓發現的金塔玉黍螺（*Tectarius coronatus*），會打造出一個帶刺的陀螺？

答案與軟體動物超過五億年的非凡生存力有關，而這種生存力很大程度上得感謝牠們的外殼。軟體動物躲過掠食者，並熬過那場幾乎殺死了海洋中所有其他生命的大滅絕。牠們的外殼訴說自己的演化故事，以及有機體和周遭海洋的故事；而福爾邁伊學會閱讀牠們，如同閱讀點字。

我學會不要詢問貝殼蒐藏家和科學家他們最愛的貝殼，那就像是要求父母講出最喜歡的孩子是誰。不過他們對於自己的**第一枚**貝殼，幾乎總是有著鮮活記憶——讓他們上鉤的那一枚。我很驚訝，這類故事經常和小學老師或祖父母有關。

在史密森尼學會的國家自然史博物館中，克里斯多福．邁爾（Christopher Meyer）的研究主題是寶螺在世界各地的演化與擴散；我猜想，他的第一枚貝殼可能是某種帶有光澤的黑星寶螺（Tiger Cowrie）。沒想到，這位軟體動物典藏研究員卻將他的畢生志業回溯到貝殼工藝品，那是他們全家從匹茲堡去紐澤西威考夫（Wyckoff）拜訪祖母時，與她一起製作的。祖母在地下室收藏了一箱箱貝殼，是她從薩尼貝爾島及其兄弟島女俘島旅行時帶回來的。邁爾很愛輕輕地在裡頭翻找兩瓣附黏的斧蛤（拾貝人用「鉸合」來形容兩個瓣殼還黏在一起的雙殼貝），色彩斑斕的蛤貝看起來很像小蝴蝶。他們祖孫倆會花上好幾個小時用無毒膠水製作拼貼畫、立體圖形和貝殼動物。

邁爾置身在全世界最大且最有價值的貝殼蒐藏之間，但他最愛的貝殼紀念品，卻是他和祖母一起製作的小鴨子——一個小孩用過量膠水把玉螺（Moon Snail）黏成鴨嘴、把鷹翼魁蛤（Turkey Wing）黏成鴨腳。

哈利·李（Harry Lee）的第一枚貝殼是光澤耀人的黑星寶螺；這位佛羅里達內科醫生，擁有全世界最大規模的私人貝殼蒐藏。小時候，在紐澤西南奧倫治與祖母長住時，曾去參觀對街一名退休剪刀匠蒐藏的貝殼——那些貝殼占據了他家的兩個樓層。李被一枚有斑點的黑亮球體給迷住，蒐藏家把它送給李。後來，我與七十五歲的李會面時，他依然保有那枚黑星寶螺——以及一百萬枚其他貝殼。

在東多佛國小時，福爾邁伊逢人就說他將來要當**貝類學家**（conchologist）。「貝類學」（conchology）一詞出自十八世紀的凡爾賽宮廷，用來形容「海洋貝殼的研究」；法國大革命之前，這門研究主要是關於貝殼而非裡頭的動物。為軟體動物命名、包括瑞典的林奈在內的科學家，大多從未見過牠們游泳或疾走，甚至不曾在從熱帶駛抵的貝殼船上瞥過一眼死在裡頭的動物。一八一四年，一位古怪的法國博物學家康斯坦丁·薩謬爾·拉方斯克－舒馬茨（Constantine Samuel Rafinesque-Schmaltz），率先使用**軟體動物學**（malacology）來指稱對那些活體動物的研究。在那之前一年，他在前往美國途中，於康乃狄克海岸的一次船難裡失去他的大部分貝殼蒐藏和其他所有財物。

如今，研究軟體動物的科學家稱為軟體動物學家，研究貝殼的專家則稱為貝類學家。但業餘貝殼迷知曉的，往往和科學家一樣多——甚至更多，於是兩者之間形成一種罕見的倚賴與尊重。某年春天，我緊跟著哈利・李作採訪，我想像我們會去探查海灘、參觀貝殼展，跟一些想販售稀有貝殼的地下人物碰面。這些他都做了，但我們大多數時間都花在李位於佛羅里達自然史博物館裡的高倍顯微鏡下——他志願替微型軟體動物的化石做分類和鑑定。那些微小版的白色海螺、法螺和鬱金香旋螺，許多都已滅絕，正是他從小蒐藏的貝殼的精緻縮影。它們來自三百萬年前的上新世地層；這個地質時代是由萊爾命名，用來形容在化石紀錄中，現生種海洋軟體動物（我們所認識的貝殼形狀）的數量開始超過已滅絕種的時代。

科學界已辨認出將近五萬種依然存活的海洋軟體動物，但這些或許只是今日沿著海洋緩慢移動的軟體動物的三分之一。在每年新命名的大約五百個名字當中，約莫有一半是出自李這樣的公民專家之手。

在一個逐漸示微的關係傳統裡（有好有壞），軟體動物學家經常從年輕的貝殼蒐藏家中招募下一代科學家。滿懷熱誠的年輕蒐藏家，總是會想盡辦法去找博物館的典藏研究員，請他們幫忙鑑定貝殼。深受喜愛的二十世紀軟體動物學家塔克・阿伯特（R. Tucker Abbott），經常鼻子上架著一副老花眼鏡，脖子上還掛著另外兩副；一九九五年，他的訃聞刊登在《紐約時報》上，說他將美國的貝殼興趣提升為「有組織的狂熱」。阿伯特在寫給一名年輕蒐藏家的信中，提到自己有位慷慨的導師：

你可能會納悶，我為何花這麼多時間給你回信，明明我的工作和寫作進度落後了三百年。那是因為五十年前，我也曾寫過一封類似的信件給哈佛的貝殼教授威廉・克蘭奇博士（Dr. William J. Clench）。他非常耐心地詳細回覆，讓我踏上正途。現在輪到我傳承他的善意。我希望你也有機會接棒。

福爾邁伊是在他十四歲那年，寫下他的「親愛的典藏研究員」信件。當時他已經開始蒐藏——有一些是柯柏格太太的佛羅里達貝殼，有些是他在紐澤西海邊採集的。他將手腳伸入拉里坦灣克里夫伍德海灘的粗沙中，感受活生生的軟體動物和空掉的貝殼。五年級生去紐約市美國自然史博物館校外教學，回來時帶了一箱貝殼給福爾邁伊，每一枚的標籤上都寫了它們的拉丁學名以及遙遠的發現地。福爾邁伊用點字打了新標籤。他的父母雖然生活簡樸且不富有，但還是幫他買了每一本印刷成書的貝殼指南，包括阿伯特一九五四年的鉅著：《美國貝殼》（*American Seashells*）。父母與哥哥艾里（Arie）輪流為他朗讀那些書籍。

八年級時，福爾邁伊開始提出一些指南無法回答的問題。他寫信給美國自然史博物館，請求協助他鑑定貝殼。軟體動物學家威廉・奧德（William Old）和亨利・柯曼斯（Henry Coomans）邀請福爾邁伊去博物館參觀，並帶他、艾里以及他們的母親艾爾雀（Aaltje），到平常不向公眾開放的五樓做了一場私人導覽。當他們經過布滿灰塵的木架子時，福爾邁伊的鼻子告訴他，這裡擺滿了鳥類標本以及保存在酒精裡的標本。同是荷蘭人的柯曼斯鼓勵這位男孩研究海洋化石，並訂閱荷蘭與美國的軟體動物學報，例如一八八六年創刊的《鸚鵡螺》。拜儒勒·凡爾納（Jules Verne）之賜，這名字會令人想起航海工程天才，而非某種動物的演化天才。鸚鵡螺在腔體裡填滿液體和氣體，藉此在沿著印度太平洋的珊瑚礁之間浮沉。在凡爾納的《海底兩萬里》（*Twenty Thousand Leagues Under the Sea*）中，尼莫船長（Captain Nemo）的潛水艇是以一艘攜帶魚雷、名為「鸚鵡螺」的真實「潛水船」（diving boat）為原型，那是一八〇〇年由美國人羅伯·富爾頓（Robert Fulton）在巴黎打造的。最近，這個名字與加拿大一家深海採礦公司牢牢綁在一起——「鸚鵡螺公司」的產業威脅到最後一批與該品牌同名之動物的生存。

艾爾雀耐心地為兒子朗讀科學學報裡的每一篇文章，有英文、荷蘭文、德文和法文。至少在他的童年時期，沒有任何人暗示過，失明會限制福爾邁伊去追求這項似乎很視覺性的興趣。福爾邁伊以班上第一名的成績從高中畢業，普林斯頓提供的全額獎學金，讓他的父母大鬆一口氣。美國給了福爾邁伊機會，但除此之外，一直令人失望。他的父親始終脫離不了低賤的勞力工作，父母與艾里也從未融入美國文化。他們在家還是講荷蘭文，還是用肉豆蔻給牛肉調味。哥哥艾里年滿十八就立即返回荷蘭，父母則在十年之後，於一九七三年重歸故國。

那時，福爾邁伊已經為了耶魯的博士研究計畫，手腳並用地爬行過關島、帛琉、菲律賓、厄瓜多、巴西、加勒比海、新加坡和西非海岸，尋找他小學四年級時提出的疑問：為什麼貝殼有光滑的和粗糙的，彎曲的和尖刺的？為何會有厚重的海螺和輕盈的銀蛤？

該如何解釋這些壯觀多樣的貝殼建築？

在我們這個迷因勝過物質的時代，「萬物源自共同祖先，藉由不斷演化存活下來」的想法，被烙上查爾斯・達爾文的名字。這個名字總是會以全大寫出現在熟悉的有腳魚圖案*保險桿貼紙和T恤上。

演化論的標語化，掩蓋了達爾文的優雅理論其實是緩慢的、斷續的、不確定的浮現，在他之前的好幾代就已開始並持續鋪展。科學家結合演化論與遺傳學，揭示生命如何在古海洋中興起，並在劇烈的環境變化中存續。達爾文的祖父——一位名叫伊拉斯謨斯・達爾文（Erasmus Darwin）的肥胖醫生，早在兩個世紀之前便預見了福爾邁伊今日著名的貝殼裝飾理論。「不規則的突起，」伊拉謨斯在〈植物園〉（The Botanic Garden）一詩中寫道，「是牠們的防禦工事，對抗敵人攻擊。」[4]

包含達爾文祖父內的那群十八世紀哲學家與科學家，談論著不復存在的生物化石證據。在那個時代，膽敢質疑上帝造物的完美性，仍是非常危險的一件事。伊拉謨斯的詩作〈自然殿堂〉（The Temple of Nature）描繪了一場大爆炸——「在時間開始之前，從燃燒的混沌中，」以及「在連續幾代生命的綻放，在牠們取得新的力量而生長成更大的軀體之前」——海洋中微小的生命崛起」。[5]

伊拉斯謨斯相信，萬物源自於一只微小貝殼中扭動的「絲狀體」。[6]雖然他住在英國斯塔福郡利齊菲爾德的大教堂城市，有著信仰虔誠的鄰居與病人，但伊拉斯謨斯還是對他的貝殼起

*編按：有腳的達爾文魚是進化論的象徵符號。

源深感興奮，想要與其他願意質疑傳統的智慧之人分享。

達爾文的家族徽章上有三枚扇貝，這紋樣在當時與現在都很流行。（黛安娜王妃的徽章是斯賓塞（Spencer）家族從十六世紀代代相傳的，裡頭也有三枚扇貝。她的兩個兒子，威廉與哈利，在十八歲後也將貝殼納入自己的紋徽中以紀念母親。）伊拉斯謨斯．達爾文決定將達爾文家的徽章加上「萬物始於貝」（*E conchis omnia*）這句座右銘。他把座右銘印在自己私用的書籤上，但這樣無法讓更多人看見。於是，就像演化論的現代捍衛者在保險桿上貼了有腳魚的貼紙；伊拉斯謨斯．達爾文在一七七〇年將他的紋徽與新座右銘裝飾在馬車側身。

他虔誠的鄰居們被他的失德行為嚇壞了。在利齊菲爾德大教堂上，法政牧師湯瑪斯．史都華（Thomas Seward）看到伊拉斯謨斯「棄絕他的造物主」，滿心憤慨，寫下這首諷刺詩：[7]

多麼偉大的巫師！憑藉魔法咒術
能讓貝殼長出萬物……
噢醫生，改掉那愚蠢的座右銘
或將它留在某位女士的窟洞裡
否則你可憐的病人會戰慄
如果你的治療力比不過創造力。[8]

伊拉斯謨斯．達爾文不想侮辱教會也不想失去病患，於是將馬車上的貝殼座右銘塗掉，但仍保留在書籤上。[9]他的後代子孫（無論是生物上或知識上的），都在共同起源論中找到真理，儘管不是來自一枚原始貝殼。不過，今日的古生物學家確實認為，軟體動物是我們目前所知最古老的動物，而牠們是由單一的有殼祖先演化而成。

科學家尚未發現軟體動物之母，但他們知道，軟體動物至少是在五億四千萬年前演化而成。在單細胞微生物出現後，有些創造出生物的第一個外殼，並終於蠕動出更複雜的生命體。在統治地球大半歷史的軟泥微生物墊層與動物的大崛起之間，有兩波被低估的生命浪潮。

第一波是最早的多細胞生物，以柔軟的身體蠕動存在，如今只能在地球最古老的岩石潛穴與痕跡中瞥見。這些黏糊糊的老祖宗，找到方法在陽光中捕捉能量，但牠們的創新卻也助長了牠們的毀滅進程。[10]牠們發展出來的光合作用有一個副產品——氧氣；對大多數在原始、低氧海中演化出來的微生物而言，氧氣是有毒的。

這些謎樣的生物，有許多在教科書裡的「五大滅絕」，以及目前正在經歷的第六次大滅絕之前就已大量死亡。[11]只有能夠適應地球化學變化的生物堅持了下來，其中許多是拜牠們打造的外殼之賜。

第二波由微小、虛弱的礦化生物組成，即科學家口中的「小殼化石」。[12]牠們的暱稱是「小殼」（small shellies）或「小臭」（small smellies），因為採集牠們的唯一方式，是將石灰岩塊溶解在酸液裡。[13]這些迷你造礦者包括蟲狀、管狀與海綿狀生物，以及最早的一些軟體動物——已滅絕的喙殼綱（rostroconch）軟體動物看似蛤蚌，但雙殼融合成單殼；蝸牛似的太陽女神螺綱（helcionelloid）外殼有如女巫帽，生活在動盪海洋的淺灘裡。牠們很快就會有一大群夥伴。

逐漸增加的氧氣導致更多的光合作用，提高類似蛋白質的膠原——那是動物製造組織的必需品；火山灰也可能增加了海中的碳酸鈣，為打造外殼提供了現成的材料庫存。在俄羅斯西北部奧涅加河河岸，有一層五億五千五百萬年的火山灰燼，裡頭保存了一種寶螺狀的柔軟動物，名為金伯拉蟲（Kimberella），拖著一個數公分長的非礦物殼。[14]科學家追蹤牠的覓食與爬行軌跡，得知牠大概是靠一條爬行足倒退移動。[15]

繼這場「軟啟動」之後，在寒武紀（Cambrian）的動物崛起中，硬殼連同骨骼於世界各地出現。斑斑點點、慢慢吞吞的生命形式，開始讓位給喧喧鬧鬧、由掠食者與獵物組成的海洋動物寓言。肢節分明的三葉蟲，和牠們的昆蟲與螃蟹後代一樣沿著海底爬行。更大的海洋動物演化出來並掠食牠們，例如五公分長、龍蝦狀的赫德蝦（*Hurdia victoria*），牠們擁有多刺的爪子以及從頭部突起的長矛狀外殼。

在加拿大落磯山區，數百隻名為威瓦西亞蟲（Wiwaxia）的尖刺蛞蝓，保存在寒武紀海洋中巨大的伯吉斯頁岩（Burgess Shale）化石沉積中。這些五億零五百萬年的遺骸覆蓋著鱗片，並有突出的尖刺。和金伯拉蟲一樣，科學家尚未確定牠是早期的軟體動物或一種蟲。但科學家確實看到牠的許多尖刺曾經折斷（可能是掠食者造成）然後修復。

當福爾邁伊還是個迷戀貝殼的小男孩，在他的手指不小心觸摸到折斷的尖刺、裂隙或其他瑕疵時，總覺得審美受到了冒犯。起初，他把這些缺陷歸咎於海浪拍打岩石或是笨拙的人類蒐藏家。十四歲那年，哥哥艾里送他一枚字碼芋螺（*Conus litteratus*）當做聖誕禮物，有著沉重、棕白色的字碼錐體，加上引人注目的扁平螺塔。福爾邁伊一拿起那枚貝殼，手指便沿著一條哥哥沒注意到的細縫移動。「我盡量不表現出我的失望。我的標本越來越多，但我就是無法像喜歡其他貝殼那樣喜歡這一枚，」他回憶道，「那個疤痕是個瑕疵、是個污辱，肯定是某個粗心的蒐藏家造成的。」

一直要到福爾邁伊進了研究所，在荒涼海岸做研究時，才體會到疤痕、裂隙和孔洞有多麼常見；特別是在熱帶。貝殼的建造有部分受到地理影響，一如我們的家屋可反映我們位於世界何處——沙漠的土坯屋，北方的煙囪，佛羅里達的颶風百葉窗。四年級時，福爾邁伊留意到，冷水性與暖水性貝殼的差異，有部分可用建材的可取得性做解釋。碳酸鈣在暖水區比較容易吸收，也就是說，熱帶地區的軟體動物有較豐盛且易取得的磚塊與砂漿，可以蓋得起更大、更華麗的房子。澳洲海洋生物學家蘇安・華生（Sue-Ann Watson）證明，冷水區軟體動物蓋屋時比較務實，因為牠們得花費許多精力才能打造出外殼。

但環境無法解釋所有的棘與刺，肋與脊，凹槽與螺紋，以及其他無數裝飾。貝殼的疤是線索。福爾邁伊發現，暖水性貝殼不僅更重、更豔麗，也有更多裂痕與傷疤。一九七〇年，福爾邁伊在闊島濺起水花、穿過一座座熱潮塘時，一位同事遞給他一枚黃寶螺，它的光滑圓頂破得徹徹底底。正當福爾邁伊驚嘆，如此平靜的波浪竟能搗碎這般堅硬的外殼時，同事回道，他在水族箱看過螃蟹用牠們的螯將貝殼擊碎成相同的模樣。

福爾邁伊開始懷疑，熱帶貝殼的藝術性（嚴密的盤繞，旋鈕和棘刺，狹窄的開口，緊閉的門扉）是不是隨著掠食者的武器演化。當時他正和在耶魯遇到的生物學家同僚（後來成為他的妻子）伊迪絲・吉普瑟（Edith Zipser），探索著馬德加斯加與肯亞的印度洋沿岸以及紅海的西北海灘，他檢視收藏在博物館以及漫長海岸線上的貝殼，發現上面不僅有裂損，還有驚人的修復。

軟體動物利用碳酸鈣建材填補貝殼裂縫，甚至修補大洞。福爾邁伊用手指撫過無數個鈣化修復處，他逐漸理解，貝殼的瑕疵並不是種失禮、冒犯人的缺陷，它們是戰鬥的疤痕、生存的傷疤。

寒武紀的海洋生物存續了五千萬年。進入奧陶紀（Ordovician）後，海洋裡布滿珊瑚、無頜魚和更驚人的貝殼建造者。菊石輻射出上千物種，有些跟聯結卡車的車輪一樣大；壯碩的腕足類長了如同蛤蚌的雙殼，在每一片海洋中打造古老礁石，留下比地球歷史上其他動物更多的化石供科學家研究。羅馬人將牠們取名為油燈貝（lamp shell），因為牠們酷似上古世界的黏土油燈——而黏土油燈正是以史前時代用來燃燒油與動物脂肪的貝殼為模型。

四億七千八百萬年前的某一天，在奧陶紀初期的海洋裡，一隻毛茸茸的蛞蝓戴著一頂戰鬥風格的貝殼帽落入一處泥濘墳墓。[16]泥土為克氏披毛殼石鼈（*Calvapilosa kroegeri*）柔軟的身體防腐，留下一枚化石印記，宛如一枚指甲變黑的大腳趾——變黑的部份是貝殼帽。這位黏糊糊的士兵還有一條鋸齒狀的舌頭，上面有一百二十五排牙齒。

長年累月的海浪與風暴把這個生物與沉積物中數以百計的海中巨獸埋在一起。沉積物在某天上升為摩洛哥東部的紅色山丘，和一處名為費札瓦塔（Fezouata）的知名化石遺址。[17]這些往日的野獸中，只有一個長了「齒舌」（radula，布滿牙齒的舌頭），拉丁文的意思是「小刮刀」。這種銼刀般的解剖構造只見於軟體動物，這讓有剛毛的克氏披毛殼石鼈和牠的貝殼帽成為迄今為止科學家所猜測最接近軟體動物之母的可能模樣。分子鐘（用來量測物種的基因變化以判定演化時間）的分析顯示，雙殼類動物與腹足類動物約莫就是在此時，從軟體動物家族樹上走向不同枝幹。[18]

第三個主要分支是頭足類動物。牠們長了許多手臂或觸手，而非一隻大足，並且也演化出外殼。這一支系包括鸚鵡螺，牠們會以長達四．五公尺、導彈狀的貝殼朝獵物猛衝。演化將曾經筆直的鸚鵡螺殼彎曲成優雅的弧線，內部還有珍珠層腔室。牠們昭告，有史以來最長壽的動物之一已然降生。

腔室鸚鵡螺一直生活在巴布亞紐幾內亞、印度尼西亞與菲律賓之間，一塊被稱為「珊瑚金三角熱區」（Coral Triangle）的海洋生物寶庫。大約有九十根白色觸手在牠的虎紋貝殼下揮舞著，或是在感受到掠食者的身影時，縮回牠的皮罩下。牠的頭足類表親——章魚和魷魚，有時被說成是為了追求才智與速度而甩掉外殼，鸚鵡螺則是一直把牠美麗的腔室當成某種遺物保留下來。但殼其實是一種存續的徽章。

演化生物學家彼得・瓦德（Peter D. Ward）鑽研鸚鵡螺將近七十年。在他五歲那年迪士尼推出電影《海底兩萬里》後，他就愛上了鸚鵡螺。其他人在這種生物的針孔眼睛與花狀觸手中看到史前遺痕，瓦德則是看到一種「超級適合在深海裡生存」的高級動物。[19]鸚鵡螺仰賴複雜的化學感應器，用觸手撈捕食物、繁殖後代。[20]瓦德形容，牠的祖先超越了那些打碎貝殼、在海底捕獵、在日益危險的海洋裡隨著牠們一起演化的魚類。襯在殼體內部的彩虹色珍珠層——（也就是俗稱的珍珠母）是地球上最堅固的材料之一，甚至殼體的色彩與圖案（頂部的深色條紋與底部的淺色條紋，被稱為剪影偽裝〔countershading〕）也是用來阻止掠食者從上方或下方捕獵。

波士頓的醫生兼詩人老奧利佛・溫德爾・霍姆斯（Oliver Wendell Holmes Sr.）認為，鸚鵡螺是生命艱辛和勝利的完美隱喻。他的〈鸚鵡螺〉（The Chambered Nautilus）堪稱美國最知名的貝殼詩，詩中描繪了這種生於奮戰之美——外殼的「光澤螺圈」和那精益求精、將每個房間打造得比上一個更高貴的「脆弱租戶」。「直到你終獲自由，」霍姆斯寫道，「在生命的洶湧之海留下你不再需要之殼！」

約莫四億四千五百萬年前，在寒武紀生根的海洋伊甸園，開始枯萎於地球的第一次大凋零——奧陶紀晚期的大滅絕。高達八成五的海棲物種死亡，包括遍及各大洋、數量繁茂的珊瑚與蛤狀腕足類。[21]滅絕的原因尚未確定，但越來越多的證據顯示，火山爆發釋放出的二氧化碳可能足以導致地球暖化，使海洋與海洋生物缺氧。[22]

第一次大滅絕並未使地球陷入最糟的絕境。而是在大約兩億五千萬年前，火山爆發將熔岩噴發覆蓋今日的西伯利亞，將大量的二氧化硫和二氧化碳排放到空氣中，引發了更明確的地球暖化，才導致所謂的「大死亡」（Great Dying）。這些溫室氣體不但使地球變暖，還引爆了一個更危險的炸彈——於後續的數千年間持續外洩甲烷氣體。[23]從今日的中國到智利，石灰岩層裡埋藏的腕足類外殼記錄表明，有毒氣體污染了空氣與海洋，並推著氣溫節節高升。

海洋中的氧氣含量急遽下降，深海中的古老海獸死於沒有足夠的氧氣可供交換。海水暖到不可思議，在三疊紀（Triassic）早期已飆破攝氏四十度；珊瑚礁變黑死去，最後一隻三葉蟲消殞，菊石也大多死亡。而當時已暴增到全球三萬多種的腕足類，則是驟減成幾百種。牠們存活至今，但很少看到——牠們成為往日的遺痕，一如據以命名的古老油燈。

「大死亡」消滅了陸地上的大多數生命，以及幾乎所有從寒武紀海洋中留存下來的生物。倖存下來的少數海洋物種裡，有一小撮軟體動物，包括一些嬌小的腹足類和更多雙殼類，體型也很小。牠們就像末日的倖存者，在熬過日益惡化的條件時，也失去大多數同類。隨著「大死亡」的延續，腐爛的屍體釋放出更多二氧化碳和有毒的硫化氫排入海中。

在「大死亡」和之後五百萬年間的化石層中，無生命的海洋伊甸園——黑暗地層，延伸至全世界。在它之上，是層層疊疊日益熟悉的形體，證明有一群海洋動物新貴崛起。

在無數的潮汐之後，從那個死亡世界演化出琢磨過的優雅之美，將啟發達文西、萊特和其他謙遜的貝殼愛好者。軟體動物（特別是雙殼類）以極小的數量存活著，然後開始在空蕩蕩的生態伊甸園裡造反。

福爾邁伊研究著海岸與博物館抽屜裡的貝殼化石，數著它們的裂縫和瑕疵——微小的修復處如點字般凸起。他發現，戰疤隨著地質時代的推移而增加，中生代（Mesozoic，劃分為以恐龍著稱的三疊紀、侏羅紀和白堊紀）時期尤其大量。

他還調查了故事中的掠食者。福爾邁伊和妻子吉普瑟檢查了世界各地博物館裡的蟹螯化石，發現它們隨著地質時代的推移越長越大，越長越壯。回到關島後，他們抓了一些螃蟹和軟體動物，將牠們一起放進水族箱中，記錄攻擊的血腥細節。雖然有些軟體動物被殺，只留下一堆碎殼，但也有些軟體動物的殼口非常堅硬，使螃蟹攻擊失敗。為數驚人的螃蟹放棄攻擊，留下受損的殼體——柔軟的動物在裡頭活得好好的。

福爾邁伊花了一輩子的時間，透過軟體動物的有形之家詮釋牠們的故事。他將證明，掠食者如何驅動貝殼的演化。「大死亡」之後，軟體動物及其巧妙堡壘的興起，剛好對上破殼魚和凶螯蟹的出現。在牠們的攻擊下，只有擁有最佳防禦的倖存者有機會繁殖後代，將保護牠們的特徵遺傳下去。倖存下來的物種，保留了領先掠食者的螺圈、華飾、瘤結或棘刺，掠食者則反過來發展出更凶猛的頜與螯。

福爾邁伊將這次海洋生命與貝殼的激增，命名為中生代的海洋革命。在恐龍於陸地演化的同時，軟體動物不僅發展出更厚重的棘刺和其他武器，還演化出更窄的開口、暗門、在沙下消失的伎倆、毒性、偽裝，以及其他阻撓掠食者的華麗裝飾。

古生物學家莉迪雅·塔克特（Lydia Tackett）住在美國中西部的北達科他州，那裡的中生代貝殼化石嵌入來自淺海海床的岩石中，恐龍骨骼則隱藏在曾經的海岸線上。塔克特發現，雙殼類是中生代最早找出更聰明保護措施的一群。當掠食者直接將腕足類從海底拔起吞噬，導致牠們走向滅絕之時，其他雙殼類發展出附著在基質上或隱身的能力——牡蠣演化出蛋白質黏合劑；蛤蚌有本事將自己深埋沙底，只伸出長長的虹管吸取海水和氧氣。「掘穴蛤很張狂，」塔克特告訴我，「先前不會游泳的扇貝開始游水，而牡蠣演化出把自己黏死在表面上的能力。」[24]

白堊紀後期，腹足類動物演化出各式各樣的棘刺、旋鈕、螺紋、波紋、厚壁，甚至屏障。寶螺長滿牙齒，有如尖刺鐵絲網般保護牠們的殼口，光澤圓潤的外殼讓螃蟹的螯鉗打滑，芋螺則是發展出窄到不可思議的殼口。

美麗的堡壘幫助軟體動物存活，成為世界上與海洋中的第二大動物群，數量僅次於包括螃蟹在內的節肢動物；螃蟹依然會用螯鉗攻擊貝殼，但碰到貝殼上的棘刺就會偷偷溜走。同樣的棘刺卻深深吸引了人類崇拜者——牠們的安全是我們的美麗。軟體動物的建材依然仰賴賦予牠們生命的海洋化學；海洋化學使牠們打造出外殼，或將牠們放逐成化石紀錄，一如聖希爾達將英格蘭惠特比的蛇石掃下悠遠的懸崖（編按：可參考本書頁四十六）。

最近的一次大滅絕最為人所知的，就是消滅了恐龍。這事實難以置信到讓學步小兒都感受到了存在危機。白堊紀末期的死亡浪潮消滅掉地球半數以上的生命，世界也失去了它最後的菊石——那有史以來最成功也最多樣的動物群之一。

然而，比起死去動物的故事，更令人難以置信的是倖存動物的勝利。其中包括人類最愛的貝殼製造者所打造的雕塑花園，現代鸚鵡螺就是其中之一。演化生物學家瓦德說，在其他許多軟體動物滅絕之時，鸚鵡螺的深水棲地成了一處避難所。當菊石脆弱的貝苗隨著洋流漂浮，在已變得太酸或太暖的洋流中消亡時，鸚鵡螺將卵藏在深岩盤上，讓幼鸚鵡螺在殼裡誕生，盡可能地躲避酸化的海水，一如今日。

就跟「大死亡」時期的嚴酷地質一樣，科學家可以在所謂的「白堊紀—古近紀界線」（K-Pg boundary）這個地層裡，看到白堊紀末期的大滅絕；這個岩層帶在世界各地都可看到。滅絕的原因長久以來都有爭議，因為科學家無法分辨在時間上非常接近的兩個源頭：一是印度德干暗色岩（Deccan Traps）的火山爆發，它讓有史以來最大的熔岩流漫流到次大陸全境；二是巨大希克蘇魯伯（Chicxulub）小行星撞擊猶加敦半島，所引爆的橫掃大洋的海嘯，當時飛濺到空中的火山灰多到足以遮蔽太陽。白堊紀—古近紀界線裡包含的銥，也可在小行星中發現——這大大支撐了小行星理論。然而，部分拜貝殼之賜，科學家日漸看出，白堊紀末期的大滅絕成因更為複雜，氣候變遷只是其中一個幫凶，一如其他的大滅絕事件。

地球化學家安德莉亞・達頓（Andrea Dutton），是第一個向我展示羽毛狀灰色生長輪的科學家，那些生長輪貫穿一枚蛤殼化石的橫剖面。和樹木的年輪很像，這些纖細紋路標示了一隻軟體動物的成長、時間以及畢生的生活環境。達頓和福爾邁伊一樣，都是麥克阿瑟天才獎的驚喜，她在遠古的珊瑚與化石貝殼中讀出氣候的歷史——軟體動物從周遭海域汲取建材，而貝殼就像一本日誌，記錄了這些海洋的化學成分與環境條件。

在恐龍時代走向尾聲那段時期，從南極蒐集到的白堊紀雙殼類化石，為達頓及其同僚提供一個罕見的、長達數百年的生命與滅絕紀錄。[25]不起眼的蛤蜊與鳥尾蛤，有一半在小行星撞擊之前就已滅絕，另一半在它之後。測量牠們殼中的氧同位素顯示，在漫長的滅絕過程中，有兩個陡升的高峰：第一個對應到德干暗色岩的爆發初期，第二個尖峰與數百年後小行星的撞擊相對應。貝殼講述了一個左右出拳、連環猛擊的故事。它們暗示，火山爆發與小行星撞擊；連同隨之而來的地球暖化，對於消滅恐龍與其他生命都有其「貢獻」。「打個比方，」達頓說，「弱化的生態系更容易受到隨之而來的環境壓力影響。」

她說，這是我們這個時代的借鑑——飽受沿海開發汙染與沉積壓力的珊瑚礁，越來越無法因應暖化之類的環境負擔；缺乏水流的養蛤埕與牡蠣礁更容易受到海洋酸化與氣候變遷所導致的其他傷害。如同我們將看到的，腔室鸚鵡螺即便熬過了恐龍滅絕，在長達五億年的軟體動物演化史上熬過了每一次的終極大災難，還是有可能會被人類對珠寶、裝飾與小玩意兒的熱愛給壓垮。

霍姆斯的詩作〈腔室鸚鵡螺〉，最初是他深受喜愛的《早餐桌上的獨裁者》（*The Autocrat of the Breakfast-Table*）系列裡的一段對話，刊登在《大西洋月刊》（*The Atlantic Monthly*）上。一代又一代的美國人曾在這個脈絡之外讀過或被迫研究過這首詩。該詩發表於一八五七年，在那一年，霍姆斯協助創辦了該本雜誌，並建議用《大西洋》這個名字來加深這本美國新期刊與舊世界其他期刊的區別。[26]

在「獨裁者」系列裡，住在波士頓一棟虛構公寓裡的男男女女，針對當天議題進行詼諧的哲學辯論。這首詩伴隨著對人類進步的沉思，在先前的機智應答裡，霍姆斯談及不斷前進的重要性，「有時順風，有時逆風——但我們必須揚帆，不能隨波逐流，也不能下錨停泊。」[27]

後來，當這首詩成為經典，二十世紀著名的軟體動物學家塔克．阿伯特大肆批評，說該詩堪稱「動物學的大災難」。因為他把鸚鵡螺和紙鸚鵡螺（Paper Nautilus，又名「船鞘」）這兩種頭足類動物搞混了——那可愛的羊皮紙卵鞘，是由章魚的親戚船鞘（*Argonauta*）而非鸚鵡螺製造的。[28]塔克的尖酸用語，在接下來的半世紀裡，反覆出現於海洋科學書籍和至少一本軟體動物百科中。「我們可以原諒霍姆斯先生，」阿伯特寫道，「畢竟在他那個時代，分得清紙鸚鵡螺或扁船鞘、腔室鸚鵡螺或珍珠鸚鵡螺差別的科學家本就不多，詩人自然更少。」[29]

但其實是科學家誤讀了這首詩。霍姆斯身為解剖學教授，閱讀並發表科學期刊，還追隨過達爾文。他在詩作之前，曾以註解說明這兩種動物，以及為何在詩中將牠們放在一起——是為了讓讀者體驗到，生命是一趟連續的旅程。「我們無須費神去區別牠與紙鸚鵡螺或古代扁船鞘的差別，」霍姆斯寫道。重點是隱喻——一艘珍珠船駛過「生命的動盪之海」，如同詩的結尾所述。

對霍姆斯而言，人性（他指的是早餐桌上的談話與詩歌、人類的善與貪婪）與科學同等重要；這也是福爾邁伊從四年級在柯柏格太太班上開始，畢生鑽研貝殼、詮釋軟體動物所得出的結論。軟體動物花了五億年的時間優化牠們的外殼，從海洋的各種變化與更凶猛的掠食者口中存活下來。福爾邁伊發現，只有一種情況牠們無法調適，那就是——幫助牠們抵禦非人類敵人的特徵（例如巨大或裝備精良的外殼），正好「吸引了人類，並因此變成缺點。」福爾邁伊說。與此同時，為了適應我們製造的汙染和海岸破壞，反而限制了牠們的生長與繁殖能力。

然而，福爾邁伊依認為，生命掙扎求生的最終結果是創造力與創新——以獨創精神打造出對數螺線，每一個腔室都比上一個更大。如同霍姆斯指出的，這是鸚鵡螺的故事，也是我們的故事。我們是掠食者和摧毀者，但也是建造者和修復者——正在拯救或擊沉我們的珍珠船。

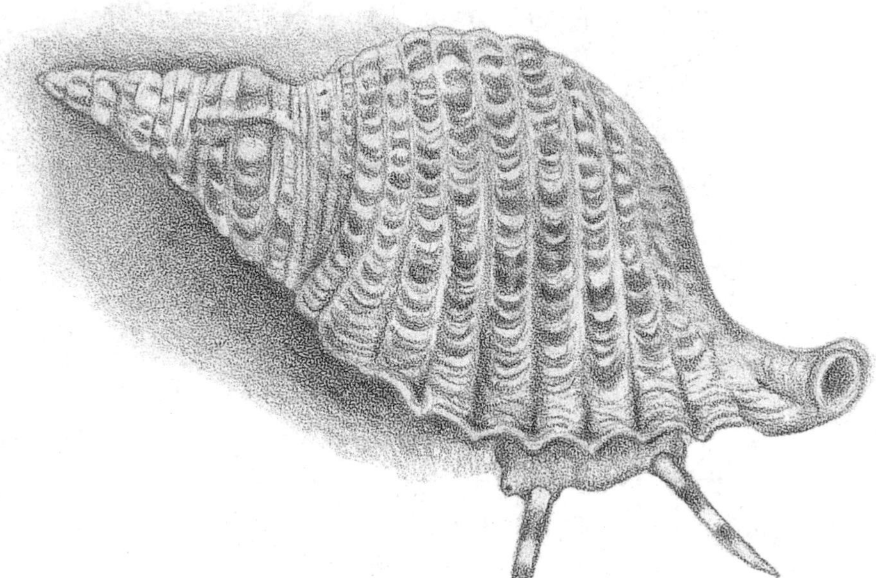

第三章 往日之聲

大法螺
TRITON'S TRUMPET
Charonia tritonis

在古祕魯安地斯高地海拔三千公尺處，海螺殼的號角聲揚穿陡峭河谷，呼喊信徒前往查文德萬塔爾（Chavín de Huántar）神廟群。神廟內，海螺的聲音回響在石牆與地下深處，以縈繞人心的低調穿透地下祭壇與信徒之心，似乎來自四方又像來自無處。

海螺的呼喊會讓人想起海中鯨魚的歌聲；那寂寞的張力可以穿越數公里的河谷，向旅人預告，他們正接近查文——一座在西元前一千五百年到五百年間朝聖者眾的宗教建築群，這座建築奇景比印加帝國和祕魯的馬丘比丘早上兩千多年。[1]

人們認為，早期的安地斯山居民會跋山涉水前往查文，尋求神諭。留下的文物也揭示了拱頂地下廳室的祭品與致幻儀式。在它的平頂神廟、階梯和下沉廣場之下，以厚石灰岩打造的迷宮，在黑暗中蜿蜒數公里。二十個儀式廊道連結狹窄的通道、樓梯、小室、隱匿的壁龕、通風口和水道。考古學家越深入挖掘這個潮濕的地下世界，就有越多證據證明，這些空間設計的目地就是為了令人暈眩、陷入迷幻。水順著花崗岩槽從信徒上方與下方流過，模擬著喧囂吼聲；通風口可以關上，製造全盲效果。以無煙煤製成的鏡子，可以將灰塵閃爍的光束直接打在神祇造像之上。[2]迴盪在這一切之間的，是史前世界最威嚴的聲響。

查文德萬塔的海螺號角，聽起來可以如雷霆般恐怖，亦或遙遠扭曲，甚或肅穆、寧靜。它們可以咆哮如美洲虎。朝聖者不可能辨別聲音的來源，特別是在服下精神藥物之後（例如在查文文物中相當突出的聖佩德羅仙人掌）。查文的石雕人物或動物頭像上，都帶有陷入迷幻時的翻白眼、作鬼臉和流鼻涕等形貌。科學家們發現了可媲美《綠野仙蹤》中樹隧道音效的線索；這做建築的精妙設計，讓傳遞神諭的神使得以發聲。[3]在想像中，神使是半人半獸，笑起來有美洲虎般的獠牙。而證據表明，查文德萬塔的神諭是以海螺之聲訴說。

相比於我們這個充斥著擴音器、汽車音響響亮到足以自成氣流的喧囂社會，我們認為古代的生活是寧靜的。然而遠古初民也會放大他們的訊息與音樂。[4]他們的工具是象牙與骨製號角、石板琴、木製吼板、鳥骨笛、天然與人造回聲室、鱷魚皮鼓——還有用貝殼製造、振奮人心的號角。

沉默對軟體動物來說是一種節制的智慧，因為它們沒有足夠的攻擊性和速度來對付魚類和海龜等有聽力的天敵。[5]演化科學家指出，發出聲響來趕跑或對抗敵人是需要付出代價的，因為牠們必須有足夠的戰鬥力或逃跑速度，應付被聲響吸引過來的其他掠食者。世上最大的海螺或許活得悄無聲息，但做為補償，牠留下的貝殼卻可發出粗礪呼吼。

諸如法螺、海螺或萬寶螺（Helmet Shell）這類大型腹足類貝殼，其內部螺圈創造出理想的氣廊，可吹奏出清晰有力的曲調。[6]如此低沉綿長、緊迫迷魅的聲景，在其他地方並不存在。它們的莊嚴令初民吹響貝殼號角，宣告生與死，號召戰鬥與狩獵，傳遞並不罕見的神明之聲。貝殼號角宛若來自另一世界的召喚，在我們周遭備受尊崇。

幾乎在所有大陸的岩棚與洞穴裡都曾發現貝殼號角（包括遠離海岸之地），而且表面都有嘴部磨損的痕跡。[7]石器時代的人們吹奏有著高尖螺塔的法螺（Triton's Trumpet，來自印度太平洋的大法螺〔*Charonia tritonis*〕或來自地中海的白法螺〔*Charonia nodifera*〕），那是目前所知最古老的樂器之一。法螺很容易長到三十公分長，屬於海中體型最龐大的一群腹足類。牠們鼓鼓的殼體很容易讓人聯想起淺黃棕褐的漂亮羽毛，早期的貝殼迷經常將牠們比喻成鷓鴣或雉雞。

二十世紀初，聖經考古學家約翰·亞瑟·湯普森（John Arthur Thompson）在靜謐的學院大堂聽到貝殼號角響起，他形容那種聲音動人到「令人略感羞愧」。[8]湯普森想像，「在我們祖先眼中，前一天用來象徵神靈的法器，隔天竟然變成濃霧號角或牛號角，這並不奇怪，因為嚇跑邪靈的東西也可用來嚇唬小偷。」[9]

不過，現代科學家表示，貝殼號角經常出現在新石器時代的墓地、查文之類的神廟以及後來的宮殿、城牆和防禦塔樓，意味著它們絕非無足輕重之物。貝殼承載著講台或講壇的莊嚴。

在石器時代晚期的洞穴和聚落裡，數以百計的大法螺隨著人骨一起出土，通常都去除了螺頂做為吹口。[10]來自利久里亞海岸的法螺，傳遍新石器時代的義大利、翻越阿爾卑斯山進入瑞士，甚至出現在匈牙利內陸巴爾頓湖四周的古老爐床。根據英國考古學家羅賓・斯基特斯（Robin Skeates）的說法，這些發現幾乎毫無例外都伴隨著人類遺骸，表明了它們的宗教意義。法螺號角的製作目的主要不是為了音樂，而是傳遞訊息。斯基特斯寫道：「指導並驅策人神採取行動。」

在遠早於印加帝國時期的美洲；在古印度的佛教與印度教文化；在漢唐兩朝的中國；在古希臘的人魚海神特里頓神話；在日本古典時期的戰爭與宗教傳統；在五千年前至今的大洋洲全境——海之號角響起強有力的呼喚，跨越時間、地點與信仰，將人們與海洋繫連起來。

對美國西南部的霍皮族（Hopi）和祖尼族而言，海螺號角是羽蛇神的傳聲筒。居住在地底的羽蛇神可以震動大地，使火山噴發。在印度教裡，神聖的海螺共振出唵（*Om*）之聲——那是宇宙的元音與呼吸。

「貝殼的呢喃是神的話語，」一個世紀前的英國貝類學家威佛里德・傑克森（J. Wilfrid Jackson）如此寫道。[11]走在查文德萬塔地下迷宮的朝聖者們，也是如此認為。

查文神廟工程龐大，分成十五個階段、持續數百年在祕魯的莫斯納河與華切克薩河交匯處開採石礦建造，並在西班牙人抵達前一千年達到最高峰。一六一六年時，它依然是個傳奇所在。傳教士安東尼奧・瓦茲奎茲・德・艾斯皮諾薩（Antonio Vázquez de Espinosa）形容那處遺跡是「異教徒中最著名的聖所，相當於我們的羅馬或耶路撒冷」。[12]

在時間的影響和大洪水、土石流及地震的災難性破壞下，查文神廟今日仍屹立在那裡，成為聯合國教科文組織的世界文化遺產。如今神廟建築群逐漸被青翠的山谷吞噬，掩蓋住它的地下祕密，平息了它的心跳之聲。

一九一九年，祕魯考古學家朱利歐・凱撒・泰羅（Julio César Tello）開始挖掘遺址，在廊道與文物中頻繁看到以人類和動物肢體圖像組合而成的大型拼圖。[13]在木刻、雕像和陶器上，美洲虎、鷹、隼、蟒蛇和黑鱷魚的容貌，經常與人體融接成古老的隱喻——臉由翅膀框住，髮如舞動之蛇，附肢如舌頭、尖牙與利爪向外突伸。

泰羅漸漸將查文詮釋成印加文明與其他前西班牙時期安地斯文明的母文化。日後的研究顯示，查文是受到高地與沿岸更古老的中心影響，這些中心或許是在古氣候紀錄中曾提及的殘酷聖嬰（El Niño）風暴期間，由沿岸逃往內陸的民眾聚居而成。聖嬰指的是誕生於西太平洋的一陣暖流與暖空氣，在大氣中造成可預見的災難。海洋暖化擾亂了熱帶地區大規模的空氣運動，向世界各地拋擲出極端氣候，並以南美洲這塊地區的暴雨山洪揭開序幕。

深藏於山頂的查文文化，無疑有部分受到海洋啟發。查文藝術家經常在由動物、植物與人物構成的混搭圖像中，加入巨型海螺和海菊蛤。這兩種軟體動物都生活在太平洋；牠們上竄數百公里，並向西越過山脈，在許多前哥倫布文化的儀式中反覆出現。在西元前三千年厄瓜多，瓦爾迪維亞（Valdivian）文化的孩童會戴上由海菊蛤製成的面具，鑿上兩個小眼洞覆在稚嫩小臉上。這些紅色、橙色或紫色的球狀貝類被供奉給許多神明，牠們是安地斯生育女神與大地之母帕查瑪瑪最愛的爽脆食物，被與死者一同埋葬以作為來世的溝通媒介，或為田地帶來甘霖。[14]

一身尖刺的海菊蛤與超大尺寸的海螺，在查文德萬塔的儀式中也很顯眼。在曾經環繞老神廟外側的簷口石上，一名長翅男子手持海螺號角引領隊伍前進，隊伍中的下一名男子手抓一枚海菊蛤。而裝飾著一隻大眼睛的另一枚海螺，位於查文地區二．五公尺高、與其發現者同名的泰羅方尖石碑（Tello Obelisk）中央。獨眼海螺混在尖牙鱷魚、藥草植物和招牌的人獸合體怪物之間。

其中最引人注目的，是在新神廟天井中發現的「微笑神」石刻板——長了尖刺獠牙但咧嘴微笑，蛇髮爪趾。祂一手持海螺，另一手持海菊蛤。

那位攫貝神描繪出查文德萬塔的宇宙軸心。在建築群最底層的老神廟內部迷宮深處，一塊四．五公尺高的獨立花崗岩矗立在專屬的十字形石室中，上面刻著惡魔般的笑臉，眼珠上轉露出兩根獠牙。雕像貫穿地板與天花板，錐形頂部竄進一座兩層樓高的廊道。它座落在查文的祭祀中心點，加上它的尺度、工藝與圖符，在在說明祂是原初神廟最主要的崇拜偶像。[15]

泰羅將祂命名為蘭松（El Lanzón，西班牙文的大矛或長矛）。一個世紀後，另一世代的考古學家發掘出祂的海螺之聲——曾經有一支海螺合唱團，在查文咆哮低吟。

如果配音員吉姆．韓森（Jim Henson）想要有個考古學家來挖掘芝麻街*，那位夢想人物應該就是約翰．里克（John W. Rick）這位史丹佛大學考古學與人類學教授。里克有著一頭隨意的灰髮和鬍子，還沾染著一名六歲孩童在祕魯沙漠發現一具木乃伊的興奮之情——他在祕魯沙漠發現木乃伊時，確實就是那個年紀。里克的父親是加州大學戴維斯分校著名的野生番茄專家，他帶著家人在安地斯山上上下下，進行暑期的採集種子之旅。某個下午，小里克和媽媽在海邊探險時，發現一根纏了布條的手指，這根手指指引他找到一具完好保存的木乃伊，以及企圖了解遠古人類生活的畢生志業。

自那之後，里克幾乎每個夏天都在祕魯高地上度過。一九七〇年代，他在那裡擔任協助貧童的赤足研究生；一九八〇年代，他再次以年輕教授身分前往，帶著自己的學生在中部草原挖掘早期狩獵採集社會的遺留。那些社會原本將成為他的終生志業，如果沒有一九八七年那個可怕夜晚——當時，他與八名研究生碰到「光明之路」（Shining Path）游擊隊**。里克告訴游擊隊領袖，他和學生是加拿大人，並且能夠理解他們起而叛變的原因。這話術似乎讓他們逃過一劫。同一晚稍後，叛軍在距離里克住處沒幾步的地方槍殺了一名當地領袖。天亮之後，里克和

* 編按：《芝麻街》（Sesame Street）為美國家喻戶曉的兒童教育節目，其中由韓森配音表演的布偶劇為節目中的著名環節。

** 編按：祕魯的共產黨組織。

學生衝出山區，再也沒有回來過。

幾年後，祕魯國家人類學與考古學博物館館長路易斯・倫布雷拉斯（Luis G. Lumbreras）邀請里克到查文參訪一星期。自一九六〇年代起，倫布雷拉斯便帶領查文神廟群的挖掘工作，他已經拼湊出查文的精神領袖如何運用地景、建築和特效，在廣闊的高地激發民眾的敬畏之心，讓他們對神諭的力量深信不疑。

查文的石頭工事沿著一條渠道化的河岸伸展，並與周遭山峰以及日升日落相呼應，在信徒朝它走來時，激發出強大的自然之情。查文的工程師引水上山，送進神廟的暗管和水槽，時間比羅馬人使用的虹吸引水法早了一千年。倫布雷拉斯發現，雨季時，這些定向水會咆哮呼號，在地下建築群中迴盪。那些曲折廊道跨越好幾個樓層，並有色彩繽紛的牆面壁龕供「多媒體」展示之用，包括燈光、煙霧、聲響，設計的目的似乎是為了讓人迷失方向。科學家推測，在儀式用藥期間，查文「提供了全方位的感官衝擊——恐怕還會超載」。[16]

查文的領袖們決心打造他們的超自然力量。倫布雷拉斯推測，祭司藉由預測環境事件來緊握大權，並讓人們深信神諭。目前並未發現書寫下來的查文語言，但查文文化一如其他相關或迥異的文化，都將它們的海螺號角，以及推而廣之的神諭，跟水、雨以及氣候綁在一起。這或許是為了呼喚或驅趕我們今日所理解的超級聖嬰循環——會為安地斯山帶來能解旱的降雨，或是致災的洪水。神話與現實融為一體。[17]

倫布雷拉斯推測，查文祭司可能已學會解讀生態徵象，藉此預測惡劣氣候的週期循環，知道災害何時降臨。在太平洋暖化那幾年，包括海菊蛤在內的熱帶海洋生物往南移遷，或許為尚未受到氣候變遷影響的安地斯中部山區做了預示。[18]這些洞察或許讓祭司們得以預測風暴、惡劣氣候和土石流等災難。

這理論有助於解釋上古高地對貝殼的迷戀。一九七二年，倫布雷拉斯開始挖掘查文地區最小的廊道。它緊鄰圓形廣場南端，自成一格，且沒有戲劇性的醒目入口可通往蘭松。在這個不起眼的遺址裡，倫布雷拉斯找到許多貝殼碎片。這些碎片屬於一種生活在西北部紅樹林淺灘的大型海螺——捕手套鳳凰螺（Eastern Pacific Giant Conch）；即便是今日，從查文過去那裡也得長途跋涉。[19]

倫布雷拉斯將這處遺址命名為海螺廊道（Galería de las Caracolas）。還要等上三十年，經過史丹佛約翰·里克的深入挖掘之後，人們才知道這名字有多貼切。

一九九五年，里克開始在查文德萬塔進行測繪和挖掘。這回，每逢夏日他就將手下的研究生拖到高山而非草原。計畫進行了約莫三年，他們在老廟西側挖到一塊相當大的石板。事實證明，那是曾經環繞在老廟四周的第一塊簷口石的裂片——石頭上刻了一名隊伍領袖，拿著一支海螺號角抵在唇上。他們無法辨識出石板裂口部分的其餘雕刻，但里克覺得，裂口的某個圖案有些眼熟。他用新買的第一台數位相機拍下上面的雕刻與裂角。

該年秋天回到加州後，他悉心比對了那些圖像與他先前拍過的數百張查文文物照片。最後，他終於找到那片消失的古老拼圖。一張檔案圖片與裂片完美吻合，行列中的下一名人物就此現身——那人手上拿著一只海菊蛤。

里克想起倫布雷拉斯的推測，認為查文的大海螺與海菊蛤具有神聖性質，而它們在某些時期的龐大數量，或許可幫助神廟祭司預測聖嬰現象。「開始變得很有意思，」里克說。[20]

挖掘與比對簷口碎片，和里克生涯中接下來的重大發現比起來實在是微不足道——那個寶藏埋藏在海螺廊道好幾千前的沉積渣物、黑陶碎片與羊駝骸骨之下。二〇〇一年夏天，里克與學生挖開層層汙泥與碎屑，終於挖到海螺廊道的原初樓層，大量貝殼碎片開始出土。接著，他們發現一個看似完整的文物。經過半天的輕柔挖掘，呈現在眼前的，是一枚古老的海螺。里克與學生慢慢清除，清到理應是螺塔的位置。他們刷掉塵土，頂部不見了。但它沒破。

「它有一個平滑漂亮的吹嘴，」里克說。刻在簷口上的號角手立時浮上心頭。「我說，『我的老天爺，我們挖到一只！』我們挖到一只完整的號角。真是不敢相信。」

他們又花了半天時間，才把那只海螺從墓中取出，刷空內部，清除吹嘴的汙泥。小時候吹過軍號的里克，握著那只貝殼，激動不已。

他將古老的號角舉到唇邊，試了幾次，想吹出聲音。終於，海螺發出吼叫——至少是三千年以來的第一次。號音縈繞，介於C大調與D大調之間，迴盪在海螺小廊道的石牆上，彷彿是為了這個空間量身打造。

時隔將近二十年後，我問里克，聽到聲音的那一刻他有什麼感覺。他說：

> 它扣人心弦。是一種盪氣迴腸的聲音——就是字面上的迴腸，是真真切切的身體

反應，因為我們並不習慣那樣的低頻。就是這樣的肉體反應。那是一種深沉、響亮、原始的聲音。

感覺是：我們正在聆聽來自過往的聲音。我們正在聆聽他們聽過的。我當時只想著：我們挖到了！我們挖到了！我們挖到過去的聲音了！聽到並意識到這一點，真是太棒了，鼓舞人心，教人沉醉。在那一刻，一切都變得非常真實。海螺有一種原始之聲，比軍號原始多了。

那是我曾感受到的與過往最直接的連結之一。

我想起六歲時在祕魯沙漠發現纏著布條手指的那位考古學家。當過往透過一只長埋的海螺向里克訴說時，他認為那聲音與那轉瞬即逝的一刻——是對他畢生靜靜在祕魯土地上挖掘的一聲響亮感謝。然而它的餘音綿延，並未休止。一如那根手指引導出一整具木乃伊與一整個生涯的追尋，這第一只海螺也將鋪展出更大的故事，牽引出真理與威權的本質。

過沒幾天，里克與他的團隊就發現第二只海螺號角，甚至比第一只更壯觀。喇叭型的殼體上刻著細密的幾何設計。那只貝殼也有「驚人的聲音，」里克回憶道。「更強烈、更攫取感官的聲音，似乎是為了匹配那華麗繁複的雕刻。」

暑假結束時，團隊在查文總共出土了二十隻完整的貝殼號角，都是由象牙白的海螺製成。它們最初的巧匠與三十年前倫布雷拉斯在廊道地板發現的捕手套鳳凰螺碎片是同一群。[21] 牠們是溫和的草食性動物，以微藻為食，並以長途旅行的能力聞名，能在幾個月的時間裡跨越加州灣與祕魯之間的海底，在紅樹林與沙質淺灘裡交配。[22]

這些號角表面充滿藝術性的雕刻意味著有第二組巧匠，在沿海的某處將貝殼加工成號角並雕鑿裝飾。然後，這些貝殼又被運送了好長一段距離，翻越世界最高的熱帶山脈，來到查文神廟的祭司手上。

第三組巧匠——或許就是吹號者，在每只海螺頂端的外唇上刻出獨一無二的V形切口。切口或許是為了方便手指抓握，也或許是幫助他們在行進中往前看。每只海螺都經過好幾代樂手細細地擦揉吹奏，擁有飽經磨損的吹嘴。有一只貝殼還帶著裹布的印記，而布巾本身則已隨著時間化為祕魯的土泥。[23]

海螺廳似乎是儀式用號角的專門儲藏室。里克懷疑，它們是裝在袋子裡懸吊在地下壁牆上或廊道天花板上。這個基地在它最後建造階段的中期，也就是基督誕生前五百年左右遭到廢棄，這些號角也就留在原地。

神話學裡最知名的貝殼號角，是由希臘神話裡肌肉發達的男人魚特里頓吹奏的，他是海神波賽頓（Poseidon）與女神阿芙蘿黛蒂（Amphitrite）的兒子，曾因召喚海水拯救了世界。特里頓的號角可以使海水奔騰或平靜，可以召集君王四周的河神，或讓敵方巨人把號角的尖嘯誤認為野獸的咆哮而嚇得逃跑。在丟卡利翁（Deucalion）洪水的神話裡，特里頓的螺旋貝號角聲終結了宇宙洪水。奧維德（Ovid）在《變形記》（*The Metamorphoses*）中如此描繪那場景：

特里頓，海之吶，雙肩纏繞
海之貝，命他吹響迴盪海螺
以求江河、海浪、洪水退縮。
他舉起號角，他的空心旋螺，
那號角，在海中響起，洋溢在
日升日落世界之岸；
當它觸及神之鬍濕雙唇
當他吸氣吹出撤退之聲，
地與海的所有汪洋
豎耳聆聽，而所有聽聞之水率皆遵從。
海復有濱，江河奔流
於兩岸之間，洪水偃息。[24]

特里頓的後代稱為人魚神，是一群海洋使者，在故事與文化中同樣深受歡迎。古代錢幣上可看到四尊吹奏貝殼號角的人魚神雕像，相傳祂們也雄踞在埃及亞歷山大港燈塔的四個角落。

那座燈塔是上古世界的七大奇景之一，或許它也是真理的燈塔——如同查文，它最後也被自己預見的自然災害給摧毀。

印度史詩級的「俱盧之戰」（Mahabharata War），就是由貝殼號角的怒吼揭開序幕。每位戰士都有自己的海螺角，而每只海螺角的殼上都刻有自己的名字。詩中，每只貝殼都被擬人化，彷彿有它自己的生命。黑天（*Krishna*）神吹響祂的海螺：「從五而生」（*Panchajanya*）；阿周那（*Arjuna*）吹響祂的「提婆」（*Devadatta*）；毗濕摩（*Bhima*）吹的是「祂的大法螺，寶安達南（*Paundra*）」，如此等等，直到「那喧囂騷動撕裂了持國天王（*Dhritarashtra*）兒子們的心，聲響充盈天地」。[25]

英國人提到這些有著神話名號的印度海螺時，經常拿它們與歐洲英雄為寶劍所取的不朽名號做比較：例如亞瑟王的「王者之劍」（Excalibur），查里曼的「歡樂之劍」（Joyeuse）。但或許海螺角的名字，是早期相當罕見的對於貝殼製造者（也就是軟體動物）的一種承認。

直到今天，生活在印度大陸南岸印度洋裡的印度鉛螺（*Turbinella pyrum*）依然被尊稱為聖螺。受人崇敬的聖螺殼是一種食肉性海螺的畢生心血，這種海螺聚集在斑駁的海草與沙質淺灘上，以蠕蟲為食。牠們生活在水下，看起來是棕色——梨形的外殼包裹在天鵝絨般的深色皮膚之下，也就是所謂的殼皮（periostracum）。殼皮就像個鑄模，在軟體動物打造殼體期間做為框架，提供保護。當打造聖螺的人類工匠將殼皮去除，拋光外殼之後，中空的螺圈閃耀著奶白色。

一如查文和古希臘的海螺，印度聖螺也盤繞著人類對水位高漲的內在恐懼——改變人生或奪走生命的洪水。黑天是印度教毗濕奴神的化身之一，祂在一場大洪水中潛入海底，搶救被惡魔藏在一只海螺裡的聖書，並因此得到祂的海螺號角。四隻手的毗濕奴，在左上那隻手中握著祂的「從五而生」——那只貝殼一如黑天的貝殼號角，是善之力量戰勝惡的象徵。[26]

聖螺也跟真言有關。西元前五世紀，聖螺已成為佛教八寶之一，對印度教與耆那教也很重要。據說偉大的吠陀諸神，在佛陀啟蒙時賜予他這八大寶物。強大的天神因陀螺（Indra）送給佛陀白色的海螺角，藉此激勵他為宇宙萬法「弘揚真理」。[27]白海螺逐漸成為佛陀真言的代表，直到今日在佛教裡依然是真理無畏的象徵。[28]

米莉安・寇拉（Miriam Kolar）第一次進入查文德萬塔微笑獠牙神的狹窄廊道時，語音導管（speech conduit）便向她顯現。[29]與外面安地斯山的溫暖陽光相比，石造廊道顯得陰濕寒冷。一塊古人豎立的巨石被宛如迪斯可的燈光點亮，與古老神廟這樣的場所十分違和。緩慢改變的光原色，照射在超自然的神使之臉上，神諭從它的下沉廳室穿越地板騰升而出。當寇拉從走廊步入神的聖堂時，她看到一種連結，那是一年前她從加州帕羅奧圖（Palo Alto）研究該空間時無法發現的。長著獠牙大嘴的蘭松，瞟著眼前的她。蘭松筆直對齊她身後的通風井，通風井沿著走廊延伸，通向外面的圓形廣場。

先前，里克已經展示過，這個水平井可能是用來照亮神的臉。而如今，寇拉這位對心理聲學（psychoacoustics）饒有興趣的史丹佛博士生，則是將這水平井視為聲音的導管。會不會神廟的設計者曾為神諭賦予聲音？這是盤旋在她腦海中數百個問題裡的頭一個。於是她設計實驗，想描繪查文神廟群的聲音傳播與轉化方式，以及這些聲音如何轉化聆聽之人。[30]

里克發現海螺號角一事，在史丹佛激起極大回響，特別是在音樂聲學電腦研究中心；寇拉就是那裡的研究員。該中心由約翰・喬寧（John Chowning）創立，他是數位音樂之父，曾在一九七〇年代協助創立「環繞音效」。當喬寧聽到與古代號角相關的訊息時，他發了一封電郵給里克，建議對它們的聲學做一番全面檢視。於是，二〇〇八年夏天，來自該中心的一個小組抵達祕魯，在這個古老遺址進行田野調查，並對鄰近的查文國立博物館（Chavín National Museum）所展示的號角進行記錄與研究。

在南美洲的儀式與抗議活動中，海螺角依然是原住民文化裡一個激勵人心的要素。它們被稱為「普突突」（*pututu*），源自印加的克丘亞（Quechua）語。[31]就在里克於查文出土第一隻海螺號角並吹響布滿灰塵的吹嘴那天，一隻普突突也在二〇〇一年於馬丘比丘舉行的就職典禮上，宣布祕魯的第一位原住民總統亞歷杭德羅・托雷多（Alejandro Toledo）就任。

里克為了幫助史丹佛小組錄製古代海螺的音域範圍，特地邀請祕魯的音樂大師蒂托・拉羅沙（Tito La Rosa）到查文演奏。寇拉與同僚在博物館設置一個臨時性的聲學測量工作室。普林斯頓電腦音樂學者佩里・庫克（Perry Cook）是一位狂熱的貝殼音樂家，也是獲邀前來用號角吹奏實驗性嘟嘟聲與其他聲響的專家之一。[32]小組將小型麥克風裝進庫克嘴裡、平滑的海螺腔室，以及貝殼號角四周。接著小組會以特製的訊號處理軟體，為每隻號角的聲學定性。庫克與拉羅沙運用不同技巧調整音高與音調，嘗試史前查文可能吹奏普突突的各種方式。

拉羅沙抵達博物館時，實驗頓時從學術性的氛圍轉變得神聖。抱著第一只海螺時，他讚嘆道，「彷彿它是你所能接觸到最特別、最珍貴、最神聖、最美妙、最神奇的東西。」寇拉如此回憶。[33]當拉羅沙將海螺放至唇邊，工作室裡的每個人都屏住呼吸，準備聆聽。但拉羅沙花了一些時間，只是吸氣和吹氣、與海螺交換氣息，彷彿在呼吸它的古老精神。當他終於開始演奏那只普突突時，「那聲音宛如一道海浪，」寇拉告訴我，「持續推進，推進，推進。」

拉羅沙在空曠混凝土博物館的演奏，為史丹佛小組提供持續的音調與斷續的回聲，彷彿他的呼吸與風結為一體，將聲音飄送過安地斯山。寇拉接著轉向神廟與它的代表性地景，測試貝殼的諸多聲音與聲調是如何被聽到與被傳送。她還熱切想要了解，海螺的共振如何激起朝聖者的感覺與行為。

我是在寇拉的第一個查文之夏的十年後遇見她。當時，她正在一次學術會議上發表演講，在開場時吹奏了一只複製的查文普突突。我錄音器的聲波圖像通常是溫和起伏，但那次竟然在屏幕上猛降。即便坐在講廳裡的我們，本來就期待著它的聲音，但那響亮、低沉、綿長的音符，還是把我們嚇一大跳。海螺的聲音在機構的白房間裡，注入一種緊張、多彩的氣息，宛如小孩在佈道大會席間發出尖叫。持續的貝殼聲將我們全體拉近，寇拉吸引了每個人的注意力。

寇拉的雙親都是禮儀音樂家，從小她就著迷於音樂的社會性影響。達特茅斯大學的一個電腦音樂課「讓我能夠思考聲音的故事。我愛上『音樂是和聲音有關，而非音符』這個想法」。

寇拉剛結束查文的錄音活動，返回史丹佛沒幾個星期，就打包自己的靴子和書籍，超低音喇叭與揚聲器，展開無數趟往返旅程的第一趟——從帕拉奧圖前往距離寺廟群八百公尺處的祕魯小鎮。每天早上，她套上登山靴，將烏黑發亮的直髮紮成馬尾，然後用獨輪車將裝備（音響設施、汽車電池、電源轉換器等等）運到山上的神廟。接下來三年，她爬過擁有三千年歷史、襯了石板的渠道，尋找聲音的入口。她在查文的石頭廣場吹奏複製的普突突，爬上周圍山丘，測量它們的聲音能傳多遠。[34]

寇拉設置了超低音喇叭與揚聲器，在神廟的每個潮濕角落（包括蘭松廊道與那位永遠注視眾生的神）複製數學生成的測試訊號。她將小麥克風設置在裡裡外外：廣場、廊道，以及「人類可能製造和感知聲音的每一處」。

寇拉在分析神廟通風管道的聲學時，看到令人震驚的反應圖，證實了她對蘭松聲音的直覺。打從進入神廟群的第一天，她就留意到通風管道位於一條走廊底端，而且對齊神的嘴部。事後證明，通風管可壓抑廊道與其外部出口大多數聲音的傳輸，卻將海螺的主要聲頻**放大**了十到二十分貝，高於其他一切。（響度增加十分貝相當於聲音強度增強十倍。）管道對準蘭松，扮演神諭之口與外面儀式廣場的「語音通道」功能。海螺的聲音轉化成風，轉化成美洲虎的咆哮，轉化成可怕或仁慈的呼吸，從神諭之嘴傳送到外面廣場上的朝聖者耳中。在廊道的內廊裡窺視神明之人，無法看到海螺號角正在他們周邊的房內演奏，只能聽到令人不安的聲音——似乎是從一張獠牙嘴裡發出的。而外部廣場的人們只能聽到無形的聲音。

或許，如同寇拉的推測，查文的祭司打造出一場宏偉的象徵性表演，用海螺召喚氣候，為峽谷帶來更多及時雨，或是替懲罰之神帶來暴洪。[35]無論如何，查文的寓言家們藉由建築、圖像和聲音讓神諭栩栩如生——為怪物似的神明賦予自然界與超自然界最有力的聲音之一。

從查文和早期的前哥倫布文化開始，貝殼號角傳遍從阿根廷南端到加拿大的南北美洲，往往還深達內陸數百公里處。雖然大多數中美洲遺址出土的貝殼是太平洋品種，但大西洋品種的海螺也出現在某些阿茲特克遺跡，成為大西洋兩岸貿易與遠途探險的明證。[36]

洪水神話無所不在。中美洲文化裡的羽蛇神（Quetzalcoatl），經常被描繪為從腹足類貝殼中孕生並發育成熟。據說祂住在貝殼宮殿，許多供奉祂的神廟都以貝殼裝飾；在特奧蒂瓦坎文明一座古老城市的神廟裡，則是以雙殼類和腹足類交替裝飾。在阿茲特克神話中，羽蛇神是風神，在圖像中經常佩帶切開的海螺，象徵祂移動雨雲的力量。當最後一個種族被洪水變成魚後，祂負責讓人類重新在地球上繁殖。祂前往危險的冥府，從上一次創世中取回人骨。抵達冥府後，祂遇見骷髏食屍鬼米克特蘭特庫特利（Mictlantecuhtli）——冥府之王。這位狡猾的死神告訴羽蛇神，如果祂能完成一項看似簡單的任務，就能取得那些骨頭——吹奏海螺號角繞行冥府四圈。羽蛇神同意，但冥王給了祂一只無孔可吹的海螺。

羽蛇神轉向自然求救。祂喚來蟲子在貝殼上鑽孔，召來蜜蜂嗡嗡進入腔室讓它咆哮，完成冥王要求。冥府之主震怒，祂交出人骨，但在羽蛇神的歸途上設下詭密陷阱，害祂把人骨摔斷了。新人類誕生，但摔斷的骨頭意味著，這一回，人類的高矮不一。[37]

在北部的紅色沙漠中，長久沉寂在層層砂礫底下的幾百隻海螺號角，在美國西南部的普韋布洛（Pueblos）原住民區出土，它們大多數是從太平洋被賣往內陸。[38]霍皮族和祖尼族會在他們的羽蛇神祭典上吹奏海螺，為生命的氣息發聲——也為遠距貿易提供了證據。據說，海螺的呼喚可讓祖尼族的大貝（Great Shell）甦醒，這位神靈可幫助他們驅逐外敵。[39]

一五四〇年，西班牙探險家佛朗西斯柯・巴斯克茲・德・科羅納多（Francisco Vázquez de Coronado）的隨行騎士們寫道，當他們接近他們以為的第一座黃金七城（其實是祖尼人的泥磚屋小鎮哈維庫〔Hawikuh〕，今日的新墨西哥）時，海螺號角的示警聲隨即響起。在印第安人講述科羅納多攻擊他們村鎮的故事裡，祖尼族的「大貝社會」（Great Shell Society, *Tsu'thulanna*）經常出現。[40]（祖尼人被迫逃走，但設法用石頭砸向科羅納多頭部。）

在不過一年前（也就是一五三九年），當西班牙征服者埃爾南多・德・索托（Hernando de Soto）穿越佛羅里達內陸的潮濕荒野時，他聽到的是友好的長笛聲——直到佛羅里達原住民識破他手下的真實目的。套用一位酋長的話：「他們是惡魔，並非太陽與月亮的子民，因為他們燒殺劫掠。他們沒帶自己的女人，偏愛霸占別人妻女……警告他們別進入我的土地。」[41]

憤怒的原住民試圖用緊急的海螺號角警告西班牙人離開。索托越是推進，悚然的嚎聲就越響亮。[42]

征服者並未聽從海螺的警告。西班牙殖民者將本著宗教仲裁的法條嚴厲壓制海螺貝，因為仲裁者禁止與古代宗教相關的一應器具。

儘管如此，海螺還是吹響了。[43]

貝殼引人注目的呼喚聲，是來自它深深盤繞的腔室——貝殼越大，聲調越低。這使得聲音的力量與軟體動物投入其殼體建造的能量與年歲成正比。

貝殼號角也反映了其聲音背後的人類性格。真理與宣傳，善與惡——全都藉由威權之聲強化。

威廉・高汀（William Golding）在他的青少年小說《蒼蠅王》（*Lord of the Flies*）的開篇，捕捉到貝殼的命令特質。[44]一群小學男孩在一次飛機失事中倖存於一座荒涼的熱帶島嶼，島上沒有維持文明的大人。潟湖中，一個奶油狀的東西吸引了一名小男孩，這個男孩有個難聽的綽號叫「豬仔」（Piggy）。

「是貝殼！」豬仔向他的新同胞拉爾夫喊道。「我以前看過一個類似的。在某人家中的背牆上。他說那是海螺。他只要吹它，他媽媽就會來。這很有價值。」

唇口粉紅的那只貝殼，從螺頂到末梢共有四十五公分。當拉爾夫吹響它，召喚所有倖存者到海灘集合時，男孩們紛紛湧出叢林——尋找聲音後面的權威，尋找吹奏號角的男人，以及一艘將會拯救他們的船隻。他們只能自救，於是決定選出一個首領。雖然拉爾夫並未長得一張領袖的臉，卻因為吹響海螺脫穎而出。

「他，拿貝殼的，」豬仔提議。

「拉爾夫！拉爾夫！」

「讓他拿著號角當首領。」

在小說後半，一名對手向豬仔投擲石塊，將海螺砸成碎片，殺死了他。碎裂的貝殼代表那些男孩先前設法在島上維持的秩序最終破裂。在高汀的隱喻裡，是大自然提供秩序，而人類以暴力打破秩序。（高汀自己最喜歡的下一部小說《繼承人》〔*The Inheritors*〕，內容是關於尼安德塔人與智人。他在書中將尼安德塔人設定為「人族」，且深具想像力——一位名為「法」〔Fa〕的尼安德塔人把貝殼當成水杯[45]；而智人，也就是「新人族」，老練但野蠻。智人殺死最初的人族，並偷走他們最後一名嬰兒。）

查文的海螺，以及對海螺聲音的操控，同樣留下關於人性、階級與控制的不安隱喻。安地斯山長久被視為人類轉變的誕生地，從相對平等的社會轉型為集中的權力與帝國。[46]約翰·里克對查文神廟群下了註解——在幕後精心設計，意圖使人不安、不解甚至恐懼，揭露了公共操弄的興起，以及菁英們建立和維持自身威望的歷史有多長。

權力需要信仰以取得合法性。為了在先前不存在統治之處確立威望，查文的領袖將他們的神廟當成「精打細算、有意識的政治策略」的一部分，設計、打造、管理，在子民心中播下對他們與神諭力量的信仰種子，相信他們能預測自然事件，甚至能呼風喚雨。[47]

神廟本身的建造和維護費用可觀，使用的切石跟當地產的皆不相同。一旦參與者進入神廟，查文的祭司就會將他們與外界隔離，在下沉廣場與內部廊道舉行儀式，好讓他們能嚴密控制信徒的所見所聞。

他們建造了一座兩層樓的平台，圍繞著有著獠牙的蘭松。祭司引導信徒走到某個定點，他們可在那裡瞧見沐浴在一束光線下的神使之臉，聽到詭祕的聲音，但看不見正在吹奏的海螺。祭師們「以超凡創意透過地景、建築、影像、聲音、光線和精神性藥物操控人心，」里克語氣肯定地說。[48]

「到最後，查文不禁讓我思考起人性以及文化演進這類大哉問，」里克告訴我。「老實說，對某些似乎逐漸明顯的答案，我覺得並不舒服。」

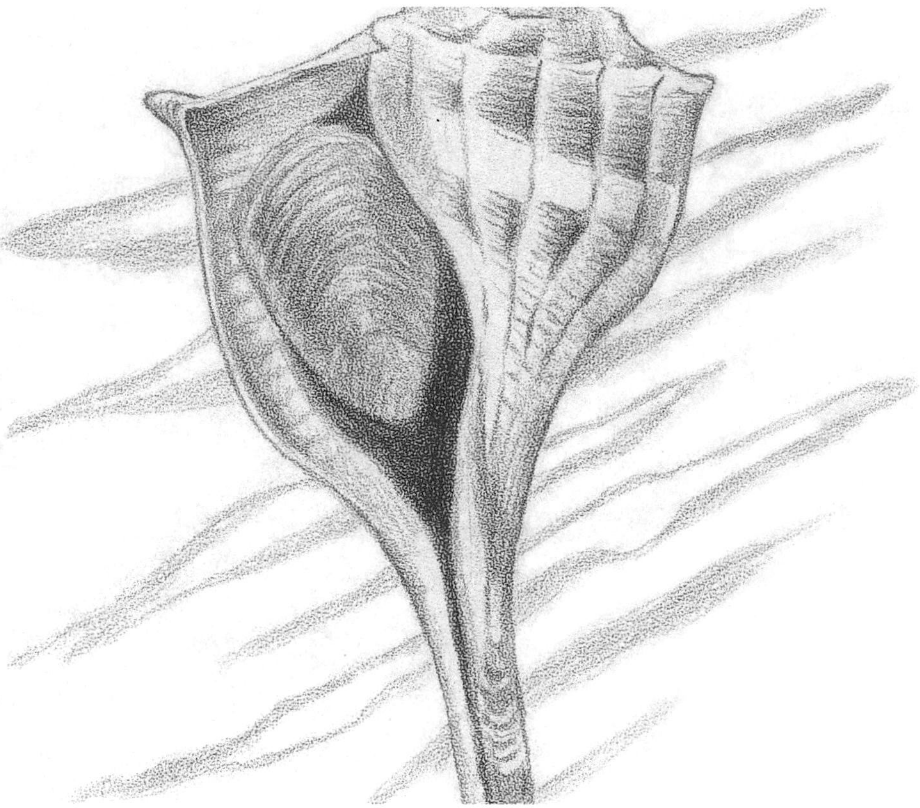

第四章 貝殼大城

左旋香螺
THE LIGHTNING WHELK
Sinistrofulgur sinistrum

一千年前，已知的北美第一大城橫跨密西西比河興起，就在今日密蘇里州聖路易的所在地。在那個時代，該城就跟今日由聖路易斯大拱門（Gateway Arch）勾勒的天際線一樣引人注目。一百多座丘塚環繞著公共建築與紀念碑，圍著院落與儀式中心興建。大城中心有一條高架堤道通往富麗堂皇的金字塔，其底座面積超過埃及的大金字塔，中央廣場更是足足有三十五座足球場那麼遼闊。[1]在市郊，由柱樁支撐的茅草屋街區，整整齊齊朝四面八方輻射達八十公里。[2]

當時，這裡是兩到三萬原住民的家，階梯狀的地景顛覆了當時的「新世界神話」——認為這塊「新大陸」是非定居部落四處遊蕩的未開發荒野。[3]該城是早期密西西比文明的政教首府，也許**就是**首都。這個文明在從佛羅里達到五大湖區範圍的大陸東部蓬勃發展，直至第一批歐洲人抵達為止。[4]

那座飽經風霜的金字塔被稱為「僧侶丘」（Monks Mound），是北美洲規模最大的原住民土方工程。在伊利諾州西南部，五五／七〇號州際公路旁，有八十座殘存的丘塚矗立在寂寥的綠景之間，從途經而過的駕駛眼前閃現即逝，僧侶丘便是其中之一。沒有人知道它的建造者如何稱呼自己，或是如何稱呼這個地方。這裡從古到今都是通往美國西部的門戶，傳教士以後來的一個部落「卡霍基亞」（Cahokia）為它命名。但部落一詞並無法說明它的地廣人眾，在一〇五〇到一一五〇年這段期間，它的人口與地域規模足以與當時的歐洲首都抗衡。

日後成為美國貝類學之父的費城博物學家湯瑪斯．賽伊（Thomas Say），是少數掌握到卡霍基亞規模的探險家之一。一八一九年，他做為史蒂芬．朗（Stephen Long）密蘇里河探險團隊的一員，協助繪製該遺址的地圖。賽伊寫道，這塊土地曾被「印第安諸國的勞動者」挪移。[5]

卡霍基亞人根據棋盤模式規畫了一座大城，他們的貿易橫跨整個大陸，然而後代的城市建造者卻把這些古老廢墟當成工程填料；卡霍基亞人的歷史大多都被鏟起、覆蓋或漸漸變成高速公路，幾乎沒有多少美國人知道他們。位於聖路易與東聖路易的七十多座巨大丘塚，在內戰前就被夷為平地。[6]接下來的一百年裡，卡霍基亞的中央廣場被開發成郊區住宅，一家汽車電影院緊鄰著僧侶丘西側，起初播放迪士尼電影，後來的幾十年改成播放色情片。[7]

終於，在一九五〇年代，當高速公路工程師為了新的聯邦州際系統，在剩餘丘塚上放下他們的測量標誌時，當地考古學家和市民設法從最糟糕的研擬路線中拯救下最後一批丘塚。一部分的聯邦高速公路資金用於考古，挖掘工作揭露出美國第一座大城驚人的生活細節，包括大範圍的貿易。卡霍基亞有來自五大湖的銅，以及中西部的石製工具，還有來自墨西哥灣與大西洋的一批海洋貝殼，足以與美國沿岸丘塚的發現相媲美。

截至目前，在卡霍基亞丘塚中完整或碎裂的貝殼裡，特別是做為身體裝飾品的珠子，藏量最豐富的始終是左旋香螺（Lightning Whelk）。奶油色的左旋香螺經常被誤認為法螺，它的模樣就像是高䠷豐滿、穿著合身晚禮服的一九五〇年代女演員——寬頂部配上一條瘦長苗條的虹管。英文俗名中的「閃電」（Lightning）一詞，來自於貫穿整個外殼的鋸齒狀垂直條紋，從螺頂順著螺塔、虹管直至尾尖。從頂端看，棕色紋路以迷人又略帶衝突性的圖案穿過脊冠。

和大多數的螺旋貝殼不同，它是左旋而非右旋。將它頂部朝上拿在面前，會看到開口在你的左側。科學家基於這不尋常的盤繞方向，將之命名為*Sinistrofulgur sinistrum*。Sinistral意指「左旋」，該詞總是和邪惡綁在一起；至少在西方人心裡是如此。然而對於這些早期的美洲人而言，左旋或許有不同的意思。一如印度教徒崇拜的稀有聖螺，就是向左而非向右盤繞。[8]左旋香螺也可成為傳世的遺產；在神廟的平台與牆面上，在珠寶與聖杯中，左旋螺殼的壽命都超過崇敬它的人們數百年甚至數千年，它象徵著用貝殼勾勒堆積而成的早期美洲。

早期的美國科學家知道，左旋香螺對原住民具有特殊意義。威廉・亨利・霍姆斯（William

Henry Holmes）在他十九世紀出版的《古代美洲的貝殼藝術》（*Art in Shell of the Ancient Americans*）一書中寫道，左旋香螺似乎「廣受運用，勝過其他貝殼」，至少以整顆使用而言是如此。[9]今日人們認為，到目前為止，它們是密西西比時代交易範圍最廣泛的大型貝殼。[10]

左旋香螺在古時的烈日曝曬下褪白，在埋葬時被泥土染成暗褐，在最古早的美洲爐灶裡被燻黑。左旋香螺可以很實用也可以很神聖，可以是一頓飯或一座紀念碑——取決於它們最後的落腳處距離海洋有多遠。在墨西哥灣南部，左旋香螺的螺肉是主食，殼被磨成常用工具和捕魚設備。隨著左旋香螺被交易往越內陸，異國情調似乎就越濃厚，它們也被雕琢成越精緻的工藝品。[11]在肯塔基州西部五千年前的墓葬裡，以及北至加拿大曼尼托巴省的密西西比文明廢墟中，都能發現左旋香螺的身影。在加拿大，大約建於卡霍基亞時期的最密集的古代丘塚區，第一民族（First Nation）*的人民留下了用左旋香螺製作的領飾。貝殼領飾順著外螺紋精心雕出各種人臉，兩端有鑽孔以垂掛在胸前。一些現存的左旋香螺領飾上刻有鳥人，鳥人身上也掛著同樣的香螺垂飾。

一九六七年，卡霍基亞中央廣場南方一座小脊頂端的丘塚裡，出土了有關貝殼地位最動人的線索——應該說是兩萬條線索。考古學家發現兩具遺體（後來確認是一男一女）與兩萬顆貝殼珠葬在一起。熟練的工匠將大塊貝殼磨成銅板大小的扁平圓片，並在上面鑽了一個小孔。[12]這些珠子曾被縫在狀似巨大猛禽、如今已化為塵土的織物上，包裹著屍體；織物上鳥禽的頭部覆在兩人的頭部，雙翼覆在兩人的雙臂，依此類推。隨後幾年，挖掘者相繼發現一名孩童和數百位陪葬者的遺骸。[13]

這些圓片貝珠並非來自隨手取得的貝殼，也非來自棲息在附近的軟體動物，更不是用可取得的最大或最豐富的貝殼磨鑽而成。它們當然也不是用最容易鑽孔的貝殼製成。[14]這些圓片貝珠以及在大卡霍基亞發現的千萬片其他貝珠，大多是用堅硬如鐵的左旋香螺製作的。[15]這些數量驚人的左旋文物，有部份是發掘自這座被掩埋城市裡的一間貝殼倉庫與貝珠製造中心。

卡霍基亞人也用左旋香螺杯啜飲禮酒。伊利諾州考古調查局的研究員蘿拉・柯祖希（Laura Kozuch）發現，他們甚至會製作肖似左旋香螺的陶瓷貝殼杯仿品。圓片貝珠盛行於卡霍基亞的崛起期，陶製的貝殼杯仿品則是在接近卡霍基亞沒落期時出現。柯祖希推測，日益增加的衝突切斷了內陸與海岸之間的貿易，真品貝殼的數量受限，從而刺激了仿品杯的創生。柯祖希想像，降臨在卡霍基亞頭上的厄運催生出新的儀式，也許是為了終止導致卡霍基亞在一三〇〇年左右瓦解的某場戰爭或乾旱。

在日常生活與儀式典禮中，在今生之美與來世安魂裡，無所不在的左旋香螺讓柯祖希陷入了困惑，成為她畢生研究的問題：「為什麼是左旋香螺？」

答案帶著她原地轉圈，逆時鐘地往左旋轉。

＊編按：泛指加拿大境內因紐特人（Inuit）與梅蒂斯人（Métis）以外的北美原住民族及其後代。

大多數的海洋軟體動物都是生於危難。軟體動物從卵中孵出時，是自由游動的幼體，在有機會定居造殼之前，絕大多數都會被吃掉。左旋香螺寶寶是少數擁有海裝甲的幸運兒，能在自己的卵鞘裡，發育成完整的小腹足類動物（海水將那些奶油色線圈狀的卵鞘沖刷到大西洋與墨西哥沿岸的沙灘上，看起來就像你不想遇見的蛇蛻皮）。卵鞘是左旋香螺媽媽的傑作。在秋冬的交配季節，會有好幾隻雄螺聚集在體型大上許多的雌螺身上，伸出牠們的陰莖，使雌螺的卵受精。科學家曾經觀察到，高達九隻的小雄螺同時與一隻雌螺交配。[16] 雌螺在冬末或早春產卵。首先，牠會將卵鞘深深錨定在海洋沉積物中，確保它可安然度過接下來幾個月的蛻變時期；接著，她花上幾天的時間增加連接囊，在每個囊裡裝入大約一百個胚胎。等牠完成類似緊身衣的卵鞘時，卵鞘已可拉伸到一公尺長，孕育數千隻香螺。保護囊裡儲備了胚胎香螺成長與造殼所需的營養素，形成一個半透明氣泡。幾個月後，小香螺開始嚼破線圈狀的育嬰室，邁出成為肉食性生物的第一步，哪怕是最堅硬的蛤蜊殼，牠們也能撬開。

然後，年輕的香螺會想辦法前往墨西哥灣或大西洋的沙地、泥灘與海草床。如今，左旋香螺依然生活在大約四百五十萬年前牠們演化出左旋的地方；那個名為上新世的時代，見證了我們所知道的許多海洋軟體動物的興起。為何絕大多數腹足類是右旋？這個問題令演化科學家既著迷又沮喪。這裡頭肯定有什麼好理由，否則貝殼理應左右雙旋。蘇格蘭生物學家達西・溫特沃斯・湯普森（D'Arcy Wentworth Thompson）是貝殼螺線、蛋曲率和其他自然模式的數學先鋒，他在一九一七出版的巨著《論生長與形式》（*On Growth and Form*）中，宣稱這個問題的答案「沒有人知道」。已故的演化生物學家史蒂芬・傑・古爾德（Stephen Jay Gould），他熱愛軟體動物超過恐龍，而他也坦承，自己對此一無所知。[17]科學家至今依然無解，但他們確實有些線索，可說明為何會有少數軟體動物逆向旋轉。左旋給了左旋香螺一些優勢，可逃過石蟹掠食者粗大的右撇碎石器。[18]但海爾特・福爾邁伊說，螃蟹的大鉗並非故事全貌。首先，有些左旋品種生活在根本沒有螃蟹的極地區；其次，如果左旋對於挫敗敵人真能造成重大差異，那麼大多數海螺都應該是左旋。福爾邁伊的研究發現，左旋的海螺往往一出生就是微型成螺，和左旋香螺一樣，擁有完美的小貝殼，而非很容易被路過掠食者吞食的游泳幼體。簡言之，牠們在胚胎時期被吃掉的風險較低，從而移除了一項演化限制。[19]

福爾邁伊將左旋稱為「容許誤差」（tolerance of error）——這是大自然容許差異的方式，只要不會太危險。人類對自身物種中的這類差異容許度較低。字詞本身（英語的 *right*，德語的 *recht*，法語的 *droit* 等等〔皆為右，對，正確之意〕）便反映出對右的偏愛以及對左的偏見。[20]在法文裡，左是 *gauche* 或 *maladroit*，有笨拙尷尬和「不正確」之意；在拉丁文中，*dexter*（右）意指手腳靈巧，敏捷聰明，而 *sinistra*（左）則含有邪惡或厄運之意，象徵陰惡不祥。

人們對右撇優越性的感知，或許與古代戰爭有關。為了避免致命傷害，戰士以左手舉盾護住心臟，以右手交戰。[21]無論起源為何，對右手強大、美善、幸運、靈巧的感受，伴隨著對左撇的恐懼而生。在印度、非洲和中東，吃東西都該使用右手；世界各地的左撇小孩，都被強迫改用右手寫字。

雖然科學家用這些聽來不祥的根源界定左旋香螺，但其實先民對左旋貝抱持的心情，更接近敬畏。

蘿拉．柯祖希，這位做過伊利諾州調查的退休研究員出生於伊利諾州，父母愛好流浪旅居。一九七〇年代，在她的童年時期，父母買下並經營過好幾間家庭式汽車旅館。她上高中時，已經能把床單鋪得符合醫院標準，還能操作電話接線盤。高中一畢業，家人就在佛羅里達州墨西哥灣的長船礁買下「海鳥海灘汽車旅館」。在附近一家更高級飯店的櫃台輪完班後，柯祖希會花上幾個小時漂浮在溫暖的海上，漫步沙灘撿拾貝殼，採集新鮮的斧蛤（Coquinas）煮湯喝。

她父母的墨西哥灣夢並未持續，但那片海卻緊抓住他們的女兒。在佛羅里達大學學士班的考古學課堂上，她得知許多原住民文化也對貝殼深深著迷。在因偏遠而得以保存的沼澤地——塔塔姆丘（Tatham Mound）的一門田野課程中，她意外發現一些左旋大貝，跟她在墨西哥灣看過的一模一樣。很久很久以前，人們曾將死者埋在貝殼堆之中，然後或許是在所謂的「黑飲」（black-drink）儀式結束之後，將左旋香螺杯留在丘塚頂端。東南方的印第安人用代茶冬青釀製探險家口中的黑飲；代茶冬青是一種常綠灌木，結著豔紅漿果，至今仍在南方各地的野外生長或被修剪成樹籬。人們用貝殼勺或貝殼杯啜飲這種儀禮茶釀，禮勺禮杯大多是用左旋香螺殼製成，無論茶或杯都具有重要的精神地位。但似乎沒人能告訴柯祖希，為何左旋香螺如此特別。

佛羅里達州州貝天王赤旋螺（Horse Conch），的體型更大，比左旋香螺鮮豔多彩的貝殼也比比皆是。[22]

柯祖希將她的學術生涯奉獻給單一貝殼，專注程度不下於她父母曾經的浪遊癖。她的大學實習，在動物考古學先驅伊莉莎白・溫（Elizabeth Wing）位於佛羅里達自然史博物館的實驗室裡度過，並繼續跟著溫做博士研究，鑽研密西西比文明遺址裡的海貝。柯祖希在佛羅里達的豔陽下閱讀威廉・巴特蘭（William Bartram）的著作，正巧讀到他詳細描述克里克印第安人（Creek Indians）的神聖螺旋火。他們用乾藤打造出三十公分高的螺旋狀導火索，圍著巨大的中央火堆圈圈纏繞，讓火勢盤旋而出。「旋轉的直徑逐圈加大，」巴特蘭寫道，「長度從中央延伸至三到四公尺外，根據集會或聚會持續的時間而定。」[23]

夜幕低垂，等會議成員落座，螺塔就被點燃。接著「按照太陽運行的軌跡，漸次緩慢地繞著中央柱子爬升，靠著乾藤餵火，提供歡快、溫和又充足的光線，直到環圈耗盡。」這時，會議成員與賓客開始分享「裝滿黑飲的超大海螺殼」。

巴特蘭的速寫顯示，篝火是以太陽的路徑向左盤旋。對某些東南民族而言，它隱喻了生命的歷程：生於黎明死於夜晚。柯祖希在其他原住民的舞蹈和儀式中，也發現同樣的模式，包括一名納齊茲（Natchez）戰爭首領的驚人葬禮。[24]八人抬著他的屍體，踩著連環左旋的路徑行走，另有八人坐在螺旋路徑的定點上，等著八位行刑者從身後將他們勒死。

柯祖希以考古學家的身分回到故鄉伊利諾州，並再次發現她被左旋文物包圍——這回是來自大卡霍基亞的丘塚。為了理解該城貝珠的規模，她花了數百個小時用古老的技術和燧石微鑽之類的工具，切割、敲錘現代貝殼，並在上面鑽孔——左旋香螺真的比鐵還硬。柯祖希指出，卡霍基亞的圓片珠以及用強韌殼軸（貝殼中軸上的垂直芯核）切割而成的粗短珠，其數量與精準度在在顯示，當時有一支熟練的勞力全職投入生產；雖然其他學者多半認為，製作貝珠在卡霍基亞是一種兼職工作。[25]

很難弄清如此大量的貝殼來自何處。左旋香螺生活在墨西哥灣諸州到德州（左旋香螺是德州的光榮州貝）與猶加敦的大西洋沿岸。事實證明，要對光滑的白色文物進行生物化學測試，不僅棘手且昂貴。[26]但結果顯示，不同地區的左旋香螺，打造出的外殼也會略微不同，最明顯可見的是螺塔的角度。

而這類工作，正是貝類學家的癡迷蒐藏與田野筆記可以派上用場的地方。柯祖希和動物考古學家凱倫．沃克（Karen Walker），測量了數百個從不同海岸蒐集到並蒐藏在自然史博物館裡的香螺，確認它們的螺塔角度真的可以精準指出它們源自的海岸。接下來，她又測量了數百件來自卡霍基亞、東聖路易以及奧克拉荷馬州斯皮羅丘（Spiro Mound）的香螺文物。她發現，絕大多數的香螺來自同一個地區：佛羅里達半島外的東墨西哥灣淺水區。[27]

從佛羅里達西南部的貝殼聖地薩尼貝爾島，跨越一道藍綠色的海灣，可以看到美國原住民的貝塚依然聳立在松島（Pine Island）上。那是一座由熱帶果園和小社區組成的懷舊小島，沒有任何島民覺得需要紅綠燈。穿過島嶼西北海岸的芒果樹叢，矗立著真正的懷舊；如山的貝塚俯瞰著苦木裂欖樹蔭下的寧靜河口，閃耀著數百萬枚腹足類褪色外殼的白色光芒——大多是小左旋香螺。東邊，茂生的草木覆蓋著一條手工挖掘的千年運河殘跡，運河一度奔流三公里，穿越松島中心，至今仍保有流水與記憶：一支古老水民的古老通道。運河後方，一座樹木叢生的丘塚孑然聳立，桀驁不群。以沙興建的史密斯丘（Smith Mound），是佛羅里達西南部目前已知規模最大的原住民墓地。

在派恩蘭（Pineland）前哨的保護下，這些靜謐丘塚再現了卡魯薩族（Calusa）最大、最繁忙的一座城市。這支原住民早在歐洲人登陸之前，控制佛羅里達南半部超過一千五百年。卡魯薩是一支高大、帥氣的民族，身穿粗簡皮布，頭蓄黝黑長髮，在從夏洛特港向南一直到大沼澤地萬島群的區域，打造了一個海陸鑲嵌的濱海帝國。[28]

活躍的扇貝和鯔魚群密布如雲，遮蔽水面。海灣河口是卡魯薩人的領地，也是他們的文化結晶。[29]他們是對農業毫無涉獵的漁夫，即使人口增長到兩萬人，幾乎追上卡霍基亞的規模。[30]卡魯薩族人口最多的城市，北有派恩蘭，南有他們的儀禮首府茂德礁（Mound Key）。這些城市都是港口狀，建於靠近佛羅里達半島的大島上；面向墨西哥灣的港口，有小型的離岸沙洲島做為天然屏障。

卡魯薩人駕獨木舟行旅，獨木舟以松木或絲柏挖空而成。最大的獨木舟兩兩綁在一起，中間架上有頂平台，「甲板上覆著用箍條編蓆構成的棚子，」一位西班牙編年史家在一五六六年觀察道。[31]最小的獨木舟是巴掌大的木製玩具，可讓孩童在岸邊用手推著玩。[32]

威廉·馬夸特（William Marquardt）花了四十年的時間仔細篩濾沙洲島的沙地，一點一點拼湊出卡魯薩人的故事，過程中經常得到貝殼的幫助。考古學家的沉靜舉止和悄然無聲的研究主題，與馬夸特多年來在「空洞身軀」（Hollow Bodies）和「尼安德調」（Neandertones）等搖滾樂團裡大奏電單簧管的形象十分不搭，樂團成員在他們八〇年代的俱樂部大門上，掛了一根木製大骨頭。馬夸特和他的同事知道，卡魯薩人食用的魚類超過五十種；當漁獲得之不易時，就會把配菜或主食換成軟體動物。住在淡水入海口附近的居民，食用較多生蠔；住在派恩蘭和其他河口處的居民，則食用腹足類——特別是醃過的左旋香螺肉。[33]

馬夸特發現了數以千計的小型左旋香螺和大型香螺的儲存所，而且在卡魯薩的領地內，四處都可見到用左旋螺製作的基本工具。[34]卡魯薩人將木柄穿過殼冠製成重槌或利斧；將外殼口磨出利邊，用來挖空圓木並雕出獨木舟的長槳；將強硬的殼軸鑿成可削平木頭錛子，固定在長矛、搗具、穿孔器和漁具尖端；他們也將外螺殼磨平，製成碟子、湯匙、長柄勺與杯碗。[35]馬夸特日益確信，卡魯薩人也從事長途貿易。他們採集大型左旋香螺和其他諸如醃燻魚獲的貨品，用獨木舟運往北方換成板岩、頁岩等異國礦物返回家園。[36]在征服者抵達佛羅里達不久之後，卡魯薩文明達到巔峰。

十六世紀時，西班牙編年史家描述卡魯薩人居住在至少五十個村莊裡。到了一六一二年，一位西班牙總督寫道，卡魯薩領袖控制「他自己的六十幾個村莊，這還不包括其他數量龐大、向他進貢的村落。」[37]

但在接下來不到一個世紀裡，所有卡魯薩人都遭到奴役、殺害，或被逐出他們的高腳屋。再過一百年，實際存留下來的只有他們的貝殼。

在美國科學發展的早期，像湯瑪斯．賽伊這樣的博物學家（他撰寫了美國第一本貝類學著作），除了樂於挖掘軟體動物化石或採集活體，也很樂於記錄原住民族神話。用現代行話來說，科學在細分成日益窄化的專業之前是跨學科的。例如，一名工程師在設計水庫時會注意到，工程除了能為地區帶來電力，也可能會摧毀該區的食物或魚貝等經濟生計。在北美洲，遭到人為滅絕的最大受害者是西南部的淡水貽貝，而其中最引人注目的，莫過於因田納西河築壩而慘遭淹死的貝類。[38]熬過冰河時代、原住民濫捕，以及美國一九〇〇年代初的珍珠、貝殼鈕扣狂潮，這些倖存下來的物種卻無法在電氣化的世界中存活。

早期的科學家暨人文主義者，有不少也是積極主動的社會倡議者——湯瑪斯．賽伊故事的另一章即將登場。法蘭克．漢米爾頓．庫欣，這位人類學家曾在新墨西哥州與祖尼人一起生活，並帶祖尼人去見「摯愛的母親」大西洋。他也鼓勵祖尼人反抗殖民者侵占他們的土地，反對殖民者在普韋布洛村莊傳教。[39]（但庫欣自己也會跨越各種界線，例如干涉原住民的儀式。）

庫欣是自學有成的「一個天才，」他的老闆約翰．韋斯利．鮑爾（John Wesley Powell）如此說道。[40]鮑爾後來成為史密森尼學會旗下美國民族學局的創始局長，志在組織美國的人類學研究。庫欣天生就是吃這行飯的，十歲之前他就在家族的紐約農場發現一枚箭頭，並於十歲那年「決定了畢生的目標和使命，」他如此寫道。[41]庫欣十七歲發表了第一篇科學論文，十九歲被招募進入史密森尼學會。他因為「入鄉隨俗」、舉止行為有如祖尼人而在報章雜誌與一八九三年的芝加哥世界博覽會上享有盛名。祖尼人接受庫欣，讓他加入他們的祕密會社：「弓的祭司」（the Priesthood of the Bow）。[42]

不似擁有學位、帶著超然優越感的同儕那樣，庫欣以詩意的同理心書寫祖尼人。身為第一位致力於今日所謂「參與式觀察」的人類學家，庫欣也引起一些同儕的嫉妒。一場爭執害他從心愛的祖尼計畫中被除名，由一位哈佛畢業生取而代之。[43]更糟的是，他還被指控仿造了一件祖尼文物——一隻珠寶蟾蜍。

信譽受人攻擊讓庫欣病倒。一八九五年初，在向史密森尼學會申請的病假期間，庫欣得到消息——佛羅里達西南海岸出土了幾件誘人的文物。住在馬可礁（Key Marco）的一名船長，於住家附近一座貝殼場的紅樹林沼澤中挖掘泥炭時，發現了古代的木製文物，以及「一個用大塊的香螺或海螺殼製作、形狀漂亮、光滑細緻的勺子或杯子」。[44]

有希望發現一支失落的海岸民族，這讓庫欣重振精神。聽到越多從佛羅里達淤泥中出土的文物消息，他就越相信它們很可能是「尚未在任何海岸出土過的最重要考古發現」。[45]庫欣帶著鮑爾的祝福，啟程前往佛羅里達西南方，先是搭乘火車，接著登上汽船從和平河順流而下。一八九五年五月，庫欣抵達夏洛特港，他雇了約翰．史密斯（John Smit）船長和他的單桅帆船

「佛羅里達號」，「竭盡所能地探索眾多島嶼。」[46]

二十年前，史密斯在一場大颶風中失去家園之後，就將家人安置在避風的松島。[47]他是著名的大海鰱海釣嚮導，結實魁梧，膚色古銅，經常頭戴漁夫帽，身穿吊帶褲。他很清楚該把庫欣載去哪裡展開他的第一次大勘查。[48]對一個尋找失落文化之人來說，松島是一個幸運的起點。那年冬天的「大寒凍」（Great Freeze）不僅摧毀了該州修剪整齊的柑橘作物，且掃蕩掉許多將佛羅里達荒涼島嶼上纏繞成幽暗密林（Forest of Mirkwood）*的亞熱帶樹木、灌木和藤蔓。[49]越過環繞松島及四周小島的暗綠色紅樹林，一個平日裡隱匿無蹤的往昔景象驚現於庫欣眼前。庫欣在海灣的清澈淺灘上巡航，涉過灣潭鹽沼，瞥見他日後口中的「貝殼大城」。[50]

在從松島延伸而出的一座小灣潭上，庫欣爬上一株巨大的老苦木裂欖，差點就掉到一座平台上，平台全部是由他所描述的海螺貝殼製成的。那些貝殼是左旋香螺，從位於樹幹處的底座向外懸挑好幾步遠，「橫截掉頭部的大型螺尾整齊向外排列，有如一幅用渦漩組成的鑲嵌壁畫，」他寫道。[51]

庫欣從高處向北眺望松島海岸，看到「一座相對顯眼的海岬，狀似島嶼。」他請史密斯朝北駛去，好貼近檢查，儘管他們原先的目的地是位於南方一百五十公里處的馬可礁。庫欣在退潮時涉水上岸，踏過居民闢設在古代貝殼工事間的菜圃。他能辨識出平頂金字塔、貝塚、貝

＊編按：托爾金（J.R.R.Tolkien）小說中的虛構場景。

脊，以及被貝牆圍繞的水壚。

他算了一下，共有九座超過十八公尺高的笨重建築，圍繞著五個長方形庭院興建，外加一條通往海灣、從兩座最高聳的貝殼結構物之間穿過的大運河。爬到其中一座的頂端後，「我深感震驚，從那裡可以看到的工事範圍，讓人不敢置信，」庫欣寫道，「往西南方和視力所及的南方盡頭望去，在兩公里多的距離外，矗立著一連串與此類似的貝殼大高地，還有介於中間的水壚、平整的道路、運河，以及周圍的貝殼平台和梯田，東南方還有另一群巨大高地。」[52]

一座巨大的橢圓形丘塚讓庫欣的印象特別深刻，那是以人工用沙建造而成，「它的工程之浩大，似乎超過我們的國會，」他如此宣稱。[53]順著它螺旋形的長路走到頂端，他發現曝白的人骨和一只完美的貝殼勺。他真希望能留下來，但馬可礁在呼喚他。[54]

庫欣原本計畫花一天的時間去馬可礁，但他堅持要史密斯在每座擁有貝殼結構物的島嶼停留，結果就是將旅程延長成八天。[55]在數了七十五座貝塚之後，他們抵達薩尼貝爾島，這時他不得不停止探查，急忙往南。[56]不過，快速瀏覽過這些「貝殼大城」，確實有助於把庫欣的思考往前推，不再局限於他在馬可礁能發現什麼奇幻文物，而是要做出遠超越自身時代的結論。那些貝塚不僅僅是垃圾堆，而是寺廟與住家的地基。有些結構物曾借助柱樁碼頭延伸到水面之上，一如我們的建築。[57]打造這些結構之人，已經適應了墨西哥灣的恩賜與艱辛。[58]

庫欣在該年十二月回去挖掘他稱之為「樁民水壚」（Court of the Pile-Dwellers）的馬可礁遺址。團隊從半個足球場大的小泥塘裡淘取出的文物，至今依然是北美考古學上前哥倫布時代的最重要發現之一。[59]庫欣挖出上千件木製文物：一些玩具獨木舟，色彩鮮豔的面具，一隻活靈活現似在說話的彩繪啄木鳥，一頭耳朵過大的精巧鹿隻，黑豹、短吻鱷與尖喙獵鷹的雕像，和一只十五公分高、如今蹲踞在史密森尼學會的玻璃櫃裡的精美貓人雕像。

貝殼文物大多是實用性的，但也有貝珠、吊飾和耳扣這類的裝飾品，以及最迷人的小型貝殼工藝品——團隊發現好幾對用鋸棕櫚葉綁緊的蚌殼，打開後可看見畫在內側的細密畫。[60]最精緻的一幅是描繪一名蒙面男子，除了一件華美頭飾以及朝前雙手上的深深掌紋之外，其他部分只簡單勾勒。

團隊發現了用雙殼貝雕成的湯匙，以及用大海螺刻成的大勺。他們找到各種尺寸的貝殼刀和刮刀，光滑且帶著鋸齒。泥潭中保留了多不勝數的左旋香螺錘、鎬、錛、鑿，許多的木柄都還完好無損。貝殼也以海洋工具的身分返回海上服役——大海螺變身水桶，大蚌化為網墜，殼軸製成沉錘。庫欣發現「一把精巧的錨」，是將三枚法螺鑽孔，然後用樹皮與纖維做的扭繩綁在一起，讓它們細長尖銳的尾端輻射而出，宛如星芒。[61]若在裡頭填滿沙與水泥，重量足以固定「一艘大船」。

豐富的貝殼工具，讓庫欣形容這是「人類發展與文化上的貝殼時代（Shell Age）」，石器工具的海洋版本。[62]「一種海的藝術，」他寫道，「海洋提供了幾乎所有的工具零件，陸地只提供某些加工材料。」

此次的挖掘非常重要，卻也悲慘至極。那個時代還沒有保存技術，原本保存在無氧泥渣中的木製文物，大多一接觸空氣就散架，這場危機讓鮑爾突然親臨佛羅里達。他敦促庫欣將該季的挖掘工作控制在「這個椿民水塭」，以減少破壞範圍，並規畫更長期的挖掘與保存方案。[63]

雪上加霜的是，美國民族學局的一位競爭對手，指控庫欣在蚌殼裡偽造蒙面男子的細密畫。競爭對手把庫欣在祖尼時期的指控者以及一些黃色報刊記者拉來報導這個轟動的故事。現代的考古學家重新審視這個故事，他們指出，懷疑庫欣的每個人都在千里之外，而真正目睹挖掘現場的人都為那個時刻的真實性發誓。[64]鮑爾與其他科學家主持了一次調查，結論是那件標本是真品而非偽造，他們逼退了庫欣的指控者。

但是就和今日一樣，真相還在繫鞋帶，謊言早已跑遍全國。這項爭議在庫欣短暫的餘生中緊緊相隨，令他的傳奇蒙塵，至少有一小段時間是如此。一九〇〇年四月，庫欣被一根魚刺哽住喉嚨而喪命，當時他正在進行有關「貝殼大城」的報告。[65]

等到考古學家返回遺址，「椿民水塭」和佛羅里達西南部的許多大丘塚，都被其他建築覆蓋或遭搬移，改成了道路或填土工程。保存在丘塚裡的卡魯薩人線索，也跟著消失。

軟體動物以數億年打造自身的殼層，訴說演化與地質變遷的故事；原住民以數千年打造貝塚，存記史前先民的生活與社群樣貌。而新的貝殼營造物，同樣也透露出其建造者的特質。現代工業家與開發商摧毀掉早期城市的卓越證據，藉此營造出一種印象，讓人們以為美國夢、佛羅里達夢、加州夢，或聖路易黃金西部的入口夢都是他們一手打造。

先前的種種夢想，一直在同一塊土地上打造，且延續了好幾千年。除了一些顯著例外，新美國人在這塊土地上持續推進，彷彿以前沒有人來過。一九〇六到一九〇八年間，柏克萊考古學家內爾斯·尼爾森（Nels Nelson）調查了舊金山灣區，發現海灣周圍曾有過不下於四百二十七座貝塚，但「沒有任何大小的單一貝塚，保持了絕對的原始狀態」。[66]和佛羅里達的卡魯薩人一樣，加州的奧隆尼（Ohlone）人也曾將灣區原住民數千年來堆積起來的貝殼堆改造成聚落和墓塚。[67]最大的貝塚位於今日的艾默利維爾（介於奧克蘭與柏克萊之間），那裡曾經是葬祭之地。十九世紀末，開發商在該地建了一座名為「貝塚樂園」（Shell Mound Park）的遊樂場，並將塚頂剷平當成舞池。狂歡者真真切切地在墳上起舞。[68]一九二四年，貝塚被毀，為工業發展騰出空間。當時的黑白照片顯示，圍觀群眾注視著蒸汽挖土機將貝塚開腸剖肚，一車車載走。報紙上對人類與貝殼同埋的說法嗤之以鼻[69]，「毫無疑問，貝塚是加州第一批居民的埋骨所與垃圾堆的綜合體，」一九四二年《柏克萊每日公報》上的專欄如此寫道。[70]

加州皮特河部落的蜜雪兒·拉裴納（Michelle LaPena）和里斯占村落邦聯（Confederated Villages of Lisjan）*的柯莉娜·古德（Corrina Gould）認為，《柏克萊每日公報》的觀點反映出一種根本性的斷裂。[71]許多非印第安人認為人與自然之間有一條楚河漢界；而原住民相信，大

*編按：該邦聯為灣區獨特的原住民群體之一，統稱為奧隆尼人。

自然的一切都擁有精神力量，包括植物、動物以及由生命淬鍊出來的岩石和貝殼。[72]「奧隆尼人*認為，先前活過的一切遺痕都是神聖的，」她們如此解釋，「無論是人或蚌，都是珍貴而神聖的。」

「即便是今日，葬在貝殼之間仍是至高無上的榮耀。」[73]

在墨西哥灣南方，公路建造者發現貝塚很適合用來強化沙質土壤上的路面。一九〇八年，最早的聯邦公路局做了實驗，他們從當地的貝塚就地取材，將十公分大的蛤殼平鋪在十五公分大的牡蠣殼上，以貝殼做為路基打造穿越紐奧良的第一條高速公路。[74]

在松島，有些居民會把住宅蓋在在貝塚的平頂上，或將這些貝殼堆一車車運走。他們整平貝脊與螺牆，用剷挖下來的貝殼修建島上公路或填平濕地、整平農地。一九二〇年代，貝殼被混入大型陸橋的基材之中，填入卡魯薩人手工挖掘的大湖，打造出酪梨田與芒果田。拖拉運貝車的騾子被套上特殊的靴子，保護牠們柔軟的蹄底不被腹足類堅銳的殼軸和螺塔傷到。[75]來自貝塚的左旋香螺和天王赤旋螺，會直接切穿行駛在貝殼公路或駛過農田的汽車、卡車與曳引機的橡膠輪胎[76]，必須用沉重的鋼桶機械滾壓，將貝殼壓碎，公路和農田才能行駛。[77]

一個名叫巴倫·柯利爾（Barron Collier）的廣告商人，靠著在全國的火車、電車和地鐵賣廣告而發了財，他買下馬可島和卡魯薩的其他小島，在這些前貝殼大城裡累積了一百多萬畝土地（有一次，柯利爾提議，將馬可島以一百萬美元賣給佛羅里達當公園。該州拒絕他的提議，成為保護史上錯失掉的一大良機。）。到了一九二〇年代，柯利爾成為佛羅里達最大的地主，他協助從西側汲乾大沼澤地，並建議穿越大沼澤地的塔米亞米公路行經他持有的土地。做為高速公路交易的一部分，柯利爾施壓佛羅里達當局，要求將馬可島及其周邊從李郡（Lee County）分割出來，獨立成一個新郡，以他的名字命名。[78]如果能改成卡魯薩郡會更貼切，但還有個更好的做法，就是把新獨立出來的郡以二十世紀佛羅里達造夢者柯利爾命名，然後將原本為紀念南方邦聯軍指揮官羅伯．李的李郡，改名為卡魯薩郡。然而，距離庫欣去世才二十年，卡魯薩已漸漸被人遺忘。為了完成塔米亞米公路，佛羅里達公路部門將茂德礁剷掉好大一塊——那裡曾是卡魯薩的首府和架高的酋長之宅所在地，可容納兩千人舒舒服服地聚會。[79]如今，茂德礁上怪手的咬痕從空中依然清晰可見。

一個世紀以來，高速公路、堤壩、港口和其他硬景觀對貝殼骨料的需求殷切，致使挖土機轉向，開始從美國海灣挖掘貝殼。於是，將灣底出租給貝殼挖掘機，就成了濱海諸州的收入來源之一。一九六〇年代，印第安文物紛紛從用牡蠣殼鋪設的車道上冒出，證明挖掘機挖的可不只是化石貝殼，挖掘也不僅止於海底。[80]十九世紀的考古學家曾經指出，在路易斯安那的格蘭德湖，有一座完全由貝殼打造而成的巨大短吻鱷芻像丘。那隻至少有一百二十公尺長的鱷魚，是一個「近乎完美對稱」的顯眼地標，用楔形馬珂蛤（*Rangia cuneata*）外加一些美東牡蠣（*Crassostrea virginica*）打造而成。這隻鱷魚是墨西哥灣區目前所知唯一的芻像貝塚；一九三〇年

＊編按：同前註。

代，貝殼挖掘機開始挖鑿這隻聖獸，將它一船一船搬運到大陸上鋪設道路。[81]到了一九五〇年，只剩下湖濱上的些許貝殼，不懈地沖刷著切尼爾杜豐（Chenier du Fond）的堤岸。

一九六〇年代，柯利爾的繼承人將馬可島及其附屬島嶼賣給佛羅里達開發商麥克爾兄弟（Mackle brothers），他們首開風氣推出大規模的社區規畫，靠著販賣紙上地皮來資助建設，並在北方報紙上大做廣告。為了讓潛在買家看到紅樹林後方的大海全景，他們在該島最高的卡魯薩殘存貝塚頂端，蓋了六公尺高的瞭望塔。[82]麥克爾兄弟用比道路更長的運河切割地景，創造出五千多塊水岸地皮。[83]這些新遷入的水邊居民，並不知道自家基地的填料是來自佛羅里達原住民的貝殼大城。

就在庫欣首次前往佛羅里達西南部的整整一百年後，一塊廣告看板出現在馬可島罕見的空地皮上，宣告此處將建造一棟全新公寓大樓。[84]覆了綠草的地皮距離「樁民水塭」僅有一百公尺。對街，當鋪設電視電纜的挖土機掘出數百枚巨大的左旋香螺，當地歷史學會的成員立即採取行動。[85]五月，考古學家道夫．衛德莫（Dolph Widmer）同意帶領一次全由志願者組成的緊急挖掘工作；當地人備好基地，為研究生找好住宿，並接受挖掘技術的訓練。[86]一週工作六天，持續一整個暑假，團隊挖掘出三座超過千年的平台丘塚，以及無數曾經插了柱樁的柱孔。最大的丘塚是一座截了頂的金字塔，建在用左旋香螺構成的地基上。貝殼們層層堆疊，螺塔抵著虹管，排成類似混凝土的基體，強韌到連鏟斗機都無法穿透。[87]

今日，該基地蓋了馬可島上較為低調的公寓之一，三層樓高的樓房砌了柔和的奶油色磚牆。[88]而曾經矗立在此基地上的那個特殊場所，則是由卡魯薩的磚石匠，在左旋香螺上方覆貼了一層帶有珍珠光澤的江珧蛤（Pen Shell），讓它的表面在佛羅里達的豔陽下閃耀著稜柱形的微光。[89]

一九二〇年代初，松島的一個土方工程團隊，將庫欣口中可與「我們的國會」相媲美的橢圓形大墓塚，從西側開腸剖肚，一車車載走。這是庫欣發現卡魯薩人白骨的重要遺址，如今有一半被拿去填充濕地。

另一支團隊在一九二六年現身，將墓塚剩餘的一半鏟平，拿去填地、興建新的船渠和船塢。[90]他們沒想到會遭到獵槍威脅。[91]持槍男子是約翰·史密斯的兒子暨財產所有人，也就是三十年前協助庫欣完成第一次貝殼大城之旅的船長之子。史密斯一家三代，在二十世紀上半葉協助保護位於派恩蘭的卡魯薩北部首府遺址；一九六〇年代，原先投資該區、期待開發的紐約退休人士派特與唐·蘭德爾（Pat and Don Randell），接替史密斯一家擔下照護者的角色。[92]

蘭德爾夫婦攢集了八十畝土地，在佛羅里達定居，享受牧歌般的退休生活。沒多久，他們就開始在自家院子發現卡魯薩文物。他們變成臨時性的旅遊嚮導，給前來參觀丘塚的好奇遊客解答問題。一九八〇年代初，這對夫妻資助該區繼庫欣之後第一次重要的考古田野工作，聘請當時還是年輕考古學家的馬夸特，為離岸約一·六公里處的喬斯林島（Josslyn Island）繪製地圖。蘭德爾夫婦原先計畫開發的這座島嶼，是卡魯薩人季節性的捕魚和撈貝中心，有貝塚、水塭、漁具文物，以及裝滿左旋香螺的坑洞。

蘭德爾家族放棄可觀的利益，將喬斯林島賣給佛羅里達供保存之用。馬夸特早年與蘭德爾夫妻合作的這段際遇，也提高了他的直覺敏銳度，他知道除了留意自身的學術圈外，也要關注私人公民與地主，還有志願者——馬夸特後來就是在志願者大軍的協助下，仔細篩查了派恩蘭聚落長達兩千年的歷史。接下來的四十年，馬夸特為卡魯薩文化和墨西哥灣生態打造出一支主力部隊，將環境教育與歷史繫連起來。他募集了數百萬美元的私人基金，將佛羅里達學童帶到派恩蘭。許多人先前從未見過海，更別提貝塚了。看著好幾代孩子相繼前來，蘭德爾家族最後將他們的地產捐給佛羅里達自然史博物館，做為考古研究與教育中心，供大眾參觀。而拜另一項私人捐贈之賜，博物館也取得了那座大墓塚，並以曾持槍保護它的史密斯為墓塚命名。這塊靜謐的安息之所就此得到保存。[93]

有了派恩蘭的保存，加上位於茂德礁的卡魯薩南部首府，這些遺址協助科學家可以在西班牙人灌輸的凶殘敘事之外，揭露更細膩的卡魯薩故事。庫欣當年的工作，如今正以現代技術持續推進——雖然有點晚了，因為所有遺址都埋在高速公路與公寓大樓底下。科學家現今知曉，派恩蘭與茂德礁都有大型水塭分布在類似的網格系統上，用來儲存剩餘的活魚，或許還有軟體動物與螃蟹。建造活井的時間，恰巧碰上海平面下降，將有鰭魚送入更深的海域，這同時帶來一段艱困的時期與工程的創新。[94]派恩蘭的中央運河寬到足以容納卡魯薩的雙殼獨木舟，可以將人與貨快速從海灣運到三公里外的大陸上，省下環繞大松島一圈長達十五公里的路程。

馬夸特和柯祖希無法確認，卡霍基亞和其他地方的左旋香螺，是否來自工程設計精良的卡魯薩領土。但現有的證據似乎很支持這項推論，包括港口狀的重要都市和貨運運河、香螺漁場與加工場。柯祖希對貝殼螺紋的統計分析以及現代研究發現，左旋香螺最密集而大量的棲地就在松島灣。[95]

左旋香螺對卡魯薩人來說主要是實用性的，可以做為食物、工具和出口貨物。在崇敬左旋香螺的內陸人眼中，它們的價值日益提升。柯祖希與馬夸特推測，對卡霍基亞、斯皮羅和更遠的民眾而言，促使原住民追求這種貝殼的原因既非顏色也非大小，更不是它迷人的閃電紋路——而是它的左旋。左旋是美國東部靈性學的一項早期標誌，左旋香螺殼「既是媒介也是訊息，」柯祖希說。

對卡魯薩人而言，左旋可能也並非全是實用性的。卡魯薩的步道順著今日的史密斯墓塚蜿蜒而上，他們可以走到塚頂，向祖先祈求智慧，留下菸草或食物做為供品。今日，該處遺址是禁區，只有宛如神靈般定居在橡樹上的白鸛可進入。但那條千年步道依然可見，以左旋方式盤繞登頂。

基因突變會造成軟體動物以反常方向旋扭殼體，這種情形久久會發生一次，而一次就會影響到數以萬計的貝殼——實際數字因不同物種而定。右旋海螺會改成左旋，左旋香螺或其他左旋海螺則會改成右旋。凡爾納在《海底兩萬里》中，曾經捕捉到被這類神奇點燃的興奮之情。[96]

凡爾納小說的敘事者——巴黎自然史博物館的海洋生物學教授皮耶・阿龍納斯（Pierre Aronnax），與他的男僕康塞爾（Conseil）在巴布亞紐幾內亞的海灘上搜尋罕見珍寶，他們瞥見一枚開口在左側的榧螺：

> 「不可能！」康塞爾驚呼。
> 「沒錯，小鬼，這是一枚左旋貝殼！」
> 「一枚左旋貝殼！」康塞爾複述著，他的心怦怦跳。
> 「看它的螺旋！」
> 「喔，主人你可以相信我，」康塞爾說道，以顫抖的雙手接過那枚珍貴貝殼，「但我從未這般興奮過！」

這樣的一枚標本，會讓貝殼蒐藏家「願意為它們的價值付出黃金，」凡爾納寫道。此言不虛，在他一八七〇年出版那本海底冒險故事時是如此，今日依然。可惜，沒有其他崇拜者能瞥見凡爾納的左旋榧螺。因為書中的下一個場景，一名巴布亞人從岸邊丟出一塊石頭，直接擊中康塞爾手中那枚貝殼，砸碎那個珍貴發現。唉，阿龍納斯終究無法如他所說，將那枚貝殼交給巴黎博物館。[97]

那枚貝殼的命運就和《蒼蠅王》結尾中被砸碎的海螺號角如出一轍。這兩位備受喜愛的小說家，或許是在評論，握在人類手中的大自然有多脆弱。

無論過去或現在，沒有任何反向盤繞的貝殼比反向的聖螺更有價值，因為人們相信，這種印度洋的神螺裡隱藏著吠陀經。常見的右旋聖螺*，或說印度鉛螺，也跟印度教與佛教文化密不可分，且持續了數千年。

這種壯碩的白海螺中體型最大的，在印度稱為「*shankh*」。牠們在印度教家庭裡享有榮耀地位，扮演不同的角色。例如，在孟加拉，據說*shankh*會發出神聖的「唵聲」。[98]「*Lokkhi-shankh*」帶來秩序，「*jal-shankh*」儲存來自恆河的聖水，「*Lakshmi-shankh*」則將吉祥天女（以及她代表的財富與和平）帶進家庭。

印度鉛螺的用途並不局限於家戶或寺廟，也可以將螺殼打磨成珍珠手鐲，戴在已婚婦女腕上，或是研磨為粉末，用於阿育吠陀醫學中的碳酸鈣療法。這些傳統將印度教徒與古老過往聯繫起來，一如被遺忘的卡霍基亞城或卡魯薩貝殼帝國。黃沙覆蓋了上古世界最大的文明，印度西北部與巴基斯坦印度河谷的哈拉帕（Harappan）古文明大城湮沒在時間之流裡。考古學家在挖掘該文明經過總體規畫的城市時，發現大型的貝殼加工場多數專門製作手鐲。[99]其中殘留下來的印度鉛螺比任何其他物種都還要多。

＊作者註：印度人對貝殼旋向的描述和西方人相反，他們是將貝殼的螺頂朝下。他們說常見的旋向是左旋，右旋則是罕見。為了全書一致，我遵循軟體動物學家的做法，將右旋視為聖螺的常見旋向。

一九〇〇年代初，也就是哈拉帕文明之後約五千年，一位癡迷木船的海洋科學家詹姆斯・霍內爾（James Hornell），替殖民政府監管印度的聖螺漁業，目睹印度鉛螺融入「幾乎是印度教徒一生的每個階段」。[100]霍內爾以孟加拉灣的馬德拉斯為基地，描述無數村莊投入聖螺工業，有些甚至可回溯到西元前四世紀。

這項產業的核心是聖螺潛水夫。在古坦米爾（Tamil）*的文本中，自由潛水夫享有不朽的地位，他們具有迷惑鯊魚的能力，得以免受牠們攻擊。在最近的幾個世紀裡，潛水夫在葡萄牙、荷蘭、東印度公司和英國管轄下承受低薪待遇，直到霍內爾時代才開始罷工，爭取較好報酬。自由潛水夫、獨木舟建造者和船員、聖螺切割師及手鐲製造者，將技藝代代相傳形成悠久世系。他們的特殊工具包括潛水夫的沉水石以及切割師的半月鋸。半月鋸跟伐木工人的弓鋸一樣大，可以切穿厚殼。

一九一二年，霍內爾將聖螺切割師比喻成坦米爾詩人，因為「這些男子坐在地上，雙膝向外展開，幾乎貼到地面。自由揮灑彎月形的雙柄大鋸，發出千篇一律的單一音符，費力切穿堅硬的殼體。」[101]

就如同今日一樣，聖螺工人會將印度鉛螺物盡其用。螺肉留給家人，螺蓋（operculum，螺的口蓋）磨成線香，最小的海螺打磨成專給嬰兒餵奶的光滑小杯。到了一九五〇年代末，潛水夫每年可撈捕數百萬隻聖螺。[102]偶爾，在百萬隻裡，會有一隻左旋而非右旋。這時，印度神話將瞬間成真，讓潛水夫一夜暴富。印度教徒將逆向盤繞的聖螺稱為「*Dakshinavarti*」，據說是吉祥天女的住所。坦米爾納德（Tamil Nadu）政府為左旋聖螺支付給潛水夫的費用，是正常聖螺的一千倍。[103]

今日，有一小群自由潛水夫依然會駕著細長木船駛入海灣，十幾歲的男孩在父叔的陪伴下，捕撈這神聖的小動物，將牠們放入繫在腰間的網袋裡。[104]每次潛水，他們會憋氣九十秒或長達兩分鐘，在海草淺水灘裡尋找印度鉛螺。[105]潛水夫採集依然覆著天鵝絨般殼皮的活體動物，上岸後賣給貝殼商人。[106]商人會先將殼肉挖出，醃製成咖哩或是薄切做成日曬聖螺乾，接著將貝殼送交給加工商，磨掉外皮，將外殼拋光成亮白色，按照大小堆放在樹蔭下。接著輪到手鐲製造者和批發商，將它們帶到工廠或倉庫，準備送往零售店或宗教市集。

過度捕撈、氣候變遷，以及年輕印度新娘對正宗海螺手鐲的需求減少，在在對統稱為「*shankharis*」的傳統海螺工人造成重擊。拿著一枚「*Dakshinavarti*」浮出水面大呼勝利的歲月似乎結束了。為印度南部海岸在地漁民發聲的社會科學家阿媞・斯里達（Aarthi Sridhar）表示，年長的潛水夫依然記得發現左旋聖螺時的戰慄之感。「他們會宣布停止該日所有的捕撈行動，」斯里達在電話訪談中如此告訴我。「那種興奮感，會讓其他人為了也想找到一枚而花費過多精力，」從而危及他們的生命。

＊編按：坦米爾語是一種超過二千年歷史的語言，屬於達羅毗荼語系，通行於印度南部、斯里蘭卡東北部。

近年來，幾乎沒聽過有誰發現了左旋聖螺。拖網漁船將印度與斯里蘭卡之間所有海灣的聖螺打撈殆盡。自由潛水夫眼睜睜看著自己的收入縮水。[107]對當地潛水夫而言，甚至連常見的右旋印度鉛螺也越來越難撈到。漁獲不再是按軟體動物的數量計算，而是依拖網噸數計算。為此，漁業科學家呼籲每年減少三成的聖螺捕獲量。[108]斯里達說，科學家這樣做並未徵詢「*shankharis*」的意見，他們傳承了數百年有關聖螺的知識，也希望有機會拯救自身的產業。印度鉛螺，這種被認為可帶來秩序的聖物，最後卻成為法規拉鋸戰的主角，在印度受保護物種的名單上反反覆覆，進進出出。

左旋的「*Dakshinavarti*」依然有很大的需求。貝殼藏家哈利．李曾拒絕買家以一萬五千美元的高價購買他無可挑剔的左旋鉛螺標本。不過，零售商向印度教徒提供了一些低價的左旋貝殼，對於這樣一個罕見而神聖的物品來說，價格低廉到令人吃驚。你可以在亞馬遜、Etsy和其他網站上看到它們，價格從二十到兩百美元不等。不過，網路上大多數的左旋貝殼，都有著銳利的螺肩，以及漏斗狀的細長底部，與印度鉛螺的柔軟弧線並不相符——它們是左旋香螺假冒的，洩漏身分的閃電紋被拋磨成白色。

坦帕灣閃耀在清晨的陽光下，我跟著佛羅里達州的軟體動物研究員史蒂芬．蓋格（Stephen Geiger），跳上七公尺長的研究船：「去殼號」（*Shuck It*）。兩位年輕的海洋科學家艾芮卡．列文（Erica Levine）和威曼．皮爾森三世（Wayman Pearson III）已在船上。他們在船上帶了浮潛裝備、卡尺，以及亮黃色的封鎖條帶。那是秋冬之際的十一月底，但正午的氣溫會飆到攝氏二十一度，只有幾朵雲綴在宛如明信片的藍色天空上。那是數算左旋香螺的完美日子。

蓋格放慢「去殼號」的速度，駛過聖彼得堡港，然後催動油門，駛向陽光高架橋和城市南端的皮涅拉斯角。坦帕灣周圍一度環繞著叢林海岸與平頂的神廟丘塚，那裡是海岸小部落托柯巴加人（Tocobaga）的家園；他們是卡魯薩人的對手，同樣高度仰賴左旋香螺，很可能也從事貝殼貿易。我們在一個街區附近下錨，上岸後，我才知道它的名字——粉紅街區（Pink Streets）。一九二〇年代初，為了吸引買家，開發商訂了紅色染料加進混凝土中，打算鋪設到剛剛細分的街道上。大蕭條時期開發商失敗破產，不過那些紅色的林蔭大道卻留了下來，時至今日，粉紅街區已成為令人垂涎的夢幻居住地。[109]

高壓清洗機熱烈的嗡嗡聲，從包圍皮涅拉斯角的海堤與綠地外傳來。列文和提爾森跳進淺水灘，尋找第一組鋼製活動屋的錨定裝置，他們每個月都是在那個標定的位置計算腹足類的數量。一旦他們拉起黃色封鎖線，三位科學家就會用螃蟹走路的模樣在灣底踱步，用雙手雙腳感受左旋香螺和鬱金香旋螺（Tulip Shell）。

一九八〇年代末，蓋格從紐約州來到佛羅里達。身為年輕科學家，他的工作是將生活在皇后區、布魯克林區與漢普頓區汙水中的牡蠣與蛤蜊，安全轉移到清潔的水環境淨化一段時間，讓人類廢棄物和其他致命微生物從牠們體內濾出，再將牠們用貨車送到漁市場或餐廳。如果沒人一路追蹤，這些受汙染的雙殼類有可能在「淨化」之前就「從莫名從卡車上不見，落入非法私販手中」。就是因為有這些擾人胃疼的事件，所以政府投在軟體動物上的支出，才會絕大部分都花在供人食用的雙殼類上。這種預算分配上的落差，造成野生動物監管機構沒什麼錢可用在腹足類的科學追蹤上，但人們也會捕食腹足類，而且根據坊間傳聞，其數量遠大於合法商業捕撈的數據。

亞馬遜上的「*Dakshinavarti*」仿冒品讓我們看到，把左旋香螺當成聖螺賣時可以喊到的價碼。考古學家也一直目睹喬斯林島之類的卡魯薩香螺儲存所，如何飽經洗劫。[110]有兩名男子在喬斯林島上用粗麻布袋裝滿古代的左旋香螺，遭捕後以盜取國家文物被判處罪行。其中一名貝殼批發商遭判刑六個月，罪名是販售地位相當於印度聖螺的美洲原住民文物。

蓋格在他監管佛羅里達貝類的捕撈時，開始聽說佛羅里達的巨型州貝——活香螺和天王赤旋螺，出現異常驚人的捕獲量。然而這並不違法，休閒漁民每日可以捕撈四十五公斤的左旋香螺或其他任何非管制的軟體動物，商業漁民則是想捕多少就捕多少。單是二〇一六年，水族愛好者就從該州水域捕撈了超過一千六百萬隻活體無脊椎動物。蓋格還從同事那裡得知，在大西洋沿岸與德州墨西哥灣的採集與捕撈壓力下，香螺正走向殞滅之路。當墨西哥灣的拖網樣本豐富度顯著下降後，德州將左旋香螺的捕撈量限制在每日不超過兩隻活體。[111]然而，佛羅里達對其歷史悠久的貝殼製造業，卻幾乎沒什麼研究。十年前，該州的海洋研究員針對代表性的腹足類，展開一項基礎性研究。[112]坦帕灣的數量計算，就是該研究的後續，查看數量在隨後幾年是否發生改變。蓋格也想要了解左旋香螺成熟時的體型。所有這些洞察，都能幫助監管機構決定是否該對捕撈行為做出限制。

列文找到第一隻左旋香螺，那是一隻可一手掌握的小香螺。她用卡尺量了螺長，並在它的外殼上貼了一個比水果貼紙還小的編號標籤，接著她在香螺貝殼的邊緣塗上一層薄薄的紫色指甲油（莎莉韓森牌的「即興爵士色」〔Sally Hansen's Jam Sesh〕），然後將香螺放回海中。如果牠們重新被捕獲，那圈紫色就能顯示牠們長大了多少。而事實證明，牠們長得很慢——一年只長幾公釐，有時甚至會縮小——也許是與螃蟹打了一仗導致虹管的尖端脫落，或是被某位涉水垂釣者踩到。[113]

這項工作一時無法完成，但蓋格已有了一些洞見。左旋香螺的密度並不悲慘，甚至沒有減少太多。雖然他尚未發現曾經出現在印第安丘塚裡的巨型香螺，但從沖上岸的最大貝殼與卵鞘判斷，牠們今日肯定還生活在墨西哥灣東部。比較年長的香螺，一旦牠們的外殼大到足以震懾敵人，就可能移到更深的水域。蓋格說，幼螺似乎是在牠們出生的淺潮灘悠轉，然後在冒險過後重新遷回出生地交配。最近，團隊捕獲到一隻曾經捕獲過的左旋香螺（編號標籤〇〇七），捕獲地距離他們六百三十四天前首次貼標的地方，只有幾步距離。

當天稍晚，在我離開聖彼得堡之前，我決定駕車去粉紅街區。我想去參觀保留在皮涅拉斯角的一座神廟丘塚，那是卡魯薩的對手托柯巴加一座大村的儀式中心。抵達時，我發現一個歷史標誌牌的花園，還有其他告示牌立在陰涼的丘塚公園入口。我很驚訝，裡頭居然有個告示牌錯誤宣稱這是「卡魯薩丘塚」，並將可怕的屠殺歸咎給貝民。另一個告示牌寫著：

> 雖然安置於丘塚周圍的某些告示牌，在歷史敘述上並不正確，但它們始終是這座丘塚及其先民相關傳說的一個重要部分。將它們留在這裡，是為了提醒我們，那些人想要保存他們感知到的歷史。

沒有說明哪些故事是對的，哪些又是錯的。[114]我跟馬夸特提及那個錯誤的告示，他以充滿耐心口吻回答我：四年級學生至今學的還是這樣的內容。[115]馬夸特花了幾十年的時間，企圖矯正將卡魯薩人視為好戰民族的看法。這樣的名聲其實是來自於卡魯薩人的防衛行動，包括殺死當時攻擊他們的胡安・龐賽・德・萊昂（Juan Ponce de León）。

馬夸特也希望能改變人們普遍抱持的想法——認為卡魯薩人是完全的環境保護主義者；這種神話削弱了卡魯薩人的人性和複雜性。他們一如我們，努力在他們居住於海岸的一千五百年間，以管理手段平衡自然氣候變化所帶來的豐饒與短缺；他們一如我們，在繁盛時期大興土木，濫捕牡蠣，建造越來越大的華廈，並在十七世紀面對毀滅性的災難時，從雲端重重跌落。而所謂的毀滅性災難，就是由歐洲人和其他印第安人帶來的疫病與暴力。

綜觀他們的歷史，氣候變遷帶來的是創新而非崩潰——他們將住家與公共建築從平地搬到貝塚頂端，建造貝殼海堤和魚塘。反而是他們的人類同胞，將卡魯薩人逐出他們的水域，將他們趕盡殺絕，只留下他們的貝殼——然後，甚至連那些也沒了。

第二篇
資本
CAPITAL

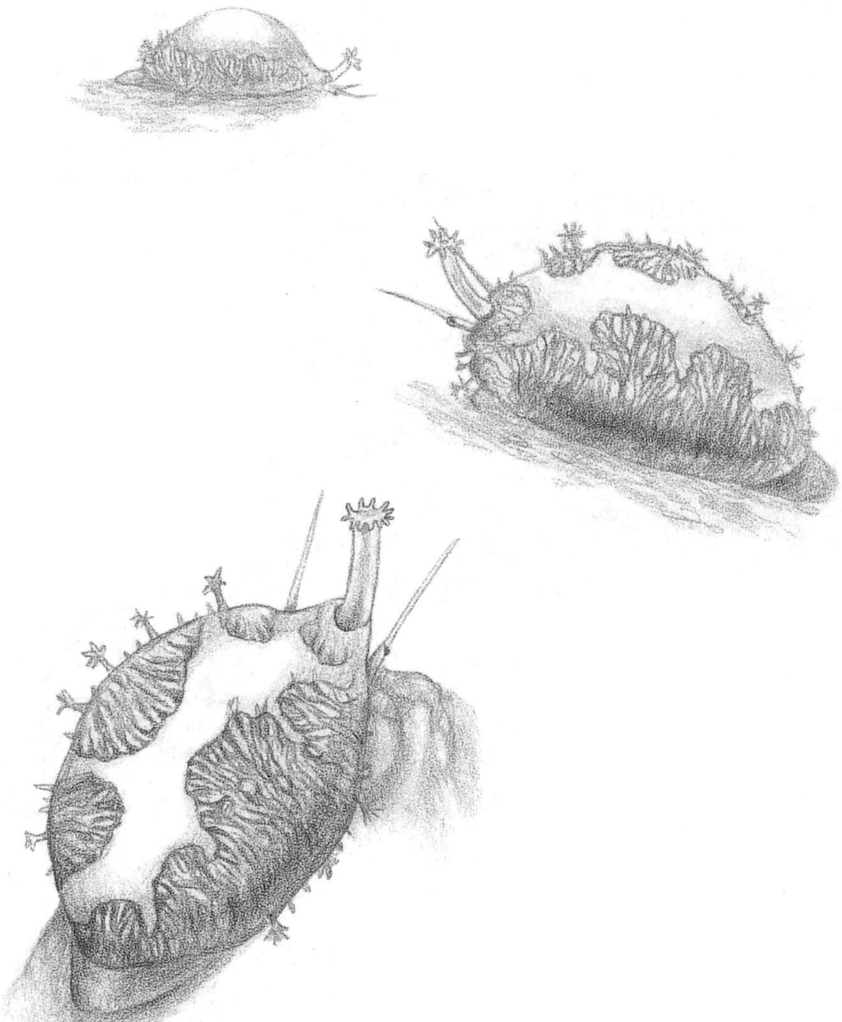

第五章 貝幣

黃寶螺

THE MONEY COWRIE

Monetaria moneta

十四世紀，卡迪亞女王（Rehendi Khadijah）以史詩級的指揮能力統治馬爾地夫群島。[1]身為伊斯蘭國家最早的女性領袖之一，她從蘇丹國與伊斯蘭帝國兩處取得權力，即便她拒絕遮住頭部——更別提其他身體部位。她領導該國長達三十餘年，儘管她的兩任丈夫曾先後發動兩次政變企圖推翻她（這兩位丈夫事後都沒逃過一死）。

更值得注目的是，這位馬爾地夫女王在國際貿易初期所扮演的角色。這個距離印度最南端近千公里，由環礁、珊瑚礁及低窪小島組成的鏈形王國，是第一種全球貨幣的生產中心，這使得馬爾地夫有點類似中世紀的瑞士。卡迪亞女王監管貨幣的生產，並將貨幣賣給貿易商，貿易商再將貨幣裝滿船隻，駛向阿拉伯、波斯、非洲和更遠的地方。帆船在夏季乘著西南季風抵達，在島嶼周圍徘徊，直到冬季的東向季風將它們帶回家。

這些馬爾地夫貨幣經過完善包裝後，可當成絕佳的壓艙物。它們既非紙張也非金屬，雖然它們在袋裡叮噹作響，有如新鑄硬幣般閃閃發亮。第一個全球性的貨幣是一個物種，隱藏在印太地區的岩石與珊瑚礁下。這款寶螺在大小、顏色與圖案上都是最不起眼的，卻在人類歷史上扮演了令其他貝類相形見絀的角色。

黃寶螺（Money Cowrie，別稱「貨貝」，字面義為「貨幣寶螺」，林奈命名為 *Cypraea moneta*，現今的學名是 *Monetaria moneta*）造出一個閃閃發亮的盾形小殼，帶有寶螺招牌的圓拱頂部，以及被鋸齒狹縫切割的平坦底部。隱約露出齒列，小牙的顏色從灰白到淡黃不等。黃寶螺殼是珐瑯質，它的珍珠色澤、堅硬與重量令人滿意。你會忍不住拿起來用牙齒咬，或像骰子與硬幣那樣，讓它們彼此碰撞發出磕磕聲。這小巧耐用的貝殼是理想的貨幣，它們容易運輸，容易辨認，無法仿冒。非常適合數算——一枚，一袋，或是一艙。形狀大小均勻統一，秤重時可得出精確值。

之所以採用黃寶螺做為交易工具，乃源自於寶螺早期做為神聖治療物件、珠寶以及護身符的價值。黎凡特地區（Levant）*石器時代的遺址出土了寶螺珠；古埃及的墳墓裡發現由這種獨特貝殼組成的串鏈，有真的寶螺殼和黃金仿製的。人們相信寶螺可鎮住惡魔之眼（Evil eye），帶來多子多孫並保護來世。當它們變成有價值的貨幣之後，很快就在全球貿易網中傳播開來。羅馬硬幣的使用範圍遠至帝國之外，但貝幣傳得更遠。全球歷史學家楊斌（Bin Yang）發現，在羅馬時代之前，貝幣便已傳到中國與歐洲。[2]

早在西元四世紀，馬爾地夫寶螺在印度就被當成貨幣使用。[3]這種小貝殼塞滿了口袋與錢包，往西直到波斯灣與紅海。貝幣也擴散到今日的緬甸與泰國，最後抵達東南亞大陸。在雲南山間，有將近一千年的時間，來自馬爾地夫的寶螺是主要流通貨幣。[4]

學者指出，黃寶螺聚居在淺礁上，加上吉祥的貿易信風，使馬爾地夫比印度洋的其他前哨站更早有人定居。[5]全球文化在此地蓬勃發展的同時，印度洋與太平洋上的大多數島嶼都還與世隔絕。

到了十一世紀，馬爾地夫的寶螺在西非受到歡迎，對這些小貝殼而言，這是一趟驚人的旅程。早在葡萄牙人和其他歐洲人開始從海上運送它們之前，阿拉伯商人就用駱駝馱著小貝殼們穿越撒哈拉沙漠。一九六〇年代，羚羊獵人在馬利與茅利塔尼亞邊界、廣闊而荒涼的撒哈拉沙漠中，偶然發現一個黃寶螺儲藏所，藏量超過三千枚。[6]它們與一支迷失的駱駝商隊有關，是某個從未歸來之人，藏在無水沙丘中的水中寶藏。英國考古學家安・豪爾（Anne Haour）與安娜麗莎・克里斯蒂（Annalisa Christie），煞費苦心地測量蒐藏在博物館的這批寶螺與其他貝殼，最終將這批沙漠寶藏與在西非發現的其他寶螺，溯源到馬爾地夫。[7]

＊編按：泛指東地中海中區，廣義指的是中東托魯斯山脈以南、地中海東岸、阿拉伯沙漠以北和上美索不達米亞以西的一大片地區。

寶螺的全球交易持續到一八五〇年左右，在非洲的某些地區，甚至持續到二十世紀，流通的時間超過歷史上任何其他的單一硬幣或紙幣。[8] 馬爾地夫寶螺在屬於它們的時代裡，與黃金同等重要，也讓人們灑下同樣多的鮮血。它們在西非達到殘酷的巔峰——被迫送到美洲的奴隸，有三分之一是用寶螺在西非買下的。在卡迪亞女王之前與之後的很長時間裡，來自她所屬世界的閃亮貝幣，不斷出現在令人訝異的人類空間裡——從北極圈以北的四世紀墓穴，到傑佛遜蒙蒂塞羅莊園奴隸住處的地板下方。

馬爾地夫控制貝幣長達幾個世紀，然而今日，該島的古代寶螺史依然深埋在珊瑚礁與沙石底下，這得歸咎於它一開始被當成偶像崇拜。在穆斯林統治的國家裡，這是不被接受的。凡「違反伊斯蘭宗旨」的都不被允許。[9]

與寶螺一起被埋葬的，還有對那位堅毅女王的記憶。

馬爾地夫的氣候在夏季變得瘋狂，被西南季風搞得精神錯亂。造訪該地的作家，大多絞盡腦汁想找出新詞彙，去描繪那將一千兩百座島嶼串聯起來的綠松色淺灘。每座島嶼都環繞在自身海玻璃般的游泳池中，那是赤道陽光在白色沙灘上的反射。但藍綠色只是馬爾地夫水貌全景裡的一個小細節。水壓迫著潮濕的熱帶空氣，水從季風雲層中散落，水乒乓拍打著棕櫚葉，水積聚在街頭；水從海上湧進每座碼頭、突堤、海塘、岩岸、沙灘，以及面水側的後院與船塢。將旅遊文章與觀光廣告凸顯強調的藍綠色淺灘剪除之後，才是馬爾地夫的真正特色——被無盡藍灰、滿目暗沉的印度洋包圍。

我帶著十七歲的兒子威爾（Will）前往馬爾地夫群島，這裡一度以貝幣享譽世界，如今則是以第一個可能因氣候變遷而消失的國家聞名。主流敘事認為，該群島正在沉入孕育它們的大海。但當然，它們並未下沉，而是印度洋正在上升。[10]該國財富之所繫的精緻豪華旅遊業，並無法挽救這場地球暖化的災難。任何憂慮氣候危機之人，都無法在不苦惱碳排放的情況下旅行這麼遠的距離，或旅行到這個地方。但有些故事無法遠距報導，特別是當企業或政府努力想要塑造或消除某一敘事時。在這個案例裡，是氣候變遷與馬爾地夫母系歷史的敘事。

一千兩百座島嶼中，有兩百座是由馬爾地夫人居住的在地社群。另有一百多座是指定的「無人島」，這樣國際遊客就可以身穿比基尼、暢飲美酒，在海灘燒烤架上大啖烤豬肉。上述的一切在「真實的馬爾地夫」都是違法的，因為古蘭經禁止這些行為。

和他們的貴客一樣，度假島嶼也須不斷鞏固，有時得以在地島嶼或他們重要的珊瑚礁為代價。政府允許挖掘數以噸計的砂石去支撐度假島，並將椰子樹與其他大樹從居住島移植到度假島。這等於是把綠蔭和防風暴措施，從住在陋屋的當地人那裡，移交給一晚花兩萬五千美元的俄羅斯寡頭政治家與美國流行巨星，供他們在房間裡觀覽。[11]

我們步出馬列國際機場，走向一排空轉的豪華快艇。機場與胡魯馬列（Hulhumalé）人工島相連，那是一個快速成長的郊區，公寓大樓與飯店林立，圍繞著一條環形道路和白沙灘。胡魯馬列意為「希望之城」，靠著從附近潟湖挖掘並輸送過來、堆積如山的砂石，蓋得比馬爾地夫的自然地形更高。目前已有三萬多名馬爾地夫人移入，隨著海平面上升，預計還要重新安置二十萬人到這座「假島」上。[12]

大多數來度假的遊客出了機場便直接朝快艇走去，從未見過在地島嶼——甚至沒碰見過一位馬爾地夫人。我和兒子從拉上窗簾的快艇旁經過，準備去搭公共渡輪。在白色的「四季馬爾地夫號」前方，一位白色制服的孟加拉人正在幫一名金髮女子拍照，她身著白褲套裝，在她的LV行李箱上擺姿勢。我驚嘆地看著她努力將自己挺成一條直線——她在行李箱上豎直背脊，吹直的頭髮正在抗拒濕度。

遊客來這裡祭祀太陽，那也是馬爾地夫最初先民的信仰。根據馬爾地夫國家語言與歷史研究中心的資深歷史學家納西馬．莫哈美德（Naseema Mohamed，他在新法律禁止「違反伊斯蘭原則」的書籍和論文出版之前已退休）的說法，最少在兩千五百年前至今，這個群島一直有人定居。[13]馬爾地夫的傳說和古代文書告訴我們，有一支名為迪維希人（Dhivehi）的先民，來自印度並「崇拜太陽、月亮與星辰這類自然對象，」莫哈美德寫道。[14]

據信，寶螺曾催生出一支佛教高級文化，該文化於西元第一個千年裡稱霸群島。[15]佛教徒在群島各地打造名勝、廟宇和寺院，連同圓頂造型的窣堵坡佛塔以及各式珊瑚雕刻，包括大象、巨大的佛頭，以及一支古早先民的雕像。這些先民有著拉長的耳垂，頭髮梳成小髻盤在頭頂，與馬列市這座繁忙首都裡身穿現代服裝的馬爾地夫青年有些肖似。

佛教徒留下的廢墟裡充斥著閃亮亮的寶螺。根據許多記述，它們是最受人類尊崇的海貝。

馬爾地夫這個名字，一般認為源自梵文的「*maladvipa*」，意思是「島嶼花環」；也有些學者提出「*mahiladvipa*」一詞，是獻給早期女王的「女人之島」。[16]群島排列成一只珊瑚礁花環，在寂寞的藍灰海上，從赤道往西北環繞近一千公里。花環上的花朵由二十六座環礁或島嶼組成，每個島嶼都被一個主要的珊瑚礁環繞。英文的「atoll」（環礁）一詞就是誕生於此，源自當地迪維希人語言中的「*atholhu*」。

早期訪客曾給馬爾地夫取了另一個名字：寶螺群島。波斯科學家暨學者阿布·拉伊漢·比魯尼（Abu Raihan Al-Biruni）在一〇三〇年左右如此形容這群島嶼。[17]如今，溫暖的海水與豐富的礁岩造就出歷史學家楊斌口中的「寶螺天堂」，特別是指生活在淺灘岩石與珊瑚上的黃寶螺。[18]

對貝殼愛好者而言，當寶螺聚集在錢袋中，就是大海最令人垂涎的彈珠袋。寶螺殼的色彩圖案五花八門，有的像光華晶亮的金絲球，有的像裹了鹿皮外套，有的像氣環、奶狀地圖、銅漁網、切割過的紫水晶、塗了油的桃花心木，有些點綴了各種圓點和條紋，每顆都自成一格。而上面列舉的這些，只是現今存活的兩百五十種寶螺裡的少數幾種。牠們頂部渾圓，底部平坦，殼口以鋸齒狀切穿底部。根據物種的不同，底部的狹縫可能張開，也可能極為細窄。殼齒可能形成無害、粗短的咧笑，例如黃寶螺；也可能是會咬你一口的凶惡陷阱，天王寶螺（White-toothed Cowrie）就有這樣一張大嘴。

寶螺是最常被蒐集的貝殼，也最常在考古遺址中被發現。它們是在龐貝瓦礫中發現的蒐藏品之一，包括一枚來自印度洋或紅海的花豹寶螺（Panther Cowrie）。[19]可以在十九世紀的貝殼迷愛德華．多諾萬（Edward Donovan）對黃金寶螺（Golden Cowrie）的描述中捕捉到這種熱情，當時他稱之為黎明寶螺（Morning Dawn Cowrie），「我們可以真真切切地將它漸淡成白色的美麗黃褐色與不露表情的柔軟，比喻成夏日天剛破曉時的溫暖釉光與微弱紅暈。」[20]這樣的詩意熱情洋溢了整整一頁。

甚至連章魚也會在巢穴裡蒐集寶螺，但這個行為並非是用貝殼做「裝飾」，儘管牠們有時會被如此形容。寶螺是章魚最愛的食物；由頭足類構成的貝殼堆，就跟我們留下的一樣，是食物的殘餘。有些時候，這些貝殼會以精準的方式堆疊，形成科學家口中的生態系統工程。聰明的章魚不再有自己的外殼，但牠們利用其他軟體動物的外殼，打造一個具有保護力的巢穴，也可將寄居蟹之類的獵物吸引到家門之前。[21]

大理石花紋的寶螺殼丘與猴麵包樹幹、馬特洪峰以及大型貓科動物的豪華皮毛一樣，是大自然的藝術傑作。但傑作中的傑作，是看到活生生的寶螺裹在牠的外殼上。寶螺與其他軟體動物的差別，不僅在於牠們的圓頂，還包括牠們會將肉質的外套膜裹在殼上，分泌出高度晶亮的恆久光澤。[22]牠們的外套膜有兩片大襟翼，狀似鬼蝠魟的魚翅。這種生物棲息在珊瑚礁或岩架下方，會將裂片往上推到圓形外殼的每一側，直到表面幾乎整個被包覆。牠們大部分的生命都在殼頂度過。

寶螺將牠的光滑基質塗布在殼上而非殼口，在螺塔上形成一個駝峰。釉料逐層增厚，並將最後一層隱藏在豐富的色調之下，範圍從奶油白到金黃到濃巧克力色。寶螺也演化出驚人的外套膜色彩，與牠們的外殼截然不同。柔軟的肉身是深紫色或漆黑一片。有些做了偽裝，與牠們棲居的海綿有著同樣的鮮紅色或豔橘色，其他則是令魚隻作嘔的海蔘色。有些種類的外套膜襟翼外緣光滑如絲，但更常見的是，上面覆滿了擺動的手指狀突起（papillae）。突起的形狀和圖案因物種而異，有些搖搖擺擺如分開的觸手，有些成簇生長。

黃寶螺的外套膜類似用黑色墨水印出的人類指紋，往上拉伸到牠們的白色小駝峰上。肯定沒有其他貝殼像它這樣看起來被人手觸摸過。

在華盛頓特區史密森尼學會的國家自然史博物館裡，克里斯多福．邁爾讓我聯想到正在展示珍貴寶石的珠寶商。他拉開一個又一個抽屜，裡面陳列著各種顏色、花紋與大小的晶亮駝峰，來自該館蒐藏的五千多種寶螺。這些貝殼通常有一條紋路橫越殼丘，有如足球縫線。這個「外套膜記號」就是兩片襟翼沒有完全接合的地方。「它們並非刻意讓自己看起來很美，」邁爾說道。「花紋是反映覆蓋在它們上面的組織。」邁爾在柏克萊的博士研究有助於證明，位於丘狀貝殼上那些異想天開的斑點、條紋、環圈和其他記號（或沒有記號的平滑表面，例如天王寶螺）其實是呼應乳突的位置和大小。（他將論文獻給小時候跟他一起黏貼貝殼動物的祖母。）「花紋本身就是構造物形成的，」邁爾在我參觀他的實驗室時如此說明，實驗室裡擠滿了蜷縮著寶螺身體的小瓶子。

寶螺巧妙的掩體、多產的繁殖力，以及巨大的多樣性，讓牠很能適應人類幾個世紀的採集。邁爾說，即便在貝殼貿易蓬勃發展的印尼，牠們也能不斷增生。寶螺真正的危機，是失去牠們的珊瑚礁棲地。和所有動物一樣，寶螺需要安全的處所生活與繁殖。許多寶螺將卵產在堅硬的表面上，有些甚至會像母鳥護蛋一樣孕育下一代。但隨著海洋暖化，牠們遍布熱帶地區的家園，正岌岌可危。

到目前為止，在馬爾地夫，海洋溫度上升的問題已經比海平面上升更緊急，儘管這兩者都正在對群島施加猛烈的破壞風暴。二十年前，有史以來最強的聖嬰現象使世界各地的海洋暖化，將珊瑚漂成死氣沉沉的灰白色。根據估計，馬爾地夫失去了九成五的淺水珊瑚。[23] 二〇一〇年，第二次渦輪增壓級的聖嬰現象再次讓海洋暖化，殺死了才剛剛開始復育的珊瑚礁；短短五年後，第三次全球白化事件，又讓印度洋、大西洋和太平洋的珊瑚變白。從佛羅里達礁島群到澳洲的大堡礁，乃至馬爾地夫，所有珊瑚都被汲走色彩，呈現出有如盜獵象牙的毀滅之美。

直到近幾十年，隨著溫室氣體排放提高了全球的海洋溫度，科學家才有證據證明這些風暴曾經導致大量的珊瑚白化。[24]

西元九世紀，波斯商人蘇萊曼（Suleiman）描述了一處由大約一千九百座島嶼所組成的群島，上面種滿濃密的椰子樹。有一位女王監管著寶螺、龍涎香以及椰子纖維的活絡貿易。「人民的財富由寶螺構成，」他寫道。「他們的女王在皇家庫房中累積了大量寶螺。」[25]

古代的口述內容經常回憶起執政的女王們，反映出母權制度普遍存在於最早期的島上社會，西班牙學者夏維爾・羅梅洛・弗里亞斯（Xavier Romero Frías）如此寫道。他花了多年時間蒐集馬爾地夫的民俗傳說，其他旅行者也描述過馬爾地夫的女王、寶螺壟斷與貿易強權，並佐證了蘇萊曼筆下某次極不尋常的捕撈情景。女王「命令島民砍下帶葉的椰樹枝，將它們丟到水面上，」阿拉伯歷史學家暨地理學家馬蘇第（Masʿudi），在他於西元九五六年去世之前的某個時刻寫道。「讓這些生物黏附在椰樹枝上頭，然後採集回來，四散在沙灘上任其曝曬腐敗。再將留下的空殼載運到國庫。」[26]

晶亮的貝殼聚集在閃爍的白色月光下。馬爾地夫的婦女會在滿月與新月時節，使棕櫚枝沿著淺水礁漂動。科學家說，這個習俗符合寶螺在夜間與退潮時活動的習慣。這種夜行生物會覆在葉子上，島民再將牠們拖到岸上曬乾。有些報導描述婦女將寶螺埋進沙裡，加快牠們的分解速度。

西元十世紀，中東水手稱霸印度洋貿易。他們在馬爾地夫停泊，裝滿寶螺，然後在印度、孟加拉以及位於今日緬甸境內的勃固古城，用寶螺交換稻米或其他貨物。阿拉伯商人也帶來新宗教。一些古老的故事混合了海怪神話與貌似合理的事實，說明原本信仰佛教的這座群島如何轉變成穆斯林的世界。[27]到了十二世紀末，佛教廟宇和窣堵坡佛塔都遭到廢棄，馬爾地夫所有民眾都皈依了伊斯蘭。

十四世紀在群島上住過一段時間的摩洛哥穆斯林學者伊本・巴圖塔（Ibn Battuta），對當地生活做了第一手的詳細描述。他說寶螺的販售單位是：*syah*，一百枚；*fâl*，七百枚；*cotta*，一萬兩千枚；*bouston*，十萬枚。商人會耍弄手段，投機取巧。一個第納爾（dinar）黃金可買四到十二個 *bouston*，或四到十二袋貝殼。[28]

巴圖塔稱馬爾地夫是「世界奇景之一」，因為大量島嶼聚集成環，並描述了當地人民對伊斯蘭教的虔誠。[29]他對當地女人的厚顏猖狂大為吃驚（雖然他還是娶了其中四位），特別是卡迪亞女王，她在兄長遭暗殺後，於一三四七年登基。

巴圖塔將卡迪亞女王的領導能力視為馬爾地夫的另一奇景。在禮拜五紀念真主的活動中，被稱為哈提布（*khatib*）的領禱者，總是會引用女王的名字做為「神對所有穆斯林的恩典」。[30]然而巴圖塔還是抱怨，無論是卡迪亞女王或是其他馬爾地夫女子，都只肯遮住肚臍以上的部位。雖然他試過，但「我真的無法令她們衣蔽全身，」他哀嘆道。[31]

到了巴圖塔的時代，來自遙遠中國的尋寶艦隊會停在馬爾地夫，水手的日誌描述了島上的「寶螺山」。[32]當由葡萄牙人領銜的歐洲人開始頻繁出入印度洋時，他們將馬爾地夫視為「五湖四海的大商場」。每個人都想要插手小貝殼。

一六〇二年，飽受壞血病所苦的法國尋寶船「烏鴉號」（*Corbin*），因為船長喝醉沒留意到惡名昭彰的馬爾地夫礁石，在南方的一處環礁失事。最初的四十名倖存者，只有四人回到故鄉，包括法國航海家方斯瓦・皮哈（Francois Pyrard）。在他為期五年、不甘不願的客居期間，他學會迪維希語，並記錄下當地的習俗。「馬爾地夫貿易興盛，他們的商品經常被人光顧，」皮哈寫道。「你可看到來自四面八方的商人……阿拉伯人、波斯人、孟加拉人、聖湯瑪斯人、馬蘇利帕坦人（Masulipatam）、錫蘭人和蘇門答臘人，他們帶來此地所需的貨物，並帶走馬爾地夫的大量產品。」[33]

皮哈描述一艘來自葡萄牙的四百噸船隻，載著稻米駛來交易，「只載走這些貝殼賣給孟加拉市場。」[34]

正是葡萄牙人將標準化的寶螺當成奴隸貿易的通用貨幣；他們用壓艙貝殼填滿船隻，之後在西非的新興港口卸下，當成現金。不過，他們試了三次都未能成功殖民馬爾地夫，無法使它改信基督教，進而控制該地的貝幣。

馬爾地夫有如滑溜的寶螺逃離掠食的蟹爪那般，擺脫掉殖民主義。[35]英屬印度的考古學家哈利・貝爾（H. C. P. Bell），在十九世紀寫下一本以馬爾地夫為主題的專著；當時，這個島國已和英國人合夥控制它的寶螺貿易，卻依然是徹頭徹尾的穆斯林國家——儘管做了一些馬爾地夫式的調整。

馬爾地夫人依然崇拜大自然，「一如往日那般盛行，」貝爾寫道，「只是現今比較不明目張膽。」[36]

公共渡輪行駛於波濤洶湧的短程航道，往返於機場島和擠滿當地住家的馬爾地夫首都：馬列。藍色滾邊的亮白船隻，與度假村快艇一樣拉上窗簾，只是渡輪的簾布上印了漂亮的藍玫瑰。渡輪的窗扇開著，讓海上的空氣流通。

隨著密密麻麻、色彩鮮豔的高樓映入眼簾，馬列逐漸清晰。首都島面積九平方公里，擁有二十一萬五千位居民，占全國總人口的四成。[37]我們下船的水岸，林立著銀行、小館，以及因雨季而顯得蕭條的旅行社和航空公司辦事處，全都擠在一條窄街上，與印度洋只隔著一道飽受衝擊的海堤。走進城內，彎曲的街道上有數千輛摩托車嗡嗡作響，川流不息。許多年輕女子身穿五顏六色的便服，踩著高跟鞋，裹著頭巾，與偏遠島嶼上常見的全罩袍形成鮮明對比。

馬爾地夫國家博物館拜空調與樹蔭之賜，堪稱市中心的綠洲。這棟由玻璃、石材打造的博物館，是馬列少數有大樹的建築物，這些大樹從蘇丹公園擴延過來。博物館是中國送的禮物，三層樓的海綿狀建築，空間相當寬裕。即便置身在一群穿著亮黃制服校外教學的小學生中間，也能感受到安靜。

孩子們規規矩矩地聆聽著馬爾地夫警務局的悠久歷史，那是博物館的主展之一，還有幾十本年代久遠的古蘭經和集郵藏品。我們瀏覽了馬爾地夫的郵票，其中一張的圖案就是金星寶螺（Great Spotted Cowrie），藏家的最愛之一。許多郵票也以西方名人為亮點：貓王、甘迺迪總統、雷根、瑪麗蓮夢露以及黛安娜王妃。

最後發現，黛紀（Lady Di）是整座博物館裡唯一的皇家女性。我原本以為，我和威爾以及校外教學的男孩女孩們，至少可以從自伊斯蘭初期便保有完善紀錄的中世紀女蘇丹身上，學到和馬爾地夫母系歷史相關的一些知識。[38]卻沒想到，我們看了歷代蘇丹的眾多神聖文物，包括他們的床鋪、木雕座椅、流蘇華蓋、頭巾漆盒以及磨損的古蘭經，卻沒一位女蘇丹曾被提及。

關於馬爾地夫古代歷史的展覽也寥寥可數。展覽始於八世紀，幾塊小石灰岩上面刻了凸起的圓形符號，還有一些小型的珊瑚石棺。根據展覽說明，其中一件刻了一頭十五公分高的大象和八百二十五枚寶螺；但沒有提及大象來自何處，也沒有解釋圓形符號代表太陽，更沒有暗示馬爾地夫傳說中崇拜太陽的先祖們。[39]

但我們有幸能看到前伊斯蘭時期的出土文物，儘管十分少量。二〇一二年，該國爆發對第一個民選政府的抗議，警察與軍隊轉而對抗穆罕默德・納希德總統（President Mohamed Nasheed）位於共和廣場附近的行政大樓。在混亂的局勢中，伊斯蘭基本教義派蹂躪了博物館。六名大鬍子年輕男子衝進大門，跑到佛像展示區，將它們砸成碎片。他們摧毀了三十件雕像，包括一尊有六張臉的珊瑚雕刻佛像和一個巨大的佛頭。

所有人都可以在YouTube上清楚看到，流出的監視器影片中，將文物扔到大理石地板上的罪魁禍首。然而，他們並未被繩之以法。這種失職判決，代表了在大眾之間，「基本教義派有罪不罰的氛圍開始成形」，馬爾地夫新聞編輯羅賓森（J. J. Robinson）在他的書中寫道。該書的主題是這座熱帶天堂上的伊斯蘭專制統治。[40]

對於宗教極端主義的蔓延，馬爾地夫人抗議得越凶，它就越變本加厲。二〇一四年，對激進伊斯蘭發表批評的傑出記者阿赫美德．里爾望（Ahmed Rilwan），在公共渡輪終點站遭到持槍綁架後，再也沒人看過他。二〇一七年，二十九歲的網紅部落客雅門．拉希德（Yameen Rasheed）遭到宗教好戰分子刺殺，這是他們針對擁有大批網路追隨者的馬爾地夫進步派作家所發動的多次攻擊之一。拉希德經常哀嘆，該島豐富的民俗傳說與古代歷史湮沒失傳。「馬爾地夫孩童如今只知道小熊維尼和小紅帽。船藝高超的精靈神奇世界，以及馬爾地夫人的手藝故事，似乎都對他們關上大門，」他曾如此寫道。「而我們（崇拜大自然）迪維希國的歷史呢?![41]那塊土地在古代世界出口珍貴寶螺做為貨幣，甚至遠達中國！」

不同於國家博物館，女王、皇后與貝殼充斥在馬爾地夫逐漸消失的民間故事裡。在〈珊德拉貝殼傳奇〉（*Legend of the Sandara Shell*）中，一位皇后潛入海中，取回丈夫被可怕惡魔偷走的黃金與珠寶。一條大剝皮魚給了她一枚特殊貝殼「珊德拉」，她將貝殼做成項鍊。[42]故事結尾，那枚貝殼的好運拯救了國王與他的寶藏。

「珊德拉」其實是蠑螺（Turban Shell）的圓形螺靨（海螺的口蓋）。光滑的圓片宛如一隻令人讚嘆的琥珀色眼睛。

幾乎在貝類生存過以及其外殼最後落腳的每個地方，貝殼（尤其是寶螺）帶有暗示意味的形狀以及它們與月亮之間的連結，總是會讓人聯想起女王、女神和女性特質。牠們的一側膨脹，彷彿孕育著人的生命；另一側露出柔軟皺褶的裂縫。這引人遐思的造型，往往將牠們與母性和生育繫聯起來，與性的浮想也不遑多讓。許多軟體動物（特別是寶螺）因為開口凹凸有致、向內縮捲，「神似女性生殖器官的褶皺與曲線，」凱瑟琳・布雷克里琪（Catherine Blackledge）在她的陰道傳記《女陰》（*The Story of V*）中如此寫道。[43]

澳大利亞東部萬那杜群島的民眾相信，第一個女人——也就是所有母親的母親，是從寶螺中誕生。[44]在古埃及，女人與女孩會用寶螺裝飾的腰帶陪葬，它們環繞在女性雕像的骨盆位置，做為生育和好孕的護身符。[45]

在日本的某些州府，陰道一詞是「*kai*」——貝。[46]而在日本的早期傳統裡，寶螺也被稱為 *koyasugai*，「子安貝」；據說分娩時手握一枚寶螺比較好生，也能帶來好運。

羅馬人稱寶螺為「*Concha venerea*」，「做愛貝」；林奈用塞浦路斯島（Cyprus）為寶螺屬（*Cypraea*）命名——該島正是希臘愛神阿芙蘿黛蒂的故鄉。

早期的貝類學家提及寶螺時，幾乎都說過類似亞瑟・湯普森（J. Arthur Thompson）這樣的話：「有強烈的理由認為，寶螺對人類的吸引力之所以歷久不衰，有很大一部分是因為它的殼形讓很多人聯想到性象徵。」[47]有時這些推測讀起來，好似在說，對某些殖民科學家而言，女人的身體部位都可在寶螺身上看到似的。艾略特・史密斯（G. Elliot Smith）是對這種說法不以為然的典型代表，他竭力想將像他這樣的科學家與「原始人」祖先拉開距離。「複雜的貝殼崇拜，」史密斯在一九一七年寫道，「似乎源自於某種異想天開的相似性。有某一群原始人民，想像他們可以在寶螺與女性生殖器官之間察覺出某種關係。」[48]

不過，寶螺確實吸引了各式各樣的崇拜者，理由也五花八門。並非只有「某一群原始人民」——而是全球的早期人民都認為寶螺具有保佑生育、健康、鎮守、安全與美麗的法力，同時也象徵幸運與財富，這使它們可以順理成章地在日後化身為貨幣。[49]

從非洲到印度與更遠之外，寶螺曾出現在項鍊、手鐲、臂環、圍裙、腰帶、頭飾、神龕的供品與墳墓裡的護身符上，至今也經常如此。在敘利亞北部幼發拉底河區域，距今一萬年前的某個最早期的泰爾哈魯拉（Tell Halula）*聚落裡，考古學家在死於某種疾病的成人與孩童墳墓中挖掘到寶螺殼。他們推測，該聚落的村民相信寶螺有治療的功能。[50]

二十世紀初，就在男性考古學家一心鑽研寶螺的性象徵，以及被女性當成生育靈符的狹隘用途時，英國第一位專業的女性埃及學家馬格麗特・愛麗絲・莫瑞（Margaret Alice Murray），卻證明了寶螺的意義與祈願功能有多寬廣。女性佩戴寶螺，男子與孩童亦然；它們妝點人類，也裝飾動物；它們鑲嵌在種馬、母馬與閹馬的轡具上，還有驢子、公牛與駱駝等，莫瑞寫道。埃及人用寶螺為貓兒增色。在中國、波斯、匈牙利與挪威，寶螺都點綴在皇家馬車上；在印度，它們也是大象輓具上的珍寶。[51]

在印度，寶螺是古代桌遊裡的棋子；在非洲，它們是幸運符——嵌入住家牆壁，鑄入靈符之中，或串入縷縷髮絲。水平望去，寶螺的底部宛如半閉之眼，螺齒上下伸展如完美之睫。一九三九年，莫瑞在雜誌《人》（*Man*）裡寫道，寶螺的眼睛造形，令人相信它可抵擋惡魔之眼。

做為裝飾品或護身符的寶螺，出現在男性墳墓中的頻繁程度一如女性。這個情況在古埃及尤其明顯。寶螺常見的安放位置，就是惡魔之眼會率先瞥去的地方；人們總認為，惡魔之眼深具危險。如果能讓它的第一眼落在無生命的物體上，特別是肖似眼睛的物品上，就能避開危險。[52]

一九五三年，考古學家凱薩琳・肯楊（Kathleen Kenyon）開始挖掘位於西岸的巴勒斯坦城市古耶利哥（Ancient Jericho），這是世界上持續有人居住最久的都市區。肯楊從可回溯到一萬多年前的最早聚落裡，發現七顆塗滿石膏、用來重塑活人之臉的頭骨，牙齒還間隙地留在口中，貝殼從眼窩裡向外窺視。這些耶利哥頭骨，展示在牛津的艾希莫林博物館，其中一顆因為有寶螺眼睛而顯得尤其逼真。寶螺裂口的擺放位置，讓那雙眼睛看似亙古瞇著。那人可能正在沉睡——或一直微笑著。

但是，在人們崇拜寶螺長達幾千年後，伊斯蘭基本教義派卻開始採取更嚴厲的看法。某些領袖逐漸將貝殼視為具有威脅性的偶像。「佩掛寶螺項鍊環住脖頸之人，」一位穆斯林學者告誡說，「真主不會令他發達。」[53]

*編按：為目前已知最大規模的新石器文化遺址。

煙藍色的季風雲壓碎地平線，風速飆到二十節。那天下午，威爾和我展開近九十公里的北行之旅，從馬列前往我們打算居住一星期的在地島嶼——古代傳說稱之為「椰島（Kasidu），是馬爾地夫最重要的島嶼之一」，一個大而孤寂的前哨站。從海岸放眼望去，看不見任何土地，而且「森林濃密，從東邊接近的水手，瞧不見任何人類居住的痕跡」。[54]

這座偏鄉島嶼如今稱為卡斯杜（Kaashidhoo），孤立在自身位於深水海峽上的環礁中，一度是早期商人頻繁往來之地。商人們停泊在它的天然港口，裝載至今依然豐富的淡水與椰子。[55]卡杜斯島狀似一彎弦月，三公里長，八百公尺寬。退潮時，可以看到巨大環礁描繪出滿月的模樣。該島以農業聞名，熱帶水果與花卉種植園遍布叢林。在這座月亮島的內弧線上，有個住了兩千五百位馬爾地夫人的小鎮，從港口與潟湖向外擴散。

卡杜斯島也是一大批神祕寶螺的故鄉。在這個現代小鎮外圍，有一間古老佛寺，裡面藏有馬爾地夫迄今為止規模最大的單一窖藏黃寶螺。我安排好要去參觀一些廢墟與珊瑚礁，希望能親眼看到歷史上最著名的通用貨幣生活在牠們天然故鄉的模樣。和許多馬爾地夫礁島一樣，卡杜斯島的外圍屏障還沒從那三次白化災難中恢復過來，它的桌形軸孔大珊瑚*依然白慘慘的。但色彩顯然已回到較淺的珊瑚礁以及它的生物居民身上。這跡象說明，只要人類能阻止暖化，海洋生態便有恢復的可能。

我們找到預定的「恩德利快艇」，它與一堆船舶一起在馬列擁擠的六號碼頭上浮動。上船後，我們跟幾個馬爾地夫家庭擠在一扇打開的窗戶旁邊。船員隨即將防雨用的藍色帆布窗罩展開扣好，窗罩底部與海面之間，留有一道縫隙。在一小時的旅程中，這道縫隙成為船上最重要的小細節，因為我們的一位同座，開始對著白色的浪花嘔吐。

威爾越來越擔心天氣。季風夏日的典型特色，就是醞釀中的暴雨被馬爾地夫的著名烈日打破。但他強調，氣象預報的圖案，已經從晴時多雲變成百分之百的強烈暴雨，在我們計畫停留在卡斯杜島上的「每一天裡的每一小時」都是如此。這個情報以青少年特有的口氣說出，令我惱火。不過我們離開碼頭時，我還是給了他一個最開心的微笑。

煙黑色的季風雲在遠方翻騰，宛如天堂著了火。恩德利快艇朝熱帶的燃燒之境疾駛。拜快艇之賜，我們應該可以在兩小時內抵達卡斯杜島；若是搭公共渡輪，就得花上七小時。深V形的船體切過白浪，藍色的帆布窗罩讓我們保持乾燥，免受雨打浪濺。

我們駛過馬列環礁內的無數島嶼，包括幾座森林和一些採礦小島，那裡除了挖泥船和沙堆別無他物。還有許多觀光島，模樣類似的提基渡假小屋（Tiki hut）如骨牌般在沙灘邊一字排開。有人住的在地島，因繽紛建築、藍殼漁船和海濱清真寺而顯得格外醒目。

一小時後，我們終於穿越開闊大洋。大海翻騰，我們那位嘔吐同座的腸胃也跟著翻攪。等到名為加弗魯（Gaafaru）的在地島終於映入眼簾，那位同座也隨同大部分其他乘客一起步上混凝土碼頭時，我們真心為她鬆了口氣。他們跳上早已等待多時的摩托車，或將行李丟進獨輪車

＊編按：一種大型珊瑚，外形似平坦桌面。

裡，消失在潮濕的沙路上。

前往卡斯杜的最後一段海面最為洶湧。那是條著名的深海峽，在法國舊地圖上名為「卡希杜海流」（Courant de Caridoue）。這個謎樣的詞彙，有些人將它解釋為椰子，也有些人認為近似法文的寶螺——cauri，我希望能在珊瑚礁上看到那些軟體寶藏。當我們隨著高及船窗的湧浪爬升、接著又掉進海溝時，我深深懷疑，自己帶著兒子在季風季來到印度洋中部的決定是否正確。

我們終於擺脫湧浪。卡斯杜島宛若細雨中的綠色聖地，從東邊駛近時，一如傳說，不見任何人煙跡象——只有椰樹叢林面對著漫長海灘。我們的年輕駕駛沿著巨大環礁繞行，熟練地將船隻轉入受保護的潟湖停泊區。

一座尖塔聳立在海濱，漆成焦黃色，宛如初升之陽。

約莫二十五年前，挪威考古學家艾吉爾・米克森（Egil Mikkelsen）在馬爾地夫帶領第一次現代科學挖掘時，他也正在追蹤歐洲北部古墳裡出土的熱帶寶螺。[56]一個與該島中部龐大廢墟有關的古老傳統曾經報導，「一個名為庫魯欣納・塔拉甘杜（Kuruhinna Tharaagandu）的地方。據說，那是一棟寺院。」[57]

米克森發現的不僅是一座廢棄寺院，也是馬爾地夫規模最大的前伊斯蘭宗教遺址，就隱藏在一座醒目的椰子、木瓜與香蕉樹園裡。在那些果樹下方，躺著六十幾座各種形狀大小的珊瑚石廢墟，從地表還可看到。有圓形的小窣堵坡佛塔，也有一座十六邊形的高台，架在十八乘十四公尺、比網球場還大的石頭地板上，據信是那座老古寺院的生活區。

大量寶螺埋在一組樓梯下方，樓梯通往另一座高台，米克森將該處稱為二號「廢墟」，小組在沙層之下出土了六萬兩千枚黃寶螺。無論這些寶螺是被埋藏、被拋棄或被時間遺忘，寶螺「在卡斯杜佛教時代的宗教生活中，顯然極為重要。」米克森總結道。他用放射性碳定年法推估，打造這些貝殼的動物，約莫生活在西元前一六五到三四五年之間。

我們原本計畫，在卡斯杜島的第一個全天，早上去參觀庫魯欣納．塔拉甘杜，下午去淺礁。但季風雨當晚又回過頭來痛擊卡斯杜島與我們的小民宿，狂風將沉重的芒果樹枝捲掃到鐵皮屋頂上。我們距離潟湖有好幾個街區，但大海的咆哮宛如就在門前。醒來時，情況很清楚，我們不可能涉水外出。黎明黑若暗夜，洪水持續，彷彿大氣層決定要將整個印度洋來一次大循環。馬爾地夫氣象局已發出建議，不要從事任何海上旅行，也就是說，即便我們想返回馬列，也沒有快艇或公共渡輪可搭。

中午左右，雨勢稍小，我們可以濕漉漉地在城裡小逛一下。格狀排列的小房子與商店，從潟湖沿著未鋪裝、如今淹了水的狹窄巷弄輻射而出。有些巷弄變成一片爛泥，沒人在上面走動。我們脫掉鞋子，涉水而過。

孩子們開始從屋子裡出來，屋子彼此靠得很近，往往共享著由一株巨大木瓜樹或芒果樹遮蔽的院子。院子裡也種滿盆栽，而且每座院子裡都有「*jolie*」（馬爾地夫著名的舒適吊椅），有些是條凳式，每個家人都有一個座位；有些是用單獨的吊索掛在樹上。

雨珠湧動的桃粉色九重葛以及捲縮鮮橘的凌霄花，為未上漆的混凝土擋泥牆添了明媚。有幾棟房子與牆壁，是用珊瑚石建造的。

我們留意著腳下步伐走向海濱，泥濘中，一個熟悉的隆起形狀吸引了我的目光——一枚閃亮的雪山寶螺（Snakehead Cowrie）。我很驚訝，我發現的第一枚馬爾地夫貝殼，竟然是壓在巷弄爛泥裡而非沙灘上。我撬起它，塞進郵差包裡，期盼天氣能夠放晴，讓我們有機會看到牠住在礁石上的活親戚。

另一個驚喜在海邊的黃色尖塔上等待著。一夜之間，介於清真寺與潟湖之間的大公園，就成了水鄉大澤。公園裡的一排排公共吊椅，浸沒在水中。海岸邊，沙袋沿著混凝土船塢堆得嚴嚴實實。

就在巷子不遠處，印度洋拍打著一艘教人驚嘆的木製遊獵船，三層樓高的船體正在一棟海綿狀外屋裡興建。我們和造船者交談，對方表示他們的客戶是一家高檔旅遊公司。置身於汪洋一片的陸、海中間，我想起挪亞和他的方舟。在古蘭經裡，挪亞稱為努哈（Nuh），是一位先知，生活在崇拜石頭偶像的信眾當中。努哈警告忘了阿拉的信眾放棄偶像，擁抱伊斯蘭，但信眾拒絕。於是阿拉在全世界降下洪水，將不信者淹沒在暴雨中，唯有阿拉的信眾得救。

季風雲的威脅未消，但稍微推遲了速度，讓我們有足夠的時間前往佛寺廢墟。我們的導遊阿赫美德．薩義德（Ahmed Saeed）啟動他停在一處水坑旁邊的太陽能三輪車，載在我們去參觀那些搖搖欲墜的石頭偶像。

薩義德是虔誠的穆斯林，他和我們遇見的大多數馬爾地夫人一樣，並不覺得古代故事或西方遊客會威脅他的孩子。他熱愛歷史，也喜歡談論馬爾地夫的女王們。他六歲大的兒子賽亞（Sayaah）跟我們一起乘坐三輪車，我們因彼此的兒子而拉近距離。

卡斯杜島很幸運並沒有汽車。待在那裡的一個禮拜，我們只見過一輛，外加一輛在叢林中載滿金黃椰子的農業卡車。大多數島民不是走路就是騎腳踏車，反正去哪裡都不會太遠。許多人騎著摩托車飛馳而過，罩袍飄揚，小孩依偎在父母身前。

薩義德生於卡斯杜島，家族世世代代在此務農。年輕時，他和許許多多來自在地島的馬爾地夫人一樣，搬到首都馬列尋找機會。但隨著時間推移，他覺得自己錯失掉許多漫步叢林、呼吸新鮮空氣以及在自然環境中養育子女的機會。於是他搬回家鄉，撫養家庭，協助卡斯杜島引進「民宿旅遊」。

一九七〇年代，當高檔的全球旅遊業在無人島上開始紮下根基時，在地島卻禁止民宿類的家庭賓館。表面上，這樣的想法是為了保護當地公民不受「比基尼、培根、啤酒和聖經」等危險觀念汙染，如同記者羅賓森所言；但實際上，這道禁令卻讓當地人無法從即將成為該國第一大的產業裡賺到一分一毫，如今觀光產業每年可創造二十幾億美元的收入。[58]馬爾地夫第一位民選總統納希德最出名的，就是他在水下內閣會議中，呼籲世界關注馬爾地夫所面臨的海平面上升問題；納希德也廢除了民宿禁令，造福居住在卡斯杜等鄉村小島的公民。可惜，他很快就在二〇一二年砸毀國家博物館的那場政變中，因為推行「去伊斯蘭議程」而鋃鐺入獄。不過，他們倒是沒有把民宿重新塞回精靈瓶中。薩義德似乎與大多數馬爾地夫人一樣，樂觀地認為在地旅遊與伊斯蘭政府可以和平共存，他告訴我們，上述那些都是極端的案例。

薩義德載著我們飛快穿過洪水巷弄來到鎮郊，他的車輪不停轉動。伊本．巴圖塔十四世紀對馬爾地夫的描述，與擁擠首都的實況大相逕庭，但在卡斯杜島卻依然適用：「整個國度綠樹庇蔭……有如行走於花園。」[59]我們經過西瓜田與花圃地，小型的木瓜與香蕉園，還有細長的檳榔樹叢，用來種植它受人歡迎的果實。野生露兜樹的氣根成束生長。

沒有任何入口或標誌示意庫魯欣納．塔拉甘杜到了，它就藏在幾棟房舍與裝滿塑膠的海槽後方。雞隻大搖大擺在瓶袋間穿梭，看看能叼啄起什麼。介於房舍與一株巨大榕樹中間的廣闊空地上，我們在濕漉漉的沙地上辨識出昔日佛寺，宛如一張平面建築圖。覆滿苔癬的佛塔、十六邊形的高台以及其他遺址，與一九九六到一九九八年間米克森挖掘時的照片相比，侵蝕得更加嚴重，雜草爬上瓦礫。

我們找到藏了六萬兩千枚寶螺的樓梯遺址。那棵古老的大榕樹想必是佛寺的一個神聖所在，曾經在某個時刻被供奉在一道石頭圍界裡；如今巨根攀壓其上，幾乎看不見。

薩義德說，在他小時候，當地人認為那個遺址是採石場，可以採挖珊瑚石去蓋房子。在米克森調查出它的歷史意義之後，當地有過一波興奮浪潮，也做了些努力，想保存剩餘下來的東西。社區在遺址周圍蓋了一道水泥磚矮牆，保護它們不受風暴侵襲與民眾踩踏——那處遺址是叢林通往小鎮的捷徑。但小社區沒有資源可照顧遺址，信奉伊斯蘭的中央政府則未出手協助。[60]那道小牆顯然無法保護庫魯欣納·塔拉甘杜。

化為塵土——這處佛教廢墟讓我想起形成寶螺花紋的那些肉質構造物。

季風將卡斯杜化為水鄉澤國，持續了好幾天。好不容易，著名的馬爾地夫太陽終於征服了雨水，我們乘坐一艘亮藍色的五公尺小艇駛出潟湖，停泊在一個以捕撈貝類聞名的珊瑚小島。多岩石的海岸線上，覆滿了暴風雨捲刮上來的寶螺。我們看到圓拱殼上有著泡泡圖案的阿拉伯寶螺（Arabian Cowrie），布滿大小圓圈的百眼寶螺（Hundred-eyed Cowrie），綴著細緻白點的鹿斑寶螺（Fawn Cowrie），以及更多的雪山寶螺與其他無數寶螺。牠們或大或小，光澤顏色從粉筆白到高光棕不一而足，還有足以裝滿一個錢袋、閃閃發亮的黃寶螺。

岸上也堆了許多其他種類的熱帶貝殼，其中散落著幾十隻琥珀色眼睛。那些光滑的圓盤（馬爾地夫民俗傳說中的幸運珊德拉貝殼）是蠑螺的螺厴。我將一枚塞入衝浪短褲的口袋，紀念自己有幸能在依然洶湧的海浪下瞧見活寶螺。

「珊德拉貝殼傳奇」在這一天以及我們留在卡斯杜島的剩餘時間裡持續應驗著，因為我們終於進入水下了。不同於尚未從三次白化災難中復原的大型環礁，淺礁洋溢著生命與色彩——鸚哥魚輕咬著亮銅般的巨石，紫枝珊瑚從白沙中展臂，藍脊珊瑚替代了熠熠波紋。我看到活生生的軟體動物黏附在卡斯杜島的礁石上，數量超過我在其他地方所見（也有可能是我越來越擅長窺視小裂縫的內部與下方）。圓硨磲蛤（Crocus）的數量很多，從岩石中散發出電藍色和紫色如笑容般的容貌。花斑鐘螺（Maculated Top Shell）從側邊突出，狀似桃粉色的派對帽。我瞧見一隻肥碩的骨螺，遮蓋住與珊瑚同色的黃色海綿，彷彿遵守著某個屋主協會嚴格規定的顏色。

我透過潛水鏡在每個岩架下方尋找活的黃寶螺，卻在這時發現兩隻拳頭大小的黑星寶螺蜷縮在彼此附近。我看不見牠們的外套膜，只能看到毛茸茸的乳突在深色斑點的貝殼頂部上下起伏。為什麼林奈要將牠們命名為*Cypraea tigris*（直譯為「老虎寶螺」）？那些戲劇性的斑點明明就像花豹。無論是邁爾或我詢問過的其他所有軟體動物學家，沒人能回答我的問題。或許，為一萬兩千種動植物取了名字的林奈，只是累了。

只要我能瞧見一隻黃寶螺，我就能在附近的小岩石周圍發現更多牠們的身影。在黃寶螺的棲地上，牠們看起來更像植物，而非貝類或「錢幣」。牠們外套膜上的圖案，讓我想起冬日的黑色樹梢在牠們白色的小殼兩側叉分枝枒。半透明的乳突從外套膜裡長出，宛如珊瑚蟲。

相對於金錢的虛偽，黃寶螺顯得十分謙遜。然而，寶螺與海洋中的其他鈣化生命都有著與生俱來、無法用金錢衡量的價值，史密森尼學會的邁爾如此說道。和寶螺科的大多數成員一樣，黃寶螺也是韌性十足。儘管海洋的熱度與酸度持續上升，且不斷被捕撈當成旅遊小飾品，牠們還是存活了下來。在卡斯杜的淺礁家園裡，牠們是希望的指標。只要世界上的主要政府與產業能採取行動，減輕碳排放與暖化，珊瑚就有可能從白化中復原。

倒是卡斯杜的人類家園，承受著更為直接的威脅。威爾和我度過幾天略為晴朗的日子，但在我們離開這座島嶼時，季風雨肆虐過的巷弄，以及介於大海與清真寺間的汪洋湖泊，水幾乎沒怎麼排掉。薩義德和其他居民告訴我們，在他們小時候，卡斯杜島並沒有持續不停的洪水；季風雨總是會來，但太陽也總是能把洪水排乾。島民敏銳地意識到，這些改變是由暖化造成。然而，他們當中的愛樹者並不想搬到擁擠的馬列或人造的胡魯馬列，也無法遷往內陸。儘管卡斯杜島比馬爾地夫大多數的島嶼大，但內陸卻更加潮濕。他們的農地叢林與內陸的濕地之間，種滿了紅樹林與圓滑番荔枝樹（ond-apple tree）。

卡斯杜的家庭放棄城市，選擇農田與無汽車巷弄，彰顯出人類世（Anthropocene）的不平等。在人類這個物種開始密集燃燒石化材料，生產塑膠之類的新物質，並對地球造成無法逆轉的改變之時，提議以「人類世」這個詞彙為新的地質時代命名，確實相當合理。正如科學家在白堊紀末期看到小行星的撞擊與火山爆發一樣，他們也在全世界的石化燃燒物、核碎片與化學汙染中，看到人類的印記。[61]但「人類世」的概念並未反映出下列現實——世界上的大多數人，並未過度奢侈地生活著，也沒有燃燒成噸的石化燃料。[62]

在馬爾地夫最近一次的選舉中，公民投票將威權總統拉下台，以堅持民主原則並承諾還權於民的挑戰者取而代之。易卜拉欣．穆罕默德．索里（Ibrahim Mohamed Solih）總統成立「失蹤與死亡委員會」，負責調查黎爾望（Rilwan）、拉須德（Rasheed）與其他二十五人的案件。他承諾，會在外交與地方層面對氣候問題加倍努力，包括對居住島嶼實施更強化的環境保護措施。卡斯杜島的濕地就是保護的對象之一。

全球合作減少溫室氣體的排放，依舊難以實現。人類可以明確改變價值觀，就像寶螺在人類眼中曾經從護身符轉變成錢幣。看到黃寶螺在海中生機勃勃，暗色枝枒伸展在小白殼上，我想著，如果這類價值觀的轉變再次出現，這回將會從崇拜金錢改成尊重海洋生命。在卡杜斯島的最後一個晚上，月光清澈，我們搭乘薩義德的船隻出海，去看海上的夜光浮游生物。牠們在海面閃爍，宛如海生螢火蟲。皎潔的月亮令人回想起卡迪亞女蘇丹——她採集貝殼，裝滿那些即將顛覆世界的船隻。

第六章 〰 貝殼瘋

綺螄螺
THE PRECIOUS WENTLETRAP
Epitonium scalare

一六四四年，荷蘭鬱金香育種家亞伯拉罕・卡斯特林（Abraham Casteleyn），在他於阿姆斯特丹花園府邸瀕死之際，召來了一位公證人。他明確指示，該如何處理他畢生的寶貴資產，包括他的鬱金香球莖——該年夏天開完花後，已從土裡取出放進抽屜；還有他蒐藏的異國貝殼——兩千三百八十九枚「珍稀小貝殼」和「小號角」。[1]

他的遺囑由歷史學家安妮・戈德加（Anne Goldgar）挖掘出土，根據那份嚴謹的遺囑，那些小貝殼與小號角必須裝箱並掛上三把不同鎖扣。卡斯特林的遺產有三位執行人，每個人負責保管其中一把鎖的鑰匙；只有當三人聚集在一起，才能打開那只熱帶寶物箱，或將它展示給潛在買家。貝殼蒐藏不能拆開處理。[2]

卡斯特林的死因不明，但他的貝殼病有個名字：貝殼狂躁症（conchylomania）。那是一種瘋狂蒐集貝殼的現象，在十六到十八世紀蔓延歐洲各地。他有一位住在巴黎鄉間的親戚，尚—雅各・盧梭（Jean-Jacques Rousseau），曾目睹這波狂躁症發作。盧梭寫道：「他生動的想像力被自然界的貝殼完全占據。他發自內心相信，宇宙是由貝殼和貝殼的殘餘物所構成，整個地球不過就是多不勝數的貝殼沙。」[3]

貝殼狂躁症在荷蘭肆虐的時間，約莫和鬱金香熱（荷蘭文：tulpenmanie）同時。受到該病困擾的，大多也是同一群人，他們願意支付高於一幅名畫的價錢，購買一枚熱帶貝殼。[4]英國貝殼權威彼得・丹斯（S. Peter Dance）發現，一七九〇年代，在同一家拍賣行裡，一枚無敵芋螺（Matchless Cone，學名*Conus cedonulli*）的成交價是二百七十三荷蘭盾，而楊・維梅爾（Jan Vermeer）的畫作〈讀信的藍衣少婦〉（*Woman in Blue Reading a Letter*），只拍出四十三荷蘭盾。[5]

那位海底藝術家「無敵芋螺」至今依然健在，仍在製造那令人垂涎的貝殼，上面印有焦橙色和奶油色的地圖。那些圖案貌似從一條條環繞整個螺殼的虛緯線上凸起，但其實是平滑的。不同於只畫了三十六件作品的維梅爾，牠並非傲視無敵。

另一位荷蘭藝術家林布蘭也染上貝殼狂躁症。一六五〇年，他的蝕刻版畫作品〈貝殼〉（*The Shell*）對一枚從陰影中現身的大理石芋螺（Marbled Cone）傳達出崇敬之情，景仰它的齊平螺頂與暗底淺色斑紋。那枚最受世人欽慕的大理石芋螺，被認為是藝術家所蒐藏的眾多貝殼之一，在林布蘭破產、失去那間磚造宅邸時，曾註記在他的財產清單中。[6]

身為第一家股票交易所和第一家上市公司的荷屬東印度公司，它們的船隻將熱帶貝殼帶回故鄉所在地的荷蘭共和國，從十七世紀開始就助長了大自然的商品化與現代自由市場的過剩，這似乎並不令人意外。蒐藏貝殼與其他異國珍稀，就像緊隨著殖民主義在遙遠海岸的行軍步伐，於故鄉本土展開一場微型征服。越稀有則越興奮，越積累則越威風，越蒐藏則越渴望。

這個時代也開始讓科學從蛇石紀元走向黎明。由學者與探險家組成的通信網絡揚帆啟航，在今日所謂的「文人共和國」（Republic of Letters）裡跨越海陸魚雁往返，彼此分享各種科學想法以及貝殼等生物標本，試圖解釋大自然。

西元前七十九年，維蘇威火山爆發，將龐貝與它的眾多市民埋葬在成噸的火山灰與碎瓦礫中，也將這座羅馬城市封存在擁有兩千年歷史的馬車軌道上。及時保存的這些屍體、建築、藝術和文物，讓我們有機會一瞥古代世界的日常生活——包括貝殼紀念品。考古學家在龐貝出土了許多貝殼，大部分是本土的鶉螺、寶螺、骨螺、法螺，以及環地中海的鮑魚。但其中至少有五個物種是來自紅海或印度洋，包括織錦芋螺（Textile Cone）、腰斑寶螺（Gnawed Cowrie）、巨硨磲蛤、黑蝶珍珠蛤（*Pinctada margaritifera*）以及約莫五十種花豹寶螺。[7] 倫敦自然史博物館貝殼典藏的資深研究員丹斯推測，上述貝殼「可能是世上最早的貝類學家之一所蒐藏的珍品」。[8]

羅馬哲學家西塞羅（Cicero）讚揚萊利烏斯（Laelius）和西庇奧（Scipio）這兩位執政官，

因為他們能甩開各種憂慮、卸下共和國的種種要求，一起在（位於今日義大利半島的）加埃塔與勞倫圖姆的海灘靜下心來撿拾貝殼。他強調，「蒐集貝殼」是一種有價值的活動，可以釋放緊繃的心靈。[9]寵貝的花豹寶螺比在地中海發現的大上許多，也出現在羅馬與撒克遜人的墳墓裡，延續了長達十萬年的崇敬。貝殼被磨損、貝殼被雕鑿，貝殼與所愛之人一同掩埋。

無論最早的貝殼蒐藏源自何處，狂熱的巔峰都在荷蘭。貝殼狂躁症和黑死病一樣，都是搭乘貿易船隻抵達。一六〇〇年代之際，荷蘭商船開始載運香料、絲綢和其他戰利品，從東、西印度群島返航，其中包括不久之後，在荷蘭帶動了一門全國性產業的中國瓷器，建立了經典的白色與台夫特藍（Delft blue）形象。抵達碼頭的還有奇特的自然物，有尖尖的豆莢、鱗片狀的水果、噩夢般的長蛇皮、乾掉的鱷魚、膨脹的河豚、彩虹色的蝴蝶，以及特別奇怪的新種貝殼。卡斯特林之類的蒐藏家為之瘋狂。

熱帶貝殼體積大、色彩多，有長紡錘狀的和旋鈕狀的；有螺紋，有光澤，比在北海沙灘上發現的任何貝殼更加耀眼。從東印度和其他異國海濱上岸的男人們，炫耀著闊氣的海螺、膨脹的渦螺、棘刺宛如中世紀武器的骨螺。他們帶回肖似熊掌的巨硨磲蛤殼、看似陀螺的螺殼，或其他很快將被命名的物種。起初，水手和士兵是把貝殼當成紀念品帶回家，但他們很快就明白，這些貝殼可以換得一筆小財富，或者當成巴結討好的禮物，促成其他交易。

阿姆斯特丹發展出熱鬧蓬勃的珍奇交易，有專賣店和小販兜售熱帶貝殼，以及由船隻運來、充滿異國情調的自然珍寶。[10]科涅利斯・德・曼（Cornelis de Man）有幅畫作名為〈奇珍賣家〉（*The Curiosity Seller*），描繪一名身穿絲綢長袍的貝殼賣家，正在展示一籃色彩繽紛的海螺、法螺、寶螺和其他值得收藏在櫥櫃裡的貝殼。身著白緞連身裙的客戶，看似很想擁有她抱在手中、閃耀著珍珠光澤的那枚腔室鸚鵡螺。穿毛衣的小男孩將一枚法螺覆在耳邊，希望能聆聽到溫暖的異國海聲。

和今日一樣，大眾在海邊禮品店的碗缽裡挑選漂亮貝殼，更嚴肅的交易則在私人藏家與林布蘭等人經常光顧的公開拍賣會上進行。在一六三七年的一場拍賣會上，林布蘭以十一個荷蘭盾拍到一枚鳳凰螺殼（kockeilje horen），而當時只要一個荷蘭盾就能買到已故義大利大師拉斐爾（Raphael）的版畫。[11]

到了十七世紀初，荷蘭貝殼立體拼貼的價值可媲美高雅繪畫和珍貴的鬱金香蒐藏。富人和皇室在委託肖像畫時，經常會讓自己的寶貴貝殼一起入畫。一六〇三年，荷蘭哈倫的繪畫大師亨德里克・霍爾奇尼斯（Hendrick Goltzius），為豐衣足食的織品商人楊・霍佛森（Jan Govertsen）畫了一幅肖像，畫中霍佛森身穿黑色束腰外衣，腿上放著華麗的熱帶貝殼，手中拿著一枚名為蠑螺的錐形腹足類閃耀著珍珠光澤。四個世紀後，來自印度洋的這些美貝，依然最搶鏡頭。

在歐洲各地，一只裝滿自然與人造物的珍奇櫃，成了地位與學識的必備象徵。某些富有的蒐藏家，甚至有一整間「珍奇室」，並為來訪貴賓備有目錄。[12]科學家很快就開始為軟體動物和其他物種命名分類，為驚奇方舟裡來自各洲的動物定序。但在分類學出現之前的這個時代，貝殼蒐藏家將他們的嗜好視為（至少是投射成）接近上帝的神聖一步。「貝殼與花朵構成創世紀最輝煌的標本」，藝術史家李歐波丁·普羅斯佩瑞提（Leopoldine Prosperetti）如此寫道。[13] 基督徒可藉此將蒐藏行為合理化，宣稱那是一種義務——他們必須順著貝殼的螺旋，完成自身的啟蒙。

物稀為貴的觀念，也發揮了作用，至少在蒐藏家的想像中頗有威力。不同於可以培養的鬱金香，可以印刷的郵票；貝殼的多寡只有大自然或神的興致可以控制。滅絕在當時還是一種未被明確表達的想像，更別提人類有能力扼殺物種。

蒐藏家想要得到前所未見的非凡貝殼，越異國、越精緻、越獨特越好。綺螄螺（Precious Wentletrap，學名 *Epitonium scalare*）就屬於這種。至少，看起來似乎是。最早提及這種平均只有五公分長的雪白小螺的紀錄，出現在一六六三年。一名旅人造訪阿姆斯特丹某位醫生的珍奇櫃，留意到一枚「白貝殼，貌似一隻螺旋彎扭的號角，由上往下張開。」[14]

荷蘭人將這種盤繞的美螺取名為 *Wentletrap*，源自於螺旋梯一詞。這種貝殼比它名稱由來的螺旋梯更壓縮也更性感，它的象牙色螺層在底部飽滿肥碩，看似朝上堆疊成一個尖峰，有如霜淇淋。但跟霜淇淋的製作過程相反，這種軟體動物是從狹窄的尖端開始打造，隨著成長，用牠的單管纏繞出越來越大的螺層。看似觸連的螺層其實是分開的，環繞著縱肋。每條縱肋代表著先前的殼口緣，有如一張有花紋的成長圖。整體效果就是上了粉的凡爾賽宮皇后髮髻，皇家髮型師得花上好幾個小時，才能將它盤捲成塔並飾滿珠翠。

這種貝殼的稀有性提高了需求與價格，這個小奇觀比等重的黃金更有價值。已知的標本極少，俄國凱薩琳女皇（Empress Cathenine）與瑞典露薏莎．烏麗卡王后（Queen Louisa Ulrika）的蒐藏中，各有一枚。

露薏莎是瑞典博物學家林奈的贊助者，林奈後來透過王后位於卓寧霍姆宮的自然史蒐藏，建立了二名分類系統，替動植物分類。林奈為六百八十三種軟體動物命名，雖然有些名字略顯尷尬，因為觀察的對象只是貝殼而非製造它們的軟體動物。例如，他把會游泳的扇貝與靜止不動的牡蠣黏在一起。不過，林奈倒是根據露薏莎的綺螄螺貝殼，給這個物種取了一個適切的名字：*Turbo scalaris*，後面那個拉丁文是「爬樓梯」的意思。

關於綺螄螺市場價值的可靠資料顯示，一七五〇年日耳曼國王暨神聖羅馬帝國皇帝弗朗茲一世（Franz I）以四千荷蘭盾買下一枚綺螄螺，約莫相當於今日的十一萬四千美元。[15]這令人頭暈目眩的價格，衍生出不少假冒與偽造的故事。海耶特．維爾（A. Hyatt Verrill）在一九三六年出版的《奇貝與它們的故事》（*Strange Sea Shells and Their Stories*）裡，報導了一則眾所認同的事實——中國偽造者用米粉糊仿製綺螄螺，等那些不幸的買家想要清洗貝殼時，就發現自己被騙了。二十世紀中葉，一位倫敦貝殼店的老闆確信他也有一枚米紙做的贗品，並逐漸把它看得比真正的綺螄螺更有價值。[16]貝殼店老闆死後留下兩個驚奇，其一是那枚「贗品」被證明是真的綺螄螺；其二是他本人被證明是假冒的——他是一名納粹逃犯。[17]

一七七六年，另一波貝殼熱潮圍繞著巴黎的「金笠螺」（Golden Limpet）展開。這個當時人們以為稀有的貝殼，其實是常見的巴達貢笠螺（*Patinigera deaurata*），「在熱灰中烤或用鍋子輕煎，直到原本的赤褐色轉變成閃亮金色，」李奧・魯伊克比（Leo Ruickbie）在他的神獸百科全書中寫道。[18]

無論真偽，貝殼很少是聰明的投資。一七五七年，法國大使在阿姆斯特丹拍賣他的蒐藏，他的綺蛳螺賣出一千六百一十一法磅。[19]如果買家拿那筆錢去買黃金，約莫可買到五百四十公克，價值高於今日的兩萬七千美元。[20]但是，當蒐藏家們發現綺蛳螺其實是窩在西南太平洋的沙子底下後，牠們的價值隨即不保。

拍賣紀錄顯示，一七九二年在阿姆斯特丹，一枚「精美明亮」的綺蛳螺標本價格暴跌到五十荷蘭盾；一八二二年在倫敦，一枚「完美無比的標本」只拍出八英鎊。[21]今日，從 eBay 上花十美元就能買到。

若是王后與國王們早知道隱藏在熱帶浪沙之下綺蛳螺的真實特色就好了。隱藏在世界最美麗貝殼身後的那位藝術家，是一個棲息在海葵下方、可以存活多年的寄生蟲。當綺蛳螺飢餓時，牠會將可愛的自己拖出沙外，拉出一條比外殼長四倍的非凡軀幹，選定一條令人垂涎的海葵觸手，將牠的附肢緊緊纏繞著海葵的附肢，然後射出麻痺毒液，讓觸手無法移動。[22]接下來，牠伸出齒舌，鋸掉一截觸手，享用牠柔軟的肉。

綺蛳螺如此這般大啖宿主的觸手，長達四或五小時，然後鑽回沙裡；二到八週之後，等飢餓感回籠，這動物又將如法炮製，挑選另一兩條觸手，鋸掉吞食。

這隻軟體動物隨著象牙白的螺層逐漸生長，牠與外殼都變得飽滿美麗，螺圈越來越寬，然後就被陸地上一種真正怪異的生物給盯上了。

倫敦醫生馬丁．李斯特（Martin Lister）是十七世紀的蜘蛛人——一位早期的蜘蛛學家，了解某些蜘蛛如何透過熱氣球（用細紡絲織出迷你的降落傘）來擴散，乘風前進。[23]他也是包括安妮女王在內的富人名流所熟知的一位醫生，還是一位博物學家——發明了土壤調查與直方圖。[24]李斯特是一名花卉愛好者，種植了三千顆球莖，還是蒐藏家、化學家、染料製造師、多產的作家、皇家學會（Royal Society）副會長、駐法國大使。[25]（李斯特坦承，在法國西南部朗格多克區〔Languedoc〕最鄙陋的自然中得到的樂趣，遠勝於在「凡爾賽最精緻的巷弄」擔任大使，而他更愛「學習上百種植物的名字和容貌，勝過去牢記五、六位親王的姓名長相。」）[26]

李斯特還因為出版了《貝類史》（*Historiae Conchyliorum*）而備受讚譽，那是第一本具備科學嚴謹性的貝殼百科。[27]其他人也印行了貝殼的圖片與書籍，例如義大利耶穌會學者菲利波．博納尼（Filippo Buonanni），在一六八一年出版的《養眼與養心的娛樂》（*Ricreatione dell'occhio e della mente*）。

博納尼將貝殼分為單殼與雙殼，並在一些案例中描畫了裡面的軟體動物。他親眼看過的便畫得很好，例如花園蝸牛；至於只能靠想像的熱帶生物，就畫得差強人意。[28]和幾乎所有早期的貝殼指南一樣，博納尼的螺旋在印刷過程中也是反的，如此產生的鏡像對想藉此辨識貝殼之人，就顯得不正確。（意思是，看過這些圖的人會以為貝殼大多就跟左旋香螺一樣是左旋，但左旋其實相當罕見。）

李斯特的《貝類史》收錄了一千多幅銅版貝殼版畫，每一幅都在印刷時仔細反轉以確保正確性。那部指南耗費巨大心力，在一六八五到一六九二這六年間，總共出了四大冊。那位卓然有成的醫生暨蜘蛛學家，是如何做到這般無所不能？和他摯愛的蜘蛛、與同時代的許多科學家一樣，他有額外之手——科學上的女性夥伴。在他的案例裡，是兩位聰明的女兒：安娜（Anna）與蘇珊娜（Susanna）。

《貝類史》也因該書的科學插畫家而不朽。安娜與蘇珊娜從十三和十四歲時開始畫的那些華麗、上了光影線條的翔實貝殼素描，豐富飽滿一如林布蘭的芋螺版畫。該家族的傳記作者暨科學史家安娜・瑪莉・魯斯（Anna Marie Roos）描述，在女孩被排除於正規教育的那個時代，她們的貝殼素描和版畫是如何細緻、準確，並在印刷版上做了正確的翻轉。

即便是林布蘭著名的大理石芋螺靜物畫也是不正確的；藝術史家總結，這是一種美學選擇，因為他的簽名方向正確呈現。軟體動物學家史蒂芬・傑・古爾德（Stephen Jay Gould）想不透，為什麼這些前輩要用鏡像印製貝殼，他們明明知道該怎麼在印版上正確處理方向。[29]也許，就跟林布蘭一樣，在一個科學與藝術的界線依然變動不居的時代，他們是被陰影和美學所感動。

兩位青少女將印版反置，糾正了錯誤慣例。安娜與蘇珊娜也精於蝕刻和雕刻，是最早使用顯微鏡製作圖像的女性之一，而除了《貝類史》外，她們也幫皇家學會的期刊繪圖。[30]一八一二年出版的一本皇家學會史，表揚了李斯特姊妹，並宣稱《貝類史》「為科學界開啟了一個新時代……至今依然深具價值，依然是每位貝類學學子不可或缺的參考書籍」。[31]

《貝類史》還有一點值得一提，即它讓歐洲人第一次關注到北美洲的貝殼。在維吉尼亞州，早期美國的博物學家約翰・巴尼斯特（John Banister）將美國軟體動物的詳細描述、素描與標本，連同化石、蒼蠅與真菌，一起寄給了李斯特。一六九二年五月十二日，在巴尼斯特寫給李斯特的最後一封信裡，他針對螺殼的殼口高談闊論。[32]同一天，他與加州里奇蒙的種植園主暨創始人威廉・拜爾德一世（William Byrd I，他是巴尼斯特的科學贊助者）啟程展開一趟蒐藏探險。[33]四天後，巴尼斯特蹲跪在羅阿諾克河畔時，意外被拜爾德的一名雇工槍殺而死。[34]巴尼斯特並未寫完他的維吉尼亞州自然史，他在裡頭也描述了阿波馬托克原住民。他的傳奇存活在許多紀念他的美國自然標誌上，例如林奈為早期美國物種所取的名字中，以及李斯特的《貝類史》裡。史上第一部科學性的貝殼百科全書中，有十七種標本是巴尼斯特寄來或根據他的素描複製的，標註了代表了維吉尼亞的「Vir」字樣。[35]

李斯特也是第一位記載與描繪北美化石貝殼的博物學家。[36]巴尼斯特的巨型扇貝，邊緣有著迷人的渦旋，大到足以在《貝類史》中獨占一頁。李斯特形容它是「我見過最大的扇貝，」藍泥色，年代久遠，歷經風霜而失去了原先之美。[37]它看起來很像現代扇貝，李斯特將它與海洋雙殼類歸在一起，推測它可能是一枚巨大的獅爪海扇蛤（Lion's Paw）[38]，這枚巨型雙殼貝當時已經絕種。[39]美國第一本貝殼書的作者湯瑪斯・賽伊（他也有一位不可或缺的女性插畫家）後來將這枚化石扇貝命名為*Chesapecten jeffersonius*，用以紀念傑佛遜總統。

隨著每一枚化石的發現，「曾發生過滅絕」的想法在文人共和國裡浸染的筆墨就越多。不過對大多數人而言，這個概念依然是個詛咒——有違於上帝的完美與自然秩序。[40]李斯特也為化石分類，包括一枚馬車輪大小的菊石。巨大菊石在《貝類史》中自成一節，標題是「貝殼石」（Shell-Stones）。不同於義大利與美國出土的化石，英國的化石與現存的軟體動物大相逕庭，李斯特無法相信牠們曾經存活在這個世界上。

李斯特在法國蒙彼利埃唸醫學時，結識著名的解剖學家尼古拉斯・斯坦諾（Nicolaus Steno），並發現他「除了是位學者，還像你們法國人說的，非常殷勤且誠實」。[41]但當他讀到斯坦諾的見解，說窩隱在山中的貝殼石是有機物的遺骸時，他寫了一篇反駁的文章，刊登在皇家學會的期刊上。李斯特懷疑該種可能性，因為他未曾見過任何一枚貝殼石「可套入任何一種今日尚未確定其物種的動物模子裡」。李斯特說，如果斯坦諾能證明化石貝殼與當時現存的軟體動物有何相似之處，他或許能接受斯坦諾的理論。「我的論點或許會被推翻，」李斯特寫道，「而我會樂於認識到錯誤。」[42]

如果告訴李斯特，那枚來自美國的藍灰色大扇貝的真實年紀介於四到五百萬歲，肯定能說服他。

Fol·ly

名詞

一，缺乏理智；愚蠢。

二，沒有實用價值、裝飾昂貴的建築，特別是建造在大花園或公園裡的塔樓或仿哥德式廢墟。

字源

中世紀英文，源自古法文folie，「瘋狂」，在現代法文中也意指「令人開心、喜愛的居所」。

李斯特這樣的蒐藏家，是為了科學目的追求貝殼，其他人則是為了流行或「folly」——特別是歐洲那些不停積攢皇家貝殼蒐藏的國王與王后。「強人」奧古斯都二世（Augustus II the Strong）在日耳曼的德勒斯登城堡照管著一只貝殼櫃，櫃子後來擴大成房間，又擴大成一條宏偉的廊道。訪客可看到國王的大型首字母落款以貝殼裝飾，上方是一頂全用貝殼製成的皇冠，四周圍繞著一幅貝殼壁畫，由貝殼花束與貝殼水果盤襯托著。牆上覆滿了裝飾性的貝殼卷飾、怪誕的貝殼面具，以及各種貝殼製的動物偶。[43]房間中央打造了一座用貝殼鑲嵌的赫利孔山模型，搭配珍珠母製作的飛馬靈感泉（Hippocrene fountain）*。國王珍藏的芋螺、寶螺和其他貝類，陳列在九只玻璃櫃中，其中五只上面擺了用貝殼雕刻的海豚頭和其他海洋裝飾。

富豪與時尚人士的貝殼狂熱，外溢到花園洞窟中。名為「安樂之所」（*locus amoenus*）的戶外隱世之地，在古希臘曾盛極一時。他們打造洞穴祭壇獻給寧芙（nymph，希臘神話中的精靈仙女）以及代表泉水、河流和湖泊的女性神話人物。位於雅典周遭、歷史悠久的阿提卡區，便有密密麻麻幾十處被古希臘人奉為聖地的石灰岩洞穴。其中一些依然有祭壇矗立，出土的紅陶人偶有些還挺著懷孕大肚。準媽媽分娩前會留下供品給寧芙，祈求保護，或在事後獻上祭品，感謝順利產子。[44]

天然神龕出現在池塘、泉水、湖泊與河畔。羅馬人將這類荒野祭壇改造成水力建築，加入獅頭噴口之類的細節，在帝國時期用來輸送用水。[45]新的世代又在建築上堆上柱廊、拱廊、雕像、繪畫、馬賽克拼貼，到最後，洞窟本身就是人造的——被打造成露天的夏日餐廳，穿刺著人造的鐘乳石柱與石筍。[46]

天然貝殼將日趨人造的世界與大自然（或某些人眼中的上帝）繫聯起來。十六世紀中葉，義大利建築師加列亞佐·阿萊西（Galeazzo Alessi）為熱內亞海軍上將安德里亞·多利亞（Andrea Doria，與不幸沉沒的義大利郵輪同名）的莊園設計了一座精緻洞窟，洞窟的馬賽克牆面全是用貝殼鑲嵌，講述大海的故事。數百年後，火車軌道切穿熱內亞，將那座栩栩如生的洞窟和窟中的貝殼馬賽克（描繪柏修斯〔Perseus〕殺死海怪以及海寧芙加拉蒂亞〔Galateia〕駕乘一枚以海豚為動力的貝殼）與莊園的其他部分切割開來，任其頹圮。今日參觀親王別墅（Villa del Principe）的訪客，若懂得詢問，便可徒步爬到鐵軌後面的山丘上，去看那些搖搖欲墜的軟體動物牆。

隨著「貝殼瘋」橫掃歐洲，建築師用貝殼牆妝點花園洞窟的裡裡外外，在城市裡再造石灰岩泉。洞窟「吞下巨量貝殼。許多富有的洞窟建造者，花了一筆小財產從世界各地進口異國貝殼，」哈賽兒・傑克森（Hazelle Jackson）在她討論歐洲貝殼宅邸與洞窟的專書中如此寫道。[47]藝術家將小如玉黍螺、大如法螺的千萬貝殼，拼組成實物大小的壁畫與張力十足的馬賽克，往往會令人想起海洋。

史上最繁複、精緻，在凡爾賽宮只屹立了二十年的貝殼洞窟，如今只存在於三百年前的蝕刻畫與詩歌當中。法王路易十四（Louis XIV）在他從一六六一年親政到一七一五年去世這段期間，聘僱了法國最偉大的建築師與藝術家，不停改造凡爾賽宮，並將他身為「太陽王」的光輝形象，投射到全世界。一六六五年，一項工程展開，計畫將凡爾賽宮北側的一處水樓亭閣，重新設計成寓言噴泉，內容是太陽神阿波羅在每日橫越天際之後降入海中；位於宮殿另一端的特提斯洞窟（Grotto of Tethys）則提供另一個平行場景，顯示太陽神駕著祂的馬車從海上升起。[48]

＊編按：飛馬是詩神謬思（Muse）的座騎，希臘神話中最著名的奇幻生物之一，從女妖美杜莎的血泊中誕生；用雙蹄在赫利孔山（Helicon）上踏出希波克里尼靈感泉（Hippocrene）。

立面一字排開三座巨大的拱門，門上的鍍金欄柵傾斜排列，化身為從中央那顆人臉太陽發射出來的光芒。洞窟內部，寬闊的單一廳堂裡覆滿了千萬枚貝殼、珊瑚與珍珠母，令人聯想起海底洞穴。無數的鏡子擴大了流水之感。中央有一群大理石雕像，描繪阿波羅由寧芙隨侍的畫面。六名女子在一天結束之際，替休息的阿波羅沐浴，其中一名還跪著替他擦腳。在兩側的雕像中，肌肉健壯的海之信使特里頓，正用從扇貝盆與海螺壺流下的水，刷洗阿波羅的馬匹。

這些人工水景還包括一架水力管風琴，其水脈來自隱藏於閣樓的水庫。[49]有些水流穩定，有些會令訪客驚喜——他們可能會被一枚流水的海螺淋濕。沿著牆面，有一排奇妙怪異的海洋人物，在貝殼馬賽克與大理石雕刻噴泉間游泳嬉戲。特提斯洞窟曾蒐藏了歷史上最著名的貝殼藝術，可惜現已佚失，包括六只醜惡猙獰的軟體動物面具，上面有陰狠爆裂的螺殼眼睛、邪惡的腹足類鬍鬚以及尖刺的筍螺殼角。[50]

一六八四年，路易十四以一份「無比糟蹋」的虔誠聲明，拆除特提斯洞窟以騰出位置擴建凡爾賽宮的北翼，包括他那棟哥德式風格的皇家禮拜堂。只有洞窟裡的大理石雕刻保存了下來，轉移到花園。[51]寧芙與特里頓依然在花園裡的一座人造洞穴中，繼續他們的清洗工作。

一個世紀後，在凡爾賽西南的宏布耶森林裡，瑪麗皇后享受著一間兩房制的貝殼小屋（la chaumière aux coquillage），最終還擁有了它。那是蓬希耶弗公爵（Duke of Penthièvre）為他的紅顏知己朗巴勒親王妃（Princess of Lamballe）打造的。茅砌屋頂與質樸的外表，掩蓋住令人驚嘆的圓形貝殼內部。拱頂綴了珍珠母，牆壁鑲嵌了從布列塔尼與諾曼第蒐集來的貝殼，夾雜著公爵從其祖父太陽王那裡繼承來的珍稀品種。[52]

一七八三年，公爵失去宏布耶、親王妃失去她的貝殼小屋，因為法王路易十六（Louis XVI）要求這位堂兄將宏布耶賣給他。[53]瑪麗皇后對這座森林莊園與它的貝殼小屋不甚滿意，同年便委託建築師，興建她自己的農莊——皇后小村（le Hameau de la Reine），一座鄰近凡爾賽的人造農村。除了人造的仿舊農舍、菜園，以及精挑細選在其中工作的農民之外，小村的其他特色還包括：一處乳品場，皇后可在裡頭扮演簡樸的擠奶女工；一個名為「蝸牛山」（Montagne de l'Escargot）的浮誇工事；以及一座嶙峋洞窟，她會在裡面避靜修行，冥思自然，響應盧梭的倡導。

學者並不知道，瑪麗皇后是否直接閱讀盧梭。盧梭的著作影響了法國大革命，而那場革命卻終結了瑪麗皇后的性命。他們說，當暴民從巴黎湧入凡爾賽宮大門時，她正躲在她的小洞窟裡。[54]

貝殼小洞穴和小屋，以及大型的貝殼宅邸，當時也在英國的花園裡成為熱潮。一七五〇與一七六〇年代，在英國的赫特福夏，貴格派*詩人約翰．史考特（John Scott），在他的白堊山坡花園裡開鑿出二十公尺深的一系列小室，裡頭鑲滿各式各樣的海螺、扇貝與其他貝類。當時

＊編按：十七世記於英國成立的基督新教教派。貴格（Quaker）意為「震顫者」，指「聽到上帝的話而發抖」，該教派曾因提出許多先進思想遭英國國教迫害，幾經波折後有大量的教徒聚居於費城。

的倫敦社交界蜂擁前去，造訪該處奇觀；今日的遊客依然絡繹不絕。[55]

英國詩人亞歷山大・波普（Alexander Pope）在推肯漢的泰晤士河上擁有一座河濱花園。他在別墅底下挖了一座人工洞穴，花了二十年的時間，癡迷於在牆上點綴貝殼、水晶、化石、礦石、碎石、石筍和其他地質裝飾物，有如一座貝殼神廟。波普的晚年都在這座地下小窩裡度過，摒絕公眾與光線，而小窩至今尚存。「若裡頭也有寧芙，」波普在給友人的信中寫道，「便將萬事圓滿。」[56]

對此，倫敦的知識分子茱蒂絲・德瑞克（Judith Drake）應該會想翻白眼。一六九六年，荷蘭大師阿德里安・庫特（Adriaen Coorte）畫出他令人崇拜的靜物畫：〈石板上的五枚貝殼〉（*Five Shells Mounted on a Slab of Stone*）；同一年，德瑞克發表了早期現代女性主義的傑作：〈捍衛女「性」〉（An Essay in Defence of the Female Sex）。[57]不可思議的是，這篇文章也是對貝殼瘋的尖刻批判。

茱蒂絲・德瑞克是一名作家，也為婦女和孩童進行一些醫療行為，這項業務並未得到官方許可，為此她曾遭到皇家醫師學院（Royal College of Physicians）的傳喚。茱蒂絲嫁給醫生暨政治作家詹姆斯・德瑞克（James Drake），詹姆斯為保守的托利黨（Tory）撰寫的宣傳小冊引發眾多「怒火」，導致作品遭到公開焚燒。德瑞克醫生就在自身書籍不斷遭到起訴與政府焚燒的情況下死去，留下兩個年幼的小孩。[58]

茱蒂絲・德瑞克的〈捍衛女「性」〉是匿名出版，由「A女士」寫給婦女同胞或「任何有識男子」，當時人以為作者是瑪莉・阿斯泰（Mary Astell）。[59]這篇兩萬五千字的文章，時而詼諧時而激烈，為女性倡導智識平等與學習價值，同時挑戰古代人以男性為中心的崇拜。她觀察到，女孩與男孩是由同一群人在同樣的時間教導說話、閱讀與書寫。為什麼後來就把他們分開，女孩送去學針線活，男孩送去學希臘文？她「在大自然中找不到這樣的差別對待」，可以為這種區隔提供合理解釋。

她推測，男性剝奪女性平等接受教育的權利，或許是因為女性有可能「成為他們的上司」。她塑造了一些具有諷刺意味的男性原型，證明男性同樣會（甚至更容易）犯下女性經常被指控的愚蠢行為。這些原型包括學者、鄉紳、新聞散布者、惡霸、市政批評家、花花公子，以及「最惡劣的」鑑賞家。

鑑賞家不惜一切代價購買並蒐藏貝殼與其他自然物，目的是為了積累令人豔羨的蒐藏品，而非為了科學或更大的益處。他「賣掉一塊土地去購買扇貝、海螺、貽貝、鳥尾蛤、玉黍螺、海灌木、野草、苔蘚、海綿、珊瑚、珊瑚藻、海扇、鵝卵石、白鐵礦和燧石」。

他的旅遊「並非為了探訪任何地方的居民，而是探訪坑洞、海岸和山丘；他從那裡得到的並非寶藏，而是中看不中用的東西。他醉心於尋找一枚罕見貝殼，或一枚奇形怪狀的石頭……」

「他奔走各方，世界各地都有與他通信往來之人；但他的展示櫃並不是為了推銷我們的奢侈品或增加我們的貿易，也不是為了使國家或他自己更富有。」

他會「為了一隻海星的殼或整隻海膽付出更多，超過一整支荷蘭鯡魚艦隊」。

在那個放肆無度與科學優勢令人興奮的雙重時代，要面對女孩與婦女被排除在教育之外，想必令人瘋狂。德瑞克本人無法接受醫學訓練。在皇家醫師學院調查局裡，她為自己無照執業提出的辯護，是「她只治療婦女和孩童，且沒有收費」。[60]即便在家庭裡，訓練女兒的情況也很罕見，馬丁．李斯特是個例外。當時社會對於女孩接受教育的看法，與林奈的態度接近。當這位大博物學家的妻子將他們的一名女兒帶進學校時，林奈把她拉了出來，阻止了他認為對女孩而言「無意義的」教育。他也拒絕露易莎皇后將他女兒帶入宮廷的提議，認為宮裡的環境會敗壞女孩的道德。[61]

德瑞克支持科學事業。她的文章讚揚皇家學會，並強調生物學、化學、數學和「對大自然的知性探究」，熱衷程度「一如所有的鑑賞家」。她觀察到，貪婪於攢積瑣物的鑑賞家，與追求生物學問題之人，有一項「重大差異」——那些生物學問題的答案，將可證明她的觀點，也就是兩性具有同樣的學習能力。

從希臘羅馬傳承下來的「習俗暴政」（tyranny of custom），維繫住現代科學與醫學無法證明的不平等。[62]醫生們曾經告訴她，「與心智有關或會對心智產生影響的器官組織，男女並無任何不同」。

對德瑞克而言，女性進入科學界可創造更好的世界。其一便是，軟體動物的價值會是治療而非賞玩，會是牠在地球生命中的位置，而非僅限於牠在男性蒐藏中的地位。她頗有先見之明地批評，男性將時間與金錢投注在「洗劫所有的陸地與海洋」，只為取得每種貝殼和昆蟲並為牠們命名，卻不去詢問牠們如何生存，以及牠們對人類有何重要性。德瑞克問道：「蘑菇與烏尾蛤的採集者，為這世界帶來什麼好處？」他們帶來什麼改善或有用的藝術，「什麼卓越療法，什麼可用的工具嗎？」

一萬三千公里外，印度洋的熱帶小島上，歷史上最偉大的軟體動物學家之一，正在克服困難，完成他投注畢生心血的卓越療法彙編：用古老的軟體動物療法治療兒童哭鬧、絞痛、胃痛，助人好夢入眠，以及被這溫柔男子稱為「母親病」的孕吐。

但在他的時代，對世界上其他地方而言，唯一重要的似乎只有他的貝殼。

有關綺蛳螺的第一份印刷出版品，出現在一七〇五年一本荷蘭的貝殼指南裡，書名是《安汶珍奇櫃》（*The Amboinese Curiosity Cabinet*）。[63]直到今日，該書依然是貝類學的經典之作。它的作者是愛貝人暨傑出田野博物學家格奧爾格・埃佛哈杜斯・倫菲爾斯（Georgius Everhardus Rumphius），他的大半生都待在香料群島中的安汶島（Ambon），研究在地的動植物，著眼於大自然的內在本質而非商業價值。

若非一連串無法想像的個人與職業悲劇，倫菲爾斯那本深情而詳盡的貝殼及其創造者的傳記，原本可以比李斯特那本更早出版。不過，從十七世紀的新興城市與重商主義中自我放逐的倫菲爾斯，或許不太在意。

一六二七年，倫菲爾斯出生於德國緬因河上的哈瑙，一個以格林兄弟聞名的小鎮。[64]倫菲爾斯的故事，就像格林兄弟的淒涼童話那樣鋪展開來。「燃燒著無法饜足、想要了解外國土地的渴望，」如同倫菲爾斯在一首自傳詩中所言。他在十八歲時，加入荷屬西印度公司，以為自己將航行至威尼斯。[65]不過，他被當時常見、人稱「靈魂商人」的騙子給拐了，他們引誘愛冒險的年輕人上船，其實是擔任契約勞工。[66]倫菲爾斯的船隻駛向巴西，荷蘭人正在那裡與葡萄牙人交戰。船隻被擄，受騙的乘客被拖到葡萄牙，倫菲爾斯在那裡當了三年兵。[67]

一六五二年，時年二十五歲的倫菲爾斯不屈不撓地回到哈瑙，他又跟荷屬東印度公司簽約，這次如約航向爪哇。最初，他在該公司位於爪哇首都巴達維亞（Batavia）*的主要貿易中心擔任軍事工程師。地方事務比軍事事務更令他自在，他尋求調到該公司的文職部門的機會，並在往東兩千七百公里外的安汶，獲得一個職位。

這座多山島嶼長五十公里，寬十六公里，多條河流貫穿，雨林密布，蘭花燃紅樹梢——倫菲爾斯用「野生植物的貴族」來形容這些蘭花。帶殼動物覆在淺水區肉眼可見的彩色珊瑚上，蹣跚爬過海灘，群聚在倫菲爾斯深感著迷的紅樹林裡。他用馬占相思（*Mangium*）一詞描述了十幾種紅樹林，該詞是使用馬來語的當地人對芒果樹的稱呼。倫菲爾斯寫信給他的上司，說他

展開一項工作，以拉丁文描述我在印度群島居住期間曾經見過或聽聞的所有植

物、農產品和動物等等，未來其他地方的其他事物亦然。我從古希臘文、阿拉伯文與拉丁文的作者，以及晚近的作者那裡整理出它們的正確名稱，將它們進行了比較和區分，並根據實物畫出適切圖片；我還為它們補充了各自的特性、機能，來源同樣是前面提過的古代作者，但側重於精心構思的個人經驗。[68]

這類情報吸引了荷屬東印度公司的人士。丁香、肉豆蔻和肉豆蔻衣正在將該公司打造成殖民與商業巨獸。雖然倫菲爾斯為該公司工作了半個世紀（直到他去世），但他從不認為該公司的統治凌駕於在地的物種、文化或人民。他花時間傾聽這一切。

倫菲爾斯愛上安汶的大自然與一名當地女子——蘇珊娜，「我的第一位伴侶與助手」。她協助他發現、確認並描述該島的貝殼、花卉、植栽與樹木。[69]倫菲爾斯比林奈早上半個世紀，以與生俱來的描繪能力為數百個物種命名，且忠實於馬來語。「令人眼花撩亂的抒情轉喻」，他的傳記作者暨譯者蒙提．貝克曼（Monty Beekman），如此形容倫菲爾斯的命名法。[70]倫菲爾斯的貝殼名稱有海豚、鬍鬚男、主教法冠、巴比倫塔、灰姑娘、鬼、灰僧侶、老妻子、音樂貝殼，以及教皇貝殼——上面覆蓋著一排排紅色球體，「宛若教皇冠冕上的寶石」。

他對殼內動物的描寫，也比當時為止的任何人更加親密。根據彼得．丹斯的看法，他對軟

＊作者註：巴達維亞（Batavia）是荷蘭於一六一九年征服該地後取的名字；為今日的雅加達。

體動物生態學的關注，使他成為軟體動物學的真正先驅。倫菲爾斯說寄居蟹「住在陌生人的房子裡」。[71]他警告人們小心芋螺，因為芋螺有一根「小骨頭」，也就是能將致命毒素注進獵物體內的齒舌——有將近兩百的時間沒人提出過同樣的觀察。他是描述活鸚鵡螺的第一人，並注意到扁船蛸習慣抓住經過的殘骸做為掩護。[72]

倫菲爾斯除了每天撰寫書冊並處理行政職務之外，也為文人共和國做出慷慨貢獻，向歐洲各地的許多通訊者送出珍貴貝殼與新物種的描述。某個科學協會單憑他的信件就將他納為會員，宣布他踵繼了偉大的羅馬博物學家老普林尼（Pliny the Elder），以「印度群島普林尼」的名號稱呼他。[73]（老普林尼死於摧毀龐貝城的那次火山爆發，當時他正試圖營救一名朋友與家人。有些人推測，在瓦礫中發現的異國貝殼就是他的蒐藏。）

與德瑞克的作品一樣，倫菲爾斯的書寫也流露出對於外行半吊子的日益不屑，這些人在故鄉攢集異國貝殼和其他自然珍寶，當成炫耀的展示品。他用鑽石礦的寓言，對大眾過度消費發出早期的警告：「今日的貪婪與浮華對鑽石的需求如此大量，已到了每個商人都能配戴一枚的程度。也就是說，根本沒有時間讓石頭變老。然而在此之前，它曾經可以在礦中休憩個一兩千年。」[74]

隨著倫菲爾斯逐漸適應印尼的文化，他也逐漸接受該地的民風精神，認為自然物只有在被發現或贈與（而非被賣出）時才具有特殊力量。[75]在有關原住民信仰與自然的章節裡，他強調「它們的好運只限於發現它們的人，或收到它們做為禮物的人，但不及於買下它們的人」。[76]

這個迷信在倫菲爾斯身上並未應驗。一六七〇年春天，四十三歲的他因罹患今日所謂的青光眼而失明。他將這病痛歸咎於他在熱帶太陽下待得太久。[77]他寫道：「這可怕的不幸……突然奪走我的整個世界和它的所有生物……迫使我苦坐在悲傷的黑暗中。」[78]

他仍然持續工作。我想像著，他對貝殼的理解，一如海爾特・福爾邁伊，隨著觸摸每條殼肋、每個球狀突起，隨著感受每次完美的光澤和傷口的修復而與日俱深。他的感官使他感受到現代科學家幾世紀來不曾發表過的貝殼屬性，例如它們的聲學。敏銳的聽覺幫助他理解到，只要將一只大螺貝舉到耳邊，就能將它的周遭環境音放大出來：

> 名為「Kinkhooren」（香螺）。是因為當你將它們的殼口抵著耳朵時，它們會發出「kinken」聲，或沙沙、颯颯聲，一般人（在歐洲買賣貝殼者）彼此說服，說這肯定可證明它是真的，因為你聽到了開闊大洋的颯颯聲。但有個地方錯了，因為你不會每天或時時刻刻聽到這種颯颯聲，只有在風、雨或人聲晃動空氣的時候才會聽到。在寂靜的夜裡，你不會聽到任何沙沙聲，即便你的是真品。[79]

四年後，一六七四年二月的一個月夜，倫菲爾斯、蘇珊娜與他們的女兒在安汶的中國街散步，享受中國的農曆年節慶。母女進了一棟屋子參觀，倫菲爾斯待在外頭。地面開始震動，民眾，以及當時中國街上的石頭房舍，頓時塌倒，那是安汶地震頻仍的歷史上最嚴重的地震之一。那起地震在安汶造成兩千三百二十二人死亡，包括蘇珊娜以及他們的女兒，她們被一道牆壓死。

倫菲爾斯的傳記作者——謹慎的貝克曼，也曾待在印尼一段時間，與倫菲爾斯同樣喜愛熱帶大自然。貝克曼發現，倫菲爾斯對他的下一起不幸，表達出更頻繁的苦惱，至少在書寫中是如此。一六八二年，在某種可能會失去他在安汶賴以謀生的職位的脅迫下，倫菲爾斯不得已將他二十八年來在島上發現的鍾愛貝殼蒐藏賣給托斯卡尼大公——麥第奇家的柯西莫三世（Cosimo III），為他的珍奇櫃增色。當時，倫菲爾斯在歐洲已是眾所周知的「印度群島普林尼」。他曾送出貝殼做為禮物，也在信件中談論他致力描述的標本，他的蒐藏已成為傳奇。「這並非經過斟酌、雙方互利的一次買賣，」貝克曼寫道。「令倫菲爾斯惱怒的是，他是在某種高壓手段下，為了錢，被迫將他的部分人生棄讓給一個陌生人。」[80]

厄運如雨後春筍接連而來。倫菲爾斯失明之後，不得不重新開始製作他的植物學巨作：《植物標本》（*Herbarium*），因為當初他是用拉丁文寫的，而安汶當地沒有人可以協助翻譯成荷蘭文。經過三十年的努力，在兒子保魯斯（Paulus）以荷蘭語聽寫的協助下，《植物標本》近乎完工，但命運卻不允許——一六八七年一月，一場大火肆虐安汶，毀了倫菲爾斯的繪圖。

倫菲爾斯在看不見的情況下，監督保魯斯和其他繪圖員重新製作插圖。辛苦了五年多，他們終於完成《植物標本》的一半內文與插圖，並將一到六卷用船隻「濕地號」（*Waterland*）運送到阿姆斯特丹。船隻在法國沉沒，船上一切石沉大海。難得好運的是，安汶的新總督也是一位博物學家，曾在倫菲爾斯從巴達維亞寄出書卷之前，為自己訂了一套，這件作品才被拯救下來。

倫菲爾斯終於完成那部世界級的植物文學傑作，並於一六九六年成功運抵阿姆斯特丹。但他的厄運並未緩和，只是轉向荷屬東印度公司的董事會。被稱為「十七紳士」（Heeren XVII）的董事們，取消該書的出版。他們擔心《植物標本》所掌握的安汶機密，會讓競爭對手獲益。畢竟，安汶的香料正是該公司的利益命脈。

不可置信的是，倫菲爾斯竟然堅持不懈，決定完成他的貝殼巨作。《安汶珍奇櫃》配有精美插圖以及對每個物種的詩意描述（他的「抒情轉喻」），該書在倫菲爾斯死後三年，於一七〇五年出版。至於那本植物學傑作，則是鎖在荷屬東印度公司的檔案櫃裡長達將近四十年，直到一七四一年才終於出版。

一七二三年，柯西莫三世去世，他擁有歐洲僅知的三枚綺蛳螺的其中一枚。倫菲爾斯很可能是該枚貝殼的蒐集者——但他死在安汶，沒有貝殼傍身。

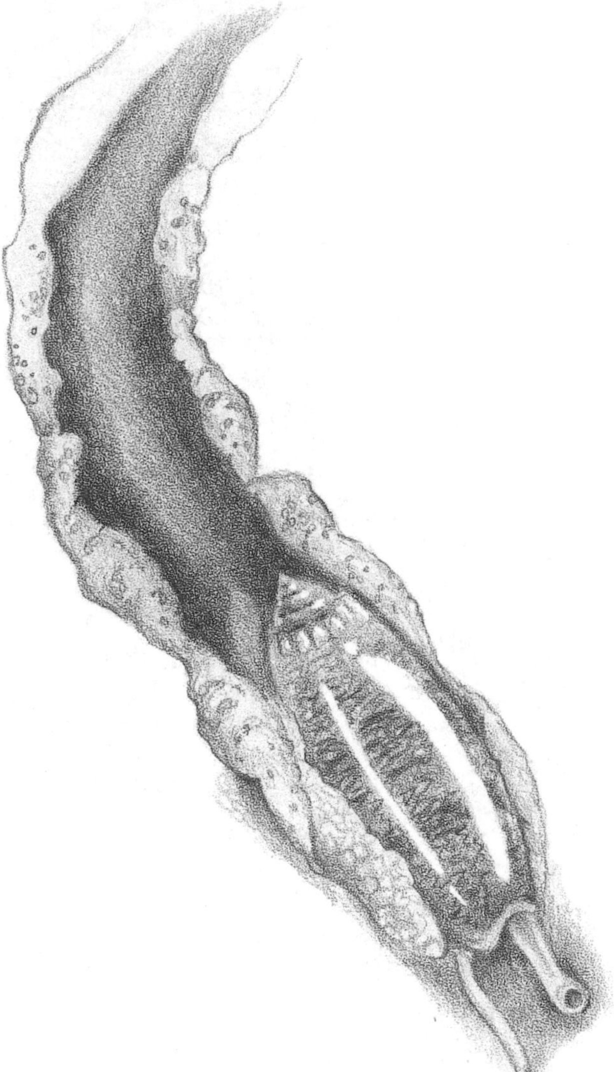

第七章　美國貝殼

字碼榧螺
THE LETTERED OLIVE
Oliva sayana

一八二六年一月，美國發起長達一年的慶祝活動，紀念獨立宣言五十週年。美國博物學家湯瑪斯・賽伊與一群怪異的旅人組合，駕駛龍骨船「慈善家號」（*Philanthropist*）沿著俄亥俄河順流而下，時而破冰時而划行，尋找著該國難以捉摸的理想。

四十名科學家與教育者，離開美國的知識首都費城，在匹茲堡的阿勒格尼河（Allegheny River）畔登上二十六公尺長的船隻。他們正駛向印第安納州的「新和諧」（New Harmony），協助打造一個以社會和經濟改革為核心的模範社會。這個烏托邦裡從學校到社區決策的每個面向，都注入科學精神。「慈善家號」因為乘客的書籍、標本和實驗器材太過沉重而傾斜。媒體為它冠上「載運知識之船」的稱號。

賽伊本來沒打算當船長，也沒有計畫留在這個烏托邦。他孜孜不倦地執行自己的理想使命，想幫助美國科學取得該有的正當地位。他只同意在採集探險的途中，繞道去一下新和諧。[1]一八一二年，賽伊協助在費城創立自然科學院，在科學愛國主義的熱潮中，採集、命名並描述當時發現的新動物與新植物。[2]這是美國第一個專心致力於自然史的研究機構，不顯張揚的創院蒐藏中，包括一小撮貝殼。[3]賽伊最大的熱情是「昆蟲」（INSECTS）——在給歐洲一名通訊者的信件中，他曾用全部大寫的字母拼出此字[4]，軟體動物排名第二。[5]不過，他每到一處都會挖掘貝殼。日後，賽伊將發表美國第一篇針對貝類學的研究論文，以及針對美國軟體動物及其外殼的第一本專書：《美國貝類學》（*Ameicah Conchology*）。

從匹茲堡出發六個星期後，賽伊抵達「新和諧」。冰層拖慢了旅程速度，讓他筋疲力盡，但一位年輕的藝術老師，又振作了他的精神。她在他身邊划船，令他心花怒放。露西・薇・西斯塔雷（Lucy Way Sistare）是一位才華洋溢的藝術家，曾與當時一些偉大的博物學家和插畫家學習插畫，包括約翰・詹姆斯・奧杜邦（John James Audubon）*。西斯塔雷與心靈導師瑪莉・菲塔鳩（Marie Fretageot）一起登船，菲塔鳩是一名教育家，正將她的學校遷往「新和諧」。

西斯塔雷時年二十五歲，機智溫暖，為人十分有風度。結冰的河流與行程安排需要拼命划船，賽伊與西斯塔雷是船上少數享受這項活動的兩人；表面上是因為划船可讓他們在寒凍的一月保持溫暖，但或許也是因為可以彼此作伴。[6]

到了夏天，賽伊無限期推遲了原計畫的採集之旅。他全心投入「新和諧」的學校創建工作，這裡的學童將學習「最全面意義的」自然史。他也規畫了一座圖書館，以及配備彩色印版機的印刷廠，社區可在那裡出版科學書籍與期刊。[7]

登上「慈善家號」一年後，賽伊與西斯塔雷偷偷溜到印第安納州佛農山的法院公證結婚。美國的第一本貝類學書籍就是這樣在一個失敗的烏托邦印製，書中的驚人插畫，則是出自這位年輕女子之手。

珍奇櫃與精緻的皇家貝殼展示，在歐洲並未真正結束。比較正確的說法是，藝術與自然史蒐藏轉移到博物館與公共信託。革命創造了博物館，殖民主義給予資助。[8]隨著博物學家、探險家和殖民者的足跡越走越遠，貝殼做為文物與物種樣本的地位也隨之飆升。柯西莫三世與麥第奇家族的蒐藏（當然包括倫菲爾斯摯愛的貝殼），最後都進了佛羅倫斯的烏菲茲美術館。拱頂上帶有貝殼裝飾的八角廳，向大眾展出第一批古玩蒐藏。

在路易十六與瑪麗皇后於一七九三年被送上斷頭台後，巴黎的皇家植物園就重組成自然史博物館，由十二個科學領域的十二位教授經營。博物學家尚－巴蒂斯特・拉馬克（Jean-Baptiste Lamarck）受命監管昆蟲、蠕蟲和軟體動物之類的「低等動物」。他將這個無骨幹的群體命名為無脊椎動物；根據今日的理解，牠們占了所有動物中的絕大多數——百分之九十七。

＊美國博物學家、畫家，他繪製的鳥類圖鑑《美國鳥類》（The Birds of America）被譽為「美國國寶」。

拉馬克是植物學家，世人不太記得他同時也是一位偉大的貝殼蒐藏家。拉馬克花了許多年的時間，致力於一本他稱之為「貝類學要素」（Elements of Conchology）的書。五十歲那年，拉馬克成為博物館教授，當時他依然相信恆常世界裡的公認智慧——上帝創造每一物種，並讓牠們活在永恆完美的狀態。然而，為有殼動物做分類，改變了他的想法。沒有其他動物群比貝類留下更多演化變遷的證據。他將原先的貝類學作品，轉而收錄在他著名的《動物學哲學》（*Philosophie Zoologique*），在書中畫出第一株演化樹。林奈將無脊椎動物區分為兩個綱：昆蟲與蠕蟲；拉馬克則將牠們區分成十種——軟體動物也包括在內，有牠們自己的分支。

在大西洋彼岸，巴尼斯特之類的早期博物學家早就將重要的標本船運到歐洲。在費城，賽伊的外曾祖父——植物學家約翰．巴特蘭（John Bartram），用後來所謂的「巴特蘭箱」打包美國的種子和切花，有時還有「貝殼圖案的奇怪石頭」。[9]這位貴格派蒐藏家探索阿勒格尼山脈的霧濛山峰，用鐵膽墨水畫出詳盡的地圖；河流分支有如他龍飛鳳舞的手寫字，標出他發現「石頭中的海貝」與「石灰岩和裡頭的海貝」之處。[10]班傑明．富蘭克林（Benjamin Franklin）在寫給一位友人的信紙背面寫了一段註記：「巴特蘭先生的地圖非常奇妙，」信中描述貝殼在內陸層的分布，以及貝類如何與山頂融為一體。富蘭克林就算沒想到軟體動物五億年的演化，也想像到了生命的早期階段，「這肯定是我們這個世界的殘骸！」他寫道。[11]

到當時為止，美國的植物、昆蟲和貝殼，都是由林奈或拉馬克之類的科學家命名，而他們從未在這些動植物的棲地看過生物本尊。於是，美國科學家試圖建立自身權威，去描述在這個年輕國度的水土裡植根或爬行的物種。[12]

殖民者開始設置學術團體和博物館，擦亮國族認同，以及自家版本的歷史與科學實力。一七七三年，南卡羅萊納殖民者於查爾斯頓（Charleston）建立美國第一座博物館，館內蒐藏「許多自然史標本」，只對會員開放。[13]當時，該殖民地以新世界最令人驚豔的化石聞名。一七二五年，受奴役的非洲人在查爾斯頓附近挖掘沼澤時，出土了猛獁象牙齒，隨即一致同意那是某種大象的臼齒。[14]要到八十年後，拉馬克在巴黎博物館的對手喬治・居維葉（Georges Cuvier），才確認「黑鬼」（les nègres）已經正確指認出一種化石大象物種，將滅絕的猛獁象與仍存活的大象連結起來，比歐洲任何博物學家意識到此聯繫的時間更早。[15]

富蘭克林與其他創建者期盼費城成為「美國的雅典」，以科學探詢與社會改善為基礎。[16]該城有全美第一座醫院、收藏了巴特蘭奇妙貝殼化石的最大公共圖書館，以及富蘭克林推動建立的北美殖民地賢哲會（American Philosophical Society）及賓州大學的前身，還有巴特蘭位於斯庫爾基爾河、占地兩百畝的植物園。藝術家暨表演者查爾斯・威爾森・皮爾（Charles Willson Peale），在一七七六這個重要年分*遷到費城，畫下革命人士的肖像。皮爾在他位於第三街與倫巴底街交叉口的住家，創立了美國第一座成功的自然史公共博物館——是歐洲浮誇的珍奇展，與當時正在浮現的自然史蒐藏的奇妙混合。

＊編按：該年七月美國發表《獨立宣言》。

美國貝類學之父湯瑪斯・賽伊，一七八七年出生於費城一個知名的貴格派家庭。賽伊是醫生之子，外曾祖父是約翰・巴特蘭。但這些優越條件並無法保護小賽伊逃過童年時期肆虐費城的黃熱病悲劇。

一七九三年，疫病爆發，聯邦官員放棄費城。當城市陷入混亂，許多富有的家庭紛紛逃離。而賽伊一家還留在城裡，他的父親試著透過瀉藥與放血來挽救性命。六歲的賽伊在美國史上最嚴重的一次疫情中失去母親與姊姊。短短四個月裡費城死了超過五千人，約占費城人口的十分之一。[17]

賽伊與舅公威廉・巴特蘭（William Bartram）日益親近，他帶賽伊去探險，激發了賽伊對甲蟲、蝴蝶與其他昆蟲的熱愛。賽伊也跟住在附近的皮爾家小孩一起採集。但比起鄰居家博物館裡塞滿抽屜架子的標本，賽伊對活生生的動物更感興趣。小時候，他會揣著滿口袋的小生物出現在餐桌上，他的傳記作者派翠西亞・史陶德（Patricia Stroud）寫道。一條小蛇睡在他溫暖的口袋裡，「刀叉的碰撞聲將牠吵醒，牠抬起頭，伸長脖子，把家人嚇得逃離餐桌。」[18]

十五歲時，賽伊已放棄學業和貴格派的聚會，不過他在社會意識與「對財富的蔑視」這兩方面，依然有著巴特蘭家的執著。[19]父親試圖讓湯瑪斯・賽伊與弟弟班傑明從事藥劑師行業，但兩個兒子都沒這本事。「精打細算與買賣的藝術，他若不是不屑一顧，就是視而不見，」賽伊的朋友暨博物學家伙伴喬治・歐德（George Ord）如此寫道。[20]反之，在研究昆蟲、貝殼與創立自然科學院時，賽伊則是心無旁騖，經常廢寢忘食。瘦高憔悴正是他英俊的一部分，黝黑的亂髮，淡褐的雙眸，加上稜角分明的臉龐，近乎美麗。歐德感嘆道，賽伊投入太多時間推動自然科學院成立並協助其他博物學家，每每要到午夜才能開始忙自己的工作，且往往一忙就到天明。歐德表示，這種「不明智的做法」，加上賽伊只吃最少量食物的禁欲習慣，毀了他的健康，導致他英年早逝。[21]

賽伊始終對自身家庭的社會地位不太自在。在自然科學院的創立者中，他是唯一有錢的「科學之友」，其他創立者都是些移民、化學家，還有一名釀酒商。他們期盼自己建立的研究組織，能比富蘭克林只歡迎富人與社會菁英的美國哲學協會更民主。[22]一般人根本沒有進入科學的門道，甚至像賽伊這種有關係的人物，想要研究動物學，也沒有學術軌道可循；學校教的自然史都是跟醫藥有關，例如植物學。自然科學院的創立者們，想跟皮爾那種浮誇的商業主義有所區隔。他們的第一場大辯論，就是關於是否該禁止學院提及任何宗教。經過各方妥協，他們同意接納所有「科學愛好者或耕耘者」，但警告「本學院成立沒有任何宗派或政治目的，因此所有會員者不應發動任何教義譴責、宗教迫害或勸誘他人改變信仰」。[23]

身為第一任全職的典藏研究員，賽伊全心致力於蒐藏，並認為有義務將研究出版印製發行。他睡在學院的一個房間裡，將毯子鋪在一具馬匹骨架上當成帳篷。[24]有人引述賽伊的話，說他希望身邊有個洞可以存放食物，以便節省時間。[25]除了擺脫社會階級與宗教枷鎖之外，創立者們也特別自豪於讓學院成為描述美國物種的中心，而非只是將物種運到大西洋彼岸。賽伊寫信給朋友，談到這種愛國義務，「是為了榮耀與支持**美國的**科學……而非基於**個人與國族**意識」。[26]

創立者立志讓學院成為一個民主的美國科學機構，這樣的理想如同他們所希望的，為他們贏得國內外傾慕者的捐獻，包括金錢、書籍、期刊訂閱與標本。拉馬克等歐洲知名科學家都成為它的會員。對學院與賽伊的未來走向影響最大的，莫過於地質學家威廉·麥克盧爾（William Maclure），一位身材高大、紅髮紅臉頰的蘇格蘭人，非常熱衷於各種社會改革想法。

麥克盧爾與當時的許多紳士科學家*一樣，穿梭於世界各地，為了他的商業貿易不停往返於歐美，並沿途尋找可以攀爬、分類的岩石。[27]三十五歲之前麥克盧爾就發了財，這筆財富讓他有能力移居費城，追求他對科學、民主與解放勞動階級的大業。「偉大的特權階級反對工業生產階級追求和平、舒適與幸福的陰謀，在歐洲已經得逞，」麥克盧爾寫道，「我感到無比羞愧……我竟屬於那個物種。我只能勉強安慰自己，將目光望向大西洋彼岸。我或許可以目睹美國的繁榮，能以人類未曾享有的最莊嚴態度注視他們，並享受這種欣慰的感覺。」[28]

麥克盧爾將科學與所有孩童的教育，視為人類進步的關鍵。他在學院的科學家中找到盟友，全心投入他們的工作，並成為學院最慷慨的贊助者。他創辦學院的期刊、為圖書館添入一千五百冊新書、資助探險，包括該機構第一次深入喬治亞與佛羅里達沿岸荒野的行動。

賽伊踵繼舅公威廉·巴特蘭的足跡（他曾在《遊記》一書中描述過該區域。）加入這場探險。麥克盧爾得到西班牙允許，可進入當時還不是美國領土的佛羅里達，同行者包括賽伊、歐德和年方十七的提提安・拉姆賽・皮爾（Titian Ramsay Peale）——一位與他父親一樣才華洋溢的藝術家。賽伊認為，這塊水域將成為採集的「應許之地」**。[29]他們探索喬治亞州的離岸沙洲，尋找軟體動物與螃蟹。[30]皮爾事後回憶道，他們享受深夜海洋中「各式各樣美麗的梅杜莎***與其他軟體動物，牠們的磷光為海水帶來光彩。」[31]

在坎伯蘭島上，他們造訪了一棟四層樓的「貝殼大宅」，是用「虎斑混凝土」建造的；那種隨手可得的海邊混凝土，是以牡蠣殼、石灰和沙子組成。有審美意識的皮爾發現，坐在寬敞餐廳的高雅進口家具上，看著「牡蠣殼從四面八方伸出牆壁」，並在它們面前享用豐盛大餐，實在「很不協調，近乎可笑」。[32]

在佛羅里達，他們航行過密集的海豚群，挖掘聖奧古斯丁（St. Augustine）附近的大貝塚，發現原住民的工具以及一枚他們認為已經滅絕的海螺化石。[33]拜巴黎博物館的居維葉以及他對真猛獁象（woolly mammoth）與美國乳齒象（American mastodon）象牙（皮爾也在費城博物館展示過）的研究之賜，物種可能滅絕的概念，正逐漸為人所接受。[34]居維葉嘲笑拉馬克的演化

---

* 編按：指財務獨立，以研究科學為愛好的科學家。

** 編按：猶太教經書中耶和華賜予先知亞伯拉罕的肥沃土地。

*** 編按：希臘神話中的蛇髮女妖。

證據；拉馬克則拒絕接受居維葉的滅絕說法。這兩大理論日後將會接合起來，一如乳齒象與猛獁象的骨骼。

當探險隊因為第一次塞米諾戰爭（First Seminole War）*日益慘烈而不得不提早離開佛羅里達時，賽伊崩潰了，「這場最殘酷、最不人道的戰爭，是由我們的政府發動，不符正義且不合憲法」。[35]不過，回到費城後，隨即有人邀他參加當時最重要的一次探險：一八一九年由史蒂芬・朗少校（Major Stephen Long）率領，沿著密蘇里河跋涉，探尋美國西部的屯墾之地。賽伊身為該次遠征的動物學家，採集了數千種昆蟲，並描述了包括郊狼與灰狼在內的眾多美國動物。就是在這趟旅程中，賽伊與提提安・皮爾畫出查霍基亞的地圖，並沉思這座往日大城的規模。賽伊繼而試圖從三個領域詮釋貝殼：隨著原住民的生活而存活至今的、滅絕的，以及受創的。

在這些年裡，賽伊出版了第一篇針對美國軟體動物的科學論文，並收錄於《大英百科》。和林奈不同，他認為軟體動物的研究應以活生物而非貝殼做為組織核心，並為此提供了充分理由。

「應由棲息於殼中的動物引領我們的研究，」賽伊寫道。「牠們才是貝殼的創造者，貝殼只是牠們的居所，是牠們賦予貝殼造形、體積、硬度、色彩，以及我們所欽慕的所有優雅特色。」[36]

賽伊的《美國貝類學》是美國第一本貝類專書，書中描畫了令人驚豔的字碼榧螺，但並未清楚指出牠是在何處首次被發現。不過，這種光澤平滑的圓柱體，在濕沙中直線移動有如慢動作子彈的場景，在喬治亞、佛羅里達與卡羅萊納都很常見。拉馬克將牠們命名為字碼榧螺，因為牠們奶油色的圓柱體上有著棕色的象形文字花紋。

南卡羅萊納低地區沿岸素來以貝殼聞名，而貝殼也以另一種方式在該區留下印記——奴隸與貝殼之間的精神聯繫。在許多非洲傳統裡，貝殼象徵不朽以及今生與來世的過渡。由於洪水頻仍的海岸區在當時並不受歡迎，所以蓄奴家庭可將他們喜愛的奴隸埋葬在海邊。根據該區源自非洲的古拉人（Gullah Geechee）傳統，「這樣他們的靈魂比較容易返回非洲。」[37]

墓地經常覆蓋貝殼，這是全國各地許多非裔美人的墓葬習俗。「貝殼代表大海，」已故的古拉族民謠歌手貝西・瓊斯（Bessie Jones）在〈喬治亞海群島〉（Sea Islands of *Georgia*）中如此回憶，「海帶我們來，海也將帶我們回。墓上的貝殼代表水，是榮耀之本，死亡之地。」[38]

在南卡羅萊納，賽伊的友人與通訊者埃蒙德・雷夫內爾（Edmund Ravenel）是一位醫生、種植園主暨蓄奴者，也是一位宗教人士，將貝殼視為上帝之手在大自然界的證據。[39]雷夫內爾為了把美國的字碼榧螺與拉馬克的「*Oliva litterata*」區分開來，於是根據他的友人暨同僚貝類

＊編按：一八一七年美國對當時屬於西班牙領地的佛羅里達發起的入侵行動，為三次賽米諾戰爭中的第一次。

學家的名字，將美國品種取名為「*sayana*」。[40]

雷夫內爾在查爾斯頓與蘇利文島都有家；蘇利文島位於查爾斯頓港口附近，為一座長五公里的灘頭島，是莫特里堡（Fort Moultrie）的所在地。一八二八年，雷夫內爾在沙灘漫步時，像命中注定似地結識了一位士兵暨自然愛好者：當時駐紮在該基地的埃德加．佩里（Edgar Perry）。這位黑髮士兵年方十八，在波士頓的父親發表聲明與他斷絕關係後，以謊稱的年齡和假名投身軍伍。他的真名是埃德加．愛倫．坡（Edgar Allan Poe）。*

這位大名鼎鼎、在蘇利文島服了一年兵役的居民，自然得到卡羅萊納低地區公民的重視，並大加利用。街道名有坡大道（Poe Avenue）和渡鴉巷（Raven Drive）**，還將愛倫．坡的悲劇詩〈安娜貝爾．李〉（Annabel Lee），附會成坡與雷夫內爾女兒之間的哥德式羅曼史。傳說坡愛上十四歲的安娜貝爾，雷夫內爾不贊成這段戀情，便將女兒藏在查爾斯頓家中，後來她死於黃熱病。但雷夫內爾並沒有名叫安娜貝爾或安娜的女兒，甚至在坡駐紮於莫特里堡那段期間，雷夫內爾也沒有十幾歲大的女兒。那時，雷夫內爾的第一個孩子才一歲。[41]

就算坡對卡羅萊納海灘真有什麼著迷之處，也比較可能是貝殼。他的短篇小說《金甲蟲》（*The Gold Bug*）場景設在蘇利文島，主角是一位經常「追尋貝殼」博物學家威廉．勒格朗（William Legrand），書中的他被一隻金色的甲蟲咬了。坡的傳記作者亞瑟．霍布森．昆恩（Arthur Hobson Quinn）認為，勒格朗的角色靈感「很可能是」來自雷夫內爾。[42]故事圍繞著一枚帶有祕密訊息、必須解碼的殼體展開，而這正是人們對於字碼榧螺光滑殼體上那些神祕象形文字的共同想法。

就在坡滿三十歲前，他破產了。坡經常酗酒，小說《亞瑟．戈登．皮姆的故事》（*The Narrative of Arthur Gordon Pym*）又銷售不佳，無奈之下，他只得同意將他英國作家朋友湯瑪斯．懷亞特（Thomas Wyatt）的《貝類學指南》（*Manual of Conchology*）濃縮改寫成平價版本，供學生和一般大眾購買。這本改編過的貝殼科學指南：《貝類學家的第一本書》（*The Conchologist's First Book*），將成為他生前唯一的暢銷書。

如同懷亞特所說的，事實證明，他的《貝類學指南》價格太貴，不適合通俗使用，而他的出版商哈潑（Harper's）拒絕推出較便宜的版本。他決心為更廣大的讀者出版，但他必須讓新版本的差異大一些，以免因侵犯版權遭到起訴。於是他以五十英鎊雇請坡做出幅度恰好的改寫，並在他的公開演說中出售坡的版本。[43]沒想到這項交易日後讓坡引火上身，被指控抄襲另外兩本歐洲貝殼指南。坡的傳記作者並不懷疑懷亞特的說法，昆恩寫道，《貝類學家的第一本書》「並不全然是一本剪貼之作。」

「然而，極其諷刺的是，」昆恩寫道，「這大概是坡生前唯一一本在美國二刷的書。」[44]

＊編按：美國作家、詩人、編輯與文學評論家，被尊崇是美國浪漫主義運動要角之一，以懸疑及驚悚小說最負盛名。

＊＊譯註：這是根據雷夫內爾命名，Ravenel是Raven的古英文。

古生物學家史蒂芬·傑·古爾德（Stephen Jay Gould）認這的確是抄襲，對懷亞特與坡的指責不相上下。但他稱讚坡構思了該書的「主導特色」——「對每種動物做解剖學敘述，並描述牠棲居的貝殼」。《貝類學家的第一本書》是最早為一般讀者比對軟體動物學與貝類學的書籍之一，儘管這些追求在一百年後才會分枝成截然不同的領域與用途。[45]

下面這段引文並非安娜貝爾·李的哥德風。但如果你運用想像力的話，坡對活體字碼榧螺的描述，讀起來還是會令人起雞皮疙瘩：

> 橢圓形，內卷，口部邊緣略薄，以一條觸手狀的鈕帶延伸至鰓腔口的兩角，前面有一條長鰓管；足部很大，橢圓形，關節不完整，前方有橫裂縫；頭小，有唇吻。

一八二四年，紅髮的蘇格蘭地質學家威廉·麥克盧爾遇到富有的改革家羅伯·歐文（Robert Owen）。歐文正在他公司的紡織城鎮（蘇格蘭的新拉奈克）進行一場規模宏大的社會實驗。歐文小時候在英格蘭當布商學徒時，親身體驗過伴隨工廠濃煙上升的人類慘況。後來他遷往曼徹斯特，與一名機械師合夥，製造棉紡機，並從美國進口最早的海島棉——這些捆包的棉花很可能就是由雷夫內爾種植園裡的奴隸採摘的。十九歲時，歐文雇用了五百名工人，他為新拉奈克的孩童設置托兒所、小學和圖書館，並提供其他教育機會。這類嶄新措施，讓該地成了旅遊景點，麥克盧爾就是從世界各地前來朝聖的仰慕者之一。歐文告訴他，他想打造一整個社區做為改革模範，最理想的地點是美國。

歐文這個有瑕疵的夢想，讓我想到今日矽谷的科技巨人們——他們說服自己，只要善用人性與科學理性，讓他賺飽口袋的科技同樣可以通往完美社會。歐文在「新和諧」找到他的試驗場：位於印第安納州瓦巴希河畔一個整潔的路德教派聚落。他還找到麥克盧爾這位教育夥伴，他沉醉於歐文的願景中，認為透過「合作社區」，美國可以避免在歐洲四處傳染、利益導向的社會疾病。社區裡的居民將生產自己的食物，在最先進的工廠裡製造自己的貨品。男孩和女孩接受全世界最棒的教育，從嬰兒到大學全部免費——至少白人的男孩女孩可以。儘管「新和諧」的許多成員也從事反奴工作，但黑人家庭還是被排除在外。[9]

拜麥克盧爾與法國教育家瑪莉．菲塔鳩之賜，學校始終是「新和諧」最強的部分。有好幾年的時間，麥克盧爾投身於瑞士教育家約翰．裴斯塔洛齊（Johann Pestalozzi）的學校改革理念*，根據盧梭的格言打造學校：「別教他科學，讓他自己發現」，並提供貝殼、種子和礦物等實務課程。麥克盧爾資助裴斯塔洛齊派的教師在美國創立學校，包括把菲塔鳩從巴黎聘到費城，開設她的女子學校。後來在「慈善家號」上與賽伊相識相戀的西斯塔雷就是她的學生——一位技藝精湛的藝術家與實習教師。

＊編按：裴斯塔洛齊主張全人教育，重視學習主動性、創造性與發展性，提出教育園丁論等，受西洋教育史家喻為平民教育之父。

麥克盧爾曾因捐款可觀被提名為位於費城的自然科學院院長，此刻卻資助菲塔鳩以及好幾位學院內的科學家搬遷到「新和諧」。當四十位教育家與科學家和他們的家屬登上「慈善家號」，順流而下駛向「新和諧」時，賽伊在自然科學院的伙伴歐德和費城的其他許多人，從未原諒這次挖牆角的行為。

前往「新和諧」時，賽伊沒有打包半本書或蒐藏。他並不打算離開費城或學院，加入麥克盧爾的旅程，而只是出於好奇，在前往規畫中的下一趟墨西哥之旅前順便繞去看一下。賽伊等不及想展開探險。但與西斯塔雷的相遇，改變了他的計畫，他再也沒有回到費城居住。[46]

歐文善於表達他對新道德世界的夢想，但對細節一竅不通。倒是瑪莉・菲塔鳩這位戰士，擁有管理的技巧。[47]正是她說服麥克盧爾徵召科學家到「新和諧」並投資該地的學校。直到是菲塔鳩於一八三三年去世前，麥克盧爾一直是她的密友。在更大規模的實驗失敗之後，也是菲塔鳩讓學校持續興盛。不難想像，如果給她機會掌管整個「新和諧」，結果可能大不相同。菲塔鳩也在西斯塔雷身上看出那種天賦。

一八〇一年，西斯塔雷出生於康乃狄克，是約瑟夫與南西・薇・西斯塔雷（Joseph and Nancy Way Sistare）十個兒女中的一個。[48]小西斯塔雷在紐約市長大，直到雙親將她與兩位姊妹送到費城就讀菲塔鳩的女子實驗學校。該校頗受貴格派家庭歡迎，因為貴格派可接受學校不教授宗教課程。西斯塔雷在裴斯塔洛齊派的課程中成長茁壯，課程包括在皮爾博物館進行的動手操作自然史，以及學院成員的科學講座。[49]法國博物學家暨插畫家查爾斯．亞歷山大．勒敘爾（Charles Alexandre Lesueur），一個禮拜教授三次繪畫；菲塔鳩還安排西斯塔雷跟隨博物學家奧杜邦學習。在他們登上那艘所謂的「載運知識之船」時，西斯塔雷擔任菲塔鳩的助理。菲塔鳩指派她在「新和諧」照管藝術教學。

當西斯塔雷全身心投入這項工作時，湯瑪斯．賽伊愛上她了——也愛上「新和諧」學校的使命。他原本以為只是繞道過來看看，沒想到情不自禁地將心力投注在「這個地方所呈現的奇景之中，」賽伊日後如此寫道。「我們捲入實驗的漩渦，想要在人類交往中實現完美的夢想，我們曾如此自信而堂皇地宣告。」[50]

結果證明，他們太過自信。「新和諧」的理想幾乎從一開始就破裂，因為歐文的譁眾取寵與他的管理能力實在太不成比例。第一年有將近一千人前來，其中許多是時運不濟的流浪者，他們想要搬進來——但不具備耕種、製造或其他技能。鋸木廠與水磨坊閒置，無現金的交易系統無法運作。一八二六年七月四日，歐文利用「獨立宣言」五十週年紀念發表了一場煽動性演講：〈心智獨立宣言〉，但這無濟於事。他呼籲廢除私有財產、宗教組織與婚姻，「最可怕邪惡的三位一體。」[51]歐文失去崇拜者的支持。西斯塔雷的母親，也是眾多來信警告的人士之一。

隨著社區崩解，麥克盧爾、菲塔鳩、賽伊與其他人努力想挽救它最具前景的夢想。菲塔鳩創辦了一所第一流的學校，在第一年就收了四百名孩童。[52]在眾人的仇怨中，麥克盧爾終於說服歐文，將教育、農業與製造業三個不同部門的所有權轉移給社區成員，並對學校鬆手。[53]賽伊與西斯塔雷是為了「新和諧」的孩童們留下來的教育家與科學家之一，是自然與科學教育在瓦巴希河前哨站的一座燈塔。

菲塔鳩有個論點與譴責「鑑賞家」的德瑞克相呼應，她經常抱怨科學家的研究自外於社區。他們把自己跟「魚、貝、鳥、素描」一起「關在他們的象牙塔裡，對人類的幸福毫無用處，」菲塔鳩在給麥克盧爾的信中如此寫道。「計算一下他們把那些東西帶在身邊的花費，然後告訴我，他們的作品能對現在甚至未來的子孫帶來什麼好處。」[54]

但她倒是挺欣賞賽伊，他在社區裡勞動，教導小孩科學。當時他有點陷入困境，因為費城那邊一直拖延他索要的個人蒐藏與研究論文，這連帶推遲了賽伊自身的研究，與麥克盧爾的墨西哥之旅也不斷延期。

一八二七年一月，在他們抵達「新和諧」一年之後，賽伊與西斯塔雷結婚了。他們跳過婚禮手續和十九世紀初流行的新婚肖像畫。在現存的已知肖像中，沒有他倆以夫妻身分留下的，只有提提安·皮爾為兩人製作的低調剪影。不起眼的剪影與大西洋彼岸荷蘭科學鑑賞家的戲劇性油畫肖像形成對比，那些肖像油畫簡直想把他們的貝殼道具穿上身。

賽伊的書籍和標本終於抵達「新和諧」，連同麥克盧爾買下的一部印刷機。這對夫妻開始撰寫《美國貝類學》並繪製插圖。書名頁的一行字，反映出他們對自然教育的哲學思想，那是出自十八世紀英國詩人愛德華·楊（Edward Young）：**閱讀自然；自然是真理之友**。

一八九〇年代，愛德華州得梅因的生物教師茱莉亞．愛倫．羅傑斯（Julia Ellen Rogers）寫了一篇溫和的論文，指出愛荷華致力使「彰顯真與美」成為全州公立學校的基本教育方針，而自然研究正是這項努力的一部分。[55]菲塔鳩女士、賽伊夫婦以及他們的「新和諧」學校早行了七十年，沒碰上在美國世紀之交、自然研究運動橫掃全國的進步年代。該運動的倡導者強調，直接接觸大自然是理解科學與自然史的最佳基礎；此外，如果讓學生挖掘泥土、鑽研四季，並貼近觀察動物的生活（軟體動物和牠們的殼，青蛙和蝌蚪，撫養雛鳥的鳥父母），他們將能發展出良好的性格，以及關心周遭世界的精神。[56]

「去感受自己與周遭動植物世界日益增長的親密，就是去感受知識分子前所未有的溫暖與喜樂，」羅傑斯在她有關土壤、植物、昆蟲和學校花園的課程計畫中如此介紹。[57]「這種感覺藉由與日俱強的繩索，將你與自然緊密綑綁。」

「讓書本先擱置一會兒，」她這麼建議同僚老師們，「走進田野與樹林。」[58]

對羅傑斯而言，是走進海洋。愛荷華論文發布不到一年，羅傑斯加入一個自然研究與自然書寫的軌道，該軌道圍繞著紐約康乃爾大學園藝家暨哲學家利伯提．海德．貝利（Liberty Hyde Bailey）運行。五年內，羅傑斯遊歷了美國三大海洋，並出版了二十世紀第一本廣受歡迎的美國貝殼書——一九〇八年出版的《貝殼書》（*The Shell Book*），長銷半世紀。

羅傑斯造訪了愛荷華的珍珠鈕扣工廠、頭髮花白的長島牡蠣人、鱈岬的挖蛤人、加州的貝類學家與蒐藏家、伍茲霍爾海洋生物學實驗室的科學家、美國自然史博物館鼓鼓囊囊的貝殼抽屜以及佛羅里達墨西哥灣沿岸軟體動物稱霸的小島，寫出她那個時代的暢銷貝殼指南。在第一次世界大戰前夕，全美將大自然當成一種嗜好的狂熱時期，《貝殼書》將貝殼世界呈現在美國人眼前。這本書也激發了關鍵一代的海洋科學家，對軟體動物與其外殼的熱愛。若說湯瑪斯・賽伊是美國貝類學之父，那麼茱莉亞・愛倫・羅傑斯就是貝類學之母。一九五八年，當羅傑斯以九十二歲高齡於加州自宅離世時，她為數眾多的貝殼藏家書迷裡，就有一人在追悼文中如此形容她。[59]

我是在特拉弗斯市（Traverse City）一座俯瞰密西根湖、海綿狀的莊園圖書館裡發現羅傑斯和她的《貝殼書》，當時我受邀到那裡寫作，享受了幾日安靜的時光。位於松谷（Pine Hollow）的這座圖書館，積藏了大量知名或晦澀的自然書寫作品。我第一次在一個遠離大海的地方閱讀這本百年古書，卻回想起羅傑斯出身的中西部農場。

接下來幾年，我逐漸理解羅傑斯以及《貝殼書》對二十世紀美國軟體動物學和海洋科學的影響程度。在受該書啟發的眾多科學家中，海洋生物學家艾德・李克茲（Ed Ricketts）在與小說家約翰・史坦貝克（John Steinbeck）一起探險加州灣的日記中，兩次哀嘆自己竟忘了隨身攜帶《貝殼書》。史坦貝克後來將那次旅程撰寫成《柯提茲的海》（*The Log from the Sea of Cortez*），流傳後世。[60]科普作家塔克・阿伯特（Tucker Abbott），堪稱二十世紀名聲最響亮的貝殼人，他曾訴說青少年時期如何在蒙特婁公立圖書館發現《貝殼書》，並仰仗該書打造他數量龐大、首要且唯一的貝殼蒐藏。[61]阿伯特的蒐藏日益增加，多到他和一名朋友一起在父母家的地下室開了一間科學博物館——「威斯特蒙的男孩博物館」（The Boys' Museum of Westmount）。另一個夏天，如同阿伯特的講述，男孩們騎自行車做了一趟三千兩百公里的採集之旅。返家後，他立志成為軟體動物學家。但他高中第一年的成績不及格，「我花了太多時間在戶外尋找貝殼或奇怪昆蟲，」他有次告訴一位記者。[62]不過，他最後還是進了哈佛，茱莉亞・愛倫・羅傑斯對此應該不會驚訝。

那些年，我也試圖拼湊羅傑斯這個人。我慢慢追蹤她那知名原生家庭的成員、她在紐約期間加入的自然研究進步圈子，以及那位和她一起在墨西哥灣待了好幾個禮拜卻沒拍任何一張她的照片的攝影師。我很好奇，是不是因為攝影師不覺得她漂亮。某天晚上，收到羅傑斯年邁的外姪孫女的電子郵件，我為終於有機會在端坐的肖像畫之外看到羅傑斯的面目而興奮不已。我急於想看，因為她的同學在愛荷華州的年刊上回憶她時，說她是「教育學與衣著改革家」。當時，那項運動試圖將女性從維多利亞式的束腰與裙子中解放出來。[63]那些模糊的家庭照顯示，她裹在厚實的連衣裙下，在晴日的沙灘與鄉間騎著她的腳踏車。

我看見的，主要是她的神韻——顯現在她於世紀之交拍攝的海灘照中，向上伸展的前臂上戴了五只手鐲；還顯現在高聳的淺浮雕女神上，女神隱約浮現在她家的壁爐上方。她在那棟位於長灘、兩層樓高的工匠風住宅裡住了五十三年，距離太平洋只有八百公尺。[64]

茱莉亞・愛倫・羅傑斯是納撒尼爾・皮勃狄・羅傑斯（Nathaniel Peabody Rogers）引以為傲的孫女。納撒尼爾是新罕布夏州康柯特鎮的廢奴主義激進分子，他放棄法律工作，轉而編輯反奴報紙：《自由先驅報》（*Herald of Freedom*）。納撒尼爾也以對白山地區（White Mountains）詩意盎然的自然書寫聞名；他以「山中老人」的角色發表該篇文章，那是新罕布夏州弗蘭肯尼亞山峽著名的自然地標。[65]

納撒尼爾的下一代——茱莉亞・愛倫・羅傑斯的父母，是富有社會責任感的教師，崇敬自然勝過教會。教會曾因老羅傑斯的反奴工作而拒絕他。一八六六年，茱莉亞出生於伊利諾州。父親，丹尼爾・法蘭德・羅傑斯（Danile Farrand Rogers），在愛荷華州浣熊河附近買了一塊廣袤的野草原，蓋了一棟屋子並在四周種滿落葉松，在樹木間他稱之為「鄉野的榮耀」的家園撫養他的七名子女。[66]茱莉亞三歲時，家人從伊利諾州搬到愛荷華州，住進他們稱為「落葉松」的家。青少年時，她開始在鄉下教書，並繼續接受正規的教師培訓，在得到愛荷華州學士學位後，到明尼蘇達州擔任高中校長。[67]教育圈的小官僚作風不適合她。羅傑斯於是回歸教室，在得梅因教授高中生物。不過，在她為愛荷華州制定自然研究計畫時，她已經展現追求自然寫作的抱負。她展開第二生涯，與父親雙掛名為一本冒險雜誌寫了一篇故事，內容講述他們在懷俄明州「大角羊」山區為期一個月的露營和登山之旅。[68]她穿著襯裙騎馬，沒有配上豪華馬鞍。

羅傑斯似乎已透過利伯提・海德・貝利（Liberty Hyde Bailey）的妹妹瑪莉（Mary）結識貝利。瑪莉去康乃爾唸大學時，依然為貝利工作，協助他將自然研究打造成一門學科和一項運動。貝利是農民之子，對一八九〇年代經濟蕭條期間美國人如潮水般湧入汙染城市，造成農業與環境價值的雙雙喪失感到沮喪。他認為，社會運用自然資源的方式會形塑人類的性格。貝利樂觀地展望美國建設的三階段：採集，挖礦，最後是再生式生產。後者是我們將達到的啟明階段，「少浪費，不傷害」。[69]

「起初，人類掃視地球，尋找可採集之物——禽鳥、木材、水果、魚類、毛皮、羽毛、岸上的貝殼」，由此形成的性格是強壯自足，但獨斷迷信，貝利在他的《神聖地球》（*The Holy Earth*）中如此寫道；到了下一階段，人類鑽入地下，尋找黃金煤炭等礦藏，「在這兩個階段，浪費與漠視的成分都很重。」[70]但最後，「我們開始進入生產階段，我們控制生長條件來確保供應，少浪費，不傷害」，「以精準的計畫」養育穀物和動物，並在溪湖繁殖魚類。[71]貝利有個願景，希望大學的拓展有助於打造這種「合乎地球正義的」啟明性格。[72]

向外拓展的任務始於紐約公立學校。貝利聘請科學插畫家安娜・伯茲福德・康斯托克（Anna Botsford Comstock）領導她當時志願參與的自然研究課程，成為康乃爾第一位女性教職員。接下來三十年，康斯托克的努力將觸及全國數萬人，包括少年博物學家俱樂部的孩童、暑期自然研究課程的教師，以及更多接受家庭函授課程的美國人。

雖然他們避開了教科書，但自然書寫依然是該運動的核心關鍵。康斯托克、貝利與其他人撰寫了迷人的自然研究傳單，吸引全國各地的老師與家長親近溪流與賞鳥。康斯托克在《自然研究手冊》（*Handbook of Nature Study*）中彙編的經典文章，成為康乃爾大學出版部史上的暢銷書，至今已發行了二十四版。[73]

一八九九年，茱莉亞·愛倫·羅傑斯抵達康乃爾，與貝利一起工作。貝利鼓勵她書寫，並對她的處女作《綠樹之中》（*Among Green Trees*）提出建議。在康乃爾那兩年，羅傑斯寫完該書，與康斯托克一起教授暑期自然研究課程，並完成論文，內容是關於如何在冬季教授自然研究——文中對實驗蟑螂表達強烈的同情。[74]

《綠樹之中》闡述了樹木的栽培與生活，從如何閱讀它們的節孔，到詳述樹葉如何入睡——這個現象要到一個多世紀後，才有科學家首次報導。[75]該書的卷首頌歌，出自她的名人爺爺納撒尼爾·皮勃狄·羅傑斯，他說樹木是神的建築。

安東尼·狄莫克（Anthony Dimock）是羅傑斯的自然書寫夥伴，他建議羅傑斯繼綠樹之後，寫一本體例類似的貝殼書。[76]賽伊的《美國貝類學》以及隨後出版的科學經典，都被鎖在圖書館的玻璃書櫃裡，而且有些過時。比較新的論著，對於業餘的愛貝人而言又太貴太專門。狄莫克承諾，會帶羅傑斯去看那些軟體動物比人多的佛羅里達西南部荒島，那裡的扇貝數以千計，各式耀眼的貝殼馱在製造者的背上在沙灘上遊行。

於康乃爾大學畢業後，羅傑斯加入一本新雜誌的工作行列：貝利主編的《美國鄉村生活》（*Country Life in America*），「獻給持家者、度假者、園丁、農夫、自然教師、博物學家」。鄉村生活運動日後將由老羅斯福總統法制化，他成立一個由貝利領導的委員會，結合了改革者與城市浪漫主義者。改革者致力改善美國鄉野條件，城市浪漫主義者則迷戀生生不息的菊屬植物。《美國鄉村生活》雜誌由雙日出版社（Doubleday）發行，並與該公司的自然書籍與讀者俱樂部交叉行銷，迎合養花人的胃口。羅傑斯的文章刊登在早期的雜誌中，與更知名、更年長的作者並列，包括約翰．巴勒斯（John Burroughs）*與狄莫克；最後，她出任自然編輯台的主編。

狄莫克是牧師之子，牧師苛扣、節省，且（令他兒子恐懼無窮）接受教區捐款。牧師父親把小狄莫克送進麻省安多佛的菲利浦斯學院。[77]來自父親服務教堂的鄉村男孩舊衣服與零碎錢，讓狄莫克感到羞恥。他立志洗刷這點，於是逃離學院前往華爾街。[78]二十一歲生日之前，他成了一名交易員，根據《紐約時報》的說法，狄莫克在「二十三歲就主導了該國的黃金市場」。[79]他年紀輕輕就創造出壯觀財富，然後以同樣壯觀的方式失去它們。

在狄莫克遇到羅傑斯時，他已為了戶外寫作放棄金融，用他的相機取代步槍。他曾經自慚形穢——在第四次破產與面對華爾街的詐欺指控時[80]，也在他與一頭大公麋鹿於懷俄明州傑克森谷（Jackson Hole）面對面時。「牠離我好近，如果用我準備好的步槍而非掛在我肩上的相機射（拍）牠，那就太邪惡了。」[81]狄莫克變成一位傳道者，鼓勵戶外運動者把步槍換成相機。他在一八九〇年的一篇文章中，闡述拍攝照片需要的高超技巧，「拿著步槍追蹤到麋鹿並不困

＊編按：約翰．巴勒斯（John Burroughs），美國博物學家、散文作家，美國環保運動中的重要人物。國會圖書館美國記憶項目中的傳記作家，將約翰．巴勒斯視作繼《湖濱散記》作者亨利．大衛．梭羅（Henry David Thoreau）之後，美國文學的自然散文領域中最重要的實踐者。

難，」他寫道，「但要進入照相機的拍攝範圍，則需要印第安人的耐心。」[82]當一場大火毀了他的相機與一萬張底片和玻璃幻燈片時，他斷然做出另一次轉向。他將攝影留給他才華洋溢的兒子——朱利安．狄莫克（Julian Dimock），自己轉而專心寫作。

一九〇五年，狄莫克父子邀請羅傑斯一起搭乘「艾琳號」（*Irene*）新船屋，來一趟「悠長悠閒的夏日巡航」，沿著佛羅里達西南的離岸沙洲島，參觀自然界最棒的貝殼蒐藏，同時可去墨西哥灣淺水區拖釣大海鰱。[83]他們從卡魯薩前領地馬可島出發時，羅傑斯三十九歲，已經簽約撰寫《貝殼書》，狄莫克父子也在撰寫有關銀王（大海鰱的暱稱）的書。他們花了很多時間架設場景，拍攝美國第一批令人興奮的魚類美照，他們從經驗中得知，船隻越小，大海鰱從水中翻躍而起的身姿在紙頁上就會顯得越大。狄莫克在一艘獨木舟上扮演閃亮的雜技演員，朱利安則從「綠豌豆號」（*Green Pea*）小艇上拍攝大海鰱從他父親頭上跳躍，那艘小艇是專為他與他八公斤重的相機打造的。[84]

五到七月，在與狄莫克父子一同旅行的期間，羅傑斯也釣到自己的一百七十五尾大海鰱。[85]但她最感謝的是狄莫克父子放她獨處的時候；他們把她留在無人居住的小島上，研究潮汐線上的生命。「當潮水沖上岸時，我發現先前只在書本中看過的鮮豔生物，」她寫道，「這是在隸屬於美國的所有海灘上，你能發現到的最多樣與最美麗的貝殼組合。」[86]

數十年後，已成老婦、遊遍了世界各地海灘的羅傑斯，儘管餘生都在貝殼及其狂熱愛好者的圍繞下，她還是會回想起那個夏天——在暴風雨過後的薩尼貝爾島上，看到這輩子最絢麗、最豐富的貝殼。

一九〇八年，雙日出版了《貝殼書》，收錄在「新自然圖書館」（New Nature Library）系列，迎合當時的自然「瘋」潮。一九五一年，該社發行修訂版，慶祝羅傑斯八十五歲生日，史密森尼學會的軟體動物學家在新版中替她更新了相關物種的名稱。直到當時，該書依然是貝殼科普指南的翹楚。

羅傑斯除了對一千多種軟體動物做了科學描述之外，還描繪出牠們的各種奇觀。吮食雙殼類的玉螺，是高效率而井然有序的「軟體動物屠夫」；海螺是「局勢大師」。她尤其欣賞扇貝，「華彩外殼、生氣盎然、動作優雅，時而在身後曳著一縷海藻。」[87]

該書收錄了一百多幅詳細的貝殼圖，大多數拍攝自美國自然史博物館的館藏，也包括一些朱利安・狄莫克的黑白照片。朱利安拍了大量群集的齒緣牡蠣，牠們生長在佛羅里達南方紅樹林的氣根上，反映出他父親的看法——認為紅樹林與牡蠣有助於將佛羅里達的海岸連結起來。[88]如今，海平面上升以及暴風雨對紅樹林遍布的海灘所造成的傷害，證明了狄莫克的預言。

《貝殼書》中沒有作者本人的照片。羅傑斯的名字或影像，也沒出現在狄莫克父子的《大海鰱書》（*Book of the Tarpon*）中；該書收錄了九十二張朱利安的攝影。[89]所有照片的鏡頭裡，都是一條空降在他父親的釣線尾端、肌肉發達的銀王。在其他書籍與雜誌文章中，狄莫克只用「樹女士」（the tree lady）指稱羅傑斯。[90]

我絞盡腦汁，想不透羅傑斯是怎麼消失在貝殼世界之外，特別是消失在貝利與第一位女性教職康斯托克影響下的康乃爾的自然研究圈。她的名字不曾出現在一九五三年康乃爾大學出版社發行的康斯托克自傳裡。在二〇二〇年夏天令人頭大的疫情裡，在充斥著大眾不信任科學的頭條新聞中，答案終於揭曉。康乃爾研究員暨自然研究史家凱倫・彭德斯・聖克萊爾（Karen Penders St. Clair）揭露一個令人震驚的故事，內容是關於一連串編輯與同僚如何改寫康斯托克自傳的故事，以及早期的自然研究運動。[91]

這位康乃爾大學的第一名女性教職員，花了十五年的時間，寫了七百六十頁的手稿，講述她的人生與工作，中間交織著創建該校昆蟲系的丈夫暨教授同僚的人生與工作。聖克萊爾發現，這份手稿最後變成兩百六十七頁的成書，無情地刪除了自然研究運動以及康斯托克對兒童學習科學與環境保護的洞見、有爭議的一切內容，以及被認為過於情緒的用語等等，也抹去了羅傑斯與協助打造該學門的其他人士。發行的版本凸顯了康斯托克的先生以及昆蟲系，一打開書就可看到他的個人獨照。[92]

聖克萊爾告訴我，校訂後的版本不僅抹除並降低茱莉亞・愛倫・羅傑斯、她妹妹以及其他人的角色，還將他們摒除在更進階的學術成就之外。許多學者引用過一九五三年康乃爾出版的康斯托克自傳，認為那是了解康斯托克的大寶典。聖克萊爾已將這些書籍匯總起來，還煞費苦心地在更新版中恢復康斯托克的聲音。不過，聖克萊爾在這本六十多年來反覆被參考引用的書籍中所發現的缺漏，已經扭曲了自然研究的歷史，以及它在美國科學教育中的地位。

自然研究曾經是美國各州公共教育的一部分，直至一次大戰期間遭到撤銷。[93]這項進步運動讓位給某位歷史家所謂的「大眾消費與商業化休閒的商業價值，在一九二〇年代變成主流風氣」。[94]不過，性別攻擊也是造成自然研究失敗的一個不小的因素。羅傑斯對軟體動物的描述風靡了一代又一代的教師與學生、家庭與孩童，以及業餘的貝殼藏家；但這樣的寫作，卻也在二十世紀初的科學家與學校教師之間，引爆學校該如何教導科學與自然史的爭論。[95]兒童心理學先驅斯坦利．霍爾（G. Stanley Hall）宣稱，「許多的現代自然書籍，都遭受了所謂的『女性化之苦』」。[96]他與其他人堅稱，男孩需要男人寫的書。李克茲、阿伯特和二十世紀的許多科學家，都可告訴他並非如此。

一九一二年，羅傑斯定居在加州當時的長灘村，協助將自然與農業研究帶入當地的公共學校，贊助長灘貝殼俱樂部，並在長灘教育局服務十年。[97]她筆耕不輟，寫書也寫雜誌文章，並在康斯托克的暑期教師課程中任教。課程中她將綠色福音傳遍全國，歌頌貝殼、禽鳥與樹木。一九二一年，在為加州小學教師開授的自然研究課程中，羅傑斯「鼓勵教師在教室設置水族箱，帶領孩童認識可在海岸發現的美麗生物」，還建議設立一座可出借貝殼的圖書館。[98]

自然研究曾短暫地存在於美國教育系統中，若要詢問它造成了哪些不同的影響，答案就在小時候鞋子沾滿汙泥的環境領袖身上。瑞秋．卡森（Rachel Carson）的母親瑪麗亞（Maria），在小瑞秋的哥哥姊姊去學校唸書時，用康斯托克的《自然研究手冊》帶領小瑞秋到森林裡健行賞鳥。[99]美國生態學家奧爾多．李奧帕德（Aldo Leopold）是在愛荷華州伯靈頓的家裡與學校接觸到自然研究。十一歲時，李奧帕德就在筆記簿裡熱列地展開「鳥類研究」，列出三十九種他能辨識的鳥類。[100]一九〇〇年代之際，他在愛荷華唸書時的老師將自然研究帶入教室——很可能就是使用羅傑斯的課程計畫。[101]

湯瑪斯・賽伊在與露西*結婚一週年的前夕，終於和麥克盧爾展開墨西哥之旅。那次探險可說是一大樂事，替《美國貝類學》蒐集到許多標本，雖然對賽伊的健康並不太好。他一直很虛弱，賽伊說他的苦惱是「膽汁病，他的宿敵」，這種消化道疾病從年輕時就困擾著他。[102]

丈夫不在時，露西・賽伊會製作貝殼插圖直到深夜，她的習慣令人聯想起他在學院時的熬夜歲月。「新和諧」的版畫師用她的素描製版，印好後，她便接下手工上色的繁瑣工作。[103]《美國貝類學》的第三幅插圖是字碼榧螺的前視圖與後視圖，螺塔的完美脊線與陰影、彎曲飽滿的殼口，細膩的象形文字，以及熟悉的閃亮光澤——完美展露出她的精準才華。

若非為了那本貝殼作品，露西・賽伊並不樂意留在「新和諧」，甚至在湯瑪斯・賽伊回來後，也不樂意繼續留在後烏托邦的混亂中。菲塔鳩的信件透漏了摩擦，抱怨露西試圖規避她的家務工作。[104]露西自己的信件則表達了她的憂慮，擔心丈夫的健康與職業；事態越來越明顯，留在這裡對湯瑪斯・賽伊太不利了，他的生活太過遠離最新出版的書籍、博物館的蒐藏以及他的學院同僚。這對夫妻似乎是出於對麥克盧爾的忠誠，才繼續留下。

一八二八年，他們完成《美國貝類學》的前兩卷，「我希望，它能在最後審判日之前付印，」湯瑪斯・賽伊寫信給朋友說。他們在「新和諧」又工作了六年，完成總計六卷的著作。露西・賽伊畫了六十八幅貝殼圖中的六十六幅，另外兩幅則出自露西兒時的第一位老師博物學家勒敘爾之手。露西說服他畫那兩張，因為他「永遠是我的朋友」，她希望勒敘爾能和她的作品有所連結。[105]

後來，他們的版畫師生病了，露西・賽伊因此嘗試自己蝕刻。她刻了一張，「第一次嘗試，一八三四年八月。」[106]她接著寫道，「我很快就學會蝕刻——但已經請了一位版畫師。」兩個月後，湯瑪斯・賽伊去世，享年四十七歲。這是他多年來追求事業忽略健康的結果。露西悲痛欲絕，先是因為丈夫去世，接著也因為失去了她的插畫事業。

她離開「新和諧」，回到紐約與母親、姊妹團聚。她在那裡拾起雕刻刀，動手完成湯瑪斯・賽伊生前已寫完大部分的《美國貝類學》第七卷。露西寫信給「新和諧」的朋友們：

> 我被視為異類，特別是當我開始雕版。一位紳士評論道：「很好！妳認為女士們該在哪裡止步？」我回答：「除了打破男性的長期壟斷之外，我希望哪裡都無須止步——我們厭倦了只能把才華用在針線家務之上。」

＊編按：即露西・薇・西斯塔雷，本書遵照美國慣習，婚後以露西或露西・賽伊指稱她；為避免混淆，特此標註。

湯瑪斯・賽伊的傳記作者派翠西亞・史陶德確定，該卷中的插圖，有三張肯定是由露西雕版。這些頁面上只有她的名字——而且列在右邊角落，那是傳統上保留給雕版師的位置。不過，儘管《美國貝類學》以及她的插畫技巧廣受讚譽，但露西並無法實踐她的夢想，繼續她的專業。在紐約，身為寡婦，她甚至無法參加學院老朋友的科學講座。她寫信給麥克盧爾哀嘆道：「因為能讓我仰仗的熟人沒有一個出席，我只能留在家中，哀嘆女性在大環境裡的依賴性。」

在獨自生活的半個世紀裡，露西持續鑽研貝類學，維持一個小珍奇櫃，並和一位承襲她丈夫研究的後繼者交換貝殼標本。一八四一年，自然科學院的會員推選她成為第一位女性會員。

自然科學院雖然因為一個短命的烏托邦，失去他們敬業的第一任典藏研究員，但還是成為美國自然科學界的燈塔。矗立在富蘭克林公園道上的這座磚造博物館，擁有該國最古老的軟體動物蒐藏，雖然和許多自然史博物館一樣，那些貝殼都藏在抽屜裡而非公開展示。

造訪該博物館時，我得知典藏部的經理保羅・卡洛蒙（Paul Callomon）是康斯托克與昔日自然研究進步派的崇拜者。他在英國長大，父親是一位鑽研菊石的古生物學家，他的第一批貝殼來自家族每年一度的夏日之旅。他們駕著淡藍色的福特 Consul Deluxe 前往瑞士，他父親會在途中的侏儸紀時代採石場停車探索。但貝殼並非來自那些採石場，而是來自他們停車加油的殼牌休息站。殼牌在促銷活動中，送小孩真的貝殼——這些貝殼改變了卡洛蒙的人生。

就在卡洛蒙與同事忙著將博物館的千萬件標本數位化時，他也總是想著，該如何將貝殼送到孩童手中。「實物的力量，」他告訴我，「終究無可取代。」

那些標本，有許多是由來到學院的偉大貝類學家，裝在行李箱和酒精罐中帶回費城的。小喬治．特里恩（George W. Tryon Jr）是貝類學部門的文物管理委員，本業是音樂出版（他編輯並出版了五十二齣歌劇劇本，然而軟體動物才是他的熱情所在）。[107]特里恩在他四十九年的生涯中，描述和命名了五千多種軟體動物；他計畫在《貝類學手冊》（*Manual of Conchology*）一書中，描述所有晚近的軟體動物與化石軟體動物，包括牠們的解剖與發育，地理分布，甚至「牠們與人類和其他動物的關係」。[108]在特里恩於一八八八年去世之前，已經出版了前九卷。一位同僚科學家寫了一首詩獻給他，詩中有這樣幾句：

> 連海神都哀悼他的殞落，他知曉
> 祂所有海中子民的外貌與姓名。

二十四歲的亨利．皮爾斯布里（Henry Pilsbry）曾寫信給「親愛的典藏研究員」特里昂，當時皮爾斯布里正任職於紐約一家出版社。特里昂邀請他到費城過感恩節，見識到他在分類學上的才華後，說服他立即離開紐約，來當自己的助理。[109]兩個月後，特里昂過世，留下皮爾斯布里掌管貝類學部門。

這位短小、愛笑、蓄了特大鬍子的男人，描述與命名過的軟體動物（五千六百八十種）超過任何科學家或公民，並透過特里昂的《貝類學手冊》發揮影響力；該書後來擴增為四十五卷。皮爾斯布里協助美國海洋科學全球化，在世界各海域進行探險。當他抵達加拉巴哥群島，看到其中一隻著名的達爾文烏龜時，他無比感動，「我整個人趴在牠殼上，擁抱牠。」[110]烏龜發出嘶嘶聲，將頭腳都縮進殼裡。

皮爾斯布里在學院工作直到九十四歲去世為止。他在七十年來堆滿顯微鏡、學術專著與軟體動物的書桌上，心臟病發。他打磨出美國在自然科學界的聲譽，實現湯瑪斯・賽伊與其他學院創立者的夢想。

最棒的證據，莫過於一封「令人困惑的簡短電報」，那是一九四五年八月，日本向聯軍投降前後，裕仁天皇發給麥克阿瑟將軍的。就在戰敗的幾週前，裕仁天皇在長崎與廣島的浩劫中，目睹了美國科學打造出來的終極毀滅性。然而，裕仁身為一位嚴肅、擁有知名貝殼蒐藏的海洋無脊椎動物生物學家，只要他還活著，便相信自然科學可以團結人類。[111]他在電報中詢問：「亨利・皮爾斯布里博士是否安在？」[112]

經過一陣電報運轉，陸軍確認皮爾斯布里依然安在——依然在費城的自然科學院裡研究貝殼。

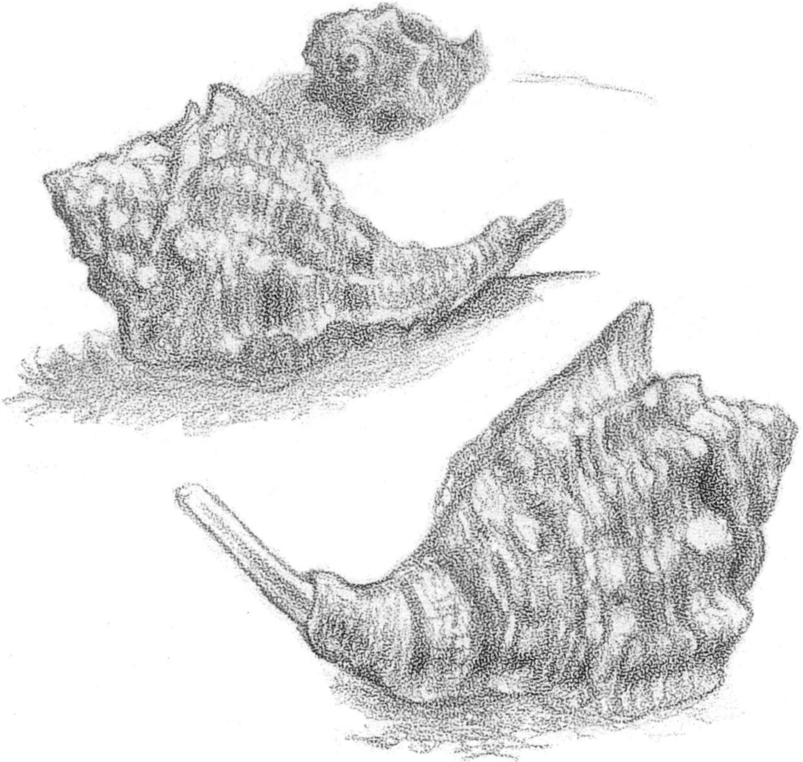

第八章 貝殼石油

環帶骨螺
THE MUREX
Hexaplex trunculus

一八三三年秋天，艾比蓋兒與馬庫斯．塞謬爾（Abigail and Marcus Samuel）結婚後沒多久，兩人在倫敦東端泰晤士河北岸的水手鎮，開了一家小古玩店。店鋪附近參差不齊的狹窄街道，散發著焦油與海鹽的氣味，湧動著工人家庭與海事貿易。[1]各形各色的海員與曾經穿越赤道的老水手從五洋四海絡繹往返，抵達當時的世界第一大城。

馬庫斯與艾比蓋兒都生長於猶太商人家庭，這兩個家庭是在將近一個世紀前，分別從荷蘭與巴伐利亞移居英國，從事古董、古玩與小玩意兒的買賣。[2]當時，他們不被允許在市區擁有土地或開店，倫敦人希望塞謬爾家和其他猶太商販（以及有害製造業）位於下風處，因而他們只能在過度擁擠的東端找到自己的利基點。

這對夫妻在貝殼中找到他們的利基。珍奇櫃、貝殼室以及貝殼洞窟，讓貝殼崇拜在上層階級與貴族圈中成為極致炫耀；熱帶貝殼裝飾客廳，鑲嵌在客廳工藝品上。維多利亞時代的婦女，被工業革命「閒置」，但又被排除在工業生產的領域之外，只好每天花上好幾個小時製作貝殼盒子之類的工藝品，例如鑲嵌了迷你版笠貝或珍珠光澤蠑螺的微型洞窟，盒頂有簇集的寶螺、芋螺或其他異國貝殼。塞謬爾夫妻販售「女紅小貝殼」、鸚鵡螺，以及其他供靜物畫使用的標本。[3]他們還宣傳用萬寶螺來製作浮雕首飾，那是維多利亞時代由女王本人掀起的一股熱潮。一八四〇年，女王為她的加冕禮委託製作了一只貝殼胸針，還在婚禮上分送刻有她側影的貝殼浮雕首飾。[4]

開店頭幾年，塞謬爾夫婦做得很好，有能力從後街搬到河邊。他們在靠近倫敦塔的地方租了一間窄房子，樓上用於居住，一樓則經營店鋪。窄屋對街就是新落成的聖凱薩琳碼頭，馬庫斯可以從店裡跑出去，跟上岸的水手碰面，水手們出售各式各樣的舶來品，包括熱帶貝殼。

這個街區、這個年代以及這門生意都像是出自查爾斯・狄更斯（Charles Dickens）的《老古玩店》（*The Old Curiosity Shop*），充滿「可能是在夢中設計的」奇怪物品。[5]據說，馬庫斯・塞謬爾是在馬蓋特海灘度假時做了那個改變命運的夢。[6]當時有許多家庭會從泰晤士河畔搭乘汽船湧向海濱度假勝地馬蓋特——男人們則在星期六搭乘所謂的「丈夫船」（husbands boats）加入家人行列。塞謬爾有九個小孩躲過夭折的厄運——六女三男；傳說，當這些孩子在馬蓋特島上製作貝殼盒子時，馬庫斯突然靈光一閃，想到可以把這些盒子當成海邊紀念品賣給觀光客。

塞謬爾夫婦開始製作飾品盒，供貨給度假海灘上與販賣貝殼給觀光客的商店。事實證明，這些暢銷的盒子成了塞謬爾家的聚寶盆。塞謬爾夫婦很快就增加了貝殼縫盒、貝殼針盒、貝殼舷窗、貝殼相框，以及其他上了清漆的紀念品；這些東西最初都只被視為婦女的家庭手工藝。他們還製作了紀念維多利亞女王的皇冠針插，上面鑲滿小貝殼，裡頭填塞深紅色天鵝絨。[7]

今日仍在英格蘭與世界各地海灘商店販售的貝殼手工藝紀念品，就是這樣誕生的。「來自布萊頓的禮物*」，這個迄今依然無所不在的標籤，也得歸功於塞謬爾。一位嫁入該家族的英國作家日後寫道，這個家庭「從赤貧到相對富有」的財富增升，與維多利亞貝殼盒子的大受歡迎直接相關。到最後，共有四十名女性出現在塞謬爾倫敦東端製造盒子的薪資名冊。[8]塞謬爾與艾比蓋兒繼續維持該地的商店，但於一八五七年在芬斯伯里廣場買下一棟房子，全家搬到較為文雅的倫敦市中心。

塞謬爾與合夥人將家族貿易拓展到遠東地區。排行中間、與塞謬爾同名的兒子小馬庫斯．塞謬爾，經常和父親回到碼頭。英屬東印度公司自一六〇一年取得特許之後，曾在遠東地區稱霸，但該公司的壟斷地位，正好在馬庫斯與艾比蓋兒結婚後崩解。[9]商人們終於可以在遠東地區建立商業合夥關係，包括中國與日本在內。老馬庫斯．塞謬爾以好口才和善於結交遠近朋友

＊譯註：英國最著名的海濱度假勝地。

聞名，他進口過瓷碗、橄欖油、羊皮、鴕鳥毛、檀香等等，而異國品種的熱帶貝殼也始終在清單之上。

拜塞謬爾對日本奇異品種的興趣，讓他與該國的商業夥伴建立了深厚關係；當時的日本正從幕府鎖國過渡到市場經濟。日本的第一部機械織布機，據說就是塞謬爾．馬庫斯送的。[10]當與他同名的第二代接手後，這些日積月累的人際關係將協助小馬庫斯．塞謬爾顛覆十九世紀的全球貿易，而且顯著程度不下於前幾個世紀的第一支東印度公司船隊。

老塞爾謬在兒子大膽的多國交易前二十年就去世了；小塞爾謬在為新的家族企業命名時，特地向父親致敬，命名為：殼牌運輸與貿易公司（Shell Transport and Trading Company），也就是今日熟知的荷蘭皇家殼牌（Royal Dutch Shell）。

老馬庫斯．塞謬爾在一八四一年的倫敦企業名錄中將自己列為「珍奇品經銷商」，但根據一八五一年的人口普查，他的專業是「貝殼經銷商與進口商」。[11]二十年後，他以七十三歲的高齡去世，資產總數達到四萬英鎊，相當於今日的五百萬英鎊（雖然現金很少[12]，其中四分之一的財產是貝殼）。[13]他的三個兒子——約瑟夫、小馬庫斯和山姆，不僅受益於貝殼和其他商業資產、父親在遠東建立的可靠夥伴關係網，還加上難以置信的好時機。

在老塞謬爾去世前一年，蘇伊士運河開通，通過紅海連接印度洋與地中海。煤的可取得量增加，意味著蒸汽船可以在經濟上與帆船競爭。歐洲船隻不再需要沿著非洲海洋下行並繞過好望角（或在馬爾地夫這類前哨站，花上好幾個月等待季風）才能從遠東往返。

長子約瑟夫根據父親遺囑接管生意；遺囑也表示，希望約瑟夫能提攜兄弟，直到他們年滿二十五歲，或提早到約瑟夫覺得適合的年紀。[14]「如果他能這樣做，那我所有的兒子都能團結、親愛，體貼，並維持馬庫斯．塞爾謬的好名聲，不受指責，」遺囑強調。

小馬庫斯與山姆分別比約瑟夫小十六歲與十八歲，且接受過更好的教育。當時，父親已經賺夠錢，有能力送他們去上猶太寄宿學校；雖然這個家庭還無法打破階級限制——當時只有極少數的猶太人，能像英國商人的兒子那樣進入菁英大學就讀。兩個男孩十幾歲就跟著約瑟夫一起做生意，延續著父親的經營模式。雖然維多利亞盒子的受歡迎程度下降了，「但貝殼依然主導了他們的最大利益，」小馬庫斯的孫女婿暨傳記作者羅伯．亨里克斯（Robert Henriques）寫道。

小馬庫斯對新的貿易冒險躍躍欲試，而小弟山姆一直是他的盟友。不幸的是，兩人都無法說服約瑟夫。三兄弟依然「團結、親愛、體貼」，儘管小馬庫斯滿心企盼著新的國外交易。母親艾比蓋兒讓這個愛冒險的二兒子留在倫敦辦公室替約瑟夫工作，兩年後才放他去遠東。[15]

一八七三年夏天，十九歲的小馬庫斯終於登上汽船，首次穿越蘇伊士運河。他在錫蘭（今日的斯里蘭卡，介於馬爾地夫與印度之間）、新加坡與暹羅（今日泰國），分別拜訪了父親的商業老夥伴。那是一個異常炎熱的季風季節，伴隨著致災性的極端降雨——恆河附近出現創紀錄的洪水，孟加拉的農作物飽受旱災之苦。[16]他抵達陷入饑荒的印度。小馬庫斯的第一樁國際交易，既是一項人道主義援助，也是一次金融政變。

印度殖民政府緊急撥款三百萬英鎊，做為皇室提供的食物救援，價值約相當於今日的三億英鎊。[17]小馬庫斯以「父親之名和兄長的信譽，在不確定有無到家中許可」的情況下，在暹羅找到剩餘稻米，並透過一連串區域交易將稻米直接送到饑荒區。[18]今日或許很難想像，但在當時，亞洲內部的直接交易聞所未聞，幾乎所有商人都是進口大量物資運往英國。[19]小馬庫斯買低賣高，還成了英雄。[20]他帶著對全球物流的新展望嶄露頭角，一如當年馬蓋特沙灘上的孩子們，開啟了父親對貝殼新市場的眼光。

腓尼基人是最早的全球資本家，在基督紀元前一千年，他們駕著寬底貨船在古代世界穿梭交易。[21]他們在地中海盆地四周與下至紅海的地區，建立一個殖民地與貿易中心網絡，掌控滿滿的紙莎草與石榴，白銀與香料，木材與羊毛，以及無窮的其他貨品。他們取得陶器之類的常見貨品，帶到視它們為稀奇之物的遠方人民那裡，換取象牙或下一個地方的特產，賺取暴利。[22]新市場引誘他們穿越石灰岩質的直布羅陀巨巖（Rock of Gibraltar）——當時的人們相信，那就是世界盡頭的地標。這些海事商人的貿易範圍，上至古代不列顛，下至非洲西岸。以希臘的珠寶、埃及的亞麻、美索不達米亞的地毯，換取塞爾特人的錫與非洲的黃金。[23]腓尼基人也跟跨洋貿易的前輩與後輩一樣，奴役並販賣數以萬計的人口；他們建立最早的奴隸貿易網，將非洲人賣到全球各個邊界。[24]奴役制度由他們的羅馬繼承者承襲，並可恥地延續到現代記憶之中。

一如三千年後的多國貿易，腓尼基人做的不僅是貿易、運輸與掠奪，他們也是製造者；將石英砂加熱成玻璃，將黎巴嫩雪松磨成木材。他們尤以「名貴商品」為人所知，只有菁英才有辦法取得。而其中最名貴的貨物，莫過於給了他們傳世之名的那個。希臘文的腓尼基人「*Phoinikes*」，源自於紫「*phoinix*」這個字——一種比彩虹中的紫羅蘭色更接近血液的深色調。[25]「紫人」（purple people）之名，來自他們耀眼的紫色染料，這些染料是在泰爾與其他地中海港口城市的惡臭工廠中生產出來的。它的色調極其奢華，製作過程又極其艱鉅；所以根據法律，泰爾紫只有王室可用。「帝王紫」與「皇家紫」的名稱，就是來自那個時代，而「紫色出身」（born to the purple）就意味著貴族血統。

這樣的門第很適合這些貴氣的動物，牠們柔軟的小身體被磨成碎片，製成染料。珍貴的紫色是從名為骨螺（murex）的海螺身上榨出來的。牠們是海洋腹足類現存最大的一科——骨螺科（Muricidae），共有一千六百多個品種，美化著世界各地的水域。骨螺突伸出皇家螺塔、華麗棘刺，以及只能用「展開」來形容、往往帶有捲邊的翼翅，宛如佛朗明哥舞者或神獸蝙蝠的後代。

世上最搶手的骨螺莫過於豔紅芭蕉螺（Loebbecke's Murex，學名 *Chicoreus loebbeckei*），這種海螺會讓人聯想起神話而非分類學——一隻神龍作勢要從西太平洋的深海珊瑚礁中飛騰而出。彼得．丹斯小時候在大英博物館曾看見一枚，這一眼就讓他立志未來要成為貝殼典藏研究員。

他記得，那枚粉白色的骨螺，是他看過「最可愛、最精緻的自然物」。[26]

其他骨螺則是將牠們的演化天分暗藏在棘刺而非翼翅上。自有貝殼蒐藏之初就令人垂涎的維納斯骨螺（Venus Comb Murex，又名櫛棘骨螺），可長出一百多根纖細棘刺；塔克．阿伯特用「剝乾淨的魚骨」來形容。[27]用來製作皇家紫的環帶骨螺（*Hexaplex trunculus*）與染料骨螺（*Bolinus brandaris*）打造的外殼雖然不似前兩者那樣精緻，但也足夠炫目；前者較魁梧，後者較纖細，兩者都會令人聯想起古代的鐵製兵器。而那些兵器的靈感，也是源自於軟體動物的防禦性外殼。

那個紫色（更準確的說法是骨螺素〔murexine〕）也被視為一種防禦。軟體動物的黏液承擔各式各樣的重要任務。它可做為軟體動物移動的潤滑劑、協助牠固定的黏著劑，或是讓牠懸垂在上面的繩索。黏液可保護軟體動物不受汙染，不受酷寒酷熱影響，或帶點毒性不受掠食者傷害。科學家假定，由骨螺鰓下腺釋放出來的紫色黏液，是某種可對抗有害細菌或紫外線的生化阻滯劑，只有在光照下顏色才會變深。[28]

科學家在骨螺生命伊始的壯觀卵塊中發現紫色的前驅物，認為這對保護產卵發揮一定功能。[29]春季，骨螺母親聚集在淺水區，產下軟墊似的卵塊。每個卵塊由一百多個卵囊組成，每個卵囊裡有三百顆以上的卵。[30]卵在卵囊內經過四到六週，比較強壯的卵會發育成胚胎，吃掉比較虛弱的；接著發育出眼、腳與殼，然後孵化成微型骨螺，可游泳或爬行到牠們與我們的世界。

骨螺顏料在骨螺存活時保護子嗣，在骨螺死後榮耀亞述戰士、妝點埃及法老。骨螺製作出聖經裡的神聖藍色，以及猶太教的藍紫色塔利特（tekhelet）披肩，那是以色列國旗的靈感來源。牠們分泌出的色彩極為持久；考古學家在挖掘兩千年前馬其頓國王菲利浦二世的陵墓時，還能從火葬前罩在他臉上的面具中找到泰爾紫的痕跡。

這種軟體動物製造的紫色，往往還帶了一絲金色，也存留在從龐貝廢墟挖掘出來的織品上，是災難前夕的奢華證據。[31]

自黑暗降臨洞穴開始，人類就從土裡榨油。最早的貝殼燈，並非一九七〇年代我媽用撿來的貝殼精心配置而成的玻璃圓柱造型蠟燭，而是在杯狀貝殼裡面填入融化的動物油或植物油，再用一根纖維燈芯，穿過雙殼類的孔洞或腹足類的虹管。

直到十九世紀，太平洋地區的各民族都是用蠑螺和大白蛙螺（Giant Frog Shell）等大型海螺來燃燒油脂。[32]油膩的沉積物在埃及的大型尼羅河蚌（*Chambardia rubens*）裡燃燒，標誌出菜籽油和其他油脂如何在貝殼中照亮古代夜晚。[33]

而石油也由知曉其滲出的原住民開採了數千年。在亞塞拜然最大城巴庫（Baku）的天然氣滲出處，有拜火者照料著永恆火焰，時間早於祆教*在該地建造、至今依然保存的美麗火廟。

＊編按：正式名稱為「瑣羅亞斯德教」。崇尚光明的信徒會在火前禱告，故也稱「拜火教」。

在中國，十一世紀的傑出科學家沈括寫道，石油「生於水際，沙石與泉水相雜，惘惘而出」。[34]

然而，在大多數有紀錄的歷史中，油的貿易價值都很低。腓尼基人用油交換錫之類的普通貨品；錫對生產者沒什麼價值，但在其他地方卻可賣到高價。要到一七〇〇年代初，南塔克特（Nantucket）獵人瘋狂追求抹香鯨後，故事才開始轉折。抹香鯨油燃燒起來比其他鯨油或動物油脂更乾淨也更明亮。這種腦部巨大的哺乳動物，變成了輕盈、潤滑和最早的商品油。

一八五九年，在賓州西部曾經是內陸海中升起的山丘上，探礦者艾德溫・德雷克（Edwin Drake）在被稱為油溪（Oil Creek）的阿勒格尼河支流沿岸鑽入一處儲油層，並擊中噴油井，湧出的油量大到他無法遏止。德雷克急忙將他能搶到的所有威士忌空桶搜刮一空。[35]

隨之而來的熱潮，在賓州西部創造了繁榮與蕭條、財富與失敗，這種循環隨著頁岩氣的水力壓裂技術*持續往復。石油熱潮也創造出美國最有錢的富豪，以及某段時間內全球最大的石油公司。克里夫蘭的約翰・洛克斐勒（John D. Rockefeller）的事業始於俄亥俄州凱霍加河一條支流上的孤單煉油廠，他有條不紊地利用砍價手段，削弱油溪區域的其他石油商，幾乎將他們全部兼併到標準石油（Standard Oil）旗下。一位名叫艾妲・塔貝爾（Ida Tarbell）的十四歲女孩，痛心地看著洛克斐勒與鐵路公司的祕密協議，毀掉了父親的事業——坦貝爾油罐工場（Tarbell's Tank Shops），那是堅決不簽署協議的最後幾家油廠之一。[36]洛克斐勒的標準石油公司，透過陰謀併購、與鐵路公司勾結等手段殲滅對手，在一八八〇年代控制了美國九成的石油工業。[37]暱稱「八爪章魚」的這家公司，接著想將觸手伸到全球。

洛克斐勒向海外推銷煤油「新照明」，但運輸是一大挑戰。第一批散裝油是裝在木桶裡運抵歐洲。[38]木桶很占空間，更糟糕的是它們很容易爆炸。美國人轉而將煤油裝在五加侖的長方形錫罐裡，這樣對買家很方便，但包裝與上船的效率太低。[39]

洛克斐勒的另一個難題是俄羅斯石油。裡海西岸的巴庫曾經是拜火者的故鄉，該城面對著全世界產量最高的儲油層，但與歐洲之間卻隔著高加索山與黑海。歐洲最知名家族的兩組兄弟檔——瑞典的路德維希與羅伯．諾貝爾（Ludwig and Robert Nobel），以及法國的阿方索與艾德蒙．羅斯柴爾德（Alphonse and Edmond Rothschild）——正在建造煉油廠，並開鑿穿越山脈的鐵路隧道。諾貝爾兄弟委託製造了全世界第一艘油輪：「瑣羅亞斯德號」（*Zoroaster*），船體內部裝設了圓柱體的油槽。[40]

就在他們努力開啟巴庫石油越過俄羅斯邊界的流通管道時，洛克斐勒取法他的美國征服手段，在歐洲執行他著名的砍價策略。[41]俄羅斯油商開始受苦，一如費城的同行。羅斯柴爾德家族很快就同意標準石油公司在歐洲的「和平條款」，接受以一小塊市場交換洛克斐勒的支持。[42]

但洛克斐勒不知道的是，羅斯柴爾德兄弟正在跟小馬庫斯與山姆．塞謬爾這對英國商人兄弟磋談一項更大的交易——一個會將標準石油公司踢出世界最大新興市場的交易。他們打算將俄羅斯石油出口到亞洲，阻擋洛克斐勒削弱他們的能力。這場全球石油主導權的競奪，在倫敦

＊編按：利用水力作用在油氣層中形成人工裂縫，提高油流體流動能力的一種儲層改造技術。

東端一條窄巷中的低調辦公室內籌劃；辦公室裡塞滿至天花板高度的貝殼，在當時仍是塞謬爾家族貿易的重要組成。[43]

小馬庫斯和山姆已從大哥約瑟夫那裡接下生意，代表家族分別經營在倫敦與日本的公司。自父親死後，他們花了二十年的時間深耕父親在遠東的人脈，謹記「維持馬庫斯·塞爾謬的好名聲，不受指責」。長達幾十年的合作關係，使他們成為日本首屈一指的英國企業。[44]除了他們的熱帶貝殼貿易之外，塞謬爾家族也中介了日本半數的稻米年出口量、大多數的蔗糖以及海外的煤礦銷售。[45]他們也將裝在錫罐裡的油經由蘇伊士運河送到亞洲，儘管他們的供給量根本無法滿足需求。

運河當局允許這種「罐裝油」通過，但不包括諾貝爾兄弟新奇的「瑣羅亞斯德號」，也不包括標準石油公司的油輪或其他任何油船，因為爆炸的風險太大。凡是想透過歐洲出口散裝油到亞洲的公司，都必須航行到非洲南端並繞過好望角，成本非常昂貴。如果能夠設計一種散裝油油輪，滿足運河當局的安全要求，運輸成本就可大幅削減。如此一來，即便是標準石油也無法與之競爭。[46]

當時未滿四十歲的小馬庫斯·塞謬爾是公司前線的創意人。[47]他身材短小，衣著無可挑剔，眉毛在夾鼻眼鏡上拱起，整齊的海象鬍隨著歲月流逝日漸豐盈，與體重成正比。一八九〇年，塞謬爾去了巴庫，親眼考察了這座城市之後，才同意與羅斯柴爾德合夥。在英國記者查爾斯·馬文（Charles Marvin）筆下，巴庫的石油氣味「無所不在」。石油浸透了巴庫的木造油井森林，懸含在雲端，引燃了衣布，充斥於每一口呼吸，混融到食物的氣味裡。[48]

塞謬爾望穿烏雲，看到一條路線與市場；羅斯柴爾德的石油正在那裡積累盈餘——經由諾貝爾的鐵路、蘇伊士運河以及橫跨亞洲的一連串儲存設施。該計畫在每一點上都避開了標準石油的觸角，但有個大風險——它得仰賴當時世界未曾見過的一種船隻。當羅斯柴爾德家族在俄羅斯儲備石油、山姆．塞謬爾在亞洲建立貿易協議與儲存油槽時，小馬庫斯．塞謬爾則在倫敦和一位名字絕妙的海洋工程師——福特斯庫．佛蘭內里（Fortescue Flannery）＊一起，努力設計那艘日後將成為現代油輪的船隻。[49]塞謬爾家族將它命名為「骨螺號」（*Murex*）。

當你目睹一隻活骨螺沿著海底爬行時，那隻肉食性海螺看起來更像軍事用的陸地戰車，而非遠洋油輪。柔軟的腹部有如車身底部滑行在沙面，砲塔般的貝殼緩慢前進。牠的虹管向前突伸，有如一根砲管支撐著柔軟的吻部，偵查著雙殼類獵物。骨螺受貝殼蒐藏家鍾愛卻遭魚貝養殖者鄙視。牠們是「鑽頭」，會嗅出牡蠣的位置，用牠們的齒舌在殼上鑽洞，分泌某種酶來麻痺佳餚——這一切都是為了讓吞噬消化更加便利。這些棘刺狀的掠食者，可以消滅一整座鮑魚或牡蠣養殖場。

對人類而言，骨螺從史前時代就是佳餚。舊石器時代的地中海獵人－採集者，食用環帶骨

＊譯註：Fortescu是一種魚的名字，澳洲鱗䱀。

螺；有些會將牠們塞入墓地，防護死者。至少五千年前，就有第一波文化體（很可能是米諾斯人〔Minoans〕）發現，可將大量的海螺壓碎製出耀眼的顏色。[50]

神話告訴我們，在希臘英雄赫拉克勒斯（Heracles，羅馬的海格力士〔Hercules〕）帶著愛犬走在海邊，要去跟海寧芙緹洛絲（Tyros）求愛。路上，狗狗咬了一隻棘刺狀的貝類，結果將牠的嘴與唇都染成紫紅色；這乍看似血的東西是不可思議的染料。當英雄與獵犬抵達目的地時，緹洛絲被那顏色驚呆了。她跟赫拉克勒斯說，她不想再見他，除非他買一件相同顏色的袍子送她。於是，赫拉克勒斯想辦法搗碎「一大堆貝殼」，幫她弄出一件。[51]

生產「皇家紫」無疑需要大量軟體動物。考古學家在地中海地區令人印象深刻的沉積物中，挖掘出成堆的破碎骨螺殼，做為染料坊的證據；這些作坊從米諾斯文明早期一直忙碌到羅馬帝國晚期。考古學家挖掘到的最古老工廠位於克里特島上的米諾斯港口城鎮：科莫斯（Kommos）；富麗堂皇的面海建築群鋪裝了石板路面與排水渠，埋在將近四千年前壓碎的骨螺貝殼中。[52]

現代人對「生產這種染料所需要的骨螺數量」毫無概念，直到考古學家開始實驗老普林尼在《自然史》中記載的古老配方。加拿大考古學家黛博拉．魯西洛（Deborah Ruscillo）花了好幾年時間在科莫斯研究骨螺碎片。學術報告與克里特島的旅遊資料都寫著，一公克紫色染料需要一萬個海螺殼。她對這個說法存疑，而且越看越煩。[53]二十年前，她帶著捕撈籃與鍋子，如普林尼所說的，自己去找答案。

魯西洛花了六個禮拜的時間，才弄清楚該如何捕撈活骨螺；又花了更多嘗試與錯誤，才用米諾斯人隨手可得的工具——鋒利的錐子與石頭敲開它們；接著她誤打誤撞碰運氣地摸索出技巧，將分泌紫色黏液的下腮腺切除。她在地中海的陽光下取出海螺的內臟時，其他生物被吸引到屠宰後的殘餘物上——大蒼蠅忙著產卵，黃蜂大快朵頤；很快，蛆就誕生了。但這一切都無法與調製染料的惡臭相比，臭味在她泡製材料時變得愈發強烈。腐臭的味道滲進她皮膚，以及她自學染出的漂亮布料。事實證明，普林尼的製作方子每一步都是誤導。

整個夏天，魯西洛都在壓碎骨螺、調製染料，她慢慢歸結出普林尼在〈骨螺與紫色的本質〉（*The Nature of the Murex and the Purple*）一章中未發現的一些事實。[54]骨螺生產的藍紫色非常多樣，從皇家紫到舊約中描述的聖經藍；數百枚海螺生產出的染料就足以染好一件袍子；在腺體內加入少許鹽水，生產出的紫色最深；即使沒有添加劑，染料也不會褪色；完美的浸泡時間是三天；羊毛可吸收最深的色調。她還得出明確結論：「普林尼從未自己製作染料。」

她最大的發現是，凸顯出紫色染料菁英地位與昂貴價格的是背後的辛勞人力。從潛水與誘捕的危險，到蛆蟲、可怕的汙漬，以及會對奴隸染工造成傷害的臭味——炫耀性的消費總有不好的一面，會造成人類的苦難與生態的浩劫。

將俄羅斯煤油經蘇伊士運河出口到亞洲市場，這項計畫的多國移動部分必須祕密執行，將洛克斐勒與標準石油的其他人士蒙在鼓裡。計畫包括：來自巴庫的石油合同，在新加坡、泰國、香港、西貢、上海與日本的神戶港製造儲油槽，以及許多運輸難題。但沒有一個比建造「骨螺號」更棘手。

根據一本殼牌油輪艦隊企業史的記載，海洋工程師福特斯庫・佛蘭內里必須「掐算運河當局的想法」；雖然當局本身似乎無法想像有什麼船隻可安全載運散裝油，直到他們看到「骨螺號」。[55]佛蘭內里把油槽放在船中央，與鍋爐和引擎室隔離開來，然後設計其他可保護油槽的船隻特色：壓艙水系統。該系統一來可避免擱淺，二來當「骨螺號」因載油而過重時也方便排水。另外，在每個油槽頂部都有特殊的膨脹箱艙，讓油可隨著溫度變化膨脹收縮；還有一個用來沖刷油槽的蒸汽清潔系統，以及全船隻的電力照明。[56]

一八九二年初，運河當局發布安全規範，並要求油輪必須得到倫敦勞合社（Lloyd）的第一級評等才能通過運河。等到「骨螺號」符合規範並贏得評級之後，石油世界的其他人才知道它的存在。[57]那時，塞謬爾已經簽下石油合同，蓋好亞洲的儲油設施，並有另外十艘油輪即將竣工。

標準石油公司聘請倫敦律師，在國會與媒體上散播對新型散裝貨運船的疑慮，並激怒錫製造商，聲稱一旦罐裝石油消失，他們也會跟著完蛋（儘管標準石油公司自己也想要廢止用錫罐裝散裝油）。[58]宣傳戰打得火熱，經常還帶有反猶指涉；《經濟學人》的一篇文章就試圖坐實那揮之不去的影射，指稱這項計畫「完全就是猶太人鼓動的」。[59]

標準石油公司曠日廢時、企圖取消運河當局許可的努力結果終告失敗，主要是因為英國政府拒絕捲入爭議。[60]小馬庫斯・塞謬爾在故鄉與亞洲的人脈有助於讓公司免受攻擊。這幾年當中，他去了儲油層所在地巴庫，與羅斯柴爾德家族磋商，委託了第一艘現代油輪，還在倫敦市競選市政參事。媒體對他的財富、地位或影響力提出質疑，但最後結果由選民決定——塞謬爾贏得選舉。崇拜他的傳記作者亨里克斯深信，除了事業有成，馬庫斯渴望在英國猶太人「獲得承認的漫長道路上，為自己與家族爭得一席之地」。[61]小馬庫斯・塞謬爾的父親在他那個年紀時，還無法和他一樣去競選公職，或將兒子送進伊頓（Eton）與牛津就學。

一八九二年八月，「骨螺號」載運著四千噸俄羅斯煤油，成為第一艘通過蘇伊士運河的散裝油輪。它駛入紅海，前進印度洋與它的第一個港口，注滿塞謬爾兄弟位於新加坡的油槽。小馬庫斯・塞謬爾很快又下水了另外十艘，全都用貝殼命名以紀念父親：「海螺號」、「蛤蜊號」、「螺貝號」、「萬寶螺號」、「渦螺號」、「蠑螺號」、「馬蹄螺號」、「海菊蛤號」、「蜑螺號」與「寶螺號」。[62]到了一八九五年底，共有六十九批散裝油輪通過蘇伊士運河，其中六十五批是裝在以貝殼為名的油輪上。[63]

這個故事裡與真實貝殼有關的部份，結束於一八九七年十月；塞謬爾將包括羅斯柴爾德家族在內的大型商業團體，合併為股份制的殼牌運輸與貿易公司。為了在荷屬東印度群島強化該公司與對手皇家荷蘭公司（Royal Dutch Company）的競爭，塞謬爾將家族貝殼盒子的生意賣給了姪子。[64]但做為一個品牌，很少人會反對亨里克斯的說法——塞謬爾為該公司打造的形象符號，確實改變了**貝殼**一詞的常見意義。[65]殼牌公司的第一個標誌是個平凡的貽貝。一九〇四年，該公司推出代表性的肋紋扇貝，辨識度非常之高，根本無須文字相助。

塞謬爾去世時，已贏得巨額財富和他一直想要的公民光彩。他擔任過倫敦的司法行政官與市長。維多利亞女王冊封他為爵士，表揚殼牌公司的「海扇蛤號」（*Pecten*）救出一艘沉沒在蘇伊士運河的皇家海軍船隻。第一次世界大戰爆發後，塞謬爾得到完整的男爵頭銜，感謝他讓殼牌船隊為英國海軍服務。一九二七年去世時，他的頭銜是第一代比爾斯泰德子爵（First Viscount Bearsted）。根據大多數記載，他一直維持馬庫斯・塞爾謬的好名聲，不受指責。

三十年前，在腓尼基人曾經航行與浸泡皇家染料的地中海世界，科學家發現雌骨螺開始長出陰莖。[66]該物種並非雌雄同體，不同於其他約莫四成的軟體動物。這是內分泌失調造成的，而且顯然與海洋航運業有關。接下來幾年，在地中海最繁忙的一些遊艇、漁業和航運港口中，捕捉到的雌性骨螺全都無法生育——無法產出牠們可愛的卵囊與紫色的前驅物。[67]

罪魁禍首是一種名為三丁基錫（tributyltin，TBT）的殺菌劑，用來保持船體免遭藻類、藤壺與貽貝等攀附。荷蘭化學家赫里特・范・德・克爾克（Gerrit van der Kerk）是研究金屬碳鍵的先驅，一九五〇年代他在一組名為有機錫（organotin）的化合物中，發現了防汙性能。[68]這項發現對船運業者是一大福音，因為一公釐厚的藻類就能讓船速減慢百分之十五。[69]三丁基錫可殺死所有想在船體上寄生的海洋生命。到了一九六〇年代初，它已成為船底塗料的標準用料。而它殺死的海洋生命，很快就遠遠超過想要攀附在船體上的那些。

早在一九七〇年，法國科學家就提出警告，阿卡雄灣（Arcachon Bay）的雌性骨螺正在失去產卵能力，「牡蠣鑽頭」開始消亡。不過，在熱愛牡蠣的阿奎坦區（Aquitaine），失去一種牡蠣掠食者是可以接受的。[70]從上個世紀末到本世紀，三丁基錫牽連到全球各地數百種軟體動物的生殖混亂。[71]受它阻撓無法產卵的物種，包括美國維京群島的寬口紫斑的紫斑羅螺（Purpura Patula）與其他兩種骨螺；還有英國普利茅斯灣（Plymouth Sound）的狗岩螺（Dog Whelk）；加拿大聖勞倫斯灣（Gulf of St. Lawrence）的藍色貽貝，以及愛爾蘭馬羅伊灣（Mulroy Bay）的火焰貝（Flame Shell）。火焰貝是一種類似海葵的雙殼類，火焰橘的觸手從殼上向外舔舐，以此得名，牠們也會打造驚異非凡的石巢，吸引其他海洋生命。三丁基錫正在大規模毒毀礫石河床。

儘管如此，世界各國政府卻拖拖拉拉，並未迅速禁止三丁基錫。當權衡的兩造分別是對航運業的好處與對軟體動物的傷害時（換句話說，就是仰賴船運的全球利益遊說團體，對上為海螺與蛤蜊奮戰的鬥士），後者幾乎沒有什麼競爭力。一直要到人們發現三丁基錫會造成貝殼變形並導致商業牡蠣繁殖失敗，這才開始有了禁令；但禁令斷斷續續，法規也很薄弱，還將最大型船隻豁免在外。[72]直到二〇〇八年，才有國際條約永久地禁制該項化合物。

再過十年，研究者也發現，有越來越多證據顯示有機錫也會威脅人類健康，特別是擾亂荷爾蒙與生殖系統。[73]軟體動物再次以自身之苦做了預言。

紫染骨螺依然在地中海的岩石與沙泥海底遛達。拜禁令之賜，牠們與許多遭到三丁基錫毒害的軟體動物（包括可愛的火焰貝）正在復原當中；雖然許多港口、碼頭與造船廠依然受到汙染。[74]這則故事透露出，儘管財政壓力讓破壞持續，但人類還是可以在全球規模上反轉傷害。它也告訴我們，儘管紫染骨螺依然被大量捕撈、其貝肉依然是當地的美食與出口品，牠們仍擁有教人驚嘆的復育力。迦太基大學的海洋科學家發現，無論是古代的開採、現代的捕撈，或三丁基錫的毒害，都無法永久滅絕該物種。[75]但面對下一場汙染禍害，科學家就沒那麼有把握，畢竟**每一年**被掃進大海中的汙染物，重量都超過一千萬噸。

塑膠窒息了海岸、海洋與海洋生命，它的規模幾乎難以想像。塑膠在地球上的數量之龐大，已被預期會沉積成地質層，成為「人類世」的一大指標。[76]五大海洋環流，也就是那些緩慢移動、循環著世界海水的巨大漩渦，如今旋轉著五億多個飲料瓶、食物包裝袋、漁網和其他塑膠浮標。[77]

環流甚至將我們的塑膠廢棄物帶到遙遠的熱帶島嶼，例如印度洋的基林群島（Keelings）或太平洋的皮特凱恩群島（Pitcairns）；該群島中無人居住的亨德森島（Henderson Island），覆蓋著全世界有紀錄可查的最密集塑膠碎片。那些節儉的貝殼回收者——寄居蟹，經常錯把塑膠品當成貝殼屋。[78]單是在基林群島，每年就有五十萬甲殼類寄宿生物困死在塑膠中。[79]

如今，在每年十一月到三月的雨季早晨，一度以熱帶貝殼聞名的峇里島海灘全都堆滿塑膠，這段時間現在被稱為反烏托邦塑膠泥灘的「垃圾季節」。[80]塑膠嵌入最深的馬里亞納海溝與高空的飛翔海鳥身上。在偏遠的夏威夷環礁，信天翁雛鳥死時胃裡裝滿了瓶蓋、高爾夫球座和打火機，全是由寵愛牠們的父母誤將塑膠當成獵物餵給牠們。[81]

多年來，大塑膠碎片降解成更小更小的碎屑。當尺寸縮小到五公釐時即稱為塑膠微粒，是濾食性動物的零食尺寸。由於雙殼類濾食了大量海水，所以特別容易攝入這些碎屑。科學家幾乎每次打開一組雙殼，都會發現塑膠微粒。美國西北部的太平洋牡蠣，平均每隻含有十一顆塑膠微粒——大多是洗滌過程中從瑜伽褲和刷毛外套上脫落的微細線。[82]塑膠汙染了從加拿大到中國的貽貝，甚至連人跡罕至海域裡的貽貝也難逃魔爪。在挪威海岸進行的所有測試中，被認為應該免疫於塑膠傷害的北極前哨站藍貽貝，卻顯示出最高的塑膠濃度——我們造成的傷害，隨著環流旋轉。[83]

地中海做為世界最大最深的內海，也飽受世界上最高濃度的塑膠之苦。[84]有限的向外水流加上密集的產業，使它成為略次於海洋環流的第六大海洋垃圾聚集地。[85]塑膠碎片充斥於昔日腓尼基人航行的海面上，積沉於骨螺生活的海底，沖刷上著名的旅遊海灘，最後安頓在地中海海洋生物的胃裡。

在突尼西亞，迦太基大學的科學家分析了突尼西亞北端比塞大潟湖（Lagoon of Bizerte）中六種具有經濟重要性的軟體動物：三種雙殼類、一種墨魚和兩種以帝王紫聞名的骨螺——環帶骨螺與染料骨螺。[86]他們發現，六種動物裡都有微小的合成纖維、碎片與薄膜，其中濾食性動物的濃度最高。紫染骨螺在食用雙殼類獵物時，可能會攝取到塑膠；反之，科學家假設，當骨螺被人類吃掉時，塞滿塑膠的軟體動物將成為「這些有害物質與人類接觸的另一途徑」。[87]繼地中海研究一個月後，美國生物學家在美國化學學會期刊《環境科學與科技》（*Environmental Science & Technology*）中發表研究結果；得出的結論是，美國人如今的塑膠微粒攝入量高達每年七萬顆。它們不僅進入貝類和其他食物中，還進入水，甚至空氣當中。[88]

回到賓州西部。一八五九年，原始海洋生物的殘骸在第一口商業油井中重新浮出表面，而來自前內陸海的另一種黑色沉積物——豐富的黑頁岩，今日又掀起另一波榮景，這次是天然氣。荷蘭皇家殼牌——今日世界最大的公司之一，正在匹茲堡西北部的阿帕拉契山腳下設置一條主要路線，做為該公司大規模擺脫石油的計畫之一。科學家認為，這是對抗氣候變遷的必要之舉。（天然氣稍好，但仍然是一種會產生碳排放的石化燃料。）

荷蘭皇家殼牌公司正在摩納卡小自治市籌建北美最大的營造計畫之一，而該自治市恰巧一直是由「新和諧」烏托邦的異議分子們合作管理。殼牌的承包商已經遷移了州際公路和交流道，興建橋梁、重新調整鐵路線，並雇用數千名營造工人興建石化工業區，成本預估為百億美元。[89]這個工業巨獸所建造的半成品，看起來有如占地二千四百畝的吊車玩具，矗立在俄亥俄河南岸。

自二〇二〇年代起，從深黑頁岩中壓裂出來的乙烷，將經由穿越阿帕拉契山脈、延伸數百公里的管線流入工廠。[90]工廠內，熱裂解爐將乙烷熱解到分子狀態，然後重新排列成一種名為乙烯的可怕氣體。科學家已經確認，乙烯就是古希臘歷史上從德爾菲神廟地板上滲出的著名蒸氣——讓女祭司處於恍惚狀態中並誘發出她的預言性幻視。[91]今日，乙烯是世界上產量最大的有機化合物，因為它可在合成化學中扮演各式各樣的角色。在一連串的超壓反應後，工廠將乙烯聚合成長鏈的聚乙烯——殼牌的最終產品。

聚乙烯是常見的塑膠。賓州石化公司每年生產約一百六十萬噸的這種小圓顆粒，稱為塑膠粒。該工廠的設計是為了製造兩種類型的塑膠粒，也就是塑膠物品的基礎材料：一種是高密度塑膠，製造成如戶外椅與玩具等較堅固的物品；另一種是低密度塑膠，用來製造三明治包裝袋與洗髮精瓶子之類的一次性物品。[92]在賓州摩納卡生產的塑膠粒，將被堆放到駁船、卡車或三千多節鐵路貨車上，在殼牌公司自家的鐵路上穿越工廠。[93]殼牌之所以選擇摩納卡，是因為它距離北美大多數的塑膠工廠只有約莫一千一百公里，這些工廠製造了我們的塑膠生活——以及我們不知該如何擺脫的塑膠廢棄物。

在過去一個世紀裡，無論好壞，於一九〇七年合併了競爭對手的荷蘭皇家殼牌公司，經常在石油產業裡扮演領頭羊的角色，發展出徹底改變物質文化與世界的石化產品：塑膠、樹酯、清潔劑、溶劑、肥料、殺蟲劑、除草劑，以及其他無數產品。如同石油本身，那些化合物似乎在道德上值得稱讚也帶來益處（例如殺蟲劑阿特靈〔Adrin〕與地特靈〔Dieldrin〕，被宣傳成可減輕世界饑荒），但日後卻顯示它們造成了巨大傷害。[94]殼牌對其化學家所稱的「特靈」家族擁有專利權，其中的氯化烴殺蟲劑是一九五〇和一九六〇年代最賺錢的化合物之一。[95]一九六二年，瑞秋・卡森出版《寂靜的春天》（*Silent Spring*），該書引發一陣呼聲，要求禁止這些化合物。當時，殼牌小心翼翼地躲在聚光燈外，但也加入農藥產業的其他公司，花更多精力去解決公關問題而非污染問題。[96]政府終究還是禁止了阿特靈與地特靈，連同其他包含DDT*在內的氯化烴農藥，但卻是等到產業遲遲沒提出解決方案之後才開始執行。雖然殼牌的科學家在一九六〇年代堅稱，殺死野生生物的毒藥不會危害人命；但半個世紀後，研究該公司的歷史學家提出結論——殼牌之所以不願改變特靈家族的製程，根本原因在於沒有財政誘因。[97]

今日正在改變氣候的石化燃料、以及危害海洋及其生物的塑膠產品也是一樣。小馬庫斯・塞謬爾曾說：「只生產石油幾乎是最沒價值也最無趣的事。必須找到市場。」[98]有時，塞謬爾加了一句：必須創造市場。這些基本貿易常識（腓尼基人深知這點，所以才會冒險繞過代表世界盡頭的直布羅陀巨巖去尋找新市場）推動了全球塑膠危機。塑膠製造的數量越多，就必須發現越多市場。這箇單的數學阻撓了回收、淨灘以及科技解決方案的努力。以所有製造過的塑膠（自二次大戰以降，已超過九十億噸）為對象的一項里程碑研究顯示，九成以上的塑膠從未被回收，一次也沒有。[99]

一九九七年，在英國西南海岸的一次冬季風暴裡，一波「異常」的瘋狗浪擊中從鹿特丹前往紐約的「東京特快號」（*Tokio Express*）貨櫃船。[100]六十二只貨櫃墜入海中，其中一只裝了將近五百萬塊塑膠樂高。五顏六色的玩具傾覆入海，其中包括兩萬六千六百個樂高救生圈——但對樂高公仔們並無幫助，因為他們既沒套上救生圈，也沒綁在同樣傾覆入海的兩萬八千個救生筏上。像是命運開玩笑似的，許多玩具是裝在航海主題的包裝裡。事件發生後，塑膠氣瓶、塑膠潛水鞋、塑膠魚矛槍、塑膠海龍、塑膠章魚，很快就衝上英格蘭西南部突入大海的康瓦耳南北海岸。

崔西・威廉斯（Tracey Williams）從小就在康瓦耳海灘上尋寶，父母當時為她列出的自然寶物清單包括：狗岩螺、鳥尾蛤、玉黍螺、鐘螺、刀蟶（Razor Clam）、鵝卵石、鯊魚卵鞘、海玻璃。威廉斯父母家位於南得文的一處懸崖上，當數以千計的樂高沖上家附近的海岸時，威廉斯自己的小孩分別是六歲與四歲，也到海灘上尋寶。他們撿了滿滿一桶樂高。她兒子還記得，當時在一隻海葵裡找到一把短劍，看起來就像牠在保護自己不受掠奪者傷害。[101]

多年來，隨著兒女長大，威廉斯大多數時間都在內陸度過，早把樂高忘了，直到十年前她搬遷到康瓦耳海岸北部的紐奎（Newquay）。威廉斯重新在海灘上漫步，令她驚訝的是，她發現仍有鮮豔的塑膠塊被沖刷上岸。直到今天，在傾覆事件發生的四分之一世紀後，它們還隨同其他合成物種一起出現：大富翁的塑膠房子與塑膠車，塑膠彈珠與塑膠釣魚珠，塑膠軍人與塑膠仙女，塑膠人字拖與遮陽板，橡皮奶嘴與雪茄濾嘴，卡帶與膠捲。

威廉斯開始策畫一個系列作品。子女小時候覺得好玩的東西，如今在她看來，卻像是對一

*編按：見本書頁十九。

次性消費文化的控訴，是需要建立檔案的歷史。要處理的塑膠實在太多；她認為，自己的工作類似組織標本類型與批號的軟體動物學家，或是在一小塊海床上調查軟體動物以期見微知著的海洋生物學家。在康瓦耳的一處海灘上，單是一天威廉斯就撿到四百二十七條束線帶；在某個十三號星期五，撿到兩百五十三個打火機。她在某次船貨傾覆事件後，蒐集了數百隻新鞋與印表機墨匣，還從一處海灘上，撿拾到兩萬個藍色啤酒桶的小瓶塞，以及數十萬顆殼牌賓州工廠會製造的塑膠粒。這些塑膠粒通常是從將它們由某地運往另一地的管線、卡車、火車和船隻中傾覆潑灑出來，已成為塑膠微粒汙染的第二大來源，僅次於從我們衣服上脫落的微纖維。[102]

威廉斯根據海洋塑膠分類學將發現物歸類，依照顏色或主題組織成拼貼，拍下這些蒙太奇並貼在社交媒體上，標題為「迷失在深海的樂高」（Lego Lost at Sea）。這些拼湊物有一種怪異的吸引力，一如博物館的抽屜或工業時代的珍奇櫃。它們很藝術，但威廉斯說她的目的並非做為藝術；「它更像是從混亂中創造秩序，」她說，「一座塑膠製品博物館。」

從康瓦耳到加州，威廉斯是新品種的海灘拾荒者之一，他們圍繞著海灘垃圾製作藝術、採集，或組織淨灘俱樂部。他們受到人造漂浮物的啟發，一如前幾代的人們受到貝殼奇景的啟示。他們的數量在緊急呼籲下超過了貝殼蒐藏者。南加州一度是十幾個貝類學俱樂部的大本營，如今只剩下兩個，包括美國最古老的太平洋貝類學俱樂部（Pacific Conchological Club，一九〇二年創立時，名為星期二貝殼俱樂部〔Tuesday Shell Club〕）。然而，單是洛杉磯郡，就有二十幾個在地淨灘團體。而根據一份以全郡為範圍的海洋垃圾資料庫顯示，區域性的垃圾數據蒐集站，其數量高達四百萬，與洛杉磯郡立自然史博物館的軟體動物標本一樣多。[103]

由老馬庫斯・塞謬爾上市的維多利亞貝殼盒子，至今仍在它們發跡的英國海灘商店以及世界各地販售。但在貨架與無數海灘上，塑膠製品的規模遠壓過漂亮的貝殼。普利茅斯大學的科學家在一項研究中運用了威廉斯的樂高積木，發現它們恐怕還能在海底存在一千年。她在爪哇西部的橡膠種植園裡，發現過具有百年歷史的積木，是用一種馬來樹的膠——杜仲膠（gutta-percha）製成的。威廉斯追溯它們的身世，可連結到一次大戰期間沉沒的一艘日本貨櫃船。她追蹤過的最古老塑膠品，是一九五七年的美國牛仔與印第安人物；它們來自免費的麥片盒，證明了免費的代價。

她也常常發現沖上岸的塑膠貝殼。其中許多是一種可舔食的德國糖果的廢棄外殼，名為Schleckmuscheln（舔蚌糖），看起來非常逼真。威廉斯曾向我展示她貼在白色背景紙上的白色烏尾蛤，看著那優雅的拼貼，我竟分不清哪些是人造的，哪些是軟體動物造的。不過，我能想像，在未來很長一段時間裡，塑膠半殼將與海相層融為一體，成為人類世的化石層。

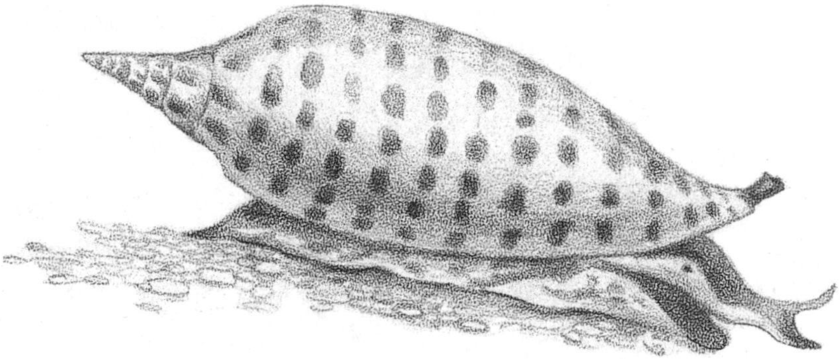

第九章　貝殼轟炸

女神渦螺
THE JUNONIA
Scaphella junonia

若說誰能捕捉到對單一貝殼的癡迷程度，恐怕會是一位「以癡迷為名」的詩人。埃德娜·聖文森·米萊（Edna St. Vincent Millay），年輕時蒐藏情人節禮物，成年後蒐藏情人。[1]鮮為人知的是，從居住在緬因海岸的青年時期到麻煩纏身的晚年，她也蒐藏貝殼。

她在一則被忽視的學術引文中寫道：「一想到海之榮光芋螺（*Conus gloriamaris*）這幾個字，渴望與絕望的狂喜便填塞我心。」[2]

這位深受喜愛的美國詩人，以浪漫的十四行詩為人銘記。這些詩受大自然啟發的頻率不下於受男子啟發。她曾寫道，她的靈魂是「大地狂喜」。[3]一九二〇年代初，她在格林威治村極盛時期發表的詩作〈流放〉（Exiled）中，描寫她「真心傷悲」；她厭倦城市、文字與人們，

「渴望大海」。

我需要把玩貝殼……

在收錄於同本詩集的〈大葉藻〉（Eel-Grass）中，她寫道：

無論我說什麼
我真正愛的
始終是展平在海灣上的雨水
和小澳裡的大葉藻；
曝躺在潮線上的叮噹貝殼
以及沿著海灘奔湧
那更高海潮的蹤跡……

米萊嚮往海岸與潮汐帶來的驚喜與孤寂，這將她吸引了到偏遠小島。一九三三年，她與丈夫尤金・楊・博伊塞萬（Eugen Jan Boissevain）買下緬因州卡斯科灣海外三十二公頃大的拉吉德島，當做度假地。一九三六年，他們搭乘火車去了佛羅里達，前往薩尼貝爾島。米萊一直努力想完成她的詩劇《午夜對話》（*Conversation at Midnight*），並希望能在濱海的「棕櫚小屋」飯店完工。「美好的拾貝地，」那個時代的一則廣告如此寫著。

一九三六年五月二日，夕陽西下，這對夫妻在飯店辦理入住登記。[4]博伊塞萬正在檢查行李時，米萊已朝海灘走去，在日落中撿拾貝殼。她走了才沒幾分鐘，轉身就看到大火正在吞噬飯店。她的丈夫與其他賓客逃出來了，但房間裡的所有東西，包括她的書與《午夜對話》的手稿，全都付之一炬。

關這場大火以及米萊如何辛苦重建她已完成的版本，已經很多人寫過，「令人筋疲力盡、殫精竭慮的一段時間，」她在致友人的信中如此寫道。[5]但很少有人提到，她將蒐集貝殼形容成她的「甜蜜瘋狂」，以及她是被罕見貝殼吸引到薩尼貝爾的。

> 我懷抱著雖然逐漸減弱的強烈願望，希冀能在某日短暫的沙洲挖掘中，發現一枚右旋的左旋香螺；甚或，在某個吉祥的惡劣天氣之後，在數百雙不敢攻擊我也不敢搶奪我的嫉妒眼睛的注視下，從海灘中挖出一枚完美的女神渦螺（Junonia）。[6]

無論今昔，沒有其他貝殼能像女神渦螺那樣使薩尼貝爾的蒐藏家激動，或點燃他們的嫉妒之火。那近乎神話的螺殼，可伸展到十分公甚至更長。豐滿的米色梭形外殼上，覆蓋著桃花心木斑點。這個極度隱密的動物，從生到死都在離岸的深岩區，很少翻滾到淺水區。要在海灘上發現女神渦螺，真的需要運氣。暴風雨或許能提高機率，一如米萊在一九三〇年代分享的智慧；那或許是她在羅傑斯的《貝殼書》中讀到的。

「當西北風往南掃過墨西哥灣，攪動海水到岩層深度，女神渦螺就可能意外被捲拋上岸，埋進沙裡，」羅傑斯在談到薩尼貝爾時寫道。「這類暴風雨過後的清晨，佛羅里達人與他們當中的業餘拾貝人，全都會出動去採集強風帶來的戰利品。」[7]

有個持續不輟的都市傳奇，說薩尼貝爾商會的雇員時不時會將一些女神渦螺丟到海灘上，讓人懷抱希望，相信自己也能找到一個（今日不可能用這種可賣到一百美元以上的貝殼來製造期待）。和大多數薩尼貝爾的遊客一樣，無論是羅傑斯或米萊，都不曾體驗過找到的狂喜。直到今天，有幸能找到女神渦螺的拾貝人還會登上當地報紙。

一八〇四年，拉馬克將這款貝殼命名為女神渦螺（*Voluta junonia*），字面上的意思是「天后朱諾的渦殼」，靈感來自天后朱諾對其他美女的強烈妒意。那個時代的一位倫敦經銷商說它是世界上最令人垂涎的貝殼之一。在歐洲的珍奇櫃中，只有四枚有紀錄的標本，而且無一知道出處。[8]蒐藏家認為牠們居住在菲律賓附近的熱帶海沙中，那裡也是許多其他當紅貝殼的故鄉。

不過，與艾倫·坡有關的埃蒙德·雷夫內爾知道並非如此。[9]在一八二〇年代，奧杜邦來拜訪雷夫內爾之前的某個時刻，曾在南卡羅萊納收集到一枚女神渦螺。後來奧杜邦在描繪一對燕鷗時，也把雷夫內爾的那枚貝殼畫進去，安置在潮線上。奧杜邦肯定是認為，出現在《美國鳥類》（*Birds of America*）圖四〇九的這對灰白涉禽，需要一些色彩與花樣相襯。巨大的女神渦螺躍然紙上，宛如一個世紀前的荷蘭貝殼肖像——女神渦螺搶盡了鋒頭。

漫步在薩尼貝爾島的南方海灘，聆聽海洋最柔軟的歌聲。在樂句暫歇處仔細聆聽；當每一波海浪被拉回大海時，會有一陣晶亮的叮噹響從隆隆濤聲中拔高——那是小貝殼的翻滾。宛如來自聽覺頻譜的安靜末尾，來自仙塵揚起音符和初雨落下之處。

薩尼貝爾島位於佛羅里達西南部邁爾斯堡海灘附近，它並非貝殼的隱喻，而是它的同義詞。該島的陸地本身，就是由「多不勝數、裂為碎片最後化為沙粒的貝殼」組成，菲爾德博物館的軟體動物學家弗利茲・哈斯（Fritz Haas）在一九四〇年如此寫道。[10]「海灘就是一座巨大的太平間。」

佛羅里達的四千五百座離岸沙洲島中，大多數是與大陸平行的南北走向，但薩尼貝爾卻是斜岔出去，成為一連串墨西哥洋流的終點站。這些洋流在過去五千年來堆積了貝殼、碎片與沙粒，對貝殼愛好者而言，每一波潮水都會帶來寶藏。在水邊，叮叮咚咚的泥漿裡有著迷你蛤蜊、鳥尾蛤和殼灰岩，筍螺與法螺，蚵鑽與骨螺，不透明的叮鈴蛤以及其他微貝殼，為更大的獎賞做好鋪墊：天王赤旋螺和皇冠黑香螺（Crown Conch），左旋香螺與牠們的皺紋紙卵囊，鬱金香旋螺與蝶螺，光亮的字碼榧螺，蓋住手掌的沙錢以及大如餐盤的海星。江珧蛤看起來可能極度家常或珠光寶氣，取決於牠以哪一面著陸。這些是薩尼貝爾島上三百多種墨西哥灣與加勒比海貝類中最常見的一些。

退潮時，海岸線是一幅由浪花蕩漾的淺灘、搔癢腳趾的貝殼泥漿、潮池，以及潟湖鑲嵌而成的馬賽克拼貼畫，裡頭充滿了微不可察的生命。你可以蹲跪下來，進入佛羅里達赤拳鳳凰螺（Florida Fighting Conch）的濕沙世界，牠有深棕色與橘紅色的閃亮外殼，兩隻好奇的眼睛從殼尖的兩個槽口向外突伸，偷偷地潛望現場。海岸清澈，這隻動物將牠柔軟的粉色身體伸展到黏沙之上，用牠的俐落足部朝著大海打太極。

一個多世紀以來，蒐藏家於黎明之前掃視海岸，尋找女神渦螺和其他珍稀貝殼，但對殼內的軟體動物，一般較沒興趣。頭燈在黑暗中閃耀，那些有條不紊、看似詭異的掃察人影有如一支兩棲入侵隊。但那些貝殼士兵卻錯過了使薩尼貝爾島與眾不同之處。這島嶼並非哈斯筆下的巨大太平間，也不是死去軟體動物的空殼——

它是活生生的軟體動物安靜、緩動的世界。

薩尼貝爾這名字，似乎會讓人聯想起西班牙的歷史。歷史學家認為，它很可能是一五一三年西班牙征服者胡安・龐賽・德・萊昂首次航行到的卡魯薩貝殼大城區。[11]在探險家與印第安人最初的幾次小衝突中，西班牙綁架了四位卡魯薩婦女；那些婦女的命運並無記載。[12]八年後，胡安・龐賽回到某個西班牙航海指南所形容的「貝殼海岸」，宣告這裡是西班牙的佛羅里達。卡魯薩人等著他們[13]；一名戰士配了弓箭，箭尖塗了可能是從會致死的毒番石榴果實淬取出來的毒素，射中胡安・龐賽的大腿。西班牙人撤退到古巴，胡安・龐賽因傷死於該地。

西班牙裔的漁民與貝殼城市比鄰而居，建立所謂的「漁夫牧場」，醃製魚類出口古巴，並與倖存的印第安人混血。西班牙漁業貿易商在海岸上設置據點，或以活水船（一種雙桅帆船，船上配有深活水艙，可以容納上噸的石斑和鯛魚）停泊於海上。一八二一年，美國將佛羅里達納入領土，這些漁民和他們的家庭也成為美國公民。但對這塊土地感興趣的盎格魯裔美國人隨即發出抗議，聲稱他們是擅自墾荒者。許多漁夫牧場在塞米諾戰爭中被毀；於南佛羅里達戰鬥中聯合起來的印第安人，在「印第安人遷移法案」的規定下被迫移往奧克拉荷馬。美國士兵搜出混血兒、燒毀牧場，許多西班牙漁民家庭紛紛逃離。一些人堅持留在薩尼貝爾島和卡約柯斯塔小島，那是貝殼海岸的心臟地帶。

傳說，薩尼貝爾北端偏僻的女俘島，是在一九二一年的大颶風中，與其他陸地隔開。島名來自於被西班牙海盜何賽・加斯帕爾（José Gaspar，人稱「加斯帕里亞」〔Gasparilla〕）俘虜的女性囚犯。不過，鑽研加勒比海的法國人類學家安德烈－馬塞・當（André-Marcel d'Ans）追溯加斯帕里亞傳說的根源，認為島嶼的命名與佛羅里達早期的土地銷售有關。他發現，薩尼貝爾與女俘島這些現代名稱，很可能是盎格魯土地炒作者想喚起西班牙海盜羅曼史的產物。[14]

後到的移民如潮水一般，把先到者趕了出去。紐約投資者希望在美國的最新疆域建造城鎮、家園與農場；一八三一年，他們取得了令人起疑的西班牙贈地契據，成立「佛羅里達半島土地公司」，並展開一趟搜尋之旅，尋找夢想之地。[15]他們還構思了佛羅里達的媒體招待旅遊；西礁島（Key West）鎮議員、醫生暨報社記者班哲明・史卓貝爾（Benjamin Strobel），跟著調查小組一起航行到薩尼貝爾，並在《查爾斯頓信使報》（*Charleston Courier*）的系列專欄上發表第一篇有關該島的詳細描述。史卓貝爾用逼真的古老公關伎倆，描述島上來了「密密麻麻一大群飛蟲」（他指的是今日被人們咒罵成「看不見的東西」的「蠓蟲」），他將這歸咎於剩餘的印第安人與西班牙居民。史卓貝爾抱怨，抵達的第一晚，傾盆大雨把他從建於地面的棕櫚屋中沖了出來，他同樣把這起事件歸咎於印第安與西班牙工人沒有將小屋架高。[16]

不過，史卓貝爾一展開探索，就被薩尼貝爾島俘虜了，特別是斜坡狀的南部海灘與貝殼：

> 南側是縱貫全島的漂亮海灘。數量龐大的優雅貝殼，被每一波不尋常的海浪沖刷上岸。這是一個美麗的地方，可供孩童在涼爽的夜晚奔跑，或讓人騎馬奔馳。島的北側高於海平面六到八公尺，海灘狹窄；在離水岸四到六公尺處，大海花了數百年堆積而成的貝堤，形成一堵密牆。[17]

史卓貝爾滔滔不絕地講述，貝殼鈣化的土壤是種植海島棉的首選，薩尼貝爾擁有理想的氣候，以及彭薩科拉（Pensacola）、莫比爾（Mobile）和墨西哥灣其他地點的現成市場。他向未來的移墾者保證，這裡會有活躍的農場、健康的生活，以及豐富的大自然——一張圍網一次就能撈進一百尾羊鯛魚。這裡的牡蠣與蛤蚌是他見過最大的，而鹿和野鴨「根本不成問題」。[18]

不久，史卓貝爾就因為在一場決鬥中殺了人而失去他的地位與公司。如果不是在那個不幸的時代，他的薩尼貝爾島美夢本該實現。[19]購買下佛羅里達半島土地公司的六十位移墾者，才不到兩年就放棄農場，以逃離附近的塞米諾戰爭。一八四〇、一八五〇與一八六〇年的人口普查員都沒提到薩尼貝爾。一八七〇年，該島的人口普查只統計到普查員自己與兒子兩人。

兩個閃耀的標誌終於將資金吸引到薩尼貝爾：一是至今依然矗立在島嶼東南端的鐵塔狀燈塔，二是一名紐約運動員從今日島嶼北側的大海鰱灣（Tarpon Bay），用捲線器釣竿釣上岸的第一條大海鰱。[20]

當第一批考古學家於一八〇〇年代末造訪薩尼貝爾島時，當地依然矗立著龐然的卡魯薩丘塚。[21]在世紀之交之前，農場開墾者將丘塚當成採石場，拖走那裡的貝殼混製成虎斑混凝土建材、豎立結構物，並在砂石上鋪設貝殼道路。[22]農場開墾者一如史卓貝爾想像的，在鈣化土壤上耕種，長出肥美番茄，於世紀之交享譽東北市場。許多農民兼當釣魚導遊和旅店老闆，扶持蓬勃發展的旅遊業。事實證明，旅遊業比番茄更持久，也更有利可圖——只有美國最有錢的人會來這座島。女人一身長裙漫步沙灘，一手陽傘一手貝殼籃，雙手戴著手套，以免受豔陽曝曬與蚊蟲叮咬。

某天下午，當地人正在與海岸附近的一場叢林大火奮戰，三名在燈塔周邊涉水的不知名遊客跑來幫忙。事後發現，他們是美國工業三巨頭亨利・福特（Henry Ford）、哈維・費爾斯通（Harvey Firestone）以及湯瑪斯・愛迪生（Thomas Edison）；愛迪生與妻子米娜都熱愛貝殼。[23]愛迪生位於紐澤西州西奧蘭治的著名工業研究實驗室裡，塞滿了數以千計的機械物與自然物，從齒輪到腹足類無一不有；但這位大發明家位於紐澤西的墓碑上，只有一個標誌圖像——並非燈泡或留聲機，而是一枚大扇貝。

一九〇五年，茱莉亞．愛倫．羅傑斯在狄莫克家的船屋度過暑假時，曾踏上這座由昂揚自耕農與有錢度假者組成的島嶼。從她在其他照片中的衣著以及當時女性在薩尼貝爾海岸上的打扮判斷，她很可能穿了長袖高領連身裙，裙擺在她漫步沙灘尋找貝殼時掃沙而過。羅傑斯在《貝殼書》中驚嘆於該島的「最豐富發現」；她指出，薩尼貝爾「似乎是大西洋與巴拿馬動物群的交會地。這表示在很久很久以前，並沒有任何陸地隔開今日四分五裂的這些區域。」[24]

然而，即便在當時，羅傑斯與其他人就已經開始感嘆，不可避免的人潮入侵，將使脆弱的喙狀沙洲以及他們每日積存的最棒標本窒息。「薩尼貝爾太受歡迎，」她在《貝殼書》中寫道，「她的海灘被審視得太過嚴實。」[25]

一九二一年夏末，當時還是個年輕田野生物學家的威廉．「比爾」．克蘭奇（William J. "Bill" Clench），到薩尼貝爾展開第二趟貝殼採集之旅。他發現一大堆微型標本，例如尖筍螺與斧蛤，分布在沙灘、外沙洲以及薩尼貝爾的鐵燈塔前方。收獲的結果令人失望，「許多先前在薩尼貝爾常見的貝殼消失了，其他的貝殼則變得相當罕見，」他寫道。「島上的豐富貝殼，特別是比較大型、豔麗的品種，吸引許多遊客藏家在冬季前來……這或許可部分說明，為何幾年前還很豐富的這些品種如今卻變得如此稀缺。」[26]

該年十月，以及一九二六年九月，大颶風襲擊薩尼貝爾，並席捲了墨西哥灣島上的果園與菜園；它們從未恢復如初。島民日益轉向靠漁業與貝殼，以及受這兩者吸引而來的遊客維生。一艘名為「貝斯特號」（*Best*）的渡輪，將遊客從大陸載往薩尼貝爾，那時島上的永久居民還不到一百位。

自一九〇六年起，薩尼貝爾的頂級飯店會舉辦一年一度的貝殼展，讓賓客爭奪最佳蒐藏獎。一九二七年，佛羅里達深陷在第一次房地產大崩盤的漩渦當中，全國其他地區受到波及，也逐漸走向經濟大蕭條的窘境。為了振興財政、鼓舞人心，薩尼貝爾決定舉辦第一屆全島貝殼展。墨西哥灣為這個黑暗時期帶來黃金。即便在大蕭條時期，名人隱士也大批湧向薩尼貝爾島以及更與世隔絕的姊妹島——女俘島。島民為旅客提供船隻、駁艇、飯店與導遊。

愛絲佩蘭薩．伍德林（Esperanza Woodring）於一九〇一年出生在佛羅里達卡約柯斯塔的一個古巴裔漁民家庭。她嫁給薩尼貝爾一位自耕農的兒子，在丈夫死後接管了他的導遊工作，成為罕見的女導遊，並在薩尼貝爾島上贏得最佳漁民與拾貝人的名聲。[27]

前總統西奧多．羅斯福（Theodore Roosevele）在精心設計的釣魚駁船上宿營；駁船位於女俘島東側，今日的羅斯福運河上。榮獲普立茲獎的社論漫畫家傑伊．伍諾德．達林（Jay Norwood Darling）有個更為人知的名字——「丁」（Ding）；他於一九三五年首次拜訪該島，同年美國總統富蘭克林．羅斯福任命他領導今日的美國魚類及野生動物管理局。達林隨即在在女俘島上買了可俯瞰松島灣的土地與建物，做為他的冬日藝術工作室。他安裝了一座升降橋，當他在木製繪圖桌上工作時，就將橋樑升起。

定居在薩尼貝爾的第一位軟體動物學家，想出了不用在沙灘上漫步就可尋找女神渦螺的方法——商業採貝人也想到了。露易絲．梅里蒙．佩里醫生（Dr. Louise Merrimon Perry）是北卡羅萊納州阿什維爾的眼科醫生，在第一次世界大戰結束前的一九一八年，她與丈夫冒險到薩尼貝爾度假。他們覺得薩島「實在太不方便」，薩尼貝爾歷史學家貝蒂．安霍特（Betty Anholt）寫道，「他們想打道回府。」但要隔天才有汽船返回大陸。熬過那晚之後，佩里夫婦看到沙灘沐浴在粉紅色的晨光中，便決定留下。[28]

在薩尼貝爾度過十個冬天之後，佩里家決定全年移居該島，並在南灣附近蓋了房子。佩里醫生成立一間海洋實驗室，在裡面裝滿水箱，並配備了特殊拖撈網與一名在地船長。除了其他海洋生物之外，她也發現女神渦螺生活在離岸幾公里的岩礁之下，並將活體標本帶回實驗室。

一九四〇年，佩里醫生出版了第一本西南佛羅里達貝殼指南，她也是第一位去描述殼中居民的科學家。是那位殼中居民創造出令人豔羨的渦螺，「這隻動物具有顯著標記，天鵝絨般的黑色斑點綴在象牙粉的底色上。」[29]有很長一段時間，女神渦螺的崇拜者大多只關心牠引人注目的外殼。

一九三九年冬天，受歡迎的聖經作家亞伯特．菲爾德．吉爾莫（Albert Field Gilmore）為《基督科學箴言報》（*Christian Science Monitor*）提交了一篇旅遊專文：〈「貝殼轟炸」連番來襲〉

（The Spell of 'Shell Shock'）。吉爾莫到薩尼貝爾島「尋求休息與安寧」，希望度假時能沐浴在溫暖的陽光下。但事與願違，他竟罹患當時正在蔓延的一種症候群，幾乎沒睡。「計畫趕不上變化。我們幾乎一到達，就可明顯看出，不同小屋裡的遊客都被貝殼震驚得無可救藥。大聊貝殼就是那裡的氛圍！餐桌上聊，散步遇到賓客時聊，夜晚促膝談心時也聊，無論對話一開始的主題是什麼，最後總是會回到那個主導話題——『貝殼』。」[30]

吉爾莫描述了堆積在漲潮線上、高度及膝的成排貝殼。職業採集者和蒐藏家都會在黎明前爬上那些貝殼堆，撿拾「任何新東西」。當時，商業採貝人也會派遣工人搜掃沿岸海灘，並在墨西哥灣捕撈活體標本。

一九四一年，小說家西奧多・普拉特（Theodore Pratt）語帶嘲諷地描寫了薩尼貝爾島首屈一指的商業貝殼船主羅素・「賓」・米勒（Russel T. "Bing" Miller），形容他是「一個瘦小的男人，故作姿態地穿上襯衫，繫了領帶」，出席薩尼貝爾貝殼展。[31]「他住在沙灘遙遠盡頭的陋屋裡，島上的黑人幾乎都為他蒐集貝殼，」普拉特寫道。「他每年為貝殼新奇市場運出三到四百萬件珍品，並為七十五家珍稀貝殼經銷商提供精選標本。」

「貝殼轟炸」橫掃全國。一九〇二年，第一家美國貝殼俱樂部「星期二貝殼俱樂部」在南加州成立。一九〇七年，布魯克林貝殼愛好者創立他們的貝類學俱樂部（Conchological Club）。大型貝殼俱樂部在紐約市與費城開展，接著是芝加哥、匹茲堡以及橫跨全國的數十個在地俱樂部，佛羅里達與墨西哥灣各州尤其興旺。[32]

到了一九四〇年，貝類學家已經在三十八個州設立了郵購標本買賣，以因應數萬名業餘者的需求；如果他們無法親自去找貝殼，大多數品種都可下單購買，價錢介於五到五十美分，可以直送到家門口。[33]貝殼拍賣會吸引了東北部各地的蒐藏家與《紐約時報》的報導，例如一九五〇年代費城的「鈕扣樹農場」（Buttonwoad Farm）。[34]「伊莉莎白·威斯塔（Elizabeth W. Wistar）小姐蒐藏渦螺，她將世界各地資深貝類學家的拍賣品擺在一起，分門別類，」《紐約時報》上氣不接下氣地報導。「從阿留申到非洲，他們冒了極大的風險，浮潛採撈軟體動物。」[35]

不過，找尋自己的貝殼是真正的夢想。美國蒐藏家不必大老遠跑到阿留申或非洲去滿足詩人的渴望，他們可以去薩尼貝爾島。一名業餘愛好者從芝加哥開車下去，裝滿貝殼。返家途中，他在飯店車庫取他停了一夜的車子，結果遭警察逮捕。警察是被叫來調查從車廂裡發出的惡臭。

警察發現，裡頭並非飯店員工猜測的一具死屍——而是幾千具。[36]

一九五五年三月二十七日，輕薄短小的《來自大海的禮物》出現在《紐約時報》暢銷書排行榜上。作家暨飛行員安妮·莫洛·林白（Anne Morrow Lindbergh）與查爾斯·林白（Charles Lindbergh）的婚姻，曾將她置於令人受不了的名流鎂光燈下；一九三二年，當他們的長子遭綁架謀殺之後，更是陷入悲劇。但她也有自己的翱翔生涯，還因自己的前兩本著作贏得兩次全國書獎。如今，「她參與過的所有外在探索，都被內省之旅所取代，」她的么女芮芙·林白

(Reeve Lindbergh)寫道,「她後來形容這是一場『內視之旅』。」[37]

一九四〇年一月,查爾斯與安妮.林白在一個清朗的黃昏,首次看見薩尼貝爾島的暮光。他們打算把薩島當成門戶,逃離周遭與日俱增的憤怒,因為查爾斯正致力讓美國遠離第二次世界大戰。當時,埃德娜.聖文森.米萊利用她的名流身分警告美國人要反對中立,她在〈重生〉(Renascence)一詩中寫道:「靈魂扁平的人——天空,終將漸漸塌陷」;查爾斯.林白則是鼓吹美國人與希特勒達成中立協議。

這對夫妻在佛羅里達西南部的偏遠小島上實踐他們自身的孤立主義。查爾斯在他的日記中描述第一年他們搭乘薩尼貝爾渡輪趨近薩島的情景——燈塔的閃光,沙灘上的棕櫚樹在襯著黃昏夜空的黑色剪影中沙沙作響。[38]他們行駛在貝殼道路上,穿過棕櫚與松樹林,前往女俘島上的小木屋。這對夫妻在原始之美與隱私中恢復身心。九個月後,他們的長女出生在安妮.林白的新書《未來浪潮》(*The Wave of the Future*)上市的前一天。這本書談論法西斯主義的必然性[39],這篇簡短的宣言因其失敗主義飽受抨擊。內政部長哈羅德.伊克斯(Harold Ickes)說它是「每一位美國納粹、法西斯分子、親納粹派和綏靖主義者的聖經」。[40]

安妮.林白覺得這本書受到誤解,後悔自己太過衝動將自身想法付梓。她也努力想找到有別於丈夫的身分與聲音。她哀嘆,身為她子女們的生活重心,限制了她的自由,讓她無法以男人的深度與清晰度書寫。等到次年冬天她和查爾斯回到小島,她便開始書寫她所謂的關於已婚婦女和創造性的「女性主義文章」。

林白不慌不忙地慢慢進行這本書。一九五〇年一月，結束了與家人的難忘假期、在首次踏上貝殼路的十年後，她獨自一人來到小島。她在連接薩尼貝爾與「女俘島」的道路轉彎處，租了一棟小屋；她獨自在海灘漫步、蒐集貝殼，琢磨著當時她取名為貝殼的書稿。[41]

在《來自大海的禮物》中，林白透過貝殼沉思婚姻、母職和中年。雙日出海扇（Double Sunrise Shell）反映婚姻的早期階段——無瑕的兩瓣貝殼靠一個鉸合部連結在一起，一段理想但稍縱即逝的時光；牡蠣養殖場代表中年，由兩個人建立起來的複雜而持久的紐帶，「首要之務不是美麗，而是機能」。[42]

玉螺代表獨處的必要性，這一想法在蜂擁購書的妻子與母親間找到熱情的閱聽眾。林白似乎是直接講給二十世紀中葉不滿於只能當家庭主婦的女性聽，這樣的女性所在多有。《來自大海的禮物》第一年就賣出三十二萬本，在暢銷排行榜上連霸了八十週——其中四十七週高居榜首。[43]它長銷不輟；二十週年紀念版與後來的五十週年紀念版也各賣了數百萬本。[44]

林白寫給一九五〇年代家庭主婦的女性主義，在這個「#MeToo」*的時代似乎顯得有點古怪。財富與其他優勢允許她在偏遠的地方蟄伏，撰寫《來自大海的禮物》；這當然不是她的大多數讀者能擁有的。這樣的解放讓她擁有獨處的時間，卻也在她二〇〇一年去世之後兩年，浮現出它的諷刺意味。她的丈夫查爾斯·林白原來過著雙重人生——是三名德國女子所生養的七個孩子的父親，三人中有兩人是比他小二十歲的妹妹，另一位是協助他處理德國業務的私人祕書。

儘管如此，安妮・林白認為，在一九五〇年代站穩腳跟的積攢貝殼文化，對大自然造成了危害，這項洞察確實禁受住時間的考驗。她抗拒不了女俘島上的貝殼瘋，卻發現她堆滿貝殼的窗台與書櫃，反而阻擋了她欣賞貝殼的樂趣。「占有的本能與對美的欣賞並不相容，」她寫道。[45]

「人無法蒐集海灘上所有美麗的貝殼；你只能蒐集一些，而它們將因稀少而顯得更美。一枚玉螺（moon shell，直譯為「月」螺）比三枚更教人印象深刻，就像天上只有一輪明月。一枚雙日出則是特殊事件；六枚就是一連串，如同一週的六個上學日。」

林白提出警告，反對過度消費與發展；可惜這兩者終將界定二十世紀的餘下時間，並注定二十一世紀的危機。「唯有留白，美麗才能綻放，」她如此寫道，這句話同樣可套用在塞滿貝殼的展示間與蓋滿公寓的海灘。

林白與三百年前安汶島上的偉大貝類學家倫菲爾斯一樣，也感受到探勘貝殼的潛勢，但對出於商業利益或因貪婪而從事的挖掘行為不屑一顧。智慧一如貝殼，「無法仰仗追求或（老天禁止！）掘取。不，不要挖掘此處的海底……大海不會獎勵太過焦慮、太過貪婪或太過不耐之人。挖寶顯示的不僅是不耐與貪婪，更是缺乏信念。」[46]

＊編按：#Me Too是二〇一七年十月哈維・韋恩斯坦（Harvey Weinstein）的性騷擾事件後，在社交媒體上廣泛傳播的一個主題標籤，用於譴責性侵犯與性騷擾行為。

然而，用活撈貝殼填滿整個車廂與房間，讓殼內動物只能蜷縮在裡頭，這樣的時代精神在薩尼貝爾島上並未改變，且又持續了半個世紀。貝殼再次揭露周遭人類的衝動慾望，預告新興的物質主義，甚至將超越創立了第一家全球企業的荷蘭黃金時代。

當林白幫助讀者理解她們自身的壓迫時，她或她們都沒看出來，自大海的真正禮物並非貝殼，而是裡頭的生命。

到了世紀中葉，薩尼貝爾汽車旅館提供了一種比沙狐球場（shuffleboard court）*更普遍的便利設施：專門蒸煮站；鼓勵遊客直接在沙灘殺死並清洗他們的軟體動物，不要拿到房間處理。小說家普拉特在《週六晚郵報》（*Saturday Evening Post*）的文章中抱怨，那麼多鍋子同時蒸煮，「或許不用靠著拔河替軟體動物脫殼，」但卻讓薩尼貝爾夜晚的空氣充滿惡臭。[47]

那個時代有許多關於活撈貝類的文章，特別強調空貝殼是給業餘愛好者的。「在沙灘上風吹日曬的空貝殼，很可能已失去真正的顏色、光澤與形狀，」《紐約時報》如此告誡。[48]「道地的貝殼藏家一定要取得活貝才能算數，」《華盛頓郵報》報導，「就像賞鳥者不能把鳥囚起來觀察，老天不准。」[49]

貝殼書籍與指南也提出告誡，套用一九六一年寫給兒童的《貝殼大哉問》（*How and Why Wonder Book of Sea Shells*）的說法：「要獲得最棒的貝殼，你必須把牠們活著帶回來。」貝殼愛好者不僅帶回活的海螺、香螺與榧螺，還把牠們活活浸在漂白水裡，活活冷凍，活活煮沸。不是為了吃肉（肉是必須丟棄的臭負擔），而是為了囤積貝殼。

有的指南建議，將活貝殼埋在螞蟻堆中幾天，讓螞蟻促進變化——奧利佛（A.P.H. Oliver）在一九五七年的《哈姆連世界貝殼指南》（*Hamlyn Guide to Shells of the World*）中如此觀察。「一根彎鐵絲往往就是最終解答，」奧利佛寫道；在他津津樂道地指出所有軟體動物都有腦、會產卵，有時還會孵卵之後。（比起嚴格意義的腦子，軟體動物有的是敏感的神經細胞叢，稱為神經節。）

廣受歡迎的《如何清理貝殼》（*How to Clean Seashells*），或許該換個更適合的書名：《如何殺死軟體動物》（*How to Kill Mollusks*）。該書作者是加拿大出生的廣播員尤金・伯杰倫（Eugene Bergeron）；他在二十世紀與他本人都快二十歲時，在佛羅里達罹患貝殼蒐集熱。他加入海軍，在包括珍珠港在內的太平洋各地蒐集貝殼；在摩洛凱島的痲瘋病療養院發現最棒的貝殼。他的指南很新穎，因為書中的技術經過不同物種的錘鍊——將海螺冷凍，接著用鋒利的尖頭工具取出牠的身體；如果是寶螺，可用解剖針挑出。鶉螺用螺帽；香螺和骨螺用酒精；石　應該用強韌的膠帶捆成木乃伊，以免捲翹死掉。躲在愛殼裡的寄居蟹，應該浸在淡水中加入一點漂白劑：「小蟹會從殼裡爬出來，很快就死掉。」

伯杰倫並未推薦鹽酸，但許多蒐藏家堅持使用，所以他還是附上說明，講解如何把貝殼綁

＊編按：一種在光滑木質長桌面上推擲金屬壺的休閒競賽遊戲。

在繩子上，再把繩子放進酸液槽裡。

美國戰後的貝殼瘋有部分和太平洋戰區有關。年輕士兵將熱帶地區的美麗貝殼裝入行囊，帶回故鄉送給心上人，或送給顫顫巍巍抱在懷中的襁褓嬰兒。塔克・阿伯特很久以前就熱愛貝殼，十幾歲時就在父母位於蒙特婁的房子地下室創立了他的貝殼博物館。當他十八歲離家唸大學時，將貝殼捐贈給麥基爾大學的自然史博物館。他未曾再策畫過自己的蒐藏，但他花了畢生時間協助其他貝殼愛好者與他們的蒐藏。

阿伯特在哈佛唸書時，將威廉・克蘭奇視為「第二個父親」，他那封「親愛的典藏研究員」信件就是寄給這位教授。克蘭奇是一位溫暖的心靈導師與該領域無與倫比的領導人——八十五歲時，他在佛羅里達建立他第兩千五百個田野站。[50]克蘭奇估計，他寫過數千封信寄給在二次大戰中戰鬥的學生與前學生，包括阿伯特。這位年輕科學家當了兩年的轟炸機飛行員，才被海軍借重他的螺貝專長。阿伯特被指派到關島的海軍醫學研究單位（Navy's Medical Research Unit）協助對抗血吸蟲病，那是一種由淡水螺傳染給人類的致死性熱帶疾病。[51]他跋涉過中國水田，在一個綁在鐵路平車上的救護車工作，最後在這個臨時實驗室裡發現並描述了一種殺死數千人的扁行動物。

阿伯特繼續創辦專門鎖定軟體動物的研究與科學期刊，並策畫了一些最重要的科學蒐藏，包括全世界規模最大的史密森尼學會蒐藏，以及美國最古老的費城自然科學院蒐藏。但他似乎與他更公開的角色更為絕配——他做為一名可親近的專家，熱切回答所有人有關貝殼的問題。

一九五四年，他還在史密森尼學會任職時，出版了他眾多暢銷書中的第一本，也是他的代表作：《美國貝殼》。一九六二年，他推出《世界貝殼》（*Seashells of the World*），書本大小剛好可塞進海灘包裡。一位退休卡車司機、同時也是布勞沃貝殼俱樂部主席的洛兒．馬歇爾（Carole Marshall）跟我講了一個很典型的故事，內容是自從母親送她阿伯特的《美國貝殼》當二十歲的生日禮物之後，阿伯特就成了她的偶像。[52]「我一遍又一遍地仔細閱讀。起初，我從沒想過我會加入貝殼俱樂部，或是擁有一枚金色寶螺或翁戎螺，」馬歇爾說，「我更是從沒閃過這樣的念頭，我竟然會遇到這本了不起著作的作者。更更沒想到，有一天他會知道我的名字，」當他在貝殼活動中看到她時，「還跟我說：『嗨，卡洛兒！』」

這些年來，阿伯特越來越懷疑，研究科學是否能推動世界；他認為真正緊急的是要改變人心與想法。年屆六十之前，公眾對他的貝殼書需求極大，他因此辭去他在軟體動物科學界的職位，搬到佛羅里達成立自己的出版公司。這次變動讓他與某些前同事關係緊張，「如果你走出象牙塔，塔裡的男孩們會對你側目，」阿伯特告訴一位記者，「他們覺得，你已經把靈魂賣給出版惡魔。」[53]

一九七七年，阿伯特擁抱全職的「貝殼先生」角色，戴著巴拿馬帽漫步沙灘，並致力於「知識的傳播而非增加」。他同意協助當地蒐藏家圓夢，在薩尼貝爾島上建立美國第一座完全以軟體動物為主題的博物館。貝殼將公開展示，而非像許多博物館那樣，儲存在抽屜裡。

到了一九七〇年代，前往薩尼貝爾島的訪客採集了大量軟體動物活體，多到有些在地人擔心該島的招牌亮點會被消滅。有個流行的笑話說，佛羅里達最棒的貝殼是在喬治亞州邊境發現。因為那裡是從薩尼貝爾往北走的汽車，車內海螺車開始發臭的地方，遊客家庭不得不停下車來將他們的貝殼丟到路邊。

某些居民和商業領袖開始提出「不可思議的建議」：禁止捕撈活體貝殼。[54]軟體動物需要保護，遠離那些最愛牠們的人。貝殼店老闆與幾位知名的軟體動物學家簡直嚇壞了。阿伯特是積極參與討論的科學家之一；他說，蒐藏家不可能對如此多產的動物造成什麼數量上的危害，牠們每天都會在潮汐和風暴中滾落岸上，根本不在乎多少人將牠們裝進袋裡當成紀念品。

阿伯特的一些忠實書迷並不同意他的看法，正在美國紮根的新環境精神已經下滲到低調的軟體動物身上。一九七七年夏天，來自全國各地的數十位女童軍聚集該島，進行為期一週的貝殼盛會。阿伯特慷慨地撥出時間給這些年輕人，並為這起活動發表了主題演講，一如他在德拉瓦自然史博物館擔任杜邦軟體動物學主任那樣。女孩們把他當成搖滾明星，一看到他，閃光燈就閃個不停。演講時，阿伯特主動介入當地的爭議，告訴女孩們，不必為了採集活貝殼而心生愧疚，因為沒有任何在地品種受到威脅，「當然不是來自過度採集；但整個佛羅里達西海岸的確受到過度開發的威脅」。[55]

「保護主義者，」他告訴女孩們，「是已經擁有夠多貝殼蒐藏的人。」

女孩們沒有接受他的建議。那一年，女童軍和他們的領導人投票決定，在薩尼貝爾島的那個禮拜，每個女孩最多只能採集兩個活標本。有幾個女孩更進一步，發誓只採集空貝殼。她們比成年人領先了二十年。

市議會指派了一個「活貝採集委員會」，包含各行各業的貝殼人士。委員會的主席口才辨給，是一位名為愛默森（K. C. Emerson）的退休昆蟲學家，年輕時在二次大戰的菲律賓服役，就此愛上貝殼，後來參與了「巴丹死亡行軍」，被當成戰俘拘留在日本。他提出充分理由，說明薩尼貝爾有義務保護它的軟體吉祥物，但對象不是一般採集者，而是「公然濫捕者，他們囤積了一桶桶活貝殼，靠著販賣這些貝殼支付在島上的度假費用」。[56]

聽證會聽取了相關證詞，講述遊客會在每年天王赤旋螺產季時蜂擁而來，採集這款巨大的佛羅里達州貝。那位資深的釣魚和拾貝導遊愛絲佩蘭薩・伍德林，打一九〇一年出生於卡約柯斯塔的漁夫牧場起就住在該島。她懇請聽證會限制一天只能採集兩個活貝殼標本，並對天王赤旋螺、天使之翼海鷗蛤（Angel Wing）和鬱金香旋螺提供特別保護——一人一天只能採集一枚。[57]

「她賣海貝」（She Sells Sea Shells）旅遊禮品店的老闆安・喬夫（Anne Joffe），出售來自世界各地的標本，她也是協助拖延這類限制達數年之久的貝殼專家之一。她是一名高大的紅髮女子，女神渦螺鑲嵌在她褲子上，斷斷續續領導薩尼貝爾貝殼展與當地貝殼俱樂部達半世紀之久。喬夫提出的論點也是軟體動物學家所強調的——無論如何，活貝殼只要被沖上岸就注定會死。「貝類一撞到海灘，」她說，「存活的機會就是零。」（相反的，只要在下次潮汐之前被輕輕放入海中或捲回海中，軟體動物就可以存活。）

那是一九八七年，愛默森與保護主義夥伴還未能說服市議會，「時間不多了，如果我們還不採取行動，我們的貝殼就要完了」。[58]那年秋天，市議會通過禁令，活貝採集一人一天只限於兩個軟體動物。在將近十年之後的一九九五年，佛羅里達州議會同意，該城禁止所有的活貝採集；今日，這條法律適用於李郡周遭和佛羅里達的另一郡。鮑魚佳餚瀕臨絕種的加州，也逐漸禁止活體採集任何種類的潮汐無脊椎動物，除了持有休閒釣魚執照者。

那時，阿伯特的夢想——一座「獻給人民的貝殼紀念碑，而不只是一座充滿貝殼的博物館」幾近完工，位於薩尼貝爾與女俘島之間的公路上。[59]在貝里－馬修斯國家貝殼博物館盛大開幕之前的兩個禮拜，阿伯特死於一次中風。回顧他的貢獻時，退休的史密森尼學會軟體動物學家「傑瑞」．哈拉塞維奇（M. G. "Jerry" Harasewych）說，阿伯特「無疑是當今世上最廣為人知的軟體動物學家」。[60]不過，阿伯特最驕傲的可能是那座博物館，它為該島與軟體動物之間的關係注入一種新倫理。自那些年後，該博物館還開放了全球第一座只飼養活的軟體動物的水族館。

汽車旅館保留了世紀中葉汽車庭院的魅力，但沒保留海螺殺戮站。潮汐表上印了警語，提醒遊客只能帶走空貝殼。在小島旅店的貝殼清潔站（如今只是一個大水槽），一隻穿著人字拖的卡通腹足類提醒遊客：「別帶我們回家，如果我們還活著！」

出生於一九七〇年第一個「地球日」後的葛雷戈里・赫伯特（Gregory Herbert），是新一代的軟體動物學家之一，他在路易斯安那長大，但最早的記憶（與祖父一起撿貝殼）卻蝕刻在佛羅里達西南海灘上。他三歲時有了第一個貝殼蒐藏；他剛能讀書識字，祖父就幫他買了阿伯特的《世界貝殼》。赫伯特貪婪地閱讀貝殼書，但學校裡沒有留意到這股力量；他的聽覺學習障礙讓科學與數學變得遙不可及。大學時，他取得哲學學位，畢業後的工作是在包括費城的大城裡興建與重建住宅。在這裡，愛貝人不用花太多時間就會發現自然科學院。赫伯特白天掛完石膏牆板後，晚上就去參加費城貝殼俱樂部的聚會。由該學院軟體動物主任主持的講座，引發了一次談話，這次談話讓赫伯特成為某項計畫的志工，而這項計畫又讓學院的科學家留意到他對軟體動物的研究才能。

四年後，二十六歲的赫伯特開始在加州大學戴維斯分校跟著福爾邁伊攻讀博士學位。聽力障礙的貝殼神童找到視力障礙的貝殼神童做為他的心靈導師。赫伯特的博士研究，有部分是分析兩百萬年前在墨西哥灣海底化石化的貝殼鑽孔。福爾邁伊的研究展示了掠食者的興起如何導致演化上的軍備競賽，讓軟體動物發展出日益精緻的貝殼防禦[61]；而赫伯特的研究則是預示掠食者的**消失**如何消除天擇驅力，為演化踩下煞車。

赫伯特的研究結果讓人們警覺到現代生物多樣性的喪失，最明顯的是天王赤旋螺這類頂級掠食者；牠們曾經像海鷗那樣群集在離岸沙洲上。如今在南佛羅里達大學擔任古生物學教授的赫伯特，開始採集墨西哥灣的現代貝類做樣本，將一九五〇年之前居住在該區海底的軟體動物數量與當今的做比較。「我們已經忘記什麼叫正常，忘記哪些應該存在，也忘記生態系如何運作，」赫伯特告訴我。「我們是在一九六〇年代展開第一次生態調查，那時已經是生態改變的高峰。」

赫伯特與他的學生暨科學家團隊，乘坐三十五公尺的研究船「氣候鳥號」（Weatherbird）在墨西哥灣航行，於海底的兩百多個地點採撈軟體動物與貝殼。回到赫伯特的坦帕實驗室後，他們辨識貝殼種類，分析每個採撈點的生命多樣性，觀察事情如何變化。

二〇一八年，貝里－馬修斯國家貝殼博物館的海洋生物學家荷西・萊亞爾（José Leal）和麗貝卡・曼奇（Rebecca Mensch），與赫伯特一起搭乘「氣候鳥號」，希望能打撈到活的女神渦螺。在網際網路的數兆影像中，無人能找到這謎樣生物的照片或錄像（不過一本舊的《國家地理雜誌》曾出現一張），想要分享薩尼貝爾島上最受鍾愛的這款貝殼，就變得更加困難。

在一個清朗二月夜的凌晨兩點，曼奇正在拖撈。在船上明亮的聚光燈下，她看到一個桃花心木的點狀東西落在甲板上。她累到叫不出來。曼奇安靜而興奮地撿起一枚完美的活女神渦螺；那次探險結束時，她擁有三枚。就像半個世紀以來捕蝦者與商業貝類拖撈者都知道的，這種動物在牠們離岸的岩石棲地並不罕見，牠們只是很少能毫髮無損地一路滾落到海灘。

曼奇把女神渦螺裝進一個華麗的冷藏箱，小小翼翼將牠們載回薩尼貝爾並安置在水族箱裡，還餵了幾隻字母榧螺給牠們吃。女神渦螺喜歡在沙子下面挖洞，但有時牠們會顯擺一下波浪狀的披風，那斑駁的明黃與天鵝絨黑，一如佩里醫生一九四〇年的描繪。

長久以來，科學家都以為，女神渦螺就跟其他渦螺一樣，會用可愛的足部將獵物包裹起來，捕獲接著吞噬；但他們漏過一個驚人步驟。曼奇在她第一部以薩尼貝爾明星為主角的實境秀錄像中捕捉到那一步。在一個片段中，一隻字碼榧螺從後方爬到女神渦螺右側。奶油色的身體與牠光亮的殼體很搭，女神渦螺開始把那隻榧螺包裹在自己黑黃相間的肉體裡。突然間，女神渦螺從牠外套模的褶皺中伸出一條刀劍般的長吻，俐落地刺穿榧螺的柔軟中心。根據美國第一位貝類學家命名的美國種字碼榧螺（*Oliva sayana*），猛地縮回殼中，滑向水族箱底，一動不動。

癱瘓意味著一種速效毒素，萊亞爾與曼奇在一篇關於女神渦螺攻擊的論文中總結道。在此之前，只覬覦貝殼之美的人類並不知曉。[62]

「氣候鳥號」在墨西哥灣的探險揭露了科學家在世界其他許多地方也看到的模式：即便是受人垂涎的軟體動物，在遠離人類及其捕撈、濱海開發與汙染徑流之地也活得很好，似乎足以維持數量。而生活之地越靠近人類，要維持數量就越難。古生態學家米哈爾．科瓦列夫斯基（Michal Kowalewski）發現，我們的尼安德塔表親曾經採集貝殼的伊比利半島，如今已出現海灘貝殼數量劇減的現象，這代表生態也陷入了麻煩。[63]

赫伯特的初步研究結果顯示，在墨西哥灣棲地，有些曾經繁盛的物種已經消失，剩下的都聚集在近海的幾個熱點，大多是人跡罕至之處。至少，目前情況如此——暫停在墨西哥灣東部探勘石油與天然氣的聯邦法令，將於二〇二二年到期。

軟體動物學家萊亞爾是在阿伯特死後來到薩尼貝爾領導貝殼博物館。他說，除了鑽井造成的傷害，海洋暖化以及燃燒石油與天然氣所導致的化學變化，其傷害將比世界史上所有貝殼愛好者的所有採集「大上好幾個量級」。

第三篇
神諭
ORACLE

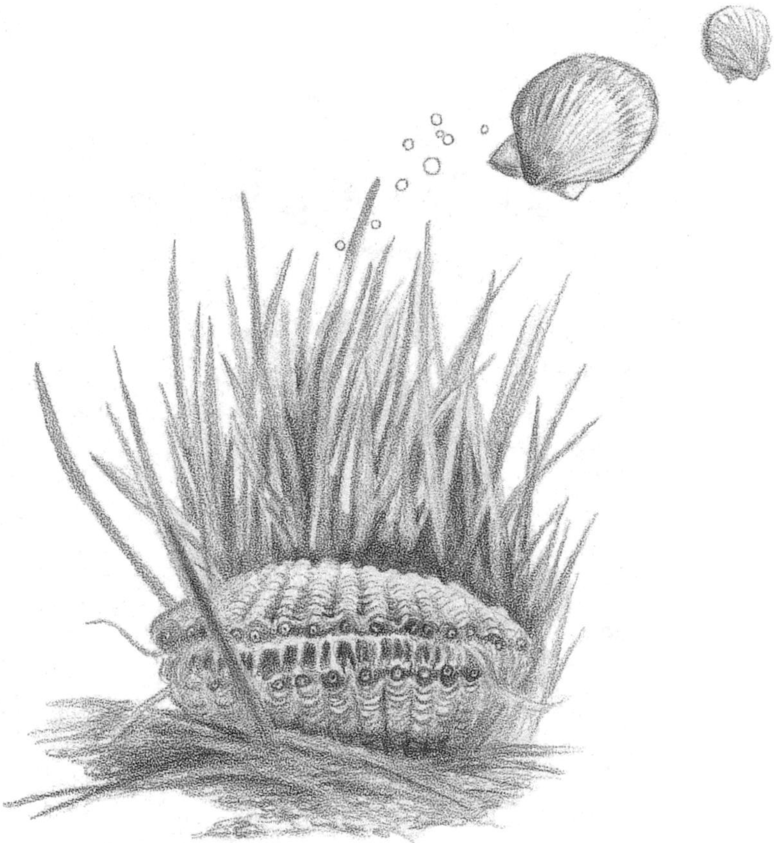

第十章　豐饒不再

海灣扇貝
THE BAY SCALLOP
Argopecten irradians

沿著佛羅里達的海岸弧線，在半島開始朝西轉變成狹長鍋柄之處，墨西哥灣淺灘下的海草搖晃如笑。丈夫與我和兩個孩子駕著五公尺長的小艇快速通過海草淺灘，駛向史泰恩哈奇河。舷外小引擎太吵，在船上無法講話；船速太快，來不及欣賞路過的樸實小鎮，以及迎著河海交會處遼闊鹽沼的棕櫚林與松樹林。我們急忙趕赴笑草（Laughing Grass）。

在海底草床，我們放慢速度。早晨平靜無雲，海水閃耀在幻景旅遊作家筆下的「玻璃」中；那是個沒切中該地的失敗隱喻，因為即便平潮無風，墨西哥灣也總是活力湧動。小波浪順著節奏劃過水面，拍打著我們的平底船。兩個孩子小到可以並排趴在船首，在亞倫（Aaron）緩慢駛過海草時俯瞰水下。兩公尺深的地方，視野變得無比清晰，我們可以看到個別的草葉在下方起伏。

俗稱海龜草的泰來草，稱霸於這片被稱為「大彎」的墨西哥灣區，是北美現存最遼闊的海草床之家。扁平的綠色絲帶有著黃褐色的尖端，搖曳在三十公分厚的草床上，因被海龜吃食而得名（長在細圓的枝條上的海牛草（絲粉藻）也是因其溫和的食草者得名）。海草床從下方通過，宛如我們正坐在玻璃平底船上。孩子們用鋒利的目光凝視著。當他們看到陽光照射的劍葉與海沙拼湊出一片有希望捕獲扇貝的景象，而且淺到很容易潛入底部時，就會大喊要老爸停船。我們拋下船錨，嘗試一搏。

第一枚扇貝總是會贏得一聲歡慶。我用手臂托著女兒浮潛，她以作弊的方式取得我瞧見並指了位置的扇貝。她雙腳一踢，潛下去抓住那個首獎，丟進她的網袋。

海灣扇貝（The Bay Scallop，學名 *Argopecten irradians*）棲息在草床上，黑色而斑駁那側的殼體朝上。和許多雙殼類一樣，牠的兩瓣貝殼並非互為鏡像；其中下殼比較圓，顏色也比較淺——往往是雪白色。不過，大多數的扇貝和其他許多雙殼類不同（或說與地球上的其他生物都不同）：牠們有著藍眼睛、會跳、會躍、會吐痰、會擰手指、噴射推進、鋸齒前進、拍擊殼體，在笑草上自由活躍。

這些海灣扇貝用二十二隻電藍色眼睛看事物，在波紋殼體的每個脊上都有一隻。透過我們的潛水鏡，那兩排眼睛閃著電池充電的藍光，宛如登陸在海草上的迷你飛碟。科學家透過高倍顯微鏡觀察，發現每隻眼睛都由磁磚狀的面鏡而非透鏡所構成；與哈伯之類的反射望遠鏡上的分節鏡極為類似。[1]面鏡將圖像反射回每隻眼睛的兩個視網膜上，上層視網膜讓扇貝看到黑色移動的影像，例如拿著網袋的女孩或揮著餓螯的螃蟹；而外圍的視網膜似乎可在牠「之字游動」時協助導航。

扇貝用牠們的閉殼肌（菜餚中的「干貝」，亞倫後來用奶油快速煸煎成又甜又白的美味佳餚）拍合雙殼，藉此在水柱中飛躍。拍擊將水從殼中擠出，讓牠如卡通蛤蜊那樣飛彈。扇貝利用牠的外套膜從不同方向將水推出，可以巧妙地快速移動，以橫向的假動作絆倒螃蟹或其他追捕的掠食者。

那天，我們在採集地點看到的扇貝跟女兒的手一樣大，而且數量豐富，有些還成雙群聚。採集牠們頗有一種禪的體驗，有如採摘莓果；孩子們忙著用還在猛咬的貝殼填滿他們的袋子。離午餐時間還很久，我們就捕獲了當天允許保留的扇貝量——每人兩加崙，帶殼；對一個四口之家而言已足夠吃上兩餐。這也意味著，我們得花好幾個小時把白色貝肉從深色內臟中剔取出來。扇貝的「之字前進法」無法躲過人類和我們的潛水袋；此刻，我們的賞金以及我們的負擔都很沉重。

以柔軟大足在世上蹣跚而行的腹足類生物中，約只有十分之一是屬於雙殼類動物。[2]但由於雙殼類被統稱為「貝類」的數量眾多，加上牠們是人類重要的食物來源，反而得到了大多數關注。牠們構成古代貝塚與古往今來軟體動物捕獲量的大部分，其中牡蠣與蛤蜊支撐並界定了許多倖存到最後的美國漁村。牠們是自身專書的主角，更別提三明治了——紐奧良的「窮小子三明治」（po'boy）*，還有新英格蘭的蛤蜊麵包捲。在所有軟體動物中，雙殼類吸引了最大的研究興趣、到目前為止最多的政府資金，以及幾乎所有的監管關注。

牠們在貝殼愛好者中不太受歡迎。大多數的牡蠣、貽貝與蛤蜊（巨無霸除外）甚至鮮少被視為貝殼；扇貝是高貴的例外；扇貝一度是神的珍饈，至今依然是海鮮饕客的佳餚，而牠們的外殼也受人蒐藏，特別是亮黃色的基因異常貝。扇貝殼成為宗教圖符，數千年來給了藝術家與建築師無數靈感，且「真正躋身於貝殼藏家最愛的戰利品之列」，阿伯特在他的《貝殼王國》（*Kingdom of the Seashell*）中寫道。[3]

對許多人而言，扇貝定義了貝殼。它是愛神阿芙蘿黛蒂的單桅帆船，是受歡迎的紋章圖案，是殼牌公司的風格化標誌，辨識度高到無須將公司的名字附上。「scallop」（扇貝）和「shell」（貝殼）這兩個字源自同一個祖先：*skal*，在基督紀元前數百年，這是中歐的日耳曼部落用來描述堅硬覆蓋物的詞彙。[4]這個詞彙進入好幾種方言——「shell」、「shirt」（襯衫）、「skirt」（裙子）都來自這個字源。現代荷蘭文的貝殼「schelp」，變成法文的「escalope」和英文的「scallop」。[5]

對科學家與貝殼愛好者而言，牠們是海扇蛤科（Pectinidae），海扇蛤屬（*pecten*）。牠們的形狀與肋，讓羅馬博物學家普林尼想起他那個時代的圓形梳子，於是將牠們稱為「梳貝」（comb shell）——源自於拉丁文的*pecten*（梳子）。在林奈將扇貝與牡蠣混為一談後，丹麥生物學家奧托・弗里德里希・謬勒（Otto Friedrich Müller）恢復了牠們的梳子特質。[6] 而謬勒更為人所知的是，發明了科學拖撈網。[7]

扇貝反覆在藝術與建築中出現，有部分是基於其形狀的美感與實用：做為拱、壁龕、大理石噴泉、躺椅女神的支撐，或安妮女王的椅子。敘利亞巴尼亞斯（Banias，阿拉伯語改寫的「Paneas」，意指「牧神潘〔Pan〕之地」）的紅色懸崖上雕鑿了一座貝殼壁龕，位於古代供奉有蹄的荒野之神的洞窟上方；扇貝變成極為常見的建築圖案，古羅馬人似乎在各種公共空間裡豎立貝殼，包括古老壁龕、基督教宏偉教堂的扇貝圓頂、清真寺，以及猶太會堂（例如西班牙的前伊本・書珊〔Ibn Shushan〕猶太會堂）。[8] 在哥多華的大清真寺裡，有一座宏偉的扇貝圓頂，貝肋鑲了金色與藍色馬賽克，其靈感來自於烏瑪亞王朝隨處可見的貝殼圖案；該王朝在穆罕默德死後，從大馬士革統治伊斯蘭世界。

扇貝是與早於父權諸神的生育女神有關的海洋動物之一；這位大地之母可回溯到舊石器時代，人們強調其繁衍而非調情能力。[9] 畫在龐貝廢墟一座私人庭園牆上的維納斯，就是以這位古老女神的模樣現身，斜躺在一只巨大的扇貝殼上[10]，頸部戴了一枚精緻寶螺。[11]

在榮耀希臘農業女神狄蜜特（Demeter）的慶典中，據說婦女會高舉著扇貝遊行。[12] 在一些特殊場合，歡慶者會享用扇貝，並以扇貝供奉神明。考古學家研究希臘色雷斯附近阿波羅聖殿

＊編按：紐奧良的傳統小吃，由麵包包夾牡蠣、炸蝦、生菜與蕃茄等配料製成。

的古代盛宴，發現扇貝的數量多於其他貝類，輕微的火痕透露出它們曾在炭火上短暫烤過。[13]

在象徵意義上，阿芙蘿黛蒂那渾圓優雅、肋條起伏的誕生地，意味著海的豐饒。早在波提且利（Botticelli）畫出《維納斯的誕生》（*The Birth of Venus*, 1845）（羅馬版的阿芙蘿黛蒂從扇貝中誕生）之前，扇貝就代表了出生與復活。馬雅人用扇貝和海菊蛤為死者陪葬，這是一種與水下冥界和重生的夢想有關的儀式。[14]

在二十世紀之交，羅傑斯留意到他們的「愛神之貝」有多豐饒：

> 在陽光明媚的夏日，看到數以百計銀幣大小的扇貝在淺水區飛掠而過，肯定會讓你相信，即便軟體動物也能表達生之喜樂，就像一群黑鳥或一隊男孩奔向「可以游泳的古老水塘」。[15]

羅傑斯不覺得需要在《貝殼書》裡給海灣扇貝一個專門的科學詞條。輕快掠過淺水灘，從海草中成堆撈起、接著擺在紐約街頭餐車上等待被人放進熱油中快速煎炒，「我們的」扇貝實在太常見了。

海草如原生的草原禾草般生長，根扎進沙裡，側伸纏結，在從熱帶到北極圈的濱海淺灘上朝太陽彈射新芽。它們隨季節開花，結出果實種子。海草們製造出全世界最大量的花粉粒，將它們送入洋流、讓花朵受精。西班牙文將它們稱為「praderas marinas」（海草床）；海洋科學家說，它們是海洋中最受忽視的棲地之一。

珊瑚礁得到榮光，但全世界的海草床對海洋生命也至關緊要；每四十畝可支撐多達五千萬種有機物。[16]海底草床擁有與河口和濕地相似的益處，包括將大量二氧化碳儲存在大氣層之外。[17]計算自然價值的科學家說，這些海草單是藉由養分循環清潔沿海水域，每年就能為全球經濟省下一兆九千億美元。[18]

在海草庇護下展開生活的海洋生物種類繁多，從最微小的腹足類和海星，到海洋中一些體型最大的魚類；海灣扇貝也是其中之一。單是海龜草上，就有一百多種喜愛陽光的藻類附生在它們頂端。卵與貝苗攀在莖上，海葵與海膽蜷在根部，小魚隱於草葉之間，大魚在其中覓食。而這些生命又吸引海龜、鯊魚和海洋哺乳動物巡遊，引誘海鳥涉水或俯衝。

海灣扇貝生於草床也死於草床，壽命只有一到兩年。牠們是擁有雌雄性器官的雌雄同體，會大量產卵並將卵子與精子噴射到草叢中。受精卵蠕動成名為面盤（veliger）的幼體，其中只有少數能長成嬰兒扇貝。被稱為「貝苗」的嬰兒扇貝驕傲地展示完美標準的扇貝微型；將貝苗擺在一分錢的硬幣上，剛好能蓋住林肯總統瘦削的下巴尖。[19]

迷你扇貝為了長大成年，緊抓住海草，編織出一根名為足絲（byssus）的絲狀錨繩，將自己拴在草葉上。大多數扇貝和牠們的古老化石底部都有個和肚臍一樣的獨特小開口，標示著生命線展開之處。

幾個月的時間，貝苗的大小就會超過林肯的下巴尖，長到一角硬幣大小。這時，扇貝將鬆開牠們的足絲，自由游動。

「海灣扇貝有一種難以言喻的甘美，」一八八七年，美國動物學家暨新聞記者厄尼斯特·英格索爾（Ernest Ingersoll）寫道，「不是任何魚類或水果所擁有，但近乎它們的結合。」

英格索爾是密西根州人，在美國魚類委員會聘請他進行首次貝類產業調查時，他才二十七歲，留著深色的鬍子，像田野裡的帳篷一樣遮住了嘴唇。英格索爾協助調查落磯山區並特別關注軟體動物；他命名了六種，其中一種以自己的名字命名。[20]他還在採訪當地人、描述他們與野生動物和海洋生物的經歷方面證明了自己的天賦，並在《斯克里伯納月刊》（*Scribner's Monthly*）和其他報刊雜誌上發表了科學文章。

英格索爾在《斯克里伯納月刊》發表的第一篇文章清楚表達出對軟體動物的迷戀——「滑溜尾巴的小海螺，」他在詩中寫道，「無聲穿過我的礫石。」[21]他稱頌牠們是「數量眾多，品類繁雜，種族古老，體態優雅，舉止端莊，習性勤勉，味覺卓越」的生物。[22]

英格索爾寫的政府專著生動異常，是美國商業性貝類收獲最早的官方記載。他從巨大的貝塚開始。美國原住民捕撈的扇貝少於牡蠣、貽貝、蛤蜊、鳥尾蛤和香螺；不過英格索爾知道，佛羅里達的墨西哥灣沿岸有高聳的扇貝堆，並描述東北的一些部落如何將最大的扇貝做成薩滿樂用沙鈴。[23]

對大西洋沿岸的原住民與歐洲移墾者而言，認真捕撈扇貝的時間比捕撈其他貝類晚上好幾個世紀。要以商業數量採集扇貝，需要可用於海草床的機械拖撈網。在美國東北海岸的中段，海灣扇貝在最深、最古老的地層中相當罕見，較常見於年輕的地層。[24]此外，當英格索爾於一八七九年造訪美國的商業扇貝業時，該行才剛剛起步；而牡蠣業者早在一個世紀之前，就已經將他們的木樁插進東海岸的大海灣，並在苗床上重複播種。[25]

從鱈岬經由羅德島、長島、紐澤西一路往南，英格索爾發現了一個雇用數百人的家族企業。男人乘坐划艇或帆船駛入海灣，拖著三角形的小拖撈網穿越海草，將扇貝撈上來。上岸後，他們將戰利品拖到長形的木製扇貝屋內，婦女們站在與腰齊高的櫃台前敲開扇貝，並將白色肌肉從黑色內臟中剜出，然後丟進下方擺了盛裝桶子的洞口裡。少婦工作時，「將搖籃擱在身後，裡頭躺著不滿週歲的嬰兒，少婦們手裡敲著扇貝，口中唱著歡快的兒歌，讓小嬰孩安靜下來。」[26]

英格索爾和羅傑斯一樣，留意到海灣扇貝的豐富性。薩格港的畢謹（Pidgeon）船長告訴英格索爾，他曾看過三公尺高的扇貝群結隊游泳。在長島的牡蠣灣，鰻草（eelgrass，大葉藻）的葉片因為嬰兒扇貝錨定在上頭而日益沉重，最後終於折斷莖幹。秋天來了，鰻草一大團一大團地在海灣漂浮，小扇貝也跟著擴散，創造出大豐收。[27]

儘管如此，一些拖撈最嚴重的扇貝場已經出現枯竭現象。英格索爾指出，長島灣、紐約港，以及紐澤西的大多數海岸，開始看到扇貝「數量減少」。十年前，在康乃狄克州的格林威治，拖撈網一天可拖上來一百蒲式耳*，現在著陸的大約只有十蒲式耳。[28]一名鱈岬的漁夫抱怨，「在巴恩斯特布爾以南的水域，太過貪婪地撈捕扇貝正在造成嚴重破壞」。[29]

英格索爾報導了扇貝的一項特點，這使得人們很難根據自然週期推斷出人為造成的衰退——扇貝可能會在某一年豐盛爆表，但隔一年卻極為稀少。長島各港口的漁夫們告訴他，扇貝的數量波動是以五年為一週期：「豐收季的第二年會生產一些，第三年只有零星一兩個，第四年完全沒有，然後又會突然從不知名的源頭加入。」[30]

但英格索爾在各地遇到的扇貝業者所分享的某個理論，卻讓他惱怒。拖撈者向他保證，他們從海草中耙起的扇貝越多，未來就會越豐收。「我親耳從許多拖撈者那裡聽過，其他人的報告也有同樣的說法，」英格索爾寫道。「他們說，扇貝耙會將幼貝分散，以免過擠；簡言之，扇貝耙讓牠們生長。然而在每個地點，他們又會告訴你，產量比不上十年前、十五年前或二十年前。」[31]

當時他看不出來，美國人的進步觀念（特別是與海岸開發相關的）正開始改變扇貝與其他海洋生命的未來，其影響程度比三角拖撈網和扇貝耙更深遠。海灣扇貝隨著海草演化，牠們的生命與水底草床糾纏難分。就像在陸上填築濕地與砍伐紅樹林一樣，淺水草床也因為興建港口、加深運河而遭疏浚，並為了水岸開發而遭挖掘填土。

進步從正在海邊興建的房舍化糞池系統滲入水中。

進步從工廠湧出，將有毒廢棄物打入水中，餵進海灣。

進步從煙囪噴入大氣層，它對扇貝與海草的傷害，要到另一個世紀才逐漸清晰。

鑒於扇貝早期與豐饒豐收的連結，它在基督教裡逐漸成為使徒詹姆斯（James，即使徒雅各）的代表物，以及前往他傳奇墓地的朝聖之旅的象徵；他的埋葬地位於聖地牙哥德孔斯波特拉（Santiago de Compostela），是西班牙西北部的一個城鎮。

詹姆斯是在加利利海長大的一個年輕人，他離開從事漁業的家庭成為耶穌的第一位門徒。耶穌死後，詹姆斯將神的話語帶到西班牙的加利西亞，他燃起的火焰，在他返回耶路撒冷並於西元前四十四年遭到處決後，繼續燒遍整個西班牙。

根據傳說，剩下的使徒目睹詹姆斯殉道之後，將他的遺體運送到雅法；他們在那裡找到一艘船，由天使引路將他帶回加利西亞。扇貝就是在這時登場。在某個版本中，船上的一匹馬與騎士掉入海中，當他們在加利西亞浮出水面時，身上裹著扇貝殼。而在另一個版本裡，是詹姆斯自己的遺體被捲入海中，然後覆著扇貝殼浮出水面。

真正的起源或許比較簡單，就是這位受人鍾愛的聖者的漁業傳承。無論如何，扇貝最後變成聖詹姆斯的象徵。西元八一四年，在加利西亞發現他所謂的墳墓，就此引發信徒蜂擁前往聖地牙哥德孔斯波特拉。扇貝變成朝聖者的恆久象徵。

＊編按：英制容積單位，一蒲式耳約等於三十六・六七公升。

中世紀時期，成千上萬的基督徒從歐洲各地啟程，踏上「聖地牙哥朝聖之路」（Camino de Santiago）。做為一條自我懲罰的漫長旅程，許多人說服自己，他們的罪孽深重，沒有任何神職人員或懺悔者可以拯救他們，唯一的救贖就是去聖地牙哥朝聖。從九世紀起，他們將扇貝縫在帽子或衣服上，藉此確認身分。朝聖者吸引了迷戀與同情；無心欺詐他們的人，覺得有義務提供幫助，最常見的就是提供半便士（英磅的最小面額）的旅費。[32]

十二世紀的《朝聖者指南》（*Pilgrim's Guide*）被認為是世上最早的旅遊指南之一。書中詳細介紹了穿越法國的四條主要路線，包括一條在庇里牛斯山區上上下下的艱難跋涉；所有路線最後都匯集在通往聖地牙哥的最後一站——西班牙的蓬特拉雷納。那本指南提供實用建議，例如哪條河流可安全飲用、哪條會致命，避免食用鰻魚，或是該在哪裡清洗私處。書中也充滿了朝聖者會遇到的當地人的刻板印象，詳細說明不同群體的襤褸衣衫，豬一般的舉止行徑，或是變態的性習慣。[33]

敘述採第一人稱，據信是由法國僧侶艾默里．皮科（Aymeric Picaud）所寫。皮科一抵達該城與大教堂，就開始描述令這趟朝聖之旅值回票價的榮耀與奇蹟，「病人恢復了健康，盲人得到了視覺，啞巴的舌頭得到了釋放，聾子得到了聲音……罪惡的枷鎖被鬆綁，天堂對那些攻擊它的人關閉，悲傷的人得到了安慰。來自世界各個國家的人民，帶著讚美主的禮物一同前來讚頌主。」[34]

到處都是扇貝殼。在城的入口處賣給朝聖者，被鑿刻在大教堂上，包括一座「奇蹟噴泉……上面是一只美麗的石造貝殼，如碟似杯，渾圓封閉，極大。我想，可容納十五個人在其中沐浴。」[35]

聖地德孔斯波特拉位於內陸，在教會的監管下，小販從海邊將扇貝買進，賣給朝聖者做為紀念品，以及走完全程的證明。返家路上，旅行者可在家中、教堂與修道院展示他們的貝殼，並用它盛舀最大量的食物或飲料。這樣的小碟子意味著，即便最貧窮的家庭也能毫無負擔地給予。

十三世紀上半葉，共有一百多艘英國船隻載了總計數千名尋道者航向西班牙，還有更多人循著皮科的陸路而來。窮人一瘸一拐地走來，皇家由奴隸馬匹護送。因為害怕皮科警告過的強盜團夥與其他威脅，朝聖者結伴行走以求安全，武士團也組織起來保護他們。朝聖是一種榮耀，高階家庭可將扇貝殼加入紋徽做為宣告。很快，扇貝就裝飾在歐洲各地的家族徽章、十字軍的士兵盾牌，以及朝聖沿途與更遠之地的修院和教堂之上。

湯瑪斯．富勒（Thomas Fuller）在他的《英國教會史》（*Church History of Britain*）中寫道，從德孔斯波特拉回來的朝聖者，「全都戴了貝殼。」返家的朝聖者非常珍視他們的貝殼紀念品，經常將它當成傳家寶，父傳子，子傳孫。許多朝聖者還與他們的貝殼一起下葬。[36]

考古學家至今仍可發現與聖地牙哥有關的自然或人造扇貝。將近一千年前，它們躺在朝聖道路上，或是很遠之外的地方。在溫徹斯特一個可追溯到諾曼征服的英國古老痲瘋病院遺址，研究者最近挖掘到一位年輕男子之墓；他死於十二世紀，當時正值朝聖高峰期。男子介於十八到二十五歲之間，DNA證據顯示他患有痲瘋病。他的軀體上還有一枚淡紅色大扇貝——上面有兩個孔，用來固定在朝聖外袍上。[37]

也許他在路上曾讀到皮科的話：「病人恢復健康」，且從未對聖詹姆斯的扇貝神力失去信心。

美麗的地中海扇貝漸漸以聖詹姆斯扇貝（St. James Scallop）之名為人所知。在西班牙，聖詹姆斯譯為聖地牙哥，在法文裡是聖雅克（St. Jacques）。也因此，放在優雅扇貝中烤製呈上的奶油扇貝，名為聖雅克貝（coquilles St. Jacques）；更常見的稱呼是，朝聖者之貝（Pilgrim's Shell）。

今日，徒步者從法國邊境小鎮聖讓皮耶德波爾出發，展開為期一個月、七百二十公里的行走。[38]路途兩旁有著各式各樣的扇貝殼，側面放置，頂部指往路的方向。有些在地小鎮會將優雅的黃銅扇貝鑲嵌在沿途石牆上；有些則是將風格化的黃色扇貝雕成水泥路標；還有的將亮橙色的扇貝殼製成箭頭指著前進之路。沿途居民用扇貝裝飾庭園家屋，聲援朝聖者。

現代徒步者與自行車騎士將扇貝殼掛在頸上或別在背包上，仍然沿著很久以前朝聖者走過的路線前進。

在轉入二十世紀之前，英格索爾哀嘆海灣扇貝在美國海灣的凋零。「這是一個強有力的回覆，」他寫道，「給那些告訴我扇貝床耙越多軟體動物就會越豐富的人。」[39]他也描述了巨型扇貝（Giant Scallop）的滅絕，「先前在緬因州海邊相當豐富……現在變得非常罕見，只能做為貝類學家珍奇櫃裡的獎品，而非可食用的商品——而這無疑是過度貪婪捕撈的結果。」[40]

過度捕撈只是故事的一部分。一九三〇年，維吉尼亞州的鰻草床孕育出美國產量最高的扇貝漁業；一九三三年，扇貝消失且未曾回來。扇貝產量崩潰的原因，長久以來被歸咎於一種殲滅鰻草的慢性枯萎病，接著是一九三三年八月的颶風，掃蕩了最後的鰻草與迷走的扇貝。[41]後來，研究者試圖復育扇貝時發現，耙草拖撈網也助長了牠們的死亡。根據報導，一九三〇年捕撈的扇貝數量，可能超過成貝的數量；這意味著，商業漁民捕撈了尚無機會產卵的年輕扇貝。[42]

但是，雖然英格索爾正確地將貪婪視為滅絕的威脅之一，但拖撈網只是無視海灣後果的沿海開發、破壞與傾倒這條長鏈的第一個環節罷了。

浚填計畫、港口與橋樑，是這條長鏈的另一個環節。雖然英格索爾從未南下到佛羅里達，但博物館的蒐藏顯示，海灣扇貝曾經在上至墨西哥灣邊，下至德州東南海岸的不同種群間繁衍生息。一九五〇年代中葉，邁阿密大學研究員描述了佛羅里達州兩個健康的商業扇貝漁業，一個在鄰近薩尼貝爾的松島灣，另一個在鍋柄區的貝郡。勞力主要是夏天時捕撈扇貝的漁民與捕蟹人，或在海底拖撈貝殼與海馬賣給遊客的「貝殼拖網工」，當扇貝利潤變高時便將目標轉向牠們。研究員的報告指出，佛羅里達的海灣扇貝「是安全的，不會受到人為導致的經濟或生物消耗影響……只要……人們不汙染環境或以其他方式對環境造成不利的改變」。[43]但不到幾十年的時間，這兩處的漁業都崩潰了。松島灣曾經躲過最嚴重的汙染，但每一次的土地變更也會改變水源與海灣——在沼澤區浚填建城，興建薩尼貝爾堤道，深鑿沿岸水道。這些都是深刻的傷口。

水汙染是這條鎖鏈中的另一個致命環節。在二十世紀的大部分時間裡，美國人將各種廢棄物沖入當地水域，最終排入長滿海草的海灣。生活汙水、農場與工廠廢水流入長島灣與切薩皮克灣，流入北卡羅萊納的帕姆利科灣、邁阿密的比斯坎灣、坦帕灣，以及其他大多數主要河口。扇貝和其他軟體動物、螃蟹、魚類，以及海洋哺乳動物，都曾在坦帕灣的海草中繁衍興盛。一九三〇年代末的空照圖顯示，在數十座灣邊城市和四大海港疏浚港口、加深運河、鋪設海岸線並將生活汙水排入水域之前，海草床覆蓋的面積高達三百萬公畝。[44]到了一九七〇年代初，海草床只剩下五十七萬公畝。[45]腐臭薰天的藻蓆甚至飄入海岸人家，讓海灣及裡頭的野生動物窒息。全國各地，被含氮廢物吸引的藻類，剝奪了水域的氧氣與海草的光照，淺水區的海草床消失。喀喀作響、三公尺深的扇貝群，不復再見。

一九七二年的《淨水法案》（*Clean Water Act*）有助於清潔美國人肉眼可見的家庭汙水與工業煙流。但大規模的基礎設施計畫，只會加速改變海水與淡水在海岸河口處之間的微妙混合。這法案也忽視了農業淨流以及地下化糞池系統；今日美國每五個家庭便有一個是靠這套系統過濾廢水。

直到一九八五年，東北部商業漁民的扇貝收穫量依然不錯——全國平均每年三十萬蒲式耳。[46]那年，褐潮侵襲海灣，有毒藻類大量繁殖使清澈的海水暗沉，扇貝餓死，並殺死牠們的貝苗。褐潮阻斷陽光，扼殺掉許多殘存鰻草。等到一九八八年，紐約立法指定海灣扇貝為該州州貝時，該動物歷史悠久的海草棲地，只剩下不到百分之一。[47]

早在一九七〇年代，科學家便確定硝酸鹽汙染是該區水域的一大威脅。然而，「每個人都把褐潮視為外星人襲擊」，長島大自然保護協會的凱文・麥唐諾（Kevin McDonald）回憶道。[48]《紐約時報》在一九八〇、一九九〇和二〇〇〇年代不下於二十四篇的文章中，用**神祕**一詞來形容褐潮。[49]但放眼世界，毒藻的興起卻不那樣神祕。骯髒的褐潮、鏽潮、赤潮和藍綠藻，正在使世界水域窒息，靠著養分增生。它們喜歡暖水，而我們創造出牠們理想的生活條件。

一九七〇年代，坦帕灣表面覆蓋著臭氣熏天的藻蓆；如今，陽光射穿清澈海水，照拂在一百六十萬公畝的海草床上。海牛伴著海龜、魚類回來了，停辦的坦帕大海鰱錦標賽重新開始。

轉變始於嚴格的汙水處理法規。坦帕和其他城市不能再將幾乎沒處理過的廢棄物排進海灣。[50]附近的發電廠停止燃煤，減少從空氣帶入水中的氮汙染。針對農夫與園丁的各項計畫，減少了化肥徑流。「坦帕灣河口計畫」在三十多年的時間裡，號召了公民、商業人士、無政府組織以及政府單位，推行了五百多項專案，試圖恢復該區域的流體心臟。

對海灣扇貝來說，這還不夠。該州的魚類與野生動物官員，禁止大彎地區之外所有佛羅里達的捕撈行為，科學家則花了好幾年的時間，在孵化場培育數百萬幼體，並將牠們轉移到扇貝曾經繁盛的水域。在坦帕灣與松島灣，鋸齒形扇貝的數量每隔一輪就會急遽增加。然後，經過幾代野放，數量又會再次崩滅。[51]

二十五年來，坦帕灣守望隊的志工每年八月都會在灣口浮潛，數算他們能找到的每一隻扇貝。二〇一〇年，在科學家於灣中植入幼體後，他們計算到令人振奮的六百七十四隻。隔年，他們發現三十二隻，再隔年是五隻，然後是十二隻。二〇一八年，赤潮毒化海水，無法浮潛。二〇一九年，他們找到五十隻。[52]這樣的公民搜尋擴展到其他社區，但因為很難找到扇貝而逐漸失去活力。至於松島灣，早期的數算似乎頗有希望，但最近一次只找到一隻。科學家說，不祥的赤潮很可能是罪魁禍首。

在海灣扇貝曾經繁盛的切薩皮克灣，以及維吉尼亞和北卡羅萊納的沿岸海灣與河口，復育的成果同樣時好時壞。紐約的佩孔尼克灣是美國最大的海灣扇貝復育地，這裡的成果足以支撐商業捕撈；至少，在海灣溫度飆升導致大規模死亡之前是如此。

在一九八〇與一九九〇年代致命的褐潮之後，無論扇貝或海草都沒有自然回歸佩孔尼克灣，也就是介於長島南北雙叉之間、面積六百萬畝的河口。幾十年來，科學家一直在紹斯霍德的孵化場飼養海灣扇貝，並將牠們移植到歷史悠久的棲地。[53]

數十萬隻扇貝懸在圓柱形的燈籠網中，掛在水面的浮標線上過冬；這麼做是為了確保牠們足夠靠近，可以在春天產卵。數十萬隻扇貝被扔進海灣游泳，一角硬幣大小的扇貝聚集在水面上，宛如一個世紀之前，只不過如今是從船上扔下去，而非靠牠們自己的力量。長島大學與康乃爾合作推廣系統的專案，幫助佩孔尼克與附近海灣增加了十倍以上的貝苗與成年扇貝，以及商業漁獲量。但紐約的海灣扇貝無法容忍比一九八〇年代更熱的海水。二〇一九年夏天，佩孔尼克灣的溫度飆升到高峰；漁民在該州商業扇貝捕撈的第一天出發，卻發現大量死亡——這次沒有毒藻可以怪罪。[54]

科學家很清楚英格索爾一百年前指出的老生常談：扇貝可能某一年超級大豐收，但隔一年卻極度稀少。不過，這次的死亡似乎不同。[55]雙殼類敏感到足以做為水質監測器，如今也對氣候變遷提出警告。

我們沿著另一條河朝墨西哥灣與笑草滑行。孩子們現在更大了，是青少年了，船也變大了，是六公尺的金屬浮船。這些休閒船駁外面鋪著薄薄的戶外毯與草坪椅，是霍摩薩薩河（Homosassa River）上的慣用船，該河可通往今日佛羅里達最受歡迎的扇貝場。

我們的朋友也有兩個青少年小孩，意味著有十六隻長手長腳從灰色地毯中央的巨大圓形浮筒上撲騰伸展。浮船吸引眾多目光，那是梅蘭妮（Melanie）與查理（Charlie）從一名男子那裡買下的，男子將它取名為「撲通」（*Poontoon*），並用大大的字母將名字貼在船側。不過多年來，這家人一直把它唸成「pontoon」（浮船之意）。「等到他們終於注意到多了一個O時，那兩個孩子簡直羞死了。」

霍摩薩薩河發源於一座巨大的綠松石泉湖與同名的歷史小鎮，蜿蜒十一公里注入墨西哥灣。安東尼．狄莫克說，這座偏遠的前哨站是已經實現的烏托邦。[56]今日，我們在裝了喇叭、旗幟飛揚的漁船中間，瞥見狄莫克口中的霍摩薩薩：一座將近三十公尺多寬的澄藍泉水。一隻海牛浮出棕色河面，在一座僻靜的貝殼島上找到一只完好的箭頭。

在最初幾公里中，我們路過多樓層的小艇碼頭與堤基火炬（tiki-torch）餐廳，迷你豪宅與舊佛羅里達海鮮小屋，外加河中央的一座猴子島（Monkey Island）。那座人造島種了棕櫚雪松，以高爾夫球練習場風格的燈塔招徠遊客；它是一座惡魔島監獄，關了一小群從附近霍摩薩薩泉州立野生公園移來的猴子，罪名是從小孩身上偷糖果和闖入汽車。[57]

這群蜘蛛猴自從一九六〇年代關進這座監獄後，就看著越來越多的人類親戚駕著汽船駛過，趕赴佛羅里達最熱門的扇貝捕撈場。西特勒斯郡介於南方的坦帕灣與北方的大灣區之間；跟佛羅里達州大部分地區一樣，該郡的捕撈活動曾經停止，科學家試著在海底的鐵籠裡培育扇貝。數以萬計的籠養雙殼類產卵了好幾年，有助於恢復扇貝的數量，並終於在二〇〇二年重新開放休閒性捕撈。

軟體動物生物學家史蒂芬．蓋格說，當初導致西特勒斯郡扇貝死亡的危險因素相當多樣，而如今將牠們帶回來的助力也很多重，包括禁止捕撈、復育，鄰近的大灣區扇貝將幼體往南送；以及赤潮較少——或不像坦帕灣和其他許多地方有那麼多會改變海濱環境的硬景觀*。最重要的是：「數萬畝相對健康的海草棲地。」儘管如此，海草並非聖詹姆斯的奇蹟。扇貝的數量保持穩定，但揹著潛水袋在背後追趕的人口數量也在成長。「如果順著這個邏輯，」

蓋格告訴我，「總有一天，捕撈扇貝的人數將超過扇貝保持永續的數量。」

霍摩薩薩河上的船隻交通，感覺很像迪士尼樂園的遊行隊伍。身為使交通阻塞的一員，我們沒資格抱怨。儘管如此，茶褐色的霍摩薩薩河還是能讓人品飲到佛羅里達的一絲野生氣息。很快，迷你豪宅換成了只能以水路抵達的海鮮小屋，以及覆滿碎貝殼的石灰岩小島。龍鱗櫚像青少年的四肢般從叢林似的河岸向外伸展，斜出樹林或歪向水面。

河流逐漸從它藍色源頭的淡水，轉移到位於墨西哥灣嘴的鹹水河口。上升的海洋將鹹水推向內陸的地上與地下。河流下到中途，最高的棕櫚樹不是縱劈成兩半就是黑化，宛如遭遇森林大火。隨著鹹水浸透沿海含水層，棕櫚樹逐漸死去——佛羅里達的州樹體現了該州的生存威脅。

其他生命也在新環境中放肆野化。紅樹林與黑樹林在死去的棕櫚之間交纏成迷宮，拜冰凍減少之賜，竄長到六公尺以上。鹽沼掩埋了舊日的海鮮小屋，船屋在惡化的風暴中坍塌。

在河流接近終點處，金黃鹽沼向南北展開，宛如中西部的麥田。往西前進，陽光普照的大海與星羅棋布的小島，在墨西哥灣一平如毯的全景中開敞。我們被一長串在航道中加速奔往海草床的船隻包圍。瞧著GPS開了一會兒後，我們的朋友轉出航道，尋找最愛的地點。這不是

＊譯註：指用磚石等建築硬材料而非植物等軟材料所構成的景觀設施。

什麼祕密。我們加入一支遮陽篷船與紅白相間潛水旗組成的船隊，彼此近到可以聽見其他船隻的音樂，但又遠到不會影響彼此的扇貝領域。我們一頭蓬髮的大副艾丹（Aidan），從大圓浮筒上起身，丟下「撲通」的錨。

跳下平台，進入墨西哥灣，我發現水的涼感只有一瞬，接著就是舒適的暖度。水面下，音樂與死棕櫚的記憶消溶。墨西哥灣漂浮著身體與靈魂，雖然海藻令海水混濁、海龜草毛茸茸的。

那裡的扇貝似乎並不缺乏。我在三三兩兩的扇貝群上浮潛。不過，這是我幾十年來第一次採集這個「硬殼漿果」，我連一隻也無法強迫自己從海草上採摘。我將藍色網袋丟回船上。仿效狄莫克用相機取代槍枝，我也用水底傻瓜相機瞄準笑草裡的生命。

為了追尋好照片而非扇貝，我更加留意海草中的生命。幾十隻光芒星螺（Long-spined Star Shell）緊黏在草葉上。牠們的形狀大小有如鎳幣，三角形的尖刺從周邊外突，宛如小孩畫的太陽。我將這種小腹足類放在女兒和她朋友（我們的二副菲比〔Phoebe〕）的手掌上。後來我告訴菲比，她和那隻撓我們掌心的動物，有同樣的名字：*Lithopoma phoebium*。

我瞥見一隻紅橙色的海星，以及數十隻紫色海膽。我拍到一條小黑邊鰭真鯊。這次我沒告訴那些在鯊魚週（Shark Week）*飽受折磨的青少年。

半透明的海月水母收縮飄過，展現出鯊魚週世界不該有的優雅。

孩子們也漠視扇貝。只有我丈夫和梅蘭妮這位熱愛英國小說與鄰里八卦的密友，不停採摘。他們蒐集的量，剛好足夠在梅蘭妮與查理位於回程半途上的小屋裡，旺火快煎一道開胃菜。

小屋是由一位佛羅里達知名律師建造成末日碉堡的模樣，如今是一棟沒有電子設備的週末度假屋。梅蘭妮與查理在裡頭塞滿神祕小說與關於大海的珍貴二手書。一本藍色平裝書吸引我的注意：尤爾・吉本斯（Euell Gibbons）的《追捕藍眼扇貝》（*Stalking the Blue-Eyed Scallop*）。約翰・麥克菲（John McPhee）曾形容，這位深受喜愛的野生食物大師是「一個了解野生世界的人，在這個時代甚至無人能及其牛毛」。[58]

我是吉本斯的野生食物書寫迷，一直想閱讀他一九六四年出版的捕撈與烹煮海鮮指南。我翻到第六章，想知道他對於藍眼扇貝有何看法。我的大腦鎖定一段熟悉的句子：

> 凡是看過扇貝在潮汐池與淺水區上飛掠的人，無一會否認，牠們的本能除了生存還有嬉戲。牠們似乎在表達生之喜樂。[59]

＊譯註：「鯊魚週」最早是探索頻道（Discovery Channel）有關鯊魚的一個節目，每年七、八月播出，為期一週，後來佛羅里達等地也會在每年的「鯊魚週」期間舉行各種與鯊魚相關的活動。

我驚住，這和我很喜歡的羅傑斯的一段文字極為相似：

看到數以百計銀幣大小的扇貝在淺水區飛掠而過，肯定會讓你相信，即便軟體動物也能表達生之喜樂。[60]

我向朋友借了那本破舊的《藍眼扇貝》，後來還比較了吉本斯與羅傑斯有關海扇蛤的章節。關於該種貝殼的朝聖傳奇：

羅傑斯：第一次，十字軍的一名成員拾起一枚漂亮貝殼從故鄉出發。
吉本斯：有一次，一名士兵朝聖者拾起一枚漂亮貝殼。

關於牠們的移動

羅傑斯：扇貝不爬行或挖洞。
吉本斯：扇貝從不爬行或挖洞。

這位知名的野生食物大師，是否從世紀之交的貝殼作家那裡借用太多東西，此時似乎還有爭議，直到我讀了他們對於扇貝藍眼的描述：

羅傑斯：一排明亮眼睛位於邊緣。每隻眼睛都是一個虹彩綠的小點，外圍圈著一輪綠松石藍……它們有角膜、水晶體、脈絡膜與視神經。庫克博士說它們是真正的眼睛，比在其他雙殼類軟體動物上發現的任何眼睛更接近脊椎動物的眼睛。[61]

吉本斯：在外套膜邊緣有一排多達五十隻明亮、閃爍的眼睛，虹彩綠的小點外圍圈了一輪土耳其藍。生物學家告訴我們，它們是真正的眼睛，有角膜、水晶體、脈絡膜與視神經，比在其他雙殼類軟體動物上發現的任何眼睛更接近脊椎動物的眼睛。[62]

我不懷疑吉本斯的覓食與烹飪能力。一個冰冷的十一月，他用在薩斯奎哈納河與阿帕拉契小徑上發現與烹製的食物，餵養了麥克菲整整一個禮拜。他跟麥克菲講述他的兒時故事，說他在沙塵暴期間，躲在新墨西哥州的防空洞裡，靠著覓食拯救了母親與三個手足免於餓死。[63]我讀了他的致謝，對象包括艾德·李克茲以及塔克·阿伯特——羅傑斯也感謝過這兩位科學家為她提供的靈感；而吉本斯從未提及她。「還有幾十位人士，」他寫道，「我從他們那裡拿走當時需要的東西，然後忘恩負義地忘記了。」[64]

吉本斯對於海鮮的另一件事，也讓我印象深刻。他的觀點與他記憶中的經濟匱乏（尋找橡實充當粗玉米，尋找水田芥充當簡單沙拉）似乎無關。回顧他的時代，他在海鮮書中大發議論，提出無數種殺死「軟體動物演化頂峰：章魚」的方法——退潮時將這些生物從牠們的洞裡剝出來，或用牠們愛吃的寶螺當誘餌在海底刺死牠們。[65]他滔滔不絕地談論許多奢侈菜餚，像是海鮮紐堡（Newburg）、蛤蜊可樂餅、海鮮可麗餅和馬賽魚湯。馬賽魚湯的訣竅，他解釋道，就是「萬事皆三原則」（Rule of Threes）。不自尊自重的馬賽魚湯廚師只使用一種魚、一種甲殼類**和**一種軟體動物，但應該每一類各要三種：一開始用一條鱸魚、一條紅鯛魚和一條比目魚，[66]接著加入螃蟹、蝦子**和**一隻龍蝦，最後加入蛤蜊、貽貝**和**牡蠣——或任三種軟體動物。如果你想讓吃的人印象深刻，就帶殼煮。

我是透過羅傑斯的書寫知道吉本斯，還在歷史悠久的長灘報章上讀過關於他的一百篇小故事。我懷疑最讓羅傑斯崩潰的，莫過於吉本斯的海洋生物拾荒竟如此受歡迎——他教你在退潮時把章魚從洞裡剝出來，而不是靜靜研究牠們。

壓垮海洋生態的最後一根稻草，不僅僅是捕撈；比較確切的說法是，指數型成長的捕撈者**以及**沿海開發**以及**海草破壞**以及**碳排放增加，讓過去五年成為人類史上海洋最「暖」的五年。[67]不是海鮮本身，而是馬賽魚湯的「萬事皆三原則」——以及「萬事皆千原則」。

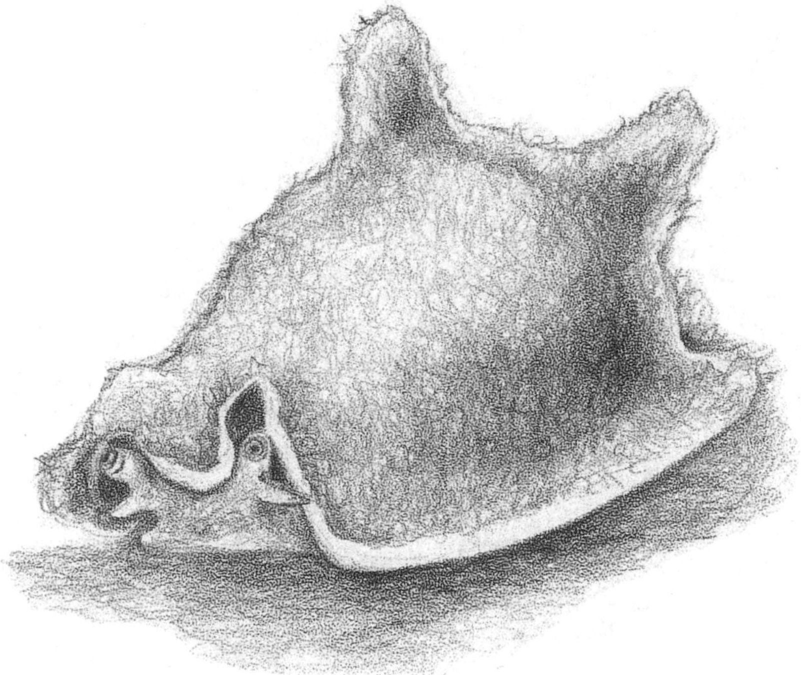

第十一章　拯救女王

女王鳳凰螺
THE QUEEN CONCH
Aliger gigas

當加勒比海的潮水從希臘安德羅斯島南端退入大西洋，一片光澤閃耀的沙質平原出現在地平線上，剛好覆蓋住淺水區，為週日下午在淺灘奔跑的巴哈馬孩童，打造出一塊泥濘場地。後退的大海在淺灘上留下一個渾圓的游泳坑洞，以沙為堤，是巴哈馬群島最大島安德羅斯最耀眼的「藍洞」之一。這座藍寶石泳池一般隱藏在大洋裡，只有退潮時會在馬斯灣（Mars Bay）的小聚落顯露出來，如白色沙漠裡的綠洲般，從平原上迸現。父母站在大如蔭樹的紅樹林下面聊天，原先奔跑的男孩女孩，轉而開始潛水、翻筋斗、蹦跳，或以其他方式投身藍洞。

孩子們為了鳳凰螺節（Conch Fest）興奮狂跳，那是南安德羅斯一年一度的節日，慶祝巴哈馬人最喜歡的動物與食物。女王鳳凰螺還製造出珊瑚色的外殼，吸引許多遊客用它來裝飾壁爐架或花園小徑；厚實、沉重的螺體搭配喇叭狀的唇部，顯露出海綿狀的內部與粉色光澤。從螺層到拋光般的平滑入口，這款貝殼是一座宮殿，適合令人印象深刻的女王。女王鳳凰螺強壯、敏捷、多產、堅決。[1]牠們是軟體動物界的雜技演員，儘管外殼重如岩石。和馬斯灣的孩子們一樣，女王鳳凰螺也會蹦蹦跳跳，翻起筋斗看起來很輕鬆。牠們利用肌肉發達的足部與爪狀的螺蓋，像撐竿跳一樣在海底跳躍、躲避掠食者，並切斷自身的氣味蹤跡。[2]萬一鯊魚或海龜把女王鳳凰螺翻過來找肉時，牠會將身體翻回躲藏。不過這招對人類無效。

當孩子翻轉潛水時，幾個比較年長的巴哈馬人遠遠站在沙原上，拖著沉重的麻布袋，將「東西」植入淺水灘，為節慶競賽做準備。鳳凰螺節是為南安德羅斯舉辦的返鄉節慶，做為偏僻島嶼中的偏僻小島，南安德羅斯並未得到渡輪商業主義的接觸與補償。住在邁阿密或巴哈馬首都拿索（Nassau）的安德羅斯人，飛進剛果鎮（Congo Town）的小機場，或預定私人渡輪的船位返鄉；渡輪會在那個週末變身為鳳凰螺派對船。馬斯灣位於機場南方三十二公里處、森林密布的皇后公路上。那是貫穿安德羅斯的唯一一條鋪裝公路，兩旁都是鳳凰螺殼。

在靠近藍洞附近的馬斯灣社區公園裡，一支耙刮樂團（rake-and-scrape band）把音樂舞台交給了一位流行ＤＪ。食品攤位漆成粉紅色或掛了粉紅色布幔。攤位後方，活跳跳的女王鳳凰螺數量漸減，空殼堆則是越積越高。在地廚師正在切片販售碎裂的鳳凰螺、烤焦的鳳凰螺、咖哩鳳凰螺、蒸煮鳳凰螺、燒烤鳳凰螺，兩種鳳凰螺沙拉，以及炸鳳凰螺條。在靠近舞台的兩張凌亂桌子上，刀聲鏘鏘、螺腸亂飛，敲碎鳳凰螺與鳳凰螺去殼的兩項競賽正在火熱進行。[3]

回到海灘，淺灘上很快鑲嵌了各種矮胖厚實的東西，一些閃著粉紅色，一些隱藏在一座紅樹林島上，或埋在沙裡的失事漁船中。當時間到了，孩子們在藍洞前排成一隊一隊，面對地平線。在「開始」聲中，每支隊伍裡的一個孩子衝過淺灘，蒐集一小批戰利品，跑回去堆在隊友前方，然後換另一名孩子出去。當水花四濺的接力賽結束後，每支隊伍都累積了一小堆鳳凰螺殼。它們會讓人聯想起從社區碼頭附近、從船艇下水坡道旁邊以及從巴哈馬各地外溢的大量貝塚。

這場比賽是為了傳承而非交易。這個節日本身，一如大西洋西北部的數十個鮭魚節、加州的鮑魚節以及紐約的牡蠣週一樣，是為了重演流逝的豐饒。貝殼堆中的粉紅色閃光如同藍洞一般，真實存在卻又虛無縹渺；它們真實如翻一個筋斗，虛幻如海市蜃樓。

女王鳳凰螺的棲息地橫跨巴哈馬群島，上至佛羅里達與百慕達，以及整個加勒比海周遭。這意味著，牠們的生命與不下於二十六個國家的人類和他們令人不安的生活方式緊密交織。[4]在古馬雅的廢墟中，考古學家發現一些圖像顯示，女王鳳凰螺被當成肉搏戰的格鬥武器——有尖刺的五磅重拳擊手套；其光滑無比的內腔可以做為保護手指的握把。[5]到了現代時期，女王鳳凰螺是美國中情局一項行動的核心角色——他們打算引爆一枚放在珊瑚礁上的貝殼，暗殺古巴總統卡斯楚。根據二〇一七年解密的甘迺迪刺殺檔案，一九六三年，中情局考慮將一只「壯觀的貝殼埋在卡斯楚經常赤身潛水的區域」，當成詭雷暗殺他。「貝殼將裝滿炸藥，當貝殼被抬起時就會爆炸。」[6]卡斯楚熱愛在原始的薩帕塔半島（美國在豬玀灣〔Bay of Pig〕）慘敗中遭到羞辱的地方）外海潛水和用魚叉捕魚。中情局最後判定，沒有任何加勒比海本地的貝殼大到足以盛裝足夠數量的炸藥，又奇特到能讓卡斯楚把它從珊瑚礁中拿起。假如他們當初問過鳳凰螺漁夫或科學家，或許能改變歷史。

人類對貝殼的再想像，沒有一個能接近女王鳳凰螺自身變化多端的生命週期。這動物在幼體時期順著洋流而行，稚螺時期躲藏在海草中，中年階段掛在砂礫與碎石上，老了則跳入深沙渠道。[7]女王鳳凰螺並非全是女王。牠們有雌雄之分，必須結合交配；不像雙殼類是將卵子精子送入海中，在洋流裡相遇。

春天，成熟的鳳凰螺成群結隊，食用海藻，將營養轉化成卵子與精子。群體生活對牠們的生存至關緊要；科學家表示，一公頃的面積中至少需要九十隻女王鳳凰螺，才能成功繁殖。每隻雌螺會生產出數百萬顆卵子，等待雄螺挪過來，將牠鐮形頂端的長長陰莖伸到雌螺殼下。[8]在她卵子受精後的一天之內，母螺會在沙裡挖出一道小溝，將五十萬顆左右的受精卵堆疊成一條膠質索，如果拉展開來，長度將超過一個籃球場。她以那隻萬能足撥弄沙子掩飾那條膠質索，塗覆堆疊，直到它看起來有如一塊白色珊瑚。每一季，她會產下約莫九個這樣的卵塊，一年為世界誕下將近五百萬隻幼體鳳凰螺。其中只有不到百分之一（五萬左右）能長成成年女王。[9]

幼體的變形就像從蟲蛹變女王那樣高貴。幼體鳳凰螺在母親打造的世外桃源內部，從起初只是一顆輕軟泡泡的殼上開始生長。幾天之內，軟殼胚胎開始在它們的卵裡旋轉，彷彿在練習即將來臨的翻筋斗。旋轉代表牠們已準備好孵化，並以面盤幼體的形式飄入水中，這階段的幼螺身形很小。未來幾個星期，是牠身為女王鳳凰螺的一生中，唯一可自由游動的時間，順著洋流漂浮好幾公里。原子狀的面盤幼體抽長出花瓣狀的裂片；一開始兩瓣，接著四瓣，六瓣。[10]到這時，面盤幼體已經三週大，牠的透明外殼是完美螺旋，六瓣裂片伸長成肢體，支撐牠在海底著陸、在海草上爬行。

牠爬行，再次游動，接著爬行，游動，尋找恰到好處的定居點。當鳳凰螺晃動的肢—鰭消失後，牠自由自在的嬰兒期便接近尾聲。牠長出爪形足和其他軟體動物特徵；以鼻狀吻吃東西，以鰓呼吸。此時長全的完美小外殼，可以擺在你的指尖上。少年期的女王鳳凰螺將自己埋在沙裡，度過生命中的頭一年，除了潛望鏡般的眼睛外其餘都無法被看見。那一年與接下來四年，年輕鳳凰螺將所有精力用來逃避掠食者；最初是海洋蠕蟲與小螃蟹，接著是比較大的魟魚、龍蝦、章魚、鯊魚。到了五歲左右，牠們已將自家宮殿鞏固成極為安全的堡壘，以至於牠們大多數的天敵都不再試圖闖入。這時，需要擔心的威脅只剩下一個。

做為一八六〇年代初出茅廬的青少年博物學家，查爾斯・弗雷德里克・霍爾德（Charles Frederick Holder），在父親於傑佛遜堡海龜國家公園的工作期間，造訪了西礁島並前往鳳凰螺城（Conchtown）。他雇了一艘船和幾位沙色頭髮的「鳳凰螺男孩」，帶他去看美國境內唯一的大堡礁——從礁島群向西南延伸的大珊瑚礁。[11]霍爾德形容那片枝狀珊瑚礁有如「一個海底世界──一座居住了千百萬生命的珊瑚城」，擠滿了色彩鮮豔的魚、蟹，以及多不勝數的軟體動物。[12]鳳凰螺男孩口中的「Micramock」大寶螺低蜷在礁石上，外套膜翻捲到外殼上。[13]女王鳳凰螺在沙與海草中撬動。男孩們領著霍爾德去了他們的鳳凰螺飼養場，在那裡，「鳳凰螺以雜草為食，數量多到男孩們將它們成打成打搬上船」。[14]

「我現在知道為何用鳳凰螺來形容這些人，」霍爾德寫道，他後來成為一名休閒釣客，以及美國最受歡迎的戶外作家。他看著男孩們將那些動物切開，區分煮湯與作餌的肉，然後將殼「堆成一大堆，成噸出售做為珍奇物品，並製作成珠寶與其他物件」。

在巴哈馬群島，「鳳凰螺人」一詞最初是對白人工人階級的貶稱，他們分成好幾波移民到礁島群。第一波是在獨立戰爭之後；數千名保皇派帶著數千名非洲奴隸逃離美國，湧進英國統治的巴哈馬群島，懷抱著將漁業群島改造成棉花帝國的願景。[15]富有的新來者與鳳凰螺老前輩爆發衝突，其中一些渡過佛羅里達海峽，前往礁島群。隨後那個世紀，巴哈馬白人與黑人持續移往礁島群，從事打撈、捕魚、製造海綿與農耕。一八八〇年代，《紐約時報》報導，「鳳凰螺人」這個暱稱「通常帶有嘲笑之意，但『鳳凰螺人』似乎不以為恥。」[16]被派到該城最南端做旅遊專題報導的記者們，經常在他們的通訊中提及該城的黑人、「鳳凰螺人」，以及古巴人與古巴街區，但對他們捕捉與準備的海鮮讚不絕口。其中一位寫道，「鳳凰螺人是一大群粗魯階級，顯然很無知」，總是會落掉咬字中應有的氣音，就跟倫敦東區的工人階級一樣。[17]

一九三〇年代，當公共事業振興署聯邦寫作計畫在描述「鳳凰螺人」時，該詞依然帶有考克尼（Cockney）*的腔調與傳統，公共事業振興署的《佛羅里達指南》（*Guide to Florida*）建議道：「雖然該詞彙如今適用於任何生活在佛羅里達礁島群的人。」[18]而礁島群也變成世上唯一一個所有人口以一種軟體動物命名並與之認同的地方。出生在西礁島的嬰兒，會得到新奇的鳳凰螺出生證明。在鳳凰螺人的故鄉西礁島高中，建築物都被漆上淡粉色，草坪上還有一個巨大的金屬製女王鳳凰螺。每個夜晚的日落時分，在美國陸地最南端的西礁島馬洛里廣場上，會由一支女王鳳凰螺號角吹響它的憂傷晚安。

「鳳凰螺認同」在一九八二年達到最巔峰；當時，美國邊境巡邏隊在美國一號公路（進出該群島唯一的陸路）設置路障，搜索所有離開礁島群的車輛是否攜帶非法毒品以及是否是無證移民。邊境等級的搜索造成好幾個小時的交通阻塞，嚇跑遊客並激怒在地人。西礁島的政治與商業領袖嘗試了一切補救措施，企圖關閉檢查哨與聯邦法庭。在邁阿密法官否決他們強制令的第二天，西礁島市長丹尼斯・沃德婁（Dennis Wardlow）和支持者策畫了一場脫離美國的假獨立，宣布西礁島是一個主權國家——鳳凰螺共和國。這場面並非如後來經常被記憶的那樣輕鬆；當時聯邦調查局幹員集中在該城，西礁島的海軍航空站也處於高度警戒的攻擊狀態。[19]沃德婁朗讀的宣言，讓人回想起當初鳳凰螺人對英國稅收與暴政的抗拒。[20]叛軍高舉著藍黃色的鳳凰螺共和國旗幟，上面飾有一隻大型的女王鳳凰螺。叛變搶盡了鋒頭，迫使聯邦政府撤下路

*編按：意指英國倫敦的工人階級。

障。這個微型國家贏了——而鳳凰螺人終於贏得尊敬。礁島群的新T恤與保險桿貼紙全都印上了他們的獨立格言：「借鑑失敗贏得獨立」。

然而，在他們花了一個世紀打造鳳凰螺形象時，鳳凰螺漁民、海鮮批發商、巧達濃湯廚師、古玩經銷商，以及在礁島群販售亮粉色禮品的商家，卻逐漸耗盡了牠們的價值象徵。一九二〇年代初，科學報告開始留意到過剩問題，當時食物小販將精選螺肉串在細棍上，在城裡兜售；一個鳳凰螺只要五分錢，還有新奇商店以兩毛五的低價兜售貝殼螺。[21]美國魚類委員會在一九二三年留意到，要捕捉如此大型又緩慢的動物有多容易。「濫捕很容易耗盡供給，」委員會在該年的年度報告中如此強調。[22]

到了一九四〇年代，幾乎所有靠近佛羅里達尖端的東西都等著被捕被賣。商業捕貝人駕著駁船駛過珊瑚礁，不僅捕撈鳳凰螺，還用撬棍打斷珊瑚枝，用起重器將它們吊起做為裝飾品出售。[23]礁島群的老前輩抱怨，他們再也無法輕鬆蒐集一堆鳳凰螺做巧達濃湯。海洋科學家吉伯特・沃斯（Gilbert Voss）警告道，如果美國人不拿出保護美國大峽谷那樣的力道來保護偉大的海底古蹟，他們的珊瑚礁與海草床就會消失。[24]

沃斯與其他海洋生物學家向州政府與美國內政部請願，保護珊瑚礁。花了十年的時間，才在艾森豪總統執政期間保留住部分海底，直到彭尼坎普珊瑚礁州立公園盛大開幕，美國人擁有了第一個水下保護區。不過，活珊瑚得到拯救，女王鳳凰螺卻仍瀕危。《寂靜的春天》作者瑞秋・卡森（Rachel Carson）寫道，即便是女王，「在佛羅里達礁島群也變得稀有，」牠的粉紅貝殼「數以百計地陳列在佛羅里達每一個販賣旅遊紀念品的路邊攤上」。[25]

當人們被豐饒包圍時，不會去理會多餘的的警告。到了一九六〇年代，礁島群的商業漁夫一年可捕撈二十五萬隻女王鳳凰螺。一九七六年，佛羅里州禁止商業捕撈。但還是有非常多的遊客與在地人追著非常稀少的鳳凰螺跑；即便是休閒性的捕撈，也持續毀滅著這些女王。在該州的自然史博物館中，軟體動物學家弗雷・湯普森（Fred Thompson）用一個世紀前的長羽鳥屠殺*來比喻鳳凰螺的滅絕。[26]「沒有任何道德限制，」他哀嘆道。一九八六年，佛羅里達終於禁止以任何形式捕撈女王鳳凰螺，該州的海洋漁業委員會表示，此舉「將促使該物種自行復育，如此一來，總有一天能再次准許捕撈」。[27]

四十年後，這個許諾並未兌現。鳳凰螺依然是深受喜愛的礁島群美食，閃亮的粉紅色宮殿依然是去礁島群度假最受歡迎的紀念品，當地人依然以鳳凰螺為榮。但鳳凰螺的肉與殼都是來自巴哈馬。

在加勒比海的地圖上，安德羅斯是巨大的陸塊，主導了巴哈馬群島，比其他七百座島嶼加總起來還大。該島的形狀會讓人聯想起貝殼；兩千年來，貝殼始終是人們生活的一部分。安德羅斯島從北邊的尖端開始，在肩部擴大成寬闊的喇叭口，然後收縮成厚實的軀幹，最後在南端

*編按：為取得「羽絨」製成保暖依物而屠殺鳥類。

開展成好幾公里的沙質平原與長長的紅樹林河口。

安德羅斯本身是一個一百六十公里長的群島，從巴哈馬首都拿索飛過來只要十二分鐘；但對比之強烈有如它們之間的驟降海溝「大洋之舌」。安德羅斯是巴哈馬的「家族」島或「外」島之一，是外於拿索或大巴哈馬自由港的低調社區，旅遊業尚未全面輾壓漁業、農業和其他傳統生計。島上的三塊飛地——北安德羅斯、紅樹林礁（Mangrove Cay）和南安德羅斯——被淺而蜿蜒的水灣劈開，這些水灣銜接了有人居住的東邊以及涵蓋了西邊的荒野國家公園。居民七千五百人，大多居住在貫穿東海岸的皇后公路兩旁，許多人從事旅遊業，滿足被藍洞和大堡礁吸引來的北梭魚愛好者與潛水人。[28]美國海軍在這裡有個主要的水下研究中心，也有其他關於農業或手工藝的產業中心，但漁業還是收入與生計的支柱。雖然早就承諾要以其豐富的自然與文化歷史發展生態旅遊，但安德羅斯的貧窮、路面坑洞以及時不時的停電，還是反映出一種令人疲憊的漠視。

女王鳳凰螺一直是盧卡亞泰諾人（Lucayan Taíno）的歷史核心；一四九二年哥倫布「發現」巴哈馬群島時，該族已經在群島生活了千年以上。[29]在哥倫布的「宣告發現信」隔年，描繪該信件的一幅理想性畫作，在義大利廣為流傳畫面前景就是一隻巨大的鳳凰螺。[30]

盧卡亞人是出色的漁夫和深水潛水夫；科學家檢查他們的頭骨，發現耳朵周圍因應壓力長了骨頭。[31]他們捕撈無數女王鳳凰螺，將貝殼磨成工具珠寶，將貝肉放在烤架（*barbacoa*）上燒烤——留給我們「Barbecue」這個詞彙與贈禮。[32]歷史形容他們是友好慷慨的民族，他們也向西班牙人展示他們稱為「hamaca」的吊床，以及令人印象深刻的木船（*canoa*）。今日，還有一艘殘存的盧卡亞獨木舟保存在安德羅斯的一個藍洞裡。[33]

他們將鳳凰螺稱為*cobo*（*co*代表「外部」，*bo*是「房子」），意指扛著自身房子的動物。[34]西班牙人只花不到二十年就消滅了盧卡亞人。他們逼迫四萬人在伊斯帕尼奧拉島*當奴隸，工作內容包括潛水捕撈鳳凰螺螺與珍珠。等到一五一三年胡安・龐賽・德・萊昂經過巴哈馬時，那裡已經不存在任何原住民。[35]歷史地理學家卡爾・歐特溫・蘇爾（Carl Ortwin Sauer）有個著名描述，說胡安・龐賽・德・萊昂之所以發現佛羅里達，純粹是「想在空無一人的島嶼之外捉捕奴隸的結果」。[36]

包括安德羅斯在內的巴哈馬群島，在英國人占領之前荒廢了一個世紀；保皇派和他們的奴隸勞工，在美國獨立戰爭之後為這裡增加了人口。接著，在一八二〇年代，來自佛羅里達大沼澤地的塞米諾黑人，為了逃離時任美國總統安德魯・傑克森（Andrew Jackson）發動的印第安戰爭，搭乘雇來的救難船與巨大的獨木舟跨越佛羅里達海峽，在安德羅斯西北部的紅灣（Red Bays）建立一個社區。他們住在那裡，「平和安寧，以可大量滿足的魚類、鳳凰螺與螃蟹維生」，當他們於一八二八年被英國海關包圍時，一位總督在快信中如此寫道。他們在拿索被監禁了一年之後，主張廢奴的總督放了他們，最後約有兩百名塞米諾黑人定居在紅灣。下一波移

*編按：今日海地與多明尼加所在的島嶼，是加勒比海第二大島。

民潮在一八四〇年代到來，剛得到自由的水手從巴哈馬的其他島嶼移居安德羅斯，在巨大的海綿床上工作。[37]

女王鳳凰螺的名稱來自維多利亞女王時代。拿索的「女王樓梯」與巴哈馬的其他許多地方，都是以這位年輕的女王命名；她於一八三七年登基，監督了帝國奴隸的解放工作。殖民主義在巴哈馬與女王鳳凰螺上留下巨大的印記，這裡指的是字面上的意思——一八五九年，第一張黏貼式郵票取代該島當地的郵票，主角就是維多利亞女王的臉。[38]而先前占據畫面主導位置的鳳凰螺殼與松樹，則是撤退到下方的兩個角落。

這位時尚女王熱愛粉紅貝殼。她用自己的浮雕首飾切割器製作胸針和一些場合的紀念伴手禮，包括她的婚禮。這類飾品多半是用萬寶螺殼製作，但維多利亞女王最常使用來自加勒比海的鳳凰螺。她精美的浮雕首飾引發了一陣狂熱和一個重要的進口市場。

「加工成浮雕首飾與其他藝術品的利潤非常巨大，」巴哈馬駐英國的漁業委員奧古斯都・艾德萊爵士（Sir Augustus J. Adderley）在一八八三年如此描述女王鳳凰螺的進口。當時，歐洲對女王鳳凰螺的需求非常強烈，艾德萊警告道：「我的印象是，這種魚貝的數量不如昔日那樣豐富，而且人們想要保護牠。」艾德萊想建議，為女王鳳凰螺設定禁漁期，「但我害怕這不切實際。」[39]

根據艾德萊的說法，安德羅斯提供皇室海螺、海綿和木材，構成「老英格蘭的木牆」。獲得解放的海員，以豐饒的海洋為中心，打造出自身的島嶼文化與經濟。他們仰賴鳳凰螺肉，特別是在艱難時期。在巴哈馬群島各地，「當島民似乎被外在世界遺忘時，」鳳凰螺和牠們的蛋白質幫助島民度過經濟衰退與災難，一位鳳凰螺研究者在一九六〇年代寫道。[40]曬乾的女王鳳凰螺肉外號「颶風火腿」，是大風暴過後其他魚肉稀缺時的主食。[41]

安德羅斯各地的貝殼堆是來自盧卡亞時代，來自殖民時代，以及來自上星期——這個動物與小島的食物和工作、娛樂和傳說密不可分。在一則二十世紀初記錄於島上的民間傳說中，鳳凰螺與龍蝦決定以賽跑定勝負，看誰能娶到國王的女兒。[42]鳳凰螺知道自己因為只有一隻腳而速度比較慢，所以很早就出發。在沿途的每個點上，他都在淺灘留下一隻小鳳凰螺。等到龍蝦經過時，便在每個淺灘停下，吃掉小鳳凰螺，在某一處，他的大頭還卡住了。雖然龍蝦知道鳳凰螺正在打敗牠，但牠還是忍不住。當龍蝦停下來享用最後一隻小鳳凰螺時，牠聽到唱歌跳舞的聲音。鳳凰螺靠著牠的一隻大腳，比貪吃的龍蝦早了一步，迎娶了國王的女兒。

佛羅里達禁止女王鳳凰螺的各種捕撈之後，礁島群的科學家們一直期待恢復的信號。然而期望落空，沮喪年復一年。鳳凰螺群並未回來；鳳凰螺的數量低到雌雄兩性找不到彼此交配。「這就像是喪屍末日之後，」佛羅里達魚類與野生動物保護委員會馬拉松（Marathon）實驗室馬拉松位於佛羅里達兩百公里長的島嶼尾聲的中段的鳳凰螺生物學家加布里爾・德爾加多（Gabriel Delgado）如此說道，「如果世上最後一個男人在加拿大，而最後一個女人在澳大利亞，他們勢必得花上好些時間才能發現彼此。」[43]

德爾加多對海洋生物的愛，是從照顧水族箱裡的熱帶魚開始；那是父母買給他的，放在他從出生到長大居位的紐約市臥房裡。上大學時，邁阿密大學的羅森斯蒂爾海洋與大氣科學學院正好符合他古巴裔父母的期望，離大家族近一點；也符合他自己的期望——研究海洋。一九九七年，德爾加多在一場會議中提出他的碩士研究，主題是關於女王鳳凰螺的密度。他引起海洋生態學家鮑伯・格雷澤（Bob Glazer）的注意；格雷澤曾經花了十年時間，研究為何女王鳳凰螺不肯回到礁島群。

德爾加多加入州立研究實驗室以及格雷澤的試驗，在孵化場哺育鳳凰螺後將牠們野放。鳳凰螺生物學家梅根・戴維斯（Megan Davis，如今是佛羅里達大西洋大學海港分校海洋學研究所研究教授），曾在她協助在英屬土克凱可群島設立的商業養殖場養了六年鳳凰螺。她與其他科學企業家在陸地的水槽中孵化卵子，並將數百萬的稚螺轉移到位於淺綠松石海裡、肖似麥田圈的巨大圓形魚柵。養殖場成功繁殖鳳凰螺，提供餐廳與批發商，為野生動物減輕一點壓力。

不過，野放小鳳凰螺以重新填補棲地螺口數的努力，似乎在科學家嘗試過的每個地方都以失敗收場。在加勒比海與礁島群，小鳳凰螺已演化成要在柔軟的海床上生長，對水槽不太適應。水槽的堅硬表面磨損了牠們的螺塔和棘刺，一旦野放，因為從未學過將自己掩埋起來，往往很快就被吞噬。德爾加多和格雷澤認為，如果讓牠們暴露在掠食者面前，稚螺應該能學會將自己藏進沙裡。但是，飼養出一隻鳳凰螺得花費九到十二美元——政府不願出這筆錢。梅根・

戴維斯指出，考慮到每隻鳳凰螺能為種群做出的貢獻，用這樣一筆小錢復育如此具代表性的一種動物其實相當划算。

在禁捕令執行大約十五年後，僅剩的雌雄鳳凰螺似乎終於在佛羅里達海城中找到彼此。鳳凰螺再次以較大的數量群聚在牠們的珊瑚礁離岸棲地，以及礁島群附近的淺水海草。但重新繁殖的鳳凰螺，又為科學家帶來新的擔憂。離岸的螺群開始交配，但近岸水域的螺群卻沒有繁殖跡象。為了弄清究竟是哪裡出了錯，礁島群的科學家從每個區域蒐集了一些雄螺與雌螺，將之解剖，並用聯邦快遞把牠們的性腺交給密西西比州海泉市的南西・布朗彼特森（Nancy Brown-Peterson），她是南密西西比大學墨西哥灣研究實驗室的生物學家。[44]

在俯瞰密西西比小灣的這座實驗室裡，布朗彼特森的專長是海洋繁殖生物學。她將離岸鳳凰螺的組織切片放到顯微鏡下，她注意到，雌雄兩性有健康的卵子與精子。但當她去檢視來自近岸的那些樣本時，「我從沒看過任何類似的東西，」她告訴我。「近岸的雌螺裡什麼也沒有。」[45]幾乎所有的近岸雌螺與大多數的近岸雄螺，都沒有健康的性腺組織。

接著，礁島群的科學家嘗試將無法生育的近岸鳳凰螺移到更深的海床上。六個月內，這些鳳凰螺發育出卵子與精子，開始交配。雌性女王鳳凰螺開始製造她們聰明的卵囊。科學家認為，必定是來自陸地的某些人類危險，傷害了靠近海岸的鳳凰螺。科學家研究了他們能想到的所有原因：南佛羅里達用來殺蚊子的殺蟲劑、當時正在汙染礁島群的化糞池排放、流出綠草坪的化肥、金屬或其他化合物。德爾加多、格雷澤與同僚們測試了上面提到的一切，甚至更多。

不過，雖然殺蟲劑降低了鳳凰螺的繁殖力，金屬混亂了牠們的性器官（一如染料骨螺與其他軟體動物的遭遇），但沒有單一威脅能夠解釋出現在布朗彼特森顯微鏡下那種毀滅性的卵子與精子缺乏。難道是一種複合性的人類傷害？或尚未看到的某種東西？

在安德羅斯南端馬斯灣的偏僻聚落裡，漁夫伯泉．泰勒（Bertram Taylor）與其他鳳凰螺節的組織者，正在紀念島上深以自豪、長達兩千年的鳳凰螺捕撈史。該但島當時聲名鵲起，為外界所知，卻是因為截然不同的某件事。我去馬斯灣造訪鳳凰螺節那年，一個真人實境秀家庭正在為北方四十公里處的泳池磁磚顏色傷腦筋，當時他們為了家園頻道（HGTV）的《更新島》（*Renovation Island*）節目，準備把一家破敗的旅館改造成度假屋。有些當地人把這個知名節目視為一項指標，代表巴哈馬的「沉睡巨人」安德羅斯終於甦醒了。事實是否如此、以及安德羅斯是否能在從巴哈馬到馬爾地夫這些已經迪士尼化的奢侈旅遊業中保留它的文化傳統，還有待觀察。

泰勒的祖父是用一艘木製小帆船捕撈鳳凰螺；他倚在船側，旁邊擺了一只玻璃底的木桶，發現鳳凰螺後，就滑動下方的長柄鉤，雙手輪流地將牠們拉進船裡。[46]直到二十世紀末，巴哈馬的鳳凰螺漁民依然駕著木製單桅縱帆船，往返於加勒比海，有些還曾是西半球末代商業帆船的一員。[47]最大的「單小帆船」（smack）拖著兩人小艇駛向離岸鳳凰螺場，進入淺灘。「鳳凰螺量大的時候，在淺水區工作的一個小組，一天可捕到一千隻以上這種軟體動物，」一九六三年美國魚類學家約翰・蘭德爾（John E. Randall）如此報導。[48]小艇會在幾天後返回，用漁獲填滿小帆船，活水艙壓低船身，駛回拿索碼頭。

美國科學家和環保團體與巴哈馬之間，有著微妙的關係。他們哀嘆鬆散的鳳凰螺捕撈法規，就算美國早已把自家的鳳凰螺捕撈殆盡，今日他們消耗的島嶼鳳凰螺卻仍超過巴哈馬之外的任何國家。女王鳳凰螺是少數受到《瀕臨絕種野生動植物國際貿易公約》（*CITES*）管制的海洋軟體動物。但到目前為止，美國始終拒絕用它自身的《瀕危物種法案》保護女王鳳凰螺，該法案可讓美國管制進口、貿易和其他活動。

巴哈馬禁止進行工業捕撈，而在允許這種方式的宏都拉斯、尼加拉瓜以及其他許多國家，會有多達六十位潛水夫擠在大型船隻上，一次停留好幾個禮拜或好幾個月。[49]他們把電動獨木舟送到淺灘，裝滿鳳凰螺肉，將殼留在海底，然後掉轉回頭，將鳳凰螺冰存在母船上。

巴哈馬禁止水肺潛水採集鳳凰螺。政府設定出口限制，只允許漁民帶走成年鳳凰螺，並設立二十一個海洋保護區，禁止捕撈區內鳳凰螺。但這個島國也擁有全世界數量最大的女王鳳凰螺手工捕撈漁民——將近一萬人。當牙買加等國的鳳凰螺陷入險境並執行禁令之後，巴哈馬小漁民甚至接到更大的需求量，而他們也必須越走越遠才能發現女王鳳凰螺。根據遍布全島的粉紅貝殼檔案，他們帶走的鳳凰螺越來越小，包括傳統上會被漁民保留下來長到繁殖年齡的。到了二〇一〇年，在安德羅斯傳統鳳凰螺場研究鳳凰螺密度的科學家表示，牠們已經被捕光了。[50]科學家建議，關閉一些區域禁制捕撈，至少該關閉一季。但這兩個想法都沒受到重視。

二〇一八年，研究員分析數十年來巴哈馬群島各地鳳凰螺群與貝殼堆的數據，得出一個嚴峻的結論。在巴哈馬的大型鳳凰螺場——安德羅斯、阿巴科、貝里群島、伊柳塞拉和埃克蘇馬，一度相當大量的鳳凰螺群，已經稀少到低於繁殖所需的最小數量。[51]「數據顯示出持續性的枯竭，」芝加哥謝德水族館生物學家安德魯·考夫（Andrew Kough）表示。「巴哈馬正在重蹈佛羅里達的覆轍。」[52]

當考夫離開密根西湖畔的水族館，去到溫暖的緯度工作時，在巴哈馬國家信託與在地志願者的協助下盤點女王鳳凰螺。他們手抓拖板滑過綠松石海水。研究員搭乘謝德水族館二十五公尺長的研究船「珊瑚礁二號」（*Coral Reef II*），航行到偏遠的鳳凰螺場，接著搭乘小型機動船駛出；機動船拉著潛水員沿著一條橫截線移動，拖板上裝了相機。研究員透過潛水鏡向下細瞧，尋找並計算鳳凰螺數量，如果發現鳳凰螺群，稍後會再回頭測量每隻鳳凰螺。女王鳳凰螺就跟人類青少年一樣，有些會在成熟前猛長一波，很容易被誤認為成螺。巴哈馬的法規允許漁民採集殼口向內捲成著名喇叭狀的鳳凰螺，長久以來，人們將此視為成熟的象徵。但科學家如今認為，最重要的是殼的厚度，有太多少年鳳凰螺還沒機會繁殖就被捕撈了。[53]

考夫是女王鳳凰螺和龍蝦「幼體之旅」的專家。兩者都是以透明的自由泳者之姿展開生命，隨著洋流漂浮數公里，然後在海底定居。女王鳳凰螺的幼體看起來宛如異世界的外星花朵，旋轉穿過水柱。龍蝦的幼體也很像外星人——長了ＥＴ眼睛的扁平水晶蜘蛛，小到可讓考夫放在指尖拍照。牠們的觸鬚向前突出，與身體等長。

安德羅斯有關龍蝦與鳳凰螺的古老民間故事，反映出這兩個物種的生命在人類尺度上的交織。龍蝦是巴哈馬最主要的漁獲，女王鳳凰螺其次；在龍蝦的禁漁季，女王鳳凰螺就成了漁民家庭的收入來源，而如果兩者都有禁漁季，漁民的家庭就會在春季受苦。在安羅德斯，有些漁民表示，他們根本不相信法規能保護海洋生命。[54]比方說，偷獵者會瞄準偏遠的珊瑚礁，捕撈禁漁季的龍蝦與過小的鳳凰螺。

考夫還沒出生，佛羅里達礁島群就已失去女王鳳凰螺，如今他將巴哈馬的崩跌視為一項測試，看看我們是否能在大多數漁業皆處於衰退的世界裡，拯救海洋。二〇一七年，他帶領一項全面性研究，結合整個群島的生物學調查和漁民訪談。[55]巴哈馬國家信託派遣巴哈馬年輕人去訪談鳳凰螺漁民，他們全都同意女王鳳凰螺有了麻煩，但對法規感到懷疑。儘管如此，鳳凰螺漁民、科學家和非政府組織還是統整出一個解決方案。漁民與科學證據都支持打造海洋保護區——海洋中的大型禁漁區，讓海洋動物有繁殖的機會。

巴哈馬有二十一個水下禁漁區，那裡的鳳凰螺不能捕撈，但只有一個受到良好的保護與巡邏：埃克蘇馬島陸海公園。考夫團隊發現，公園裡的成年鳳凰螺數量是未受保護區的三倍。回到芝加哥後，考夫用電腦分析強壯的女王鳳凰螺在埃克蘇馬島產卵後孵化出的幼體漂流模式；他發現，這些稚螺定居在公園界外的未受保護區，包括一些密度低到無法保護該物種的漁場。考夫的研究顯示，將幼體的漂浮模式建模，有助於巴哈馬政府制定策略，判定該如何選定禁漁區並執行巡邏，保護繁殖中的鳳凰螺，讓牠們的子嗣重新豐富這些歷史悠久的鳳凰螺場。世界各地的海洋科學家與保育人士都期盼，有朝一日可以將這類禁漁區連結成一條全球鏈，大到足以拯救並復原海洋。

不過，雖然佛羅里達礁島群在過去十四年間對女王鳳凰螺進行了嚴格保護，但這美麗的食草性動物至今尚未復原。

二〇一七年九月，致命的颶風橫掃大西洋；我們無須慌忙撤離，卻也離不開颶風那以對數螺旋與某種悲劇感在我們螢幕上旋轉的衛星影像。哈維（Harvey）、艾瑪（Irma）與瑪麗亞（Maria）颶風，以異常的行進造成異常的破壞——特別是在波多黎各、維京群島、佛羅里達與德州。哈維破了雨量紀錄，艾瑪破了風速紀錄。瑪麗亞在波多黎各造成現代史上最嚴重的自然災害，直接死亡人數將近三千人。[56]

置身在這些人類危機當中，我們不常考慮，當颶風掃過大海時，會對海洋動物造成何種影響；牠們的勝利與動盪是衛星與追風者看不到的。鯊魚和梭魚等魚類，可以解讀風暴來臨前夕氣壓計壓力下降的徵象，有些會逃離危險情況。[57]牡蠣與珊瑚礁憑藉其碳酸鹽強度與粗糙質地，素以抵禦暴潮和分散波浪能量聞名；牠們的效能優於颶風侵襲時用來保護生命與財產的人類艙壁。[58]然而，那些與牠們比鄰棲息在珊瑚礁裡的動物，卻會遭受重擊。一九八九年，雨果颶風（Hurricane Hugo）襲擊美國維京群島，七．五公尺高的巨浪與時速三百二十公里的風速直接衝擊巴克島礁國家紀念區長達十四小時，摧毀南方巨大礁石的一部分，並將倖存的部份摜倒，向內陸推移了二十七公尺。颶風過後的十餘年裡，公園工作者仍可聽到流離失所的礁石呻吟吱嘎，宛如失落的靈魂。直到它終於安靜下來，重新鈣化並黏附於它的新海底。但人造海堤不會如此。[59]

颶風襲擊時，生活在砂石海草裡的腹足類與雙殼類，可能被連根扯下拋擲到岸上，生存十分艱難。軟體動物（還有海膽、海星以及與牠們扔到一塊的其他生物）可能被洋流、風和破浪捲走，甩到沙丘與岩石頂端，將牠們困在該地。當麥可颶風（Hurricane Michael）襲擊多明尼加共和國時，這就是少年女王鳳凰螺群的命運。[60]

對軟體動物以及其他移動緩慢的海洋動物而言，被颶風帶來的成噸海沙活埋，也是常見的下場。一九九八年喬治颶風（Hurricane Georges）通過後，佛羅里達礁島群的科學家調查到，依然稀少的鳳凰螺群就被埋在一層沙子裡。德爾加多形容，他只看到幾組鳳凰螺的眼睛在牠們被緊埋的貝殼尖端蠕動著。他和同事將所有能找到的貝殼挖出，解救了一百隻左右的女王鳳凰螺。

二十年過去，當女王鳳凰螺終於開始在離岸海床復育之後，艾瑪颶風卻又再次瞄準了礁島群。暴風雨前那個暑假，德爾加多和同事在整個礁島群計算出六十萬隻海螺，創下一九八六年禁漁後的紀錄。颶風過後，數量一下掉到三十五萬隻。調查結果也顯示，在鳳凰螺棲地發現大量新沙。數十萬隻女王鳳凰螺很可能慘遭活埋，死去的數量至今仍未補回。

給了我們獨木舟、吊床和燒烤等詞彙的盧卡亞泰諾人，也替猛烈的旋轉風暴命了名——

huracan，「大風中心」。*hura*（風）加上*ca'n*（中心），在泰諾人的陶器上是以簡單的橫躺S為標記——兩隻順時鐘旋轉的手臂中央有一張女人的臉，看起來肖似今日衛星圖像中掠過海面的颶風。

哈維、艾瑪與瑪麗亞颶風，強化了氣候變遷導致颶風更加猛烈的證據。更溫暖的海水產生更大的能量，為熱帶氣旋渦輪增壓；更溫暖的空氣保持更多水分，為風暴注入更多雨水。艾瑪颶風摧毀了加勒比海與佛羅里達的生命財產；一個多禮拜後，另一個五級暴風瑪麗亞，讓波多黎各陷入人道危機，留下數千名無家可歸者。一場災難引爆另一場，包括四萬處土石流。颶風摧毀醫院、道路，以及能源、飲用水和通訊基礎設施。

漁民說，瑪麗亞颶風將海底「上下顛倒」。颶風撕毀了海草床，粉碎了珊瑚礁，用沙子汙泥悶死了鳳凰螺與龍蝦。[61]「這改變了波多黎各的生活，」當地漁業協會主席安東尼奧．托雷斯（Antonio Torres）說。「這摧毀、拆散了家庭，許多人結束生意。它令人流淚。」[62]

位於波多黎各東端的海港城市納瓜沃，當地漁民已修復瑪麗亞颶風對當地漁業協會總部造成的傷害。總部外面有新漆的黃綠兩色，內部則有一項新使命。漁民正在裝置水槽養殖女王鳳凰螺，從胚胎養成三英寸的稚螺，準備野放到歷史悠久的海草床或成長魚柵。總部內，一組水槽用來孵化鳳凰螺卵，另一組給幼體，第三組供形態過渡之用。在孵化場外的屋頂下，有另一組水槽用來安置稚螺，直到牠們準備入海。

納瓜沃鳳凰螺養育中心吸取了許多血淋淋的教訓，那是海港分支海洋學研究所研究員梅根・戴維斯四十多年養殖女王鳳凰螺所累積的失敗經驗。水槽要用軟材質製作，才不會磨損鳳凰螺的棘刺；她知道鳳凰螺每個年齡段最愛的食物：幼體時期的矽藻，稚螺時期的海藻食品。

這個試驗性專案得到美國國家海洋暨大氣總署的支持，目標是訓練在地漁民孵化與撫養鳳凰螺。戴維斯希望培育一個完全由在地人執行的水產養殖業務，從鳳凰螺養殖者到行銷者一體統包。稚螺將以手工方式栽植到海洋保護區，重新建立野生螺群。養殖的女王鳳凰螺可以直接從海底的成長魚柵上出售。戴維斯表示，這技術可以教授，並在加勒比海諸島上複製。她利用新冠肺炎隔離的那幾個月，製作了鳳凰螺養殖的指導手冊與錄像。

「這不僅是科學，也是養殖鳳凰螺的藝術，」戴維斯告訴我。不難想像，這個二十一歲的長腿女孩，大學剛畢業就搬到英屬土克凱可群島養殖鳳凰螺。[63]「你每天都要去觀察牠們，你需要第六感。你必須聆聽幫浦運作的聲音，嗅聞水新不新鮮；你必須摸摸鳳凰螺感受牠們，還要能直接看出牠們的需求——不只是何時該餵食，還包括該餵什麼以及怎麼餵。你得真正了解牠們。」

換句話說，想要拯救這些動物需要具備幾千年來我們捕食牠們、敬拜牠們，以及利用牠們製作藝術、工具與結構的所有直覺、經驗、創意和代代相傳的智慧——或許還需要運氣。

「女王鳳凰螺似乎是一種警醒而敏感的生物，」瑞秋・卡森在《海之濱》（*The Edge of the*

Sea）中如此寫道。「或許長在兩條長管狀觸手末端的眼睛，增強了這種效果。從眼睛移動與引導的方式，可確知它們能接收周遭的印象並傳送到替代腦部的神經中心。」[64]

腹足類有成束的神經索，稱為神經節，可傳送訊號至牠們的大足肌肉與外套膜；腦神經節非常接近大腦，可控制牠們好奇的眼睛、觸手和其他感覺器官。腦神經節也控制繁殖與造殼。在佛羅里達礁島群，當科學家持續尋找近岸女王鳳凰螺繁殖失敗的原因時，他們發現，近岸鳳凰螺製造的外殼比離岸親戚的輕上許多。密西西比海洋繁殖生物學家布朗彼特森（Brown Peterson），檢查了近岸鳳凰螺的神經節，確認了與離岸的鳳凰螺相比，近岸的確實不正常。[65]

礁島群近岸水域的女王鳳凰螺，正在失去牠們重要的神經中心。雖然那些水域「談不上原始，」在美國國家環境保護局資助的一項研究此謎題的計畫中，科學家做出結論，他們找不到肥料、殺蟲劑或其他汙染物可解釋這種惱人的轉變。[66]

由於罪魁禍首並未禍及離岸鳳凰螺，科學家認為它必定是來自陸地。當德爾加多前去檢視近岸螺群時，他開始從不同角度思考，並發現牠們的水域「跟三溫暖一樣熱」。

海洋吸收大量蓄藏在大氣中溫室氣體的熱；過去半個世紀的地球暖化，有九成以上是由海洋承擔。[67]在佛羅里達，可回溯到十九世紀燈塔管理員留下的海洋溫度紀錄顯示，今日珊瑚與海洋生物經常體驗到的夏日氣溫，在一百二十年前很少出現。[68]靠近陸地的淺水區得承受高於深水區的溫度。這樣的熱點會降低某些腹足類的卵子和精子數量，以及繁殖力——並減少其他腹足類的鈣化。[69]

德爾加多開始從南佛羅里達周遭的女王鳳凰螺群聚地蒐集溫度數據。在某些群聚地，不僅水溫相當暖，還極為不穩定。特別是近岸鳳凰螺，經常暴露在高於其忍受上限（約莫攝氏三十一度）的溫度之下。這就像只要水溫高了一度，珊瑚礁就會突然白化一樣，德爾加多懷疑，這些溫度高峰很可能將近岸女王鳳凰螺的心理壓力推到新的高度。

這有助於解釋，為何礁島群禁漁了四十年後，女王鳳凰螺的數量依然未恢復到歷史水平。這也有助於說明，想要拯救女王以及其他所有仰賴海洋的生命，不能只靠單一國家的努力。

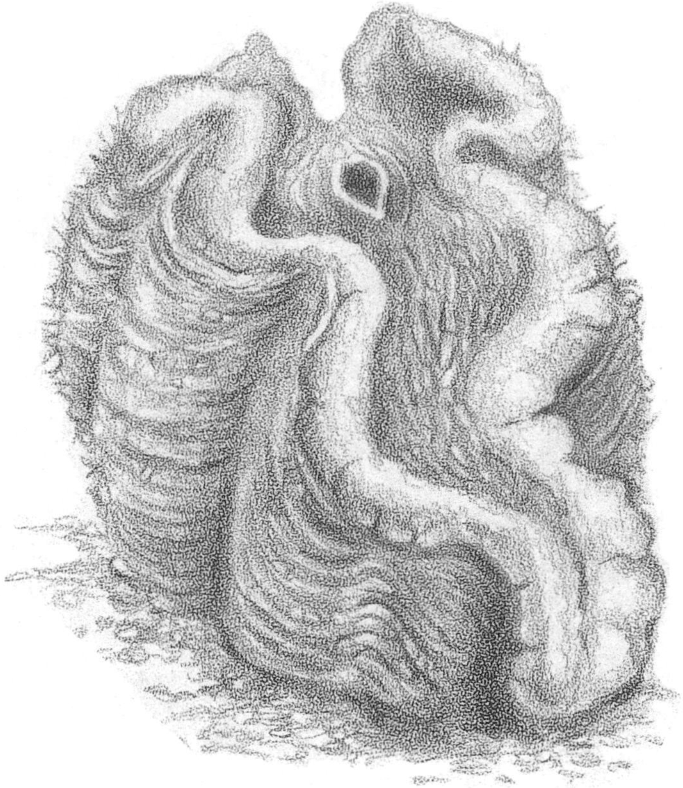

第十二章 光亮未來

巨硨磲蛤
THE GIANT CLAM
Tridacna gigas

艾莉森．史威尼（Alison Sweeney）在西太平洋帛琉恩格米德灣樹木纏繞的岩石島嶼之間浮潛，她在一處陡降的珊瑚岩壁流連，沿著五十公尺的樣帶*拍攝她看到的每一隻硨磲蛤。[1]在帛琉，以及世上少數幾個其他處所，這意味著需要在水下待上很長一段時間，足以讓皮膚起皺。

至少，這些硨磲蛤讓史威尼覺得事情容易些，當時她是耶魯大學的生物物理學家。這些動物豐滿圓潤，外殼有如上了彩的雙唇，閃爍著藍色、紫色、金色和銅棕色。體型最大的無鱗硨

*編按：意指帶狀取樣統計方法。

磲蛤（*Tridacna derasa*）蹲踞在海底，為數最多的十二公分圓硨磲蛤（*Tridacna crocea*）則是生活在礁石的較高處；牠們是體型最小的巨蛤。牠們肉呼呼而豔麗多彩笑容般的開口，從恩格米德灣*珊瑚與岩石的四面八方閃耀著光芒。

一如往常被關在帛琉國際珊瑚礁中心實驗室裡的某個下午，史威尼與小組的三位科學家決定游去這些離岸約一公里半的硨磲蛤場。我在他們身邊划過藍綠色海水，穿越蘑菇狀的島嶼。我們看到倒吊睡在樹上的果蝠，以及下方遼闊的珊瑚；有些珊瑚因為恩格米德灣的情況而白化，那裡的自然高溫和酸度，反映出氣候變遷對全球海洋所造成的可預期影響。

即便是生活在白化珊瑚上的硨磲蛤，也跳動著色彩。當史威尼拿著相機靠近牠們時，馬尾髮束從身後漂起，嚇得牠們縮回帶凹槽的外殼裡。牠們宛如害羞的童話生物，受到詛咒而擁有無可抗拒之美，無法不用牠們的閃閃亮光吸引注意力。

正是這樣的光暈，將史威尼吸引到硨磲蛤上，吸引到帛琉——一個由三百多座島嶼構成的共和島，介於菲律賓與關島之間。它陽光明媚的海水，是世上十餘種硨磲蛤裡其中七種的故鄉；從傳說中可長到兩百五十公斤重、寬一二公尺以上的巨硨磲蛤，到槽紋優雅的鱗硨磲蛤（*Tridacna squamosa*）。二〇〇九年，史威尼第一次來到群島，當時她在加州大學聖塔芭芭拉分校做博士後研究員，研究動物虹彩（iridescence）。無論是來自大藍閃蝶的翅膀或章魚的皮膚，虹彩色幾乎總是與視覺訊號有關——通常是為了吸引配偶或混淆掠食者。但硨磲蛤的熒光卻不是這類訊號。那麼，它是什麼？

在那之後的幾年裡，史威尼和同僚發現，硨磲蛤的虹彩本質上是一種太陽光轉化的外光暈，依靠陽光與藻類生物運行。巨硨磲蛤之所以能長出那種卡通化的尺寸，是拜一項經過五千萬年優化的額外能力之賜——也就是可以在遍布牠們肉身的垂直農場上，生長自己的光合藻類。這種光暈很超自然，彷彿來自未來和過去。史威尼和其他科學家認為，它或許可照亮前景，為日益暖化的世界提供替代能源科技與其他工業解決方案。

我仰浮在恩格米德灣裡，等待史威尼與她的小組完成他們的樣帶。熾烈的帛琉太陽沉落在古老的岩石島嶼後方，果蝠開始甦醒，伸展雙翅，飛入暮色。

隔天，果蝠再次在我的上方飛舞，而下方是巨硨磲蛤；但這次是在陸地。牠們被畫在帛琉最古老的 *bai*（男人會館）的動物群像裡。這些歷史悠久的統治會館，有著色彩鮮豔的木樑，以及陡斜的茅草屋頂，一度主導著每座村莊。但這一棟是最後依然矗立的傳統 *bai* 之一，位於巴伯爾道布島上的艾拉伊州，那是帛琉尚未開發的最大島嶼。

果蝠是帛琉文化裡的謙遜象徵，裝飾在建築物每一端的入口處，提醒人們，即便是地位最高的領袖，進門時也必須鞠躬致意。在蝙蝠下方的黑白粗條紋裡，風格化的巨硨磲蛤橫跨會館

* 譯注：恩格米德灣更為人所知的名稱是 Nikko Bay，不過傳統領袖與政府官員正致力於恢復恩格米德這個原住民名稱。

的正面與背面，這圖案也經常做為帛琉門楣與木雕故事板的滾邊。在會館牆上以及帛琉的傳奇裡，「硨磲蛤象徵權力與堅持，」艾伊拉歷史與文化保護辦公室的愛爾莎．修格（Elsa Sugar）說道，她帶我在她出生的村莊裡做了一趟硨磲蛤之旅。[2]

帛琉諸島有人居住的歷史至少有三千四百年；從一開始，巨硨磲蛤就是主食、日常生活，甚至神祇。島上許多留存至今最古老的工具，就是用吃完貝肉的厚殼製作的：拱型刀片的扁斧，魚鉤，鑿子，沉重的芋頭搗錘。[3]帛琉最古老的貝塚中，巨硨磲蛤占了超過四分之三——但比例隨著世紀流轉逐漸降低。

考古學家認為，最早的島民曾耗盡擠滿清澈淺灘的巨硨磲蛤，後來或許做了一些自我修正。[4]古代帛琉的保護法名為*bul*，禁止在關鍵產卵期或某物種出現濫捕徵象時捕撈。

基督教是今日帛琉的主要宗教；在它搭乘十八世紀的傳教船駛入之前，帛琉文化的創世傳說是從一隻巨硨磲蛤開始，牠在空蕩的海中呼喚生命。[5]硨磲蛤越長越大，直到生出人類孩子的母親——拉特米凱克（Latmikaik），她在風暴和洋流的協助下生下後代。

這個傳說讓人聯想起巨硨磲蛤的幼體階段，在生命的最初兩週，牠們隨著洋流移動。在能夠定居之前，游動的幼體必須找到並攝取一或兩個光合藻類，藻類稍後會繁殖——想像一下自我複製的燃料電池。等到幼體吞下藻類，並發展出一個迷你小殼與一隻足後，牠們就像水下農民一樣四處遊蕩，為牠們的作物尋找陽光充足的地點。等牠們在淺潟湖或礁石上選好光線明媚的家，就會附著在岩石上，向天空張開貝殼。當太陽照射，光合作用開始後，微藻類將繁殖到數百萬或（巨硨磲蛤身上的）數十億——硨磲蛤與藻類將終身共生。[6]

這種叫做蟲黃藻（Zooxanthellae）的微藻類，可維持共生硨磲蛤的脂肪，並滿足它們生存所需的糖分。做為交換，宿主提供安全的家與每日劑量的陽光，並以極為精準的方式交遞。這種相互交織的生命循環，為這個時代提出一些引人注目的科學問題。這些硨磲蛤如何蒐集如此強烈的赤道陽光卻不過熱？牠們如何將光線平均分配給數百萬的微藻類，包括居住在硨磲蛤最黑暗深處的微藻？還有最迫切的，這些動物是如何在逐漸暖化、酸化的熱帶海洋中表現得如此堅韌？

太平洋島民將巨硨磲蛤投入實際用途，卻也在牠們身上看到神靈。在某些島上，牠們的貝殼是盛裝祖先頭骨的禮器，或儀式用的洗滌器皿。當巨硨磲蛤在歐洲還鮮為人知時，由探險家帶回故鄉的第一批殼體就受到蒐藏家與國王的崇敬，並做為洗禮盆進入基督教的儀式中。

十六世紀初，威尼斯共和國呈給國王弗朗索瓦一世（King Francois I）一對巨硨磲蛤，成為教會史上最著名的代表；兩百年後，雕刻家讓－巴蒂斯特·皮加勒（Jean-Baptiste Pigalle）將它們安置在巴黎聖敘爾比斯教堂的海洋大理石底座上做為聖水盆，至今依然受人崇拜。一八二二年，維克多·雨果（Victor Hugo）靠著一張偽造的受洗證書，在該教堂舉行婚禮，後來還捐贈了兩個巨硨磲盆給位於巴黎瑪黑區巴洛克風格的聖保羅聖路易教堂，紀念女兒莉歐珀汀（Leopoldine）在那裡舉行的祕密婚禮。[7]在巴塞隆納的聖家堂以及世界各地的許多天主教堂裡，巨硨磲蛤洗禮盆持續盛裝著神的恩典。

這些器皿的靈感可能來自太平洋人民用巨硨磲蛤製作的嬰兒浴盆。英國聖公會在美拉尼西亞群島傳教的一則歷史故事裡洋洋得意地說道，隨著時間推移，郊區牧師「確保了海螺殼的響亮音符是召喚島民上教堂而非上戰場，巨硨磲蛤裡的小嬰兒是在受洗而非受虐」。[8]

據說，法國哲學家加斯東・巴舍拉（Gaston Bachelard）曾對著巨硨磲蛤驚呼：「在這樣的貝殼裡沐浴，誰不會感受到置身宇宙的振奮，並強化對自我的想像？」[9]然而不知何故，在十九世紀男子氣概的探險雜記與深海奇幻文學中，這個受人喜愛、象徵新生的圖符，卻被誹謗成殺人怪獸，準備用牠宛如鋼鐵的下顎，誘捕並溺死不幸的潛水夫。

硨磲蛤的學名「*Tridacna*」，來自希臘文的「*tri*」（三）和「*dakno*」（咬），最初的意思不是「硨磲蛤咬人」，而是「人咬硨磲蛤」。老普林尼在《自然史》中解釋，亞歷山大遠征時，在印度海裡發現三十公分長的牡蠣，「一些敗家子和美食家」將牠們命名為「*tridacna*」，「希望人們可因此理解，牠們大到需要咬上三口才能吃下。」[10]

但是在十九世紀與二十世紀的英語世界裡，「Giant Clam」（巨硨磲蛤）就是「Killer Clam」（殺手蛤）的同義詞，德文是「Mörder Muschel」（殺手蛤）。但沒有任何歷史、通俗或科學的證據（甚至沒有無法驗證但有其可能的故事證據）可證明曾有任何人被巨硨磲蛤抓住並殺死。

或許在很久以前，玻里尼西亞的一個小孩在布滿巨硨磲蛤的淺灘涉水時不小心被絆倒，父母的警告就變成了傳說；又或者，也許有個魚叉漁夫跟朋友講了一個瞞天大謊，然後這個故事就像小魚一樣自己長大。在毛利傳說《拉塔的旅程》（*Rata's Voyage*）裡，獨木舟之旅的偷渡者加納奧阿（Nganaoa）在證明自身的價值後得以留在船上；他先殺死了威脅要咬住獨木舟的巨硨磲蛤，接著殺死一隻試圖將船拖下海的章魚，最後殺了一條打算吞下一切的鯨魚。[11]有個可怕的虛假故事，以不同版本流傳於玻里尼西亞各地，故事裡的鬣鹿或烏龜為了回到猿猴身邊，帶著猿猴去捕撈硨磲蛤，並為了美味的貝肉引導牠找到一隻龐大的硨磲蛤。猿猴將手伸了進去，那隻軟體動物隨即將牠的手切斷。[12]

這些傳說反映出人類喜愛召喚真實動物的怪誕性。在十九世紀的海洋探險時代，作家將存在主義根深植於黑暗的洞窟或海底，例如凡爾納（Verne）的超自然海洋奇想。凡爾納將《海底兩萬里》設置在這樣的時代，當時「所有巨大與想像的生物都出現在報紙的諷刺漫畫裡，從極北地區的可怕白鯨『莫比．迪克』（Moby Dick），到觸手可以纏住五百噸的船隻的巨大海怪，一下就將大船丟進海淵深處。」[13]

在熱帶太平洋地區第一手觀察巨硨磲蛤的博物學家，帶著崇拜的目光將牠們描述得栩栩如生，宛如珊瑚礁中的吸睛美物。英國貝類學家休．康明在菲律賓穿過五顏六色、多采多姿的硨磲蛤，形容牠們色彩斑斕，宛如「美麗的鬱金香花床」。[14]但通俗作家在當時的科學文本中添加吸引人的賣點，大肆宣揚巨硨磲蛤的吃人（甚至吃鯊魚）形象。

「牠們的力量超大，連不小心從牠們身邊游過的大鯊魚和魟魚，都會被牢牢咬住，」一八八五年，戶外作家霍爾德在《基礎動物學》（*Elements of Zoology*）一書中如此警告：該書是他與動物學家暨醫生的父親約瑟夫・霍爾德（Joseph Holder）合著。[15]

一九二〇年代，《大眾機械》（*Popular Mechanics*）雜誌報導，在巴布亞，「潛水夫不小心踩進那怪物經常張開的大嘴，力量之大，根本無法掙脫以致被活活淹死。牠的雙殼用力緊閉，活似巨大陷阱。」[16]一九三〇年代，《紐約時報》週日旅遊版針對「澳洲海域的噩夢雙殼類」發表意見。報紙的檔案紀錄誇大了牠的尺寸（「經常被說」有四公尺多那麼長）和危險，牠那猛咬的外殼「導致許多在地人與潛水夫因為腳被夾住無法掙脫而死亡。」[17]

二戰期間，這些故事激發了美國海軍的想像力；在太平洋戰鬥的士兵們，聽取了有關「食人蚌」與大鯊魚的簡報，據悉牠們都棲息在珊瑚礁中。[18]食人的神話如此深入人心，以致幾十年後，在海軍的潛水手冊中還可看到相關建議，告訴蛙人萬一被巨硨磲蛤「如老虎鉗般」緊緊夾住時，該如何掙脫：將刀插入殼瓣之間，切斷牠的閉殼肌。

甚至連深具開創精神、比其他科學家破除了更多有關鯊魚的迷思的海洋生物學家尤金妮・克拉克（Eugenie Clark）都中了這比喻的毒。一九五〇年代初，在一趟帛琉之旅中，克拉克側寫她的一位嚮導——身形高大、肌肉發達的魚叉漁夫西亞恭（Siakong）。當他脫下工作服，穿著纏腰帶潛入海中，「頓時從流浪漢變身為希臘神祇雕像。」[19]

某天下午，兩人在雨中以魚叉捕魚，西亞恭喊道：「*Nechan*（「大姊」），來看！」克拉克潛下去，看到一隻巨硨磲蛤，大到「可輕輕鬆鬆將西亞恭整個包進去」。西亞恭抬不起那隻硨礫蛤，只能潛下去將蛤肉撬出，來一頓珊瑚礁野餐。克拉克看他沒浮上來，於是又潛下去查看，結果看到「讓我嚇死的場景。西亞恭被硨磲蛤夾住了！」

那隻巨型軟體動物的顎緊緊夾住西亞恭的一隻手臂，直到肘部，一動不動。克拉克驚慌失措，浮上水面換氣，想找出辦法拯救西亞恭不被溺死。這時，只見西亞恭笑著浮出水面，手上舉著她這輩子見過最大的蛤肉。西亞恭剛剛用刀深入蚌殼之中，割斷了牠的閉殼肌。克拉克從這起玩笑中鎮定下來，兩人分享了與男人大腿一般大小的蛤肉。

儘管科學家在一九六〇年代就發現巨硨磲蛤在珊瑚礁生態系統中的角色，然而從電視節目到路邊景點，牠的「殺手蛤」形象依然歷久不衰。在一九七五年英國科幻電視劇《超時空奇俠》（*Doctor Who*）系列的《戴立克的起源》（*Genesis of the Daleks*）中，博士試圖阻止瘋狂科學家達夫羅斯（Davros）進行恐怖實驗時，便遭到有史以來最低劣的巨硨磲蛤攻擊。直到今天，沿著七十五號州際公路穿越密西根時，兩旁的看板仍不時提醒遊客，可從三二六號出口開往麥奇諾郡，去希博伊根的貝殼城欣賞「殺人巨蛤」。

如同嗜血的鯊、狡猾的狼和邪惡的蛇，殺手蛤的神話也是誕生於對未知的恐懼，而且隨著了解及主宰海洋的人越來越多，恐懼也越見增長，來勢洶洶，不成比例。一直以來，巨硨磲蛤就像海洋裡的每一對貝殼，抱持著牠們對於生命與生存的真理。

在恩格米德灣如浴缸般溫暖的海水中，我與阿曼妲·霍爾特（Amanda Holt）和金·凱

（Jing Cai）一起游著；她們是史威尼小組裡的研究員，正在尋找巨硨磲蛤。我原本想像，我們可以發現重達數百公斤、閃耀著藍光的巨硨磲蛤（每一篇有關巨硨磲蛤的文章與學院論文中都有牠們的身影），但我很快得知，這機率就像指望孟加拉老虎從印度森林中跳出來一樣低。我們最常見的野生圖標，已變成最罕見的。巨硨磲蛤也不例外。

人們對於巨硨磲蛤宛如象牙的外殼以及閉殼肌（一種美味干貝）的奢侈需求，導致牠們在中國、台灣以及其他原生棲地逐漸滅絕。帛琉靠著全世界最嚴格的海洋保護法，加上當代開創的硨磲蛤水產養殖，協助該地的野生硨磲蛤得以存活。帛琉海水養殖示範中心每年養殖了數萬隻巨硨磲蛤，提供給當地蛤農賣給餐廳和水產貿易，減輕野生蛤貝的壓力。但由於其他國家捕光了本國的硨磲蛤，於是帛琉那六十萬平方公里的海洋領土，成為非法外國漁民日益肖想的目標。

整個下午我們只看到一隻巨硨磲蛤，小型的圓硨磲蛤則到處都是。我數了數，有二十隻依附在一塊珊瑚礁石上，柔軟的外套膜鼓動著色彩。一隻天鵝絨黑的硨磲蛤閃爍著電藍色斑點；一隻深綠松石色的硨磲蛤，有一條明亮的藍晶色帶，周圍環繞黑色斑點。牠們緊挨著一隻黃綠兩色的硨磲蛤，色彩斑駁，宛如蜥蜴皮。還有一隻棕色的，深金色穿過牠的外套膜，有如石英裡的紋路。牠們看起來宛如活的髮圈，被路過的美人魚隨意丟棄。

恣意的色彩掩飾了恩格米德灣天生的低酸鹼值與高溫。巨硨磲蛤和珊瑚一樣，都跟蟲黃藻有著類似的關聯，在極熱的環境下也很容易白化。承受壓力時，牠們會排出體內的藻類，因為過多的藻類會耗盡硨磲蛤的顏色，甚至會殺死牠們。不過，雖然恩格米德灣的情況和預測中二〇〇年的全球海洋很接近，但該地的野生硨磲蛤似乎仍欣欣向榮。[20]

帛琉國際珊瑚礁中心位於繁忙的科羅爾島，其執行長胤南．戈布（Yimnang Golbuu）是一位生物學家；他說恩格米德的情況是自然形成的，源自它平靜的水流以及與外界的生態系統隔離。這樣的特色也將幼體局限在海灣中，可讓海洋生物天擇出耐受性狀並適應惡劣環境。「大自然提供給我們的彈性顯然有所差異，」戈布告訴我。「我們需要理解並傾聽大自然，並從這些差異中學習。」

聆聽大自然是仿生技術（biomimicry）的核心，是生物學與材料科學的融合。大學時代，史威尼在故鄉伊利諾州主修生物學；上第一堂物理課時，她發現透過物理結構研究生命，可讓她在演化生物學的開放性問題中，得到一種舒服的秩序感。二十年後，身為賓州大學物理暨天文學系聘用的第一位生物學家，她依然被生物的優雅效能所吸引：烏賊的眼睛可以在黑暗的海洋深處輕鬆觀看，巨硨磲蛤有能力將陽光轉化成能量。

這是畫在帛琉男人會館上的動物道德故事的現代版。就像新一代的土木工程師已經了解，與生態系統合作可以做出更優越的設計，材料科學家也越來越常望向生物學，不僅尋求靈感，還尋求確切的藍圖。

「演化，」史威尼說，「比人類工程師聰明多了。」

將近一萬四千五百公里外的地球另一端，當我造訪費城時，正下著一月的小雪；雖然看似不搭，但這裡的確是巨硨磲蛤研究的震央。我首先前往一八一二年由湯瑪斯・賽伊和其他科學革命家創立的自然科學院。科學院如今隸屬於卓克索大學，混合了維多利亞時代的蒐藏與現代科技。學院頂樓，蒐藏了一千萬件以上的標本，範圍從卓越非凡的巨硨磲蛤殼，到只有零點零一公釐的海螺殼，全都塞在一萬三千五百個鋁製抽屜裡。五百只巨硨磲蛤放在最底部經過特別強化的抽屜，好承擔它們的重量。[21]

學院地下室，穿過氣味怪異堆放著哺乳類標本與獸角的地方，生物地球化學家蜜雪兒・甘農（Michelle Gannon）將史威尼團隊蒐集到的一個圓硨磲蛤殼，放進一把刀片十八公分長的電動修邊鋸中。橫截面顯現出羽毛狀的灰色生長輪，和樹木的年輪一樣標示著硨磲蛤的一生。

還記得地球科學家如何利用硨磲蛤的化石重建過去幾百萬年的古代氣候嗎？甘農利用她的掃描式電子顯微鏡，在只有幾微米寬的硨磲蛤殼晶體中，解讀**每日**的陽光與黑暗周期。在科學院的穩定同位素實驗室中，她進一步集中注意力，將晶體研成粉末並秤重。軟體動物用來製造外殼的碳酸鈣（$CaCO_3$）含有鈣、碳與氧，氧的類型因條件而不同；軟體動物根據水溫、蒸發率和其他條件，在牠們的家園裡建造不同數量的同位素氧十六與氧十八。藉由測量同位素的相對重量，甘農可以描繪出硨磲蛤周遭環境的日常變化。[22]

當甘農將這些生物檔案結合起來，她便有了硨磲蛤生活條件與光合作用輸出的詳細歷史——甚至包括每日照射到該隻動物身上的陽光數量。她發現，在最明亮的日子，硨磲蛤的生長速度比陰天時高一個數量級。她希望這些數據能為由藻類和陽光驅動的生物燃料提供研究資訊。但社會是否願意投資這些新型能源，似乎是比科學本身更棘手的挑戰。

第二天，雪下得更大，我在賓州的物質結構研究實驗室與史威尼以及她賓州大學的同僚、材料科學暨工程教授楊舒（Shu Yang）碰面。實驗室大廳掛了一張特寫照片，一隻閃耀著熱帶藍光的巨硨磲蛤。

楊的職業生涯始於貝爾實驗室的朗訊科技（Lucent Technologies），研究光在電信通訊業的用途。她花了將近二十年的時間在賓州，與二十幾位研究員在她的實驗室裡製作以自然形態為基礎的材料。他們已經模仿了荷葉的自潔能力、壁虎腳毛與牛蒡種子的黏合性、蝴蝶翅膀與甲蟲鱗片的防水色。目前，他們正在為巨硨磲蛤的光合成效能建模。

這項研究從光暈開始。不同於顏料，巨硨磲蛤的外套膜、孔雀的羽毛或藍蝶翅膀上的虹彩色，是表面內部奈米大小的晶格與光互動時所產生的物理反應。科學家將這種晶格稱為光子晶體（photonic crystals）。楊之類的材料科學家熱中於製造這類晶格，將光做各種應用——從更快速的光纖到更高效的光電池。

蝴蝶翅膀與孔雀羽毛上的閃亮晶格，其演化目的似乎是為了吸引配偶。但硨磲蛤的發光細胞（稱為虹色細胞〔iridocytes〕）則是為了追求太陽。史威尼團隊發現，在硨磲蛤的外套膜內部，微藻排列成柱狀。虹色細胞在每根柱子上方組裝成太陽能蒐集板，這些迷你的太陽能板吸蒐集中的陽光，然後散射出最能激發藻類行光合作用的光波。虹光細胞將藍、紅光波指引到柱子上，並將其他反射回水中，藉此讓藻類加滿燃料但又不會讓硨磲蛤在熾烈的熱帶太陽下燒焦。「我很著迷，因為它可自行組裝，而且很便宜，」楊說。[23]

楊花了數年時間，致力用昂貴的金屬材料製作光電晶體。她與史威尼合作，並得到國家科學基金會跨學科資助的支持。她與團隊發現，嵌入明膠內的二氧化矽奈米粒子可以模仿硨磲蛤閃亮細胞的光散射特性——而且不貴。擴增藻類生物燃料的**巨大**障礙是經濟成本；由於石化燃料排放沒有任何價格、處罰或其他限制，投資藻類生物燃料的財政誘因極小。

史威尼和楊認為，比起現有的生物燃料（例如玉米和乙醇），受巨硨磲蛤啟發的生物反應器將更便宜也更高效。目前，楊和她的團隊正運用帛琉的硨磲蛤養殖，努力研究模型裡的藻類。到目前為止，科學家們還無法誘使藻類細胞在實驗室中盡責地排成一列，一如它們在硨磲蛤中的表現。

我在帛琉艾萊州的兩線道公路上行駛，蜿蜒於小木屋和碩大的熱帶花卉之間。當我為了雞隻和牠們的小雛鳥踩下煞車時，愛爾莎．修格（Elsa Sugar）正與我分享她兒時與家人搭乘竹筏釣魚和捕撈硨磲蛤的美好記憶。這家人在他們位於岩石島上的釣魚小屋裡度假時，總是會採集他們能找到最大隻的硨磲蛤，當做聖誕節晚餐。十歲左右那年，她在小屋前方的潟湖裡灑了幾把沙子，讓硨磲蛤吐出，就這樣找到那年的聖誕節硨磲蛤。她順著最大的噴氣，找到一個體型超大、成為該年大餐的重頭戲。

巨硨磲蛤是帛琉和太平洋許多地方最受歡迎的主食。他們會撒上檸檬生吃，在椰奶中燉成奶油湯，烤成美味煎餅，或切片大火快煎。

不過，就像太平洋的鮑魚、大西洋的扇貝，和全世界的牡蠣一樣，原住民的日常主食變成了餐廳精緻佳餚，並很快成為不公平捕獵中的昂貴戰利品。一九六〇年代，中國與台灣的捕蛤船開始擴大捕撈範圍，日益深入太平洋島嶼、印度—馬來亞海域，以及澳洲的大堡礁，蒐集令人垂涎的閉殼肌（干貝），也就是將硨磲蛤兩個蚌殼拉在一起那根肉柱。那塊只占整個貝肉一成的肌肉在生魚片與所謂的壯陽藥中極受歡迎，但漁民經常任由剩餘的部分腐壞。[24]科學家估計，在國際施壓與起訴減緩了盜漁者的速度之前，有長達四十年的時間，非法盜漁每年捕撈走高達五十萬隻硨磲蛤。[25]一九八〇年代，在帛琉的雷厲查緝下，一支海警隊逮捕了一艘非法台灣漁船，上面載了三．四噸的純閉殼肌。[26]帛琉的部落領袖報導，雖然官員將貝肉卸下，但盜漁者企圖賄賂他放行。

巨硨磲蛤一度沿著熱帶太平洋的淺灘海岸與珊瑚礁密集分布，多到貝類學家康明形容，他在一次採集之旅中，在牠們上方整整漂浮了一公里半。硨磲蛤成群定居，因為牠們靠得夠近才能繁殖；牠們同步產卵。成熟的硨磲蛤會產出精子與卵子，並透過虹管釋放到水中，如同小吸管中飄出的煙霧，引發一系列受精反應。

然而，距離康明報導海底鋪了一層巨硨磲蛤地毯的不到兩百年，牠們在原生棲地的分布已稀薄到不足以受精。一隻巨硨磲蛤一次產卵可將五百顆卵子送入大洋。可惜，在寂寞的海裡，繁殖力起不了任何作用。

在中國、台灣、新加坡以及其他無數更小的島嶼，過度捕撈已經讓這些最大的物種在當地滅絕，因為巨硨磲蛤的外殼也跟牠們的貝肉一樣越來越有價值。[27]一度被當成嬰兒澡盆的波狀外殼，如今也很受歡迎，主要是做為池畔噴泉與海濱住宅裡的浴室洗臉槽；巨硨磲蛤殼長久以來在中國備受崇敬，特別是佛教信徒，將它視為自然七寶之一。[28]

在度假勝地海南島省俯瞰南中國海的潭門漁港，漁民與工匠靠著開採巨硨磲蛤殼並將它們打造成佛珠與精緻的動物雕刻而致富；人們相信，這些東西能帶來好運與財富。二〇一五年，該鎮九百家零售商店的貨架上，堆滿了用厚如象牙的蛤殼雕刻而成的閃亮白大象、肥蟾蜍和紅龍魚，一個巨硨磲蛤殼可以讓漁民賺到八萬人民幣，相當於一萬兩千美元。[29]

到頭來，這些靈物對捕撈硨磲蛤並破壞其棲地的漁民、工匠與零售商而言，並不幸運。對這些小雕像的需求，驅使船員們用船槳粉粹珊瑚礁，將錨定的硨磲蛤釋放出來，從而在南中國海摧毀了好幾公里地球上最具生物多樣性的珊瑚礁。國際社會的強烈抗議，終於逼使海南省禁止巨硨磲蛤與珊瑚的貿易。潭門的作坊與零售店大量倒閉，但巨硨磲殼可能永遠無法恢復。[30]

在帛琉，拜世界最嚴格的海洋保護法與開創性的巨硨磲蛤水產養殖，使得這裡的野生硨磲蛤比大多數同類有更好的機會。但外國的非法漁民正在造成損失。在珊瑚礁中心，戈布告訴我，即便到了二十世紀中葉，帛琉環礁的巨硨磲蛤依然數量繁多，牠們吐個沙，就能造成噴泉水舞的奇景。巨大的海倫礁（Helen Reef）位於帛琉最西南的海托博海伊州，當地人稱為霍查里海伊（Hocharihie）——「巨硨磲蛤礁」。但近幾十年，當其他國家消滅了自身的硨磲蛤後，偏遠島嶼就經常成為外國盜漁者的目標。帛琉已經打造了全球最大的海洋保護區之一，五十萬平方公里的海洋禁漁區面積有加州那麼大，但只設有兩艘海洋巡邏船。二〇一二年，兩位帛琉海軍軍官與他們的美國飛行員，從空中搜尋一支曾經在霍查里海伊偷捕巨硨磲蛤的船隊母船時，不幸失事墜毀。飛行員與兩位軍官都未曾尋獲，硨磲蛤遭逃離的盜漁者傾倒丟棄。

遭到盜捕的硨磲蛤，想必如巨石般落入開闊大洋，沉進比牠們所知更深的大海。

回到恩格米德灣水下，出自帛琉男人會館的巨硨磲蛤風格化圖案，以帶狀刺青環繞在史威尼一名博士班學生的上臂。林肯・雷姆（Lincoln Rehm）出生於德州一個帛琉家庭，小時候曾到帛琉島上度假，經常與姑姑阿姨划著皮艇穿越淺水灘去採集硨磲蛤。他們會帶上醬油與檸檬，在礁石上享用硨磲蛤生魚片野餐。雷姆說，那些夏天讓他確認了人生目標。取得生物學學位後，他就搬回帛琉，在珊瑚礁中心工作。就是在那裡，他對史威尼有關巨硨磲蛤發光的研究產生興趣。二〇一五年，他回到美國攻讀博士學位，經費部分來自史威尼與楊的國家科學基金會資金。

當霍爾特與凱在前方游動搜尋硨磲蛤時，雷姆則潛入水下設置史威尼的攝影工作。他在每隻硨磲蛤旁邊擺了一個色卡，有助於事後將牠們的色調登入到電腦中。過去三年，他建立了八百多個巨硨磲蛤照片的數據庫。霍爾特與凱寫了一組代碼，根據色卡對照出顏色組織巨硨磲蛤；凱是機器學習專家，他設計了一種演算法分析每個像素，使團隊可以查看個別藻類與硨磲蛤細胞的色調與亮度，包括發光的虹光細胞。

雷姆的研究目標是追蹤硨磲蛤外套膜的色彩來源，為生物燃料計畫以及當地人對硨磲蛤色彩與發光的強烈興趣提供資訊。在帛琉與整個印太地區，巨硨磲蛤不僅是備受熱愛的文化圖符與主食，還有吸引遊客的價值——遊客樂於在水下尋找閃閃發光的硨磲蛤。幾十年前，帛琉人在頗受歡迎的潛水船停靠站硨磲蛤市（Clam City），打造了一個巨硨磲蛤潛水花園。許多巨硨磲蛤在那段時間遭到盜捕，不過有十幾隻殘留下來，宛如閃著霓虹的天鵝絨長椅，聚集在海底，吸引一船又一船的遊客，實現他們的《國家地理雜誌》海底攝影夢。

當我造訪硨磲蛤市時，這個世界上體型最大的軟體動物嚇到我了，因為牠們是我見過最不具防禦能力的動物。似乎沒有什麼生命棲息地比無法移動令生命更顯脆弱。牠們不能跑，甚至無法像大多數軟體動物那樣哐啷移開。牠們不僅大到無法隱藏，還用霓虹光宣告自己的位置。

水族館產業對色彩科學特別感興趣；硨磲蛤越鮮豔，價格越高。這國家以開創性的巨硨磲蛤水產養殖業聞名，重鎮位於馬拉卡爾島南端的帛琉海洋文化展示中心。該中心於一九七三年在美國政治資助下成立，近年在日本的支持下擴展。（二戰期間，這個群島是美日兩國幾場最致命太平洋會戰的所在地；長了藤蔓的裝甲戰車和其他軍事殘留物，依然矗立在森林鄉間，時時刻刻提醒我們。）研究員學會在實驗室中讓巨硨磲蛤產卵，如今一年可培育一百多萬隻巨硨磲蛤種苗。巨硨磲蛤嬰兒小如斧蛤，是本尊的迷你版，很像水族館的小飾品，擺在青少年潛水員與寶物櫃旁邊。牠們在充氣槽中生活一年，直到兩手環杯的大小；接著轉移至海洋箱網，直到可以進入硨磲蛤養殖場或在牠們原生棲地所進行的各種巨硨磲蛤復原計畫。研究員說，這項產業有望拯救巨硨磲蛤免於滅絕；不過到目前為止，這項工作還無法為太平洋地區的硨磲蛤漁民提供穩定收入。菲律賓的科學家近來指出，經過將近三十五年的努力之後，首次目擊年輕巨硨磲蛤自然產卵。[31]在帛琉與從菲律賓到斐濟這個區域，漁民與社區領袖表示，養殖硨磲蛤同樣容易受到濫捕與盜漁危害。灣澳密布的菲律賓度假勝地哈米洛海岸，將巨硨磲蛤當成自然景觀一樣保存起來，還雇用警衛保護，以免在夜晚被偷走。[32]

在帛琉，我遇到一位硨磲蛤養殖漁民，她是八個孩子的母親，名叫柏妮絲・尼基克勞（Bernice Ngirkelau）；我們認識的那天是她丈夫去世的週年紀念日。尼基克勞年輕的臉龐與輕鬆的笑容掩蓋掉過去一年的辛酸。她告訴我，他們夫妻早年的事業非常非常開心，因為他們看著硨磲蛤長大。但隨著硨磲蛤越長越大，就越來越成為盜漁者的目標。過去一年，她在失去丈夫與失去大多數最肥碩硨磲蛤的拉扯下，飽受試煉。她雇不起保全來保護三座水下養殖場，也買不起不停巡邏所需的燃料。尼基克勞對雷姆的色彩研究很感興趣——如果她能控制色彩與發光，她就能養出二・五公分大的觀賞性硨磲蛤，價格是三十公分大食用硨磲蛤的兩倍。[33]

回到珊瑚礁中心的實驗室，史威尼、雷姆、霍爾特與凱，正在完成一系列硨磲蛤活組織的實驗。他們正在測量光與熱如何離開藻類與硨磲蛤細胞。雷姆從一隻壘球大小的圓硨磲蛤上切下一小塊肉，將樣本放進水裡置於亮光之下，附上數位溫度計，記錄三十分鐘內的水溫與組織溫度。

桌子對面，史威尼攪動一只從附近購物中心買來的沉浸式攪拌器，將從同一隻硨磲蛤中萃取出來的藻類混合均勻。攪拌後的泡沫看起來很像椰子奶昔，聞起來像蛤蜊汁，與硨磲蛤外套膜上的藻類一樣稠密。

不遠處，霍爾特利用光譜儀，將另一塊硨磲蛤的肌肉、虹光細胞與藻類暴露在不同光線下，追蹤它們透過哪些細胞吸收光線。

在帛琉那三週，經過夜以繼日的努力，有關硨磲蛤組織與分離藻類的實驗揭露了一個新線索，可供雙殼類生物反應器運作——光合作用使硨磲蛤的體溫比周遭海水高上幾度。虹光細胞似乎不僅將光線吸入硨磲蛤殼內，並將大多數有用的波長散射給藻類；它們還會收集光合作用剩餘的熱，並透過光線將熱排出。

對巨硨磲蛤而言，這種散熱能力或許是牠們得以在恩格米德灣等環境中復原的關鍵要素。對人類來說，它可為新的冷卻技術指引方向——將熱從不使用石化燃料的發電廠、辦公大樓或汽車內部排放出去。楊說，人造材料傾向與自然爭鬥，例如在天氣晴朗時把我們的空間弄得更熱。我們應該換個做法，從自然界汲取線索，學習動物轉移熱能的方式。楊向動物的建築、色彩甚至細胞的形狀借鑑，設計耐候材料，用於能源和營造行業。在巨硨磲殼的內在宇宙中，似乎運行著利伯提．海德．貝利所展望的「少浪費、不傷害」的未來。

在雷姆的電腦螢幕上，一個虹光細胞的微小斑點，放大後宛如漆黑夜空中的銀河。

離開帛琉之前，我又再次看到巨硨磲蛤與果蝠連袂出現。兩者都是「鯉魚」這家在地餐廳的美味佳餚。果蝠湯是島上最愛，上菜時可看到帶翅生物漂浮在湯碗裡。我跳過不吃。我在潛水船上聽過，美國人有個名聲，就是愛點果蝠湯自拍或發ＩＧ貼文，但拍完照後一口也沒碰。

同樣的，我也無法讓自己點巨硨磲蛤湯、巨硨磲蛤派或巨硨磲蛤生魚片。我招認，在史密森自然史博物館克里斯．邁爾的辦公桌上看到皺縮在小瓶裡的寶螺那天，我的確犯過錯，在華盛頓特區一家餐廳點了滿滿一鍋白酒淡菜，但從那之後，我就再沒吃過除了養殖小蛤蜊之外的其他貝類。不過，對帛琉人而言，享用養活他們數千年的主食是一回事，而外人要將如此沉重的壓力施加在這些圖符上，則是另一件事。畢竟，是外部世界在威脅著帛琉——擦了美白防曬霜、拍打著潛水鞋的遊客，成群結隊出現在珊瑚礁；盜獵海洋生物；大國排放石化燃料改變氣候，造成海洋逐漸暖化、酸化與上升。

帛琉是世界最小的國家之一，只有兩萬人口，但每年可看到十六萬名遊客——他們幾乎都在水下。外國遊客為該國貢獻一半以上的國內生產毛額，但比受邀前來的外國遊客更具破壞性的，是不請自來的外國船隊——為了貪婪的全球海鮮市場而潛入帛琉水域捕撈巨硨磲蛤、藍鰭鮪魚、鯊魚和其他海洋生物的超級拖網漁船和小船盜漁者。

帛琉人將古老的保護傳統畫在男人會館上，並引領世界採取新的保護措施拯救海洋。二〇一五年，小湯米・雷蒙傑索總統（Tommy Remengesau Jr.）簽署《帛琉國家海洋保護區法》（*Palau National Marine Sanctuary Act*），在帛琉專屬經濟海域的八成地區禁漁，並在剩餘的兩成設立國內漁區，保留給當地漁民銷售給當地市場。

二〇一七年，帛琉修改了移民政策，要求所有訪客簽署保證書，舉止行為必須對生態負責。保證書由移民官員看著你簽名並貼在護照上，這是對島上孩子的承諾。

> 帛琉的孩童們，我立下保證，身為你們的賓客，我會維護並保護你們美麗而獨特的島嶼家園。我發誓會輕手輕腳，舉止友善，用心探索。我不會帶走未給予的東西。我不會傷害未傷害我的。我只留下將被沖走的足跡。

這份保證書贏得人心與公關獎項。但帛琉當前的挑戰卻是更大規模的——日益上升的溫度、海平面以及毀滅性的暴風雨，都與碳排放密切相關。

帛琉自然資源、環境與旅遊部長瑟屋米（F. Umiich Sengebau）在科羅爾島長大，小時候島上到處都是與巨硨磲蛤相關的諺語和傳說。他告訴我一個故事，我也從艾萊州一位長者那裡聽過：很久很久以前，巨硨磲蛤以「暴風雨天的食物」聞名，當風雨太大無法出海捕魚時，這種新鮮的主食很容易捕撈到手。這故事讓我想起，人們會將煙燻女王鳳凰螺當成「颶風火腿」保存下來。

瑟屋米表示，由於帛琉面臨氣候變遷的大風暴，所以巨硨磲蛤依然是暴風雨天的食物——一種安全的蛋白質來源、一種漁業生計、一種吸引旅客的發光圖符，或許還能成為替代能源與其他低碳科技的靈感。「古時候，硨磲蛤拯救了我們，」瑟屋米告訴我。「我認為這裡頭蘊含著巨大力量，一種偉大的力量與意義存在於過去做為食物，以及今日做為科學靈感的硨磲蛤中。」[34]

第十三章 信任自然

殺手芋螺
THE GEOGRAPHER CONE
Conus geographus

曼黛・霍福德（Mandë Holford）在紐約布魯克林長大，她母親約莫每個月一次、在上午十點將她與其他四個兄弟姊妹丟在美國自然史博物館，並留下兩條指示：一，誰也別走失；二，晚上五點四十五分在「非洲哺乳動物展廳」會合。[1]那座博物館是工作父母的托兒所，是孩子們的黃金時光。他們漸漸知道了每一隻野獸標本，認識了世界另一邊的古老文化。

那時就跟現在一樣，在實景模型的文化展示中，貝殼還保有一點褪色的風華，就像「非洲民族展廳」裡那位穿了一身腹足類貝殼裝的約魯巴（Yorùbá）舞者。它們在海洋展示中的地位相當卑微；這些小東西怎麼能跟長達四公尺多長的藍鯨相比呢？那座博物館蒐藏了六百多萬件軟體動物標本，但大多數都塞在五樓的抽屜裡。十四歲的福爾邁伊在寫完「親愛的典藏研究員」信件後，曾在那裡得到一次改變人生的私人導覽。2

霍福德小時候不像福爾邁伊和其他許多人一樣，曾被貝殼吸引。她甚至不太在乎博物館裡的恐龍。但她確實很迷戀那些展示動物與其環境、民族與其文化的展廳——由最年長雌性領頭的非洲大象群，或是大獨木舟；她能想像原住民划著它們在太平洋乘風破浪。

霍福德如今是一位生化研究員，她認為這些博物館的黃金時光點燃了她對科學的興趣，「特別是生物多樣性的問題，」她說，「大自然是如何形成的，以及為何星球上會有這麼多動物。」後來唸研究所時，霍福德也是在美國自然史博物館與軟體動物相遇，引領她進入她所謂的毒液學（venomics）專業（基因體學與動物毒液發現），並對貝類有了截然不同的看法。

她第一次看到芋螺是在一段影片中，畫面中是平靜的水族館。七．五公分長的外殼埋在沙下，幾乎看不見。這隻軟體動物唯一能看到的部位，是牠如無害蠕蟲般從箱底延伸而過的長喙。一隻與這隻芋螺外殼差不多大小的好奇魚，從「蠕蟲」上方游過。半透明的長喙噴出液體，那隻軟體動物將武裝了一根蠅頭魚叉的附肢尖端戳進魚腹。沙子瞬間爆開，芋螺張開位於外殼尖端的柔軟大嘴，將掙扎中的魚頭先吸了進去，接著整尾吞噬。魚尾做出反射性的垂死一擺，芋螺闔上大嘴。「那條魚根本沒逃命機會，」霍福德說。

芋螺科（Conidae）——那些有著象形文字圖案、在十七世紀激起林布蘭靈感與貝殼瘋的錐形貝殼建造者，也打造了一座神經毒素軍火庫。牠們從八百多種化學物中汲取精準的劑量，捕捉獵物。[3]這些新化合物瞄準獵物身上的不同受體，讓全世界速度最慢的這種軟體生物，得以殺死速度最快的魚。芋螺也會部署毒素自我防衛，這就是為什麼牠們有時會攻擊那些撿拾或踩到牠們的人。殺手芋螺（*Conus geographus*，又名地紋芋螺）的毒素，是目前已知的動物毒素中對人類最致命的。牠們有「香菸芋螺」（Cigarette Cone）的外號，據說是因為被牠螫到的受害者，在毒發身亡之前，還有時間可抽根菸——但實際上要花上好幾個小時才會死去。

自然界的殺人武器也能用於治療。著名的案例之一，就是從芋螺毒素開發出來的一種名為含辛抗寧（ziconotide，商品名Prialt）的慢性疼痛藥物，強度超過嗎啡一千倍，而且不會上癮。但這項藥物無法穿越血腦屏障（阻止血液中化合物侵入腦部的保護性屏障），它必須透過脊椎穿刺輸入，無法緩解因為嗎啡不再有效而處於極度疼痛狀態的某些癌症患者與愛滋患者。

霍福德深信，在海底、海岸或珊瑚礁的某個地方，在眾多有毒的海洋動物中，總有一種會攜帶可穿越血腦屏障的鎮痛性化學物質；在某些未知軟體動物的外殼下方，隱藏著一種鴉片類止痛藥的替代物。目前，她正在繪製軟體動物基因組，尋找可製出該種藥物的芋螺毒組合，以及可治療癌症與其他疾病的配方。DNA定序與分子親緣關係學都是比較容易的部分，但更大的挑戰是如何拯救動物多樣性，霍福德認為那才是改善所有生命的關鍵——在這個許多物種還來不及命名就消失的時代。

目前所知第一位被「芋螺小魚叉」殺死的，是安汶東南方班達群島的一名女性奴隸，該島目前隸屬於印尼的摩鹿加省。一六〇〇年代初期，荷屬東印度公司以大屠殺手段奪取班達群島，荷蘭人將倖存者與附近島民當成奴隸，讓他們在肉豆蔻種植園工作。[4]博物學家倫菲爾斯在他的《安汶珍奇櫃》中，講述了其中一位的悲慘故事：「她只是將拉圍網時從海裡撿拾起來的小香螺拿在手上。她走在海灘上，突然感到手部微癢，癢感逐漸爬上手臂，穿過整個身體，然後當場就死了。」[5]

倫菲爾斯的敘述是官方紀錄中的第一起。毒芋螺攻擊人事件共有一百四十多起，其中三十六起造成死亡。[6]真實數字很可能遠高於此；在先前幾個世紀，大多數的死亡並未得到報導與紀錄。華盛頓大學無脊椎動物生物學家艾倫．科恩（Alan J. Kohn，他的姓氏〔Kohn〕與鑽研毒芋螺〔cone〕的生涯頗為合拍）六十幾年來一直保留著該份紀錄。一九五〇年代初唸研究所時，他在耶魯實驗室的水族箱中，第一次觀察到一隻細線芋螺（Striated Cone）用「顯然是非常強烈的一種神經毒素」麻痺了一條魚。[7]往後的歲月裡，他持續研究芋螺令人印象深刻的演化與生態學。

芋螺演化出八百多個物種，使牠們在多樣性方面成為最成功的活軟體動物。[8]科恩的研究有助於解釋，為何有這麼多近親可以在熱帶地區住得如此靠近（同一塊珊瑚礁上可高達三十六種不同物種），卻不會為了同樣的食物彼此競爭。答案是，不同種的芋螺會製造各自的獨門毒素，瞄準不同的獵物。大多數芋螺都吃蠕蟲，有些也吃軟體動物，大約有一百種是食魚動物。有些獵魚者演化出用魚叉麻痺獵物，有些則是用世界上最美麗的漁網。[9]

鬱金香芋螺悄悄貼近一條小魚，帶著流蘇般迷你觸手的嘴網翻騰滾動。這動物沒有牠的魚叉親戚那種戲劇性，只是輕輕將魚兒包入網中，釋出牠的麻痺毒素，並將那隻還來不及感受到自身命運的昏迷生物吸入體內。

根據目前所知，只有獵魚為食的芋螺曾奪走過人命。科恩甚至認為，殺手芋螺很可能是唯一殺過人的。[10]而目前已知唯一一位曾給自己注射芋螺毒素的人士想必也是如此認為，否則他就是有自殺傾向。一九七〇年代末，東京海洋科學家吉葉繁雄，從日本玳瑁芋螺（Thunderbolt Cone，學名 *Conus fulmen*）中提煉出牛奶白的生物毒素，將毒素注入不同的海洋生物、兩棲動物與哺乳動物體內。魚類抽搐而死；蛙類死前，銳角狀的後腳僵直不動；兔子失去行走能力，但一小時後恢復。吉葉也將小劑量注入自己前臂。「沒出現神經性或功能性障礙，」他愉快地寫著。「只有局部發現諸如疼痛、發紅、缺血、水腫、搔癢等症狀，大約持續三天。」[11]

菲律賓群島盛產熱帶貝殼，是歷史上許多最知名貝殼的故鄉——深海鸚鵡螺、萬寶螺、海螺以及吹起來如同號角的法螺。海之榮光芋螺（The Glory of the Sea Cone），引發了荷蘭人的貪婪與貪食；名為雲母蛤（capiz shell）的大型、半透明「窗玻璃」（windowpane）雙殼類，在亞洲各地的窗戶中過濾著光線。

一九四〇年代，小巴多梅羅「托托」．奧利維拉（Baldomero "Toto" Olivera Jr）在群島出生長大，對貝殼非常迷戀。他花了無數小時蒐集分類，帶著小學學校的朋友一起撿貝殼，包括後來享譽世界的佛羅里達貝殼經銷商唐納．丹。十七歲那年，奧利維拉準備了菲律賓的貝殼蒐藏，讓菲國總統在一九五八年一次著名的赴日友好訪問期間，贈送給熱愛貝殼的裕仁天皇。[12]

奧利維拉最好的標本，並非在環繞群島的白沙灘或岩盤下採集，而是來自從馬尼拉灣採撈上來的營造柱樁，當時堆在他父親下午打球的俱樂部網球場旁邊。他尤其珍視大型芋螺，因為它們的重量、多彩與圖案。[13]芋螺是種視覺語言：字母紋、地圖紋、之字紋、點狀紋、斑駁紋、指甲花彩繪紋、縫線紋、凹槽紋、刺青紋、小束羽毛紋。而儘管還是個小男孩，奧利維拉也知道，其中一些美螺可以殺人。

菲律賓大學畢業後，奧利維拉在傅爾布萊特獎學金的資助下搬到美國，在加州理工學院取得生物化學博士學位，接著在史丹佛以博士後的身分投入DNA複製的新科學。當他回到菲律賓大學擔任研究教授時，他的實驗室「什麼設備都沒有。我在DNA複製方面顯然不可能有什麼競爭力」。[14]於是，他進入一個不需要複雜設備的科學——將他兒時熱愛的芋螺裡的致命成分分離出來。

在總統馬可仕統治下，菲律賓政治、經濟動盪不安。奧利維拉一邊擔憂自己剛成立的家庭，一邊目睹科學的支持飽受侵蝕。[15]他接受猶他大學的研究職位，搬到美國內陸的鹽湖城。有了一間像樣的實驗室，可以開始將芋螺毒素研究當成大學生可參與的業餘專案。一九七九年，他實驗室裡年方十八、剛從高中畢業的最年輕研究員麥可．麥金托什（Michael McIntosh）建議，與其將分離出來的芋螺毒素注射到老鼠身體，不如試著直接注射到老鼠大腦。奧利維拉不喜歡這個想法，但他還是放手讓好奇心重的大一新生做下去，結果顛覆了藥物探索科學。某種毒素讓老鼠繞著圈子跑，另一種害牠們前後甩頭，有一種讓牠們昏睡，另一種又讓牠們過度興奮。「我們意識到，我們處理的不僅是毒素中的一些麻痺成分，」奧利維拉回憶道。「這種多樣性令人不可置信，不同的成分似乎都對中樞神經系統產生不同效應。」[16]

奧利維拉將注意力轉回芋螺身上。在富有前景的諸多探索中，實驗室發現位於魚神經與肌肉接連處的一種胜肽，也能阻擋人類體內發出疼痛信號的神經傳導物質。這項發現促成了Prialt止痛藥的商業化。該藥品的上市公司花了兩年時間企圖改善藥品，但公司的科學家終究打不贏五千五百萬年的演化成果——這種商業化合物和芋螺裡的天然化合物相同。

葡萄牙探險家麥哲倫，實際上並未真如人們所讚揚的環繞世界一周。[17]一五二一年春天，在今日隸屬於菲律賓的麥克坦島上，酋長達圖．拉普拉普（Datu Lapulapu）攻擊試圖讓群島改信基督教、並宣稱該地屬於西班牙的麥哲倫與他的屬下。麥哲倫和胡安．龐賽．德．萊昂一樣被箭射死。不過根據當地傳說，麥哲倫原本可以逃走的，要不是一隻巨硨磲蛤彷彿要幫拉普拉普似的緊緊夾住麥哲倫的腳。在麥克坦島的市中心，可看到一座陽剛氣十足的雕像獻給這位菲律賓英雄，胸前垂掛著一條貝殼長項鍊。當地的「拉普拉普芋螺」（Conasprella lapulapui）就是以他命名。這很適合麥克坦島——全球裝飾貝殼產業的一大支點。

貝殼工藝製造者遍及島上各街區。出口商向麥克坦島的漁民和婦女買貨，他們一如菲律賓的其他漁民，是該國最窮困、最邊緣的族群。[18]出口商將熱帶貝殼混合打包，成噸裝進馬尼拉國際港口的貨櫃裡。[19]貨櫃將貨運往中國、歐洲和北美，供英國康瓦耳度假村到美國海灘小鎮的貝殼商店賣給遊客當紀念品。[20]

早期博物學家將菲律賓與印尼形容成多彩多姿的貝殼花園，但出口壓力讓在地與珊瑚礁裡的巨硨磲蛤、鐘螺和一度厚實的「窗玻璃」貝床大大減少。[21]甚至連黃寶螺（當地稱為西加貝〔Sigay Shell〕，在餐墊、籃子、珠寶和其他工藝品上四處可見）這麼常見的物種，也越來越難找到。一位研究本世紀初產業狀態的海洋生物學家發現，白色小寶螺如今的「捕撈量或許已超過牠們可維持永續的產量」。[22]

經典的唐冠螺（Horned Helmet，學名 *Cassis cornuta*）在維多利亞時代是很受歡迎的浮雕首飾材料，近三十幾年已成為受菲律賓和印尼法律保護的十幾種海洋軟體動物之一；但牠還是在印太各地的旅遊市場中公開販售。[23]牛津大學的野生動物研究員發現萬寶螺、巨硨磲蛤、大法螺和鸚鵡螺等，都有活絡的貿易存在。

鸚鵡螺經歷過恐龍滅絕，並在其祖先們熬過軟體動物五億年演化史中的每一次災難存活下來之後，似乎終於要棄甲投降了。這動物如今是全球「瀕臨絕種野生動植物國際貿易公約」和美國「瀕危物種法案」的保護對象，是罕見受到關注的軟體動物和無脊椎動物；但牠的虎紋貝殼依然是高需求的奢侈品。與許許多多危害動物與環境的威脅一樣，光是推行法規但沒有解決貧窮等人類問題，只會讓情況變得更糟。鸚鵡螺研究者彼得·沃德（Peter Ward）表示，每種受保護的動物，如今對經常處於貧窮狀態的漁民都更具價值，讓他們不惜冒險在夜晚設陷阱捕捉。

政治與經濟遠比科學更能決定人類能從海洋取得什麼。印尼曾禁止使用圍網與拖網竭澤魚類，傷害珊瑚礁和混獲原生軟體動物。但隨著新冠病毒大流行使該國在二〇二〇年陷入衰退，政府屈服於壓力解除禁令。有些芋螺、渦螺和其他優美的貝殼建造者（甚至某些特定的珊瑚礁）只生活在由巴布亞紐幾內亞、印尼和菲律賓所構成的「珊瑚金三角」，存在於這塊楔形大洋中的一個小區塊。在恢復拖網捕撈之後，專業的貝殼蒐藏家幾乎立刻就注意到，印尼特有的一些貝殼，在網路市場出現某人口中的價格「雪崩」。

印度南部的故事也很類似。以手網或拖網從印度洋捕撈上來的活軟體動物，在泰米爾的納都貝殼加工廠分門別類地堆積如山，聖螺的研磨與拋光也是在這裡進行。研究員艾梅·邦索德（Amey Bansod）描述了海洋動物屍體的惡臭、酸液浴，以及濱海小村甘尼亞古馬里覆蓋樹木的厚厚白色碳酸鈣粉塵。[24]「世界末日的景象來得很早，」他說。[25]在剛剛捕撈上岸的一堆蜘蛛螺殼中，殼內的軟體動物在熱氣中緩慢死去，蜘蛛腳狀的殼棘無法帶牠們走回鄰近的大海。

貝殼漂白與拋光之後，隨即經由在地漁民、加工商、中間人、出口商、貝殼店老闆和消費者這條長鏈，來到西方的海灘小店。長鏈的一端是在地漁民，他們賣出軟體動物可能只得到幾個便士。這些軟體動物接著在印尼龐岸達蘭之類的小村，以一個十五美分的低價賣出。長鏈的另一端是來自世界各地的海灘愛好者，他們在一籃籃便宜的熱帶貝殼中翻撿，想挑選一個當紀念品，誰知這些貝殼在附近沙灘根本看不見，而是來自遙遠大海的深處。

當拖網撈出蒐藏家口中罕見、特殊旋向或特別大的標本貝殼珍品，消息很快就會傳到經銷商那裡。他們以高價在網路市場販售，或直接賣給蒐藏家。

無論是專業蒐藏家或在薩尼貝爾島或聖塔芭芭拉度假的遊客，拒絕購買就是展現立場。蒐集貝殼的更好的做法是，你可以沿著墨西哥灣或大西洋自行撿拾螺塔高聳的佛羅里達芋螺（Florida Cone）或軟肩的太平洋加州芋螺（California Cone）；兩者都是奶油色加黃褐斑紋，沒有貝肉或良心從空殼中捅出。

曼德．霍福德在洛克斐勒大學攻讀生化博士的某個下午，她穿過中央公園，去美國自然史博物館聆聽一場有關芋螺和毒素的演講，講者就是托托．奧利維拉。看著錄像中一隻軟動物伸出魚叉、痲痺並吃掉身旁與殼等長的魚隻，「我驚呆了，」有著燦爛笑容，經常以大笑打斷陳述的霍福德說。「這怎麼可能？」

答案就是霍福德口中的集束炸彈——不是「一種」胜肽，而是一整簇；它們隨著時間演化，可擊落獵物體內的特定受體。「如果我們將疾病設想成一種可以打開、關閉的失調現象，」她解釋說，「那麼癌症的開關就是一直處於分裂狀態，會導致增生。」她的研究目標是在有毒素的軟體動物中找到胜肽雞尾酒，可以關掉人類各種病症的開關——例如神經失調、慢性病痛與癌症。這工作需要傳統的演化學（了解軟體動物如何彼此關聯並在牠們當中部署毒素）以及對毒素本身的基因與化學分析。

毒液學連結了霍福德實驗室有關胜肽化學的研究與人類的問題——以及她兒時在美國自然史博物館對生物多樣性的著迷。取得博士學位後，她在美國自然史博物館工作一年，從事公關宣傳，之後搬到鹽湖城，在奧利維拉實驗室做研究。她讀了福爾邁伊有關軟體動物演化的著作，並前往巴黎的國立自然史博物館接受毒物學訓練。

在那裡，植物園對街的動物學部門裡，海洋生物學家菲利浦·布歇（Philippe Bouchet）在一個擁擠的小閣樓中工作；閣樓裡頭堆滿了貝殼抽屜，以及漂浮在乙醇溶液中的奇怪小生物。[26]布歇的研究跨越了兩個世紀與時代：發現的與滅絕的。老派博物學家渴望認識每一種海洋生物，這種執迷已經轉變成急迫性的全球搜尋，要趕在海洋動物滅絕之前認出牠們。

布歇以研究船「愛麗絲號」（*Alis*）為基地，在新喀里多尼亞進行採集。船上配備了回聲測深儀以及好幾公里的鋼纜，可將拖撈網與拖網沉入印太地區物種豐富的水域。他的「熱帶深海底棲動物」（Tropical Deep-Sea Benthos）計畫，是過去十五年來世界所發現的新海洋物種最大的單一來源。許多軟體動物和其他生物被拉上船時，都還等著被描述。[27]布歇估計，目前已知的五萬種海洋軟體動物，只是可知的三分之一。[28]

為了鑑定罕見物種與新物種，布歇仰賴一個專精的貝類學家網絡——半數以上的新軟體動物是由專業蒐藏家鑑定。總的來說，這些熟練業餘者（雖然很難將他們稱為業餘者）的作為，對動物與牠們的保護而言是利大於弊，布歇以及我訪問過的許多軟體動物學家皆如此表示。但研究芋螺毒素用於人類治療的生醫科學家，對於蒐藏家的感覺就比較矛盾。「他們的發達是建立在珍貴稀有之上，這表示他們實在蒐集太多了，」法蘭克．馬立（Frank Marí）說道，他是位於南卡羅萊納查爾斯頓、附屬於國家標準暨技術研究院（*NIST*）霍林斯海洋實驗室的生物化學家與芋螺科學家。查爾斯頓是美國第一座博物館的故鄉，也是愛倫．坡駐紮在莫特里堡時的故地，今日是聯邦「芋螺養殖場」的基地。這種個隸屬於馬立的研究小組，負責鑽研芋螺毒胜肽在人類治療上的基礎研究。

在馬立的協助下，證明以中樞神經系統為標靶的某種經典毒素也能影響免疫系統——芋螺毒素似乎在醫學上有抗發炎作用。他最近替紫金芋螺（Purple Cone）的基因組做了定序。「牠的毒素遠比我們想像的複雜許多，」馬立告訴我。「同一物種的不同動物都會有點不同，每一種都表現出自家的獨門配方。」

這使得每隻動物活著都比死後更有價值，馬立說道。對馬立而言，一隻芋螺的基因圖譜中數十億的字母、重複的型式，和驚人的豐富多彩，甚至比外殼更吸引人。他認為芋螺是無價之寶。

美國國家癌症研究所估計，癌症藥物與抗生素一半以上來自於植物和其他天然化合物，最常運用的化療藥物之一紫杉醇，就是萃取自太平洋紫杉的樹皮。但動物毒液進入藥物管道，卻是近四十年才發生的事。[29]第一種是受腹蛇啟發的高血壓藥物卡普托利（Captopril），一九八一年取得聯邦食品藥物管理局批准；源自芋螺的止痛藥Prialt緊隨其後，如今有數十種正在試驗中。致力於相關研發的科學家表示，狼蛛在止痛方面似乎特別有前景。[30]

數千年來，世界三大洲的原住民文化都曾使用毛茸茸的蜘蛛治療牙痛、腫瘤與其他疾病。[31]

霍福德帶著對沙拉夾，並用厚厚的潛水手套保護雙手，加入布歐的巴布亞紐幾內亞研究之旅，藉此採集筍螺，芋螺的表親。[32]這些身材纖細、有著尖尖外殼的珊瑚礁居民，許多也演化出毒液。牠們的孔徑非常狹窄，窄到沒人試圖將牠們拔出。我去加州大學戴維斯分校造訪演化生物學家福爾邁伊時，他給我看一個巴布亞紐幾內亞的筍螺，又細又長，宛如一根織補針，上面有四十多個珠狀螺旋。它的開口肯定比針眼還小，非我肉眼能見。

福爾邁伊與布歐的分類學是仔細檢查貝殼的珠狀螺旋，霍福德這一代則是檢驗軟體動物DNA裡的分子螺旋。新舊方法皆富有啟示性，福爾邁伊的手指告訴他顯微鏡無法看到的環境與捕食故事；霍福德利用同樣嶄新的DNA科技，繪製狼蛛和其他有毒蜘蛛的基因組，以便為筍螺定序。

新工具幫助霍福德實驗室率先完成筍螺的分子親緣關係（一種演化樹，可顯示彼此之間的關聯性）。循著含有毒素的不同分枝，霍福德團隊從雜色筍螺（Variegated Auger）開發出一種胜肽，Tv1。電腦模型透露出，Tv1可以攻擊肝癌細胞。在實驗室的實驗中，這種化合物的確可以縮小老鼠的肝癌腫瘤；肝癌是全球第二常見的癌症相關死因。「我們或許已經找到一種化合物，它可殺死的癌細胞多於正常細胞，」霍福德表示。

要弄清楚這種化合物如何能靶定人類腫瘤，她的團隊還有很長一段路要走。但霍福德說，存在於一個纖薄的筍螺殼是一個徵兆，表示「還有很多很多就在某處」。科學家估計，地球上有一成五的動物是有毒的；霍福德懷疑這數字更高，因為還有許多微小生命尚未被鑑定。「這意味著我們必須拯救海洋，」她說。這使她的工作遠遠超出了實驗室的工作檯或以沙拉夾武裝的海灘。

一六五〇年，林布蘭畫下他的大理石芋螺殼，距今已將近四百年。那只斑紋貝殼從陰暗中浮現出來，是他數百張版畫中的唯一靜物。貝殼本身很可能來自印度洋上的荷屬東印度公司船隻，林布蘭的蝕刻除了彰顯美麗也彰顯了財富——「並非純粹的善，」如同藝術史家蘇珊·塔爾曼（Susan Tallman）所說的。[33]

製作出那枚驚人貝殼的動物——大理石芋螺，並非獵魚者也不會傷害人類；牠吃其他軟體動物，包括牠最喜愛的小肉塊，名為駝背鳳凰螺（Humpbacked Conch）。在一項研究中，澳洲科學家將大理石芋螺與駝背鳳凰螺擺在兩種不同的海水中——當前環境的普通海水與模擬世紀末二氧化碳濃度的海水。[34]海洋生物學家蘇安·魏特森（Sue-Ann Watson）想要了解，日益增高的酸度將如何改變芋螺的行為或敏捷度。在當前的條件下，大理石芋螺大約有六成的機率可捕捉並吞食掉鳳凰螺。而在未來海洋的模型中，芋螺變得更加活躍，減少了牠們埋在沙底的時間。但這種活躍度並無助於牠們捕捉獵物；在酸度較高的海水中，芋螺只有一成的機率能吃到鳳凰螺。化學變化讓牠們變笨拙。[35]

芋螺以超過五千萬年的演化，發展出化學武器，讓牠們成為動物世界最隱形的獵人；而化學對海洋的改變，可能威脅到牠們自身的神經系統。酸化研究並未解釋軟體動物非凡的適應力；科學家發現，有越來越多證據顯示，有些軟體動物在短短幾代的時間就調整了牠們的外殼，試圖在酸化的海洋中存活下去。[36]不過，科學家已經開始在魚類和其他海洋生物中看到，「酸化海洋或許並不容易克服，」魏特森表示。

我們正以各種方式改變海洋動物的演化，但卻沒有狼變狗的互利，或讓西瓜無籽的意圖。[37]研究近代墨西哥灣軟體動物數量變化的軟體動物學家葛雷戈里．赫伯特曾經遞給我一枚牡蠣殼，我的手與它相比，簡直像侏儒；那是從美國原住民貝塚底部挖掘出來的。即便在原住民捕撈好幾個世紀之後，美國的牡蠣依然能長到四十公分長。但牠們在現代時期逐漸縮小，有部分是因為我們捕撈了體型最大的牡蠣，讓體型較小、成長速度較快的牡蠣更能影響下一代的基因。[38]

「許多物種可以處理任何單一壓力源，」赫伯特說。「但很少能同時處理一缸子壓力源。」隨著牡蠣、女王鳳凰螺和許許多多物種日漸變小、變少或壽命變短（幾乎所有在海中捕撈的動物皆如此，牠們也越來越無法抵抗海洋的暖化與酸化。牠們可能停止繁殖，如同科學家看到的女王鳳凰螺；也可能越來越容易生病，例如切薩皮克灣的牡蠣；或更簡單：「牠們全死了——什麼都沒了。」[39]這是佩孔尼克灣漁民的報導，海灣扇貝因氣候變遷而出現破紀錄的相繼死亡。女王鳳凰螺、芋螺、扇貝、巨硨磲蛤，這些頑強的動物在生態變化與捕食中堅持了五億年——可以熬過一次甚至兩次大災難，但不太可能熬過全部。

霍福德選中這個最好也最壞的時代，投注她的生涯，在隱身於西南太平洋礁石中的有毒軟體動物身上尋找可製造藥物的化合物。男性軟體動物學家冒險前往每座島嶼和珊瑚礁，盡可能採集所有標本（阿伯特一度稱之為「死時擁有最多貝殼的人贏」）的時代已經走入尾聲。女性終於可以管理博物館蒐藏並經營自己的實驗室。基因定序與質譜法的進步，讓科學家得以快速鑑定數千種潛在毒素。

但尋找那些活生生的毒液製造者已變成更加複雜與令人憂心的挑戰。數百年的殖民主義（以及早期科學家的剝削，他們從南方世界榨取文物、知識和物種）在某些有毒軟體動物、海膽、水母和其他前景看好之動物生活的國家，留下深刻疤痕。當太平洋民族從殖民強權手上取得政治獨立之後，某些島民最重要的歷史文物依然被鎖在海外的博物館裡。[40]那些文物經常是貝殼：工具、藝術品、珠寶，或外交與交易的紀錄，例如美國原住民的貝殼串珠。在巴布亞紐幾內亞特羅布里恩群島著名的庫拉環（Kula ring）禮物交換圈中，島民與數百公里外順時針方向的島嶼交換紅色貝殼長項鍊，與逆時針方向的庫拉夥伴交換白色貝殼臂環，形成一套精心設計的社會連結與政治信任儀式。[41]白色臂環名為*mwali*，是用大型芋螺切割製作。[42]這些文雅的記憶最終駐留在博物館或私人蒐藏裡，是它們的文化繼承者無法觸及的（雖然目前有些正在歸還中）。[43]

這類榨取還擴及到化石之類的自然史範疇，以及島嶼和周遭海洋的動植物生命。帝國時代，「南半球基本上就是我們的超市，」退休的演化生物學家大衛・辛德爾（David Schindel）表示。辛德爾創立了史密森尼學會的生命條碼（Barcode of Life），提倡分享野生動物的DNA，把它當成世界公共財。「我們可以拿走任何想要的東西——任何活的或死的，只要帶走即可。」[44]

當西方大學與企業開始將海洋化合物轉變成藥物與化學品時，物種豐富的國家隨即介入，保護自身——以及他們的動植物生命。「生物多樣性公約」（*CBD*）及其「名古屋議定書」，正是為了保護物種和生態，並阻止任何人將原住民藥物或基因資源當成專利申請，而不共享利益。這些協議促使一百多個最具生物多樣性的國家強化對本國物種以及外國科學家相關研究的控制。[45]然而，這些條約非但無法阻擋私人對海洋資源的控制，反而激起一波搶在協議生效之前申請海洋專利的熱潮。[46]跨國企業如今已為一萬三千多種海洋生物的基因定序申請了專利。[47]其中半數落在世界最大的化學製造商——德國的巴斯夫（*BASF*）公司手上。[48]在此同時，布歐之類的生物多樣性研究者，卻得花費數年的時間等待許可。他告訴我，議定書「已變成盤點地球生物多樣性的最大障礙」。[49]

這類地緣政治壓力（積壓在對民族與文化的剝削，動物的滅絕，氣候的暖化之上）促使霍福德進入新興的科學外交領域。如果科學家能夠像專精於軟體動物生態那樣駕馭政治關係與條約，他們就可以在氣候變遷這類全球挑戰的決策上提升科學的角色。

霍福德在巴布亞紐幾內亞與布歇一起工作。布歇自身的外交技巧與關係，讓他可以在「珊瑚金三角」與外國研究員關係緊張的時期，持續採集工作，霍福德也看到該如何吸引在地學生加入專案以強化研究，並為科學建立更具包容性的未來。（在該區執行專案的科學家從該區招收研究生的情況，還是相對罕見；彼得．沃德花了兩年時間，才讓大學校方支持他的第一位菲律賓博士生在菲律賓研究鸚鵡螺。）霍福德講了一個故事，說與她互動過的巴布亞孩童，有許多顯然從未在造訪該島的眾多科學家中，看過任何有色人種——某個看起來與他們相像的人。她覺得自己還沒準備好成為某種榜樣；身為生物化學家的她不曾受過相關訓練，但她嘗試弄懂它。自此之後，她便開始為自己的實驗室從事科學外交與教育推廣工作。

如今，霍福德在紐約市立大學研究院（*CUNY* Graduate Center）以及她取得博士學位的洛克斐勒大學教授科學外交。她也在美國自然史博物館從事外交專案；小時候，她就是在那裡邂逅了這世界偉大的生物多樣性。霍福德認為，當自然史博物館的任務從蒐集全球的物種與文化過渡到拯救全球的物種與文化時，它們最重要的角色，或許莫過於恢復社會與自然之間的紐帶，激起人們對地球及其生物的好奇。我結識的許多軟體動物學家，都有同樣的結論。

在史密森國家自然史博物館，寶螺專家克里斯．邁爾將研究方向轉移到海洋中生物多樣性的嚴重喪失。但他也花了很多個下午，將那些閃亮亮的寶螺殼散放在博物館大廳的一張桌子上，要求參觀者「選出漂亮的」；這個專案的宗旨，是要找出哪種自然物最能深深感動民眾。

在薩尼貝爾島，荷西．萊亞爾和他的科學家與志工們，為學校和社區活動買了許多活的軟體動物，而非空的貝殼。近年某個春天，我造訪了擁有百年歷史的薩尼貝爾貝殼展，跟著一群年長的貝殼蒐藏家在展品間緩慢移動，其中有好幾人得仰賴拐杖、助行器或細氧氣管。這些輔助用品讓我想起棘刺、螺塔、虹管以及其他吸引我們進入貝殼人生的裝飾。

貝殼展外面，各個年齡層的民眾全都擠在貝里－馬修斯國家貝殼博物館展示的軟體動物四周，工作人員是當地的小學生。一位小精靈髮型的六年級學生克萊絲托．瓊斯（Crystal Jones），輕鬆自如地回答著陌生人有關貝殼與其建造者的問題，同時有一隻玉螺在她的手臂上晃悠。有位男子用一個自以為是的笑話想要考倒她：「海灘上動作最快的軟體動物是什麼？」她毫不猶豫地回答：「字碼榧螺。」

「妳吃海鮮嗎？」另一人問道。「我不能吃海洋動物，」她說。「但我愛吃雞。」

我很好奇，她對這些柔弱動物的知識與同理心，會將她帶往何方。「帶向發現與同情的人生」，茱莉亞．愛倫．羅傑斯與自然研究進步派人士，應該會這樣說；瑞秋．卡森的母親曾用他們的著作教導過她。卡森提倡一種可引發關懷好奇、繼而激發獨創性的驚奇感；正是這樣的聰明才智，在數千年前激發人類將貝殼燃燒成第一種人造化學品——熟石灰。對美麗的熱帶貝殼之愛，引導托托．奧利維拉在芋螺中找到治療人類的藥方。對短暫生命的同情，也將激勵新一代在自然中尋找答案——不是毒藥，而是治療。

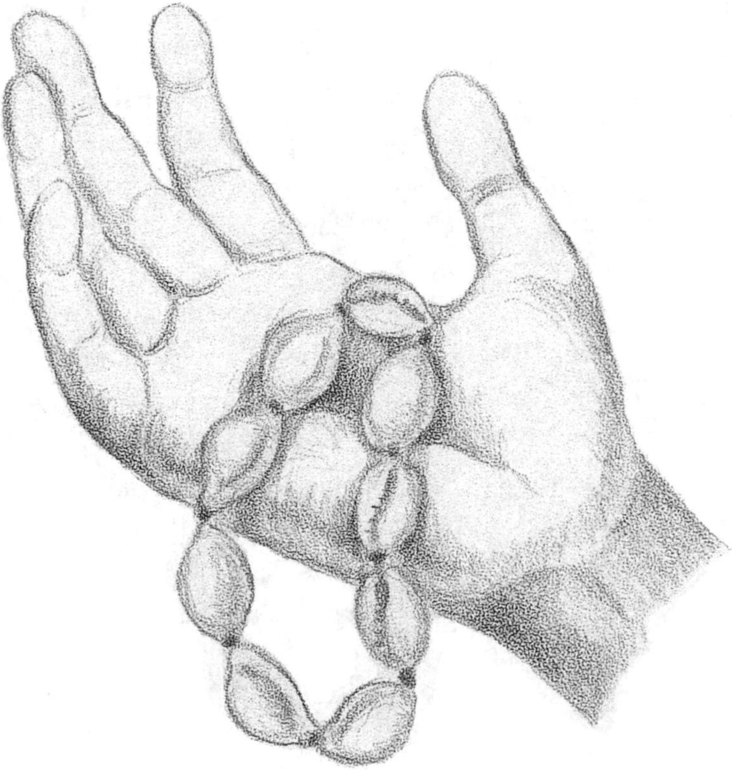

結論 開放式結局

貝人
SHELL PEOPLE
Homo sapiens

黃寶螺似乎太美了，不適合這邪惡之地。一位訪客在地牢的石頭地板上將它們堆成一座小祭壇，旁邊還有其他祭品，獻給被綁架後，上了鎖鍊步行數百公里前往埃爾米納奴隸城堡的靈魂們，以及等在此地與彼方的暴行。

即便年久失修，這座刷白的中世紀堡壘，依然在西非的迦納海岸上主宰著埃爾米納的海灘與漁港城市。城堡內部，一條狹窄黑暗的通道盡頭，「不歸之門」（door of no return）開向大海。那扇小門，在大西洋沿岸興建的數十座奴隸城堡中經常可發現；對被推搡著走下樓梯，登上木舟，載向奴隸船的男人、女人與孩童而言，那是家鄉的最後一瞥。從十六世紀到十九世紀，估計有一千兩百五十萬受奴役的人民，被塞擠、鐐銬於船艙之中。[1] 有兩百萬人並未熬過中央航路（Middle Passage）*，抵達南北美洲與加勒比海。[2]

寶螺祭壇附近，也堆放了其他祭品，包括幾瓶水與幾瓶琴酒、一頂草帽與一把草扇，試圖減輕因擁擠骯髒而更加惡劣的熾熱。還看來自田納西州孟斐斯市密西西比大道基督教會的鮮花，以及一張手寫紙條，日期就在我與青少年兒子造訪的前幾天：「獻給我們的祖先，你們就是我們，我們就是你們。」

我正在西非，準備搭乘帆船從馬爾地夫的熱帶珊瑚礁跨越兩個大洋，完成一趟不可能的「寶螺路線」。帆船以貝殼錢幣壓艙，數量足以購買三分之一遭到束綁、被迫送往美洲的奴隸。[3]威爾和我找了時間去參觀迦納的奴隸城堡，接著我們將造訪該國偏遠的東南海岸，在那裡，沃爾塔河與迦納灣在廣闊的三角洲上交匯。沃爾塔河口是馬爾地夫寶螺轉運的前哨站之一，寶螺從船上卸下，改用獨木舟將它們運往內陸，執行它們的殘酷任務。

我沒想到會在埃爾米納看到寶螺，畢竟該地的交易主角是黃金而非貝殼。[4]但這閃亮的護身符，在由訪客留下的臨時祭壇與海岸角城堡（Cape Coast Castle）附近隨處可見。在這些場址與其他地方的考古層裡，也可發現被藏匿的寶螺——藏匿在人們曾經被奴役的排水溝與裂隙裡。[5]「你們就是我們，我們就是你們，」貝殼跨越幾個世紀陳述著。

我已經開始聆聽貝殼，將它們當成自然真相的編年史家。貝殼曾經幫助先前世代了解地球的年歲、演化與滅絕，在這些概念似乎還很虛幻的時代；如今，貝殼揭露人類如何改變氣候與海洋，甚至影響到它的化學成分。貝殼訴說了許多關於海洋之事，但它們對人類還有更多要說。貝殼以螺旋式的建築與藝術、自然奇景與救命科學，以及有助於人類打造更大腦部的額外蛋白質，展現出人類最好的面向；然而貝殼也顯現我們最壞的一面——在它們變成金錢之後。

一七五八年，林奈在他的《自然系統》（*Systema Naturae*）中，為黃寶螺取了種名「*moneta*」（意為「貨幣」）。在同一個版本裡，他將美國圓蛤（American Quaho），或櫻桃寶石簾蛤（Cherrystone Clam），命名為 *mercenaria*（意為「金錢的」）；因為在殖民者所謂的「金錢交易」中，他們會與原住民交換貝殼串珠。[6]貝殼串珠通常是一種禮物——是話語和外交系統，以故事條帶或故事繩串的形式交換，但殖民者將它當成金錢，並開始自行製造。[7]於是在大西洋兩岸，受人尊敬的文化物件就這樣變成了大量生產的資本。

數千年來，世界各地的寶螺曾經是生育的保證或可抵擋邪惡之眼。如今，寶螺被稱為「奴隸錢」，或跨大西洋貿易的「血腥錢」。[8]據說，那個動物本身會跟著奴隸船以溺水者為食。[9]考古學家暨寶螺專家阿金伍米．奧貢迪蘭（Akinwumi Ogundiran）告訴我，住在尼日西南部那段時期，對貝殼的恐懼綑綁著對消失家人的可怕歷史記憶，持續籠罩他的整個童年。[10]八、九

＊編按：中央航路為一五一八年至十九世紀中期，在向新大陸販賣非洲奴隸的時代、橫渡大西洋的中段海上航程。

歲時，小男孩奧貢迪蘭在街上發現一枚寶螺，並將它帶回母親的店舖。「她跳了起來，歇斯底里。不停尖叫：『你為什麼要撿這個？』你會消失不見的！你不知道你會消失嗎？」

奧貢迪蘭在尼日的考古挖掘有助於證實，在寶螺錢輸入西非之前，約魯巴人已發展出製造玻璃的科技，還有一個以製造玻璃珠為中心的經濟體。[11] 十七世紀初，「人肉貨物」變成首要出口品，取代了舊日的玻璃珠、棉布與象牙。驚人的寶螺洪潮點燃了市場經濟，取代了先前的知識經濟。馬爾地夫的貝殼變成貝寧灣每筆交易的通用貨幣，儘管歐洲貿易商一般不接受以寶螺付款。到了十八世紀，非洲的酋長與親王會在房間甚至整個家裡嵌滿寶螺，令人聯想起歐洲建貴族廳堂裡的貝殼牆。[12] 貝殼在西非打造出堂皇的財富幻覺，而一直以來的真正財富，則被迫進入船艙，飄洋過海。

一個坐姿的赤陶婦人俑，長著一雙青蛙似的雙眼，頭部有一個刻意留下的小空腔，看起來像是根據寶螺殼的形狀雕鑿而成。[13] 她是數百個有著類似空腔的陶製人俑和動物俑之一，其中一些腔室連接了隱藏的管道，或許是用來填充藥物。[14] 一九八〇年代，考古學家開始在迦納北部的柯瑪蘭（Koma Land）挖掘這類小塑像，因為當地村民報告說，貝塚裡埋了他們所謂的「昔日孩童」（*kronkronbali*）。[15]

真實的寶螺有時會和「昔日孩童」一起埋葬。許多小塑像還以雕刻的寶螺做裝飾——耳環、項鍊、盔緣。晚近對這些陶土塑像所做的電腦斷層掃描顯示，製造它們的社會，約介於六到十四世紀之間。[16]

保存良好的陶塑女子，身穿裙子，戴著沉重項鍊，坐在迦納大學考古學博物館的玻璃下方。班傑明・康沛言（Benjamin Kankpeyeng）是出土陶塑女子的學者，也是今日柯瑪蘭挖掘的領導者；他估計，陶塑女子的製作時間介於西元七七〇與九〇〇年之間。[17]康沛言的辦公室位於迦納首都阿克拉（Accra）與大學博物館隔著一塊綠蔭廣場，當我們在那裡碰面時，他告訴我，在歐洲商人隨著寶螺湧入西非之前，「這些小塑像為寶螺確立了文化脈絡。」「我們或許無法恢復它的意義，」他說，但寶螺的存在暗示它們具有一種超越金錢的保護或治療角色。

尼日考古學家奧貢迪蘭表示，事實證明，貝殼的神聖意義經過數十萬年的崇敬並深入人類記憶，遠比它們做為金錢的力量來得強大，即使在貿易活絡的東部貝寧灣也是如此。在歐洲商人將數十億寶螺匯入西非經濟體之前，當地幾乎沒有任何使用寶螺的證據。[18]寶螺擺脫了血腥錢的惡名，克服了吸血鬼迷思和母親失去孩子的恐懼。到最後，奧貢迪蘭表示，那些光亮的護身符找到它們的「象徵、神聖以及預兆一切好事的隱喻價值」。[19]如同它們在世界各地文化中的角色，寶螺也成為宗教和儀式的保護者。[20]它們成為占卜的核心，保佑健康；它們敬奉祖先神靈，抵禦外敵；它們幫助死者從今生過渡到來世」。

沃爾塔河在迦納東南端匯入大西洋，形成無邊無際的海水與沙洲。這樣的地平線令人聯想起一位靈魂擺渡人的傳說；他收取寶螺和其他費用，將死者的靈魂載運到沃爾塔河彼岸的來世。[21]一位十九世紀初在丹麥堡壘傳教的廢奴主義牧師，記錄了這樣的信念：擺渡人載著死者的親友「穿過河流的不同分支，抵達在河口附近形成的一處沙原，」與其他靈魂一起歡慶。[22]

在艾達福（Ada Foah）鎮，一片巨大沙原依然拱成一道戲劇性的門戶，通往大西洋——一趟旅程的開端或尾端。一邊是沃爾塔河，另一邊是迦納灣；艾達福令人想起還是偏遠漁場、沒有鋪裝馬路的佛羅里達邁阿密或里約科帕卡巴納（Copacabana）。高聳的椰子樹在海灘上搖曳，遮蔽了土坯小屋和填滿貝殼的沙巷；來自首都阿克拉的富有迦納人在上游水岸社區興建的週末度假屋，在當時還是成在地漁民家庭的茅頂屋

在歐洲人抵達西非海岸之前，名為艾達的更大區域是由八個氏族組成的國家，組成人口主要是漁民，也從河口貿易食鹽。[23]漁民是專業的河流導航員，當年，沃爾塔河是一條狂野危險的河川，布滿岩石與激流，河馬與鱷魚。沃爾塔河標示出貝寧灣的西界，在一六五〇到一八五〇年間，進口到西非的寶螺貨幣大多由該地吸收，許多寶螺也沿著尼日三角洲傳入。[24]艾達並非惡名昭彰的奴隸市場，但它的貿易商卻變成沿岸歐洲人與內陸奴隸的中間人。[25]河流兩岸的貿易商將馬爾地夫寶螺連同食鹽和魚一起堆到他們的獨木舟上。[26]沿著支流朝上游前行的旅程耗時數月，夾雜著頻繁的卸貨與轉運。[27]最後由人與驢子將印度太平洋的貝殼拖往更內陸的腹地。[28]

艾達福這個名稱據說是用來形容「位於艾達的堡壘」：一七八三年由丹麥人興建的孔根斯坦堡（Fort Kongensten）。今日，海洋幾乎吞噬掉這座前哨站的所有痕跡，既緩慢又快速，彷彿

那是一座沙雕城堡。孔根斯坦堡是第一座隨著地球暖化、被上升的海平面與加劇的暴風雨沖走的殖民堡壘。[29]海岸角城堡與其他地方也處於危險之中，這些歷史場所幾乎改變了每一個面對那些「不歸小門」的人。[30]

迦納雖然緊貼在赤道北邊，但其海岸的未來，就跟我們所有的海岸一樣，取決於南北兩極。冰河與冰層融化，是今日全球海平面上升的主要驅力。[31]而因水壩、挖沙與海防結構而改變的海岸線，受侵蝕的速度比其他地方更快。[32]艾達福河口飽受三者之苦。自二十世紀中葉以來，強浪已沖走數十公尺的海岸線，這座村莊以每年平均兩公尺的速度遭到侵蝕——是已經很快的全球沙灘消失速度的兩倍。[33]

由於上游的水力發電廠，沃爾特河也經歷了寶螺時代以降的改變。阿克松博大壩淹沒了河流盆地，創造出地表最大的水庫——沃爾塔湖。[34]大壩迫使八萬上游居民離開家園，大多是漁民和農民，他們的魚池農田皆遭淹沒。[35]居住在靠近艾達福與河口處的漁民，依然乘坐大型木船在河中穿梭。他們與祖先有某些共同點——船上都堆滿了貝殼。

我們搭乘一艘淺藍色的木頭小艇，朝沃爾塔河上游駛去，同行的還有導遊暨歷史學家大衛．阿哈齊（David Ahadzie），以及住在艾達福的美國人類學家妮蒂．凱瑞（Netty Carey）。我們與其他堆滿了非洲河蛤、色彩鮮豔的船隻擦身而過。剛果斧蛤（*Galatea paradoxa*）是艾達手工漁業的心臟，牠們大而魁梧、黃色三角形的殼身帶有黑色條紋。女人在巨大的棕櫚樹蔭下一邊去殼一邊聊天，半殼堆成小丘。貝殼本身與被扔進籃裡的貝肉同樣值錢。[36]貝殼研磨後拌入砂礫、白粉或石灰中，成為雞飼料裡的鈣，以及水泥和磨石子地板中的硬化劑。[37]

在大壩興建之前，沃爾塔河下游大約有兩千人靠河蛤維生，大多是在淺水區捕撈的女性。[38]大壩重塑了河口的泥沙與沉積物，使蛤場的面積縮小了九成，沿岸捕撈難以為繼。如今，男性不得不用「喉咯」潛水（hookah dive）去尋找蛤蚌——也就是游到水下，但透過連結在船底空氣壓縮機上的小軟管呼吸。

這種虎紋雙殼類的貝殼與貝肉，至今依然為這小社區帶來超過三百萬美元或五百萬塞地（cedi）的年收入。[39]（迦納的法定貨幣是塞地，阿寒語〔Akan〕的「寶螺殼」之意；貝寧市高聳的西非中央銀行大樓上，也排列著窗戶大小的寶螺相似物。）艾達與附近村莊是好幾家貝殼廠的所在地，院子裡堆滿了去了肉的貝殼與袋裝研磨貝殼，整車出售。蛤蚌貿易也為河岸注入活力，遊客很喜歡停下來享用火盤上炸得金黃的蛤串；而在通往阿克拉的高速公路上，賣著更多炸蛤蜊。

十年前，科學家宣稱剛果斧蛤即將滅絕，因為數量日減的野生斧蛤得承受來自上游大壩、變動的海岸泥沙，以及捕撈等多重壓力。他們預測這將對村民帶來嚴重的社經後果，特別是女性蛤農。但專精於迦納水產養殖的漁業教授丹尼爾·阿帝艾波雅坦（Daniel Adjei-Boateng）表示，斧蛤養殖轉而朝永續方向發展，似乎正在發揮正面的影響。[40]喉咯潛水員在海底捕撈時，會將小斧蛤放到一邊，女性將小斧蛤養殖在淺水區用樹枝標示的自家漁場裡（非常類似帛琉的巨硨磲蛤園，或梅根・戴維斯所展望的加勒比海在地鳳凰螺養殖場。）六到八個月的時間裡，斧蛤會長到兩倍大，如此一來，漁民就可在一年一度的禁漁季從自家漁場捕撈，減輕野生斧蛤的壓力。

阿帝艾波雅坦表示，斧蛤和漁民社群的存活，取決於從個人到全球的一連串抉擇：從個人如何捕撈，到管理土地使用的區域政策，到世界如何應對氣候變遷。[41]這是女王鳳凰螺和巨硨磲蛤的故事，也是我們的故事——從一枚貝殼中可見到的世界故事。

海洋和貝殼一樣，我們經常只從表象去理解——美麗的背景、引發颶風的威脅、汙染或其他人類虐行的受害者。但海洋生命之源，也是解決八十億人所共享的這座地球的氣候變遷與其他重大挑戰的希望深井。艾達福和它的金黃貝殼是一個小象徵，暗示有重大的解決方案在海浪之下等著我們。養殖的蛤蜊、牡蠣、貽貝和扇貝淨化了海洋，因為牠們提供食物和有意義的工作——但不會加速滅絕或讓汙染與疾病在養殖場裡傳播。與此同時，牠們還因打造外殼而吸收了大量的碳。將養殖貝殼壓碎或研磨，可減輕我們對開採石灰岩的依賴。[42]牠們有成為綠化水泥的潛能——水泥是人為碳排放的第三大來源，僅次於石化燃料和土地使用變更。[43]

身為在佛羅里達與加州長大的小孩，我總是希望，負責決定這類事情的人，能把沿海地帶（以及通往沿海的沙丘與紅樹林）留給所有人共享，並將城市興建於內陸。在海洋裡，我們依然可以決定這些事情；想像一下，提供食用的貝殼養殖場，周圍環繞著巨大的海洋保育區。科學家認為，這是我們想要拯救瀕危海洋生命的最大機會。[44]保護並恢復海洋、海草與珊瑚，也可保護人類；巴哈馬與馬爾地夫失去生計的鳳凰螺漁民，並不想為了那些住在首都高樓裡的群眾離開他們的島嶼家園。海平面上升、暴風雨、暖化與海洋酸化的嚴重度，與大氣中的碳含量成正比。海洋已經替我們做了許多緩衝，吸收了三成自工業革命以來與日俱增的二氧化碳；如果能恢復海草床、鹽沼和紅樹林海岸，將可吸收更多。科學家估計，全世界沿海濕地的碳儲存量，是熱帶森林的五倍。[45]

當艾達福面對強浪時，它也坐擁世上最有前景的無碳能源之一。由於海底建設的技術挑戰與嚴苛條件，海浪與潮汐發電一直落後於太陽能與風力，但它們的發電潛力非常可觀。[46]二〇一五年，迦納潛水員將六個波能轉換器從駁船上丟下，安裝到距離艾達福約十六公里的海底。[47]海面上的黃色浮標與海床上的發電機連結，擷取動能，送到岸上的變電所。比起風力發電，這項無須渦輪機葉片的發電科技對海洋生物的傷害似乎較小[48]，擷取潮汐能或許也能減緩沿海的沙灘侵蝕。[49]這項測試相當成功，投資者正在擴大規模——艾達福將成為非洲第一座波能商轉發電廠的所在地。[50]

一枚螺旋殼，在它的無限重複中，再現出大自然的經濟——由再生而非浪費所驅動的循環經濟。軟體動物花費一輩子時間，循環利用海洋化學物質製造出牠們的殼；牠們用藻類當燃料；牠們的硬殼礁石經常打敗人造屏障，保護海岸不受侵蝕與風暴帶來的其他災難。[51]艾達福的許多傳統住家是用貝殼加固，建商至今仍會付錢給婦女，讓她們在退潮時走進海裡，撿拾大桶貝殼混入水泥當中。[52]

不過，寶螺除了是來自海洋「一切好事的預兆」之外，也是一項教訓。如果不能把人的問題也解決掉，沒有任何科學或技術解決方案（以及沒有任何保護自然的宏大動作）是足夠的。

我們跳下藍色小艇，踏上沃爾塔河口的一座狹長沙島；阿哈齊在那裡告訴我們，這個河口在他人生中發生過的變化——先前的海岸和好幾座小島整個消失。他為覆蓋在無人居住沙嘴上的塑膠碎屑道歉。我已經在三大洲聽過當地人為偏遠島嶼上的塑膠窒息道過歉，在巴哈馬、馬爾地夫與西非。但海水侵蝕過的塑膠袋與變形的塑膠瓶，顯然是從遙遠地方飄過來的。

人類學家凱瑞指出，河口島的漁民家庭一直面臨著另一種災難。將近十年前，迦納－義大利開發公司特拉薩柯地產，給這些家庭三十天的時間搬離島嶼，將地讓出來興建豪華度假村。公司代表在他們的房子上塗寫鮮黃數字，做為拆除標示。[53]那些黃色數字讓我想起，卡崔娜颶風過後，規畫師在奧爾良下九區地圖上標示的綠點，將長久以來的住宅指定為未來的公園。[54]無論是紐奧良的居民或沃爾塔河口的島民，都無法容忍被標記；他們拒絕離開。

特拉薩柯原本已從政府那裡取得土地做為旅遊開發之用，但因無法在安置計畫上與居民合作和取得環境許可而受到懲罰。[55]該公司如今與希爾頓合作，打算將這座漁民島改造成高端的飯店會議中心，並終於想出一套安置計畫。[56]他們在一次公開會議上將計畫展示出來，公司官員特別強調村民未來的生活會好上許多——有數百個工作機會，有取代茅草小屋的混凝土住宅，有川流不息的遊客與金錢，海灘也會每天清除塑膠廢棄物。公司秀出布滿塑膠、無人居住的海灘圖片，似乎在暗示居民並未好好照顧他們的社區。常務董事表示，度假村會提供當地人「適當的工作」，不必再去捕魚或種田。[57]

凱瑞為了研究搬到艾達福，主題是迦納海岸氣候變遷和旅遊發展的雙重位移。她說，人們歡迎好工作與混凝土住宅，但他們與海邊也有著深刻連結——祖先的、經濟的和生態的。在迦納與世界各地，開發不停打造出涇渭分明、歧異不同的贏家和輸家之路，而非想像一個更強大的、包容人類與自然的再生螺旋。特拉薩柯的搬遷計畫甚至並未指明，漁民是否可進入河口拋撒漁網——在無須光顧飯店的前提下。

馬爾地夫群島生產出第一種全球性貨幣，而這些小白貝殼大多數由西非海岸吸收；幾個世紀後，這兩條海岸線又揹負了由新興全球經濟所點燃的氣候變遷的最沉重負擔。偉大的博物學家、「印度的普林尼」倫菲爾斯，或許早已判定了它的命運。倫菲爾斯將貝殼視為大自然的禮物，一旦被買賣，便會失去它們的力量。[58]他與綽號中的羅馬前輩普林尼一樣譴責貪婪（他經常站在安汶當地人的立場，對抗荷屬東印度公司的上司），儘管他別無選擇，只能替該公司工作。[59]

那位古羅馬博物學家普林尼本人，曾經對帝國的過剩提出警告，包括被殺死用來製作皇家紫染料的骨螺數量。[60]他對打造出如此美麗外殼的動物表達同情，但對那些不得不釀造惡臭染料的奴隸卻未置一詞。

普林尼戴的有色眼鏡是紫色的。而我們當中那些哀嘆地球與生物遭遇之人，他們的眼鏡可能是綠色的。譴責貪婪與不義很簡單——但要改變它們長達幾世紀的箝制卻困難許多。而這正是一項日益壯大的運動所致力要達成的——抵抗對人民與自然的剝削。「永遠不該忘記，凡是將金錢或利益置於人民苦難之上的任何事情，就跟歷史上發生過的一樣可怕」，我們的埃爾米納城堡導覽阿托・阿斯杭（Ato Ashun），在他令人難忘的臨別贈言中如此寫著。[61]

氣候變遷造成的傷害並不平等，這樣的認知正在美國各城市與世界各地深入人心。南方世界面臨著更為頻繁強烈的洪水、乾旱與熱浪。這種價值觀的轉變，可從年輕學者與科學家身上得到印證，例如妮蒂・凱瑞、曼黛・霍福德，以及艾莉森・史威尼，她們將研究地區的民眾與社群視為夥伴與主要的智慧來源，而非學術成果。[62]可以清楚看出，女性的社區領袖、科學家、作家，以及羅傑斯之類的教育者，逐漸被加入歷史書籍或領導位置，她們正在為民眾與環境打造更好的未來。[63]人們顯然也認識到，原住民文化擁有過度開發國家所需的創新性，可協助後者尋找治療藥物、保護野生動物和適應生態改變——帛琉傳統的 *bul* 習俗，如今被編纂成現代法律，禁止在該國的八成水域中從事捕撈、開採與其他剝削行為。古老的工程師隨著佛羅里達海岸的升降而移動。[64]

這樣的改變在我兒子威爾那一代中似乎顯而易見，許多人投身於社會正義和氣候變遷，並在二〇二〇年以創新高的人數參與他們的第一次選舉。（新冠疫情期間，威爾在佛羅里達的賽道上高中畢業，之後搬到海牙就讀萊登大學，希望在那裡攻讀國際司法。）

貝殼經常是訊息——給科學家，給占卜者，給信徒們，讓他們透過貝殼之聲召喚眾人聚集；貝殼經常是禮物——老馬庫斯．塞謬爾的維多利亞貝殼盒子，這些「來自布萊頓的禮物」將蛻變成全世界最大的石油公司之一。安妮．莫洛．林白的《來自大海的禮物》，這本書也曾（或許太過溫和地）警告過一個世代的女性，留意我們日益增長的過量行為。[65]

貝殼曾經是珠寶與藝術，金錢與武器。它們的製造者（那些軟體動物）象徵所有遭受剝削且被逼到可忍受邊緣的大自然——牠們精緻的住家在酸化的海洋中溶解。而如今，某些軟體動物正在證明生命的頑強，因為牠們開始適應那些化學變化。

牠們對地球與人類最棒、最大的作用，就是繼續活出牠們榮耀滿滿的生命。看到黃寶螺出現在手鐲上、博物館抽屜裡或我寫下本書結尾的書桌旁，確實很美；但更美的是，看到牠活在珊瑚礁上。看到牠的迷你眼睛從觸手底部向側邊窺視，看到牠的虹管向前伸出嗅探藻類，看到牠的活斗篷覆蓋在隆起的貝殼上，從海洋中吸收碳，並將它轉化為美。這樣的生命才是貝殼的唯一真理。

致謝

我的靈感歸功於墨西哥灣的離岸沙洲島。小時候，我在薩尼貝爾島、馬可島和格蘭德河口，與祖母和外祖母一起蒐集貝殼；每當我向她們展示撿拾成果，哪怕是迷你的截形斧蛤，她們的回應都好似我發現了海盜黑鬍子船長的寶藏。在位於北方的更偏僻小島——雪松礁（Cedar Key），我再次迷上貝殼。在某個冬天退潮的沙洲上，我的丈夫和我發現一枚巨人的左旋香螺；我們把它帶回家，掛在我們的第一棵聖誕樹頂端。我們不住在島上了，但我於另一個退潮時分在這座島上寫下這些文字，感謝保護雪松礁國家野生動物保護區的所有協助者，感謝它的十三座海岸礁島，以及佛羅里達的大彎河口；左旋香螺馱著牠們的迷你外殼在此誕生，扇貝在這裡的海草中霹啪作響。將近二十五年後，那枚左旋香螺依然高踞在我們的聖誕樹頂。

我最深的感激要獻給亞倫．胡佛（Aaron Hoover）——我的丈夫和第一任編輯，他閱讀我寫的每一個字，次數幾乎和我一樣多，並在這六年的時間裡穩住兩個青少年。我從亞倫和我們孩子身上感受到的愛與支持，讓我有力量繼續前進。威爾（Will）和伊蓮娜（Ilona），謝謝你們尊重我的工作，並感謝你們對本書的諸多貢獻。《海之聲》一直是一家人的努力。

我的編輯，諾頓出版公司的麥特・衛藍（Matt Weiland），從一開始就理解並相信這本書。感謝他的鼓勵並容忍我以軟體動物般的慢速完成此書。我要謝謝整個諾頓團隊，感謝他們對貝殼故事的熱情，特別是在疫情如此艱難的一年製作出版。

我的書寫夥伴，環境史家傑克・戴維斯（Jack E. Davis），從構想到最後一句話一直都在。寫作有時孤獨而嚇人；能有一位信賴的書寫友伴，即使是凌晨五點他也坐在書桌上，隨時準備交換句子或只是聆聽，這是我珍惜的禮物。賈姬・列文（Jacki Levine）也是百折不撓的盟友，跟貝殼一樣無價，因為她是一輩子的好朋友。

如果沒有軟體動物學家荷西・萊亞爾，你們手上就不會有這本書，他是貝里－馬修斯國家貝殼博物館的典藏研究員以及軟體動物科學期刊《鸚鵡螺》的編輯。多年來，荷西始終以無比的耐心回答我的問題。他閱讀並檢查本書有關軟體動物科學的篇章，並且證明，他對藝術和語言同樣學識豐富。剩下的任何錯誤，責任都歸我。也是在薩尼貝爾島上，貝里－馬修斯的前館長朵莉・希普施曼（Dorrie Hipschman）、海洋生物學家麗貝卡・曼奇（Rebecca Mensch）、薩尼貝爾－女俘島貝殼俱樂部主席湯瑪斯・安尼斯雷（Thomas Annesley），以及貝殼俱樂部的其他許多成員和「貝殼大使」，都分享了他們的時間、貝殼書籍和可愛標本。

我要感謝眾多在海灘、貝殼俱樂部以及他們客廳裡與我相遇的慷慨蒐藏家；特別是「美國貝類學家」（Conchologists of America）主席哈利・李，以及洛杉磯自然史博物館（Natural History Museum of Los Angeles）與太平洋貝殼俱樂部（Pacific Shell Club）的蕭恩・衛德里克

（Shawn Wiedrick）。對書中每一章節與註釋中提到的學者與來源，以及其他許許多多與我在會議上交談或建議探究路徑之人，我也在此致上謝意；族繁不及在此一一備載。我要特別感謝凱倫·查德維克船長（Capt. Karen Chadwick）、研究科學家史蒂芬·蓋格（Stephen P. Geiger），以及古生物學家葛雷戈里·赫伯特（Gregory S. Herbert），感謝他們對初期草稿的所有交流和評論。在費城的自然科學院，典藏研究員蓋瑞·羅森伯格（Gary Rosenberg）與典藏部經理保羅·卡洛蒙（Paul Callomon），多年來回答了我的許多問題。另外要感謝羅伯·佩克（Robert M. Peck）、派翠西亞·史陶德（Patricia Stroud）、吉姆·卡爾頓（Jim Carlton）和艾倫·卡巴特（Alan Kabat）提供的歷史協助。

衷心感謝一些科學家透過蛤蜊與牡蠣向我介紹軟體動物的奇妙與重要。當這個案子變得過於龐大時，我決定放棄貝介類，專注於海貝；但他們的智慧依然為此書打下了地基。水產養殖代理商蕾絲麗·史特莫（Leslie Sturmer），是第一位在她雪松礁顯微鏡下向我展示沙粒大小的蛤蜊嬰兒的科學家。漁業科學家比爾·派恩（Bill Pine）教導我許多牡蠣相關知識，以及更多的保育倫理與權衡。佛羅里達自然史博物館的道格·瓊斯（Doug Jones）主任，協助我理解硬組織定齡學（sclerochronology），研究所有記錄在硬殼裡的東西。我還要感謝同樣在該博物館工作的博物學家辛蒂·貝爾（Cindy Bear）、無脊椎古生物學家羅傑·波特爾（Roger Portell），以及無脊椎動物學家約翰·史拉普辛斯基（John Slapcinsky）。

我也要感謝一直支持我的史蒂夫·塞伯特（Steve Seibert）；感謝道格·布林克立（Doug

Brinkley）與戴夫・沃特（Dave Walter）提供學術洞見；感謝我的經紀人，珊德拉・戴可思嘉文學經紀公司（Sandra Dijkstra Literary Agency）的伊麗絲・卡普龍（Elise Capron）；不僅是事實查核員的提姆・邁爾（Tim Meyer）；以及科學插畫家瑪拉・柯波里諾（Marla Coppolino），她筆下的動物讓書頁鮮活起來。

我要感謝許多提供協助的圖書館、報紙檔案室，以及圖書館員，特別是新罕布夏州普利茅斯州立大學的特殊蒐藏圖書館員暨檔案學家愛麗絲・史塔普里斯（Alice P. Staples），她幫助我追蹤羅傑斯還在世的親屬。謹向羅傑斯的兩位姪孫女致上我最深的謝意，新罕布夏州的莎拉・金特（Sarah A. Kinter）與華盛頓州的蘇珊・紀勒斯皮（Susan Gillespie），感謝兩人與我分享她們的家族故事與照片。

感謝下列人士在全球與正義連結上的協助；感謝歷史學家易卜蘭・肯迪（Ibram X. Kendi）敦促我造訪迦納，去了解被視為奴隸貿易「血腥錢」的寶螺，何以仍受人喜愛。我也向人類學家布蘭・查芬（Brenda Chalfin）致上最深謝意，感謝她在迦納的介紹；並要感謝雅各・烏莫非・高登（Jacob U'Mofe Gordon）、伊芙琳・阿占德（Evelyn Adjandeh）、山謬・阿廷托諾（Samuel A. Atintono）與凱文・阿多・波雅坦（Kelvin Addo Boateng）等人在當地的協助。記者羅賓森（J. J. Robinson）與丹尼爾・波斯萊（Daniel Bosley）提供有關馬爾地夫的無價背景知識與關係人脈。卡斯杜島的潛水導遊安布拉・費德里卡・杜加里雅（Ambra Federica Dugaria），是一位活寶螺溝通師。

我在佛羅里達大學教授環境新聞學，該校的許多同事也對本書做了直接與間接貢獻，包括新聞學院院長戴安・麥法林（Diane McFarlin）、已故歷史學家大衛・科本（David Colburn）、校長與校長夫人肯特與林妲・富克斯（Mrs. Kent and Linda Fuchs）、泰德・史派克（Ted Spiker）、麥特・雅可布斯（Matt Jacobs）、卡洛琳・考克斯（Carolyn Cox）、喬・德爾菲諾（Joe Delfino）、瓦蘇德哈・納拉雅南（Vasudha Narayanan）、克里斯汀・克蘭（Christine Klein）、麥克・艾倫（Mike Allen）、安・克里斯提安諾（Ann Christiano）、麥特・席漢（Matt Sheehan）、肯尼斯・沙薩曼（Kenneth Sassaman）、史都華・麥丹尼爾（Stuart McDaniel）、克里斯坦・史東納（Kristen Stoner）以及湯瑪斯・佛雷澤（Thomas K. Frazer）。我班上的每位學生都改善了我的作品與觀點；瑞秋・達米安尼（Rachel Damiani）、珍妮佛・艾德勒（Jennifer Adler）、麥可・孟羅（Michael Munroe）、瓊安・梅納（Joan Meiners）、麥迪遜・瓊斯（Madison Jones）和丹尼爾・錢澤斯（Danielle Chanzes）都直接強化了這本書。

一個家裡有孩子的忙碌記者，最需要的莫過於寫作的時間與空間。我深深感謝瑪莎・道樂（Marsha Dowler）給我一個激發靈感的場所，在「海濱度假中心」完成好幾個章節。感謝蕾絲莉・李（Leslie Lee）邀請我到密西根州埃爾克拉皮茲的松木谷（Pine Hollow）寫作，以及北卡羅萊納州塞羅社區的鮑伯與黛比・奈特（Bob and Debbie Knight）。特別謝謝丁・達林野生動物學會（Ding Darling Wildlife Society）的布莉姬・米勒（Birgie Miller），協助我在薩尼貝爾找到可以居住與寫作的地方。

我的專業組織，環境記者協會（Society of Environmental Journalists），支持我寫過的每一本書，這本也沒減少；一如我的同僚作者查爾斯・費希曼（Charles Fishman）、約翰・佛萊克（John Fleck）、克雷格・皮特曼（Craig Pittman）和威廉・邵德（William Souder）。感謝科學記者蜜雪兒・奈胡斯（Michelle Nijhuis）為巨硨磲蛤那章做了巧妙編輯，該章最初刊登在《大西洋》（*The Atlantic*）雜誌；也謝謝《國家地理雜誌》的環境編輯羅伯・康奇格（Robert Kunzig），他編輯了我關於海洋保護區的封面故事。我也要感謝那些才華洋溢的作者們踩著「貝殼節拍」創作，特別是理察・康尼夫（Richard Conniff），他在《物種的追尋者》（*The Species Seekers*）與《史密森尼》（*Smithsonian*）雜誌上，寫了許多關於貝殼以及為貝殼癡迷之人的美麗故事；英國科學家暨多產的貝殼作家彼得・丹斯（S. Peter Dance）和海倫・斯凱爾斯（Helen Scales）；以及珍妮・史塔列托維奇（Jenny Staletovich），她是佛羅里達這裡報導女王鳳凰螺的統治女王。

最後，我要感謝我們的巴內特家族（Barnetts）、蓋里森家族（Garrisons）和胡佛家族（Hoovers）；吉姆與克勞黛・歐文斯（Jim and Claude Owens）；布魯斯與蘇・艾倫・利特其（Bruce and Sue Ellen Ritchie）；查理・海利（Charlie Hailey）和梅蘭妮・霍布森（Melanie Hobson）；凱倫與肯・阿諾德（Karen and Ken Arnold）；露易絲・歐法蕾（Louise OFarrell）和賴瑞・勒山（Larry Leshan）；瑪麗與查爾斯・佛曼（Mary and Charles Furman）；麥克與葛蕾絲・卡斯汀（Mike and Gracy Castine;）；以及蘇珊・瑟路連（Susan Cerulean）與傑夫・強頓

（Jeff Chanton），感謝他們的大力支持。

我的祖父，奧維德・巴內特（Ovid Barnett）原本決定要迎接他的百歲生日並閱讀《海之聲》，卻於二〇二〇年秋天去世。我去馬可島跟他的房子告別；它即將夷為平地，興建小豪宅，讓我想到先前矗立在這裡的卡魯薩人家園。我從他的院子裡帶走一枚左旋香螺，放在我的院子裡。

28, 2018, www .youtube.com. 引文出自特拉薩柯地產開發公司常務董事伊安・莫里斯（Ian Morris）。

58. See E. M. Beekman's analysis in Georgius Everhardus Rumphius, *The Ambonese Curiosity Cabinet*, edited, annotated, and with an introduction by E. M. Beekman (Yale University Press, 1999), cv.

59. Ibid., civ– cv.

60. Andrew Wallace- Hadrill, "Pliny the Elder and Man's Unnatural History," *Greece & Rome* 37, no. 1 (April 1990): 80– 96.

61. 我們的導覽阿托・阿斯杭，將這些話加入埃爾米納城堡牆上的紀念文字，其中有部分是：「願人類不再延續這種對人類的不正義。」這句警語也收入他討論迦納奴隸城堡的著作中：Ato Ashun, Elmina, the Castles, and the Slave Trade (Nyakod Printing & Publishing, 2017 edition), 121。

62. Jim Specht and Lissant Bolton, "Pacific Islands' Artefact Collections: The UNESCO Inventory Project," in *Journal of Museum Ethnography* 17 (2005): 67. Also see introduction by Anita Herle, "Pacific Ethnography, Politics and Museums," 1– 7.

63. 已發現女性當選人會直接影響與氣候變遷相關的行動。See Astghik Maviasakalyan et al., "Gender and Climate Change: Do Female Parliamentarians Make a Difference?" *European Journal of Political Economy* 56 (January 2019): 151–64.

64. For new shell ring research from the Gulf, see Terry E. Barbour, Kenneth E. Sassaman, et al., "Rare pre- Columbian Settlement on the Florida Gulf Coast Revealed through High-Resolution Drone LiDAR," *Proceedings of the National Academy of Sciences USA* 16, no. 47 (November 2019): 23493– 98.

65. 參見本書題詞：「寶藏不嫌多—超量的貝殼裡，總有一兩枚意深義長。」Anne Morrow Lindbergh, *Gift from the Sea* (Pantheon, 1955), 115.

科技大學（Kwame Nkrumah University of Science and Technology）漁業教授。

41. Ibid.
42. James P. Morris et al., "Shells from Aquaculture: A Valuable Biomaterial, Not a Nuisance Waste Product," *Reviews in Aquaculture* 11 (2019): 42– 57.
43. Ibid.
44. Cynthia Barnett, "Why It's Important to Save Our Seas' Pristine Places," *National Geographic*, February 2017 cover story.
45. *Project Drawdown*, "Coastal Wetland Protection," drawdown.org/solutions/coastal -wetland-protection.
46. Sophia Schweitzer, "Will Tidal and Wave Energy Ever Live Up to Their Potential?" *Yale Environment 360*, October 15, 2015.
47. 作者與丹尼爾・凱勒（Daniel Käller）的訪談，Seabased波能公司專案管理員。
48. Andrea Copping et al., eds., "OESEnvironmental 2020 State of the Science Report: Environmental Effects of Marine Renewable Energy Development Around the World," prepared by Pacific Northwest National Laboratory for the U.S. Department of Energy (September 2020), ii–327. 科學家仍在研究對海洋動物可能產生的聽覺或電磁影響。
49. Ibid., 133. 作者與凱勒的訪談。
50. "Ada Foah Wave Energy Project: TC's Energy USA and Power China Ltd. Sign Financing Agreement," *Modern Ghana*, July 26, 2020.
51. 當殖民者抵達紐約時，界定出紐約外港的牡蠣床與珊瑚礁迷宮，即便在最大的暴風雨期間，也能阻擋海浪沖毀聚落。今日，少了可吸收暴風雨力量的珊瑚礁，抵達岸邊的波能提高了百分之兩百。Christine M. Brandon, "Evidence for Elevated Coastal Vulnerability Following Large-Scale Historical Oyster Bed Harvesting," *Earth Surface Processes and Landforms* 41, no. 8 (February 2016): 1136–43.
52. 與人類學家凱瑞的訪談。
53. Netty Carey, "We Are in the Air: Land Claims and Liminal Space on the Volta River Estuary," presentation at 59th Annual African Studies Association annual meeting (December 2016), 以及與人類學家凱瑞的訪談。
54. Calvin Hennick, "A Tale of Two Neighborhoods," *USGBC+* (magazine of the U.S. Green Building Council), September 2014.
55. "Trasacco Estates Development Company Faces Sanctions for Non- Compliance," *GBCGhana Online*, February 27, 2019.
56. "Trasacco EIA Presentation for Project at the Ada Estuary," February 26, 2019; www .youtube .com .
57. "Trasacco's New Project Expected to Create Jobs and Boost Tourism," JoyNews, March

Castle, trans. Selena Axelrod Winsnes (Sub- Saharan Publishers, 2009), 41.

23. C.O.C. Amate, *The Making of Ada* (Woeli Publishing Accra, revised edition of 2017), 1; salt production, 126– 27; European merchants and cowries, 136– 37.
24. Ogundiran, *The Yorùbá: A New History*, 253. 奧貢迪蘭發現，這兩百多年間抵達西非的寶螺，有七成以上進了貝寧灣。
25. Amate, *The Making of Ada*, 138– 39.
26. Yang, *Cowrie Shells and Cowrie Money*, 169，將沃爾塔河描述為主要路線。See also J. Hogendorn and M. Johnson, *The Shell Money of the Slave Trade* (Cambridge University Press, 1986)，該書作者估計，在十九世紀末，將一噸寶螺從艾達運到薩拉加（Salaga）的成本介於五十五到六十美元，外加獨木舟的費用。
27. Amate, *The Making of Ada*, 135.
28. Yang, *Cowrie Shells and Cowrie Money*, 169.
29. Victoria A. Aryee et al., "Climate Change and the Mitigating Tool of Salvage Archaeology: The Case of the Fort Kongensten Site at Ada Foah, Ghana," *Legon Journal of the Humanities* 29, no. 2 (2018): 82– 83.
30. Chris Stein, "Rising Seas Washing Away Ghana's Former Slave Forts," *Christian Science Monitor*, October 4, 2012.
31. M. Oppenheimer et al., "Sea Level Rise and Implications for Low- Lying Islands, Coasts and Communities," *IPCC Special Report on the Ocean and Cryosphere in a Changing Climate (International Panel on Climate Change, 2019)*, 323.
32. Ibid. The IPCC's special report mentions the Volta delta specifically on pages 371– 72.
33. K. Appeaning Addo et al., "Assessment of the Dynamics of the Volta River Estuary Shorelines of Ghana," *Geoenvironmental Disasters* 7, (May 2020): 1– 11.
34. Benjamin Ghansah et al., "Mapping the Spatial Changes in Lake Volta Using Multitemporal Remote Sensing Approach," *Lakes & Reservoirs* 21, no. 3 (August 2016): 206– 15.
35. Ben Daley, "The Impacts of the Akosombo Dam," Unit 3.2.1 in *Understanding Sustainable Development* (University of London Centre for Development, Environment and Policy), soas.ac.uk.
36. Daniel Adjei- Boateng et al., "The Current State of the Clam, *Galatea paradoxa*, Fishery at the Lower Volta River, Ghana," *IIFET Tanzania Proceedings* (2012), 9.
37. Ibid., 8.
38. Ibid., 1.
39. Ibid., 8– 9.
40. 作者與阿帝艾波雅坦的私人談話，迦納庫馬西（Kumasi）克瓦米·克魯瑪科學與

4. Ibid., 169.
5. Doig Simmonds, "A Note on the Excavations in Cape Coast Castle," *Transactions of the Historical Society of Ghana* 14, no. 2 (December 1973): 267.
6. Marc Shell, *Wampum and the Origins of American Money* (University of Illinois Press, 2013), 36.
7. Ibid.
8. Akinwumi Ogundiran, "Of Small Things Remembered: Beads, Cowries, and Cultural Translations of the Atlantic Experience in Yorubaland," *International Journal of African Historical Studies* 35, no. 2– 3 (2002): 440.
9. 歷史與文化資料講述了這個主題的諸多變體。Saidiya Hartman, Lose Your Mother: A Journey Along the Atlantic Slave Route (Farrar, Straus and Giroux, 2008), 209– 10，涵蓋了一些寶螺以人為食的神話，並發現它們基本可歸結為「金錢的人命成本」。
10. 作者與奧貢迪蘭的訪談。
11. Akinwumi Ogundiran, *The Yoruba: A New History* (Indiana University Press, 2020), 252.
12. Ibid., 302.
13. 已故的迦納大學考古學家詹姆斯．安光達（James Anquandah）曾在一九八〇年代領導該基地的第一次挖掘工作，他最早用「寶螺圖案」一詞來描述這些空腔。
14. 根據某些塑像的電腦斷層掃描。Timothy Insoll, Benjamin Kankpeyeng, and Sharon Fraser, "Internal Meanings: Computed Tomography Scanning of Koma Figurines from Ghana," *African Arts* 49, no. 4 (Winter 2016): 24–32.
15. Benjamin W. Kankpeyeng and Christopher R. DeCorse, "Ghana's Vanishing Past: Development, Antiquities and the Destruction of the Archaeological Record," *African Archaeological Review* 21, no. 2 (June 2004): 104.
16. Insoll et al., "Internal Meanings," 27– 28.
17. 作者與康沛言的訪談。
18. Akinwumi Ogundiran, "Cowries and Rituals of Self- Realization in the Yoruba Region, ca. 1600– 1860," in Ogundiran et al., *Materialities of Ritual in the Black Atlantic* (Indiana University Press, 2014), 70.
19. Ogundiran, "Of Small Things Remembered," 456.
20. Ibid., 74.
21. Robin Law, "West Africa's Discovery of the Atlantic," *International Journal of African Historical Studies* 44, no. 1 (2011): 11. 在跨大西洋貿易之前，死者的靈魂必須跨越河水抵達來世的想法，在西非相當普遍。
22. H. C. Monrad, "A Description of the Guinea Coast and Its Inhabitants," collected in H. C. Monrad (1805– 1809) and Johannes Rask (1708– 1713), *Two Views from Christiansborg*

Gene 729 (March 2020).
37. Sarah P. Otto, "Adaptation, Speciation and Extinction in the Anthropocene," *Proceedings of the Royal Society B: Biological Sciences* 285 (November 14, 2018).
38. Stephen G. Hesterberg et al., "Prehistoric Baseline Reveals Substantial Decline of Oyster Reef Condition in a Gulf of Mexico Conservation Priority Area," *Biology Letters* (January 2020).
39. Mark Harrington, "They All Died: Peconic Bay Scallop Harvesting Season Appears Lost," *Newsday*, October 31, 2020.
40. Jim Specht and Lissant Bolton, "Pacific Islands' Artefact Collections: The UNESCO Inventory Project," *Journal of Museum Ethnography* No. 17 (2005): 58.
41. Bronislaw Malinowski, "The Essentials of the Kula," chapter III in *Argonauts of the Western Pacific* (Dutton, 1922), 81.
42. "The Kula Ring and Sir William MacGregor," University of Aberdeen Museums, December 22, 2015, uoamuseums.wordpress .com/2015/12/22/the- kula- ring- and- sir-william- macgregor/
43. "Repatriation," Queensland Museum, South Brisbane, qm.qld.gov.au.
44. David Schindel, "Practicing Science Diplomacy at Museums and Science Centers," presented at "Science Diplomacy 2017," American Association for the Advancement of Science Center for Science Diplomacy, Washington, D.C., March 29, 2017 aaas.org/scidip2017.
45. K. Divakaran et al., "When the Cure Kills— CBD Limits Biodiversity Research," *Science* 360 (June 29, 2018): 14056.
46. Robert Blasiak et al., "Corporate Control and Global Governance of Marine Genetic Resources," *ScienceAdvances* 4, no. 6 (June 2018), advances.sciencemag.org/content/4/6/eaar5237
47. Ibid.
48. Ibid.
49. Author interview with Phillipe Bouchet.

結論｜開放式結局

1. The Trans-Atlantic Slave Trade Database. 截至二〇二〇年九月，學者已認定有一千兩百五十二萬一千三百三十七人在一五〇一到一八七五年間登船；slavevoyages.org。
2. Ibid. 截至二〇二〇年九月，學者已認定有一千零七十萬兩千六百五十六人於上述年間下船。
3. Bin Yang, *Cowrie Shells and Cowrie Money: A Global History* (Routledge, 2019), xii.

17. "April 27, 1521 CE: Magellan Killed in Philippine Skirmish," *National Geographic Resource Library*, "This Day in Geographic History," http://admin . nationalgeographic .org/ thisday/apr27/magellan -killed -philippine -skirmish/ .
18. "Fish Forever in the Philippines," *Rare Conservation*, https://rare .org/program/ philippines/ .
19. Adonis S. Floren, "The Philippine Shell Industry with Special Focus on Mactan, Cebu," Coastal Resource Management Project, Department of Environment and Natural Resources, Philippines, 2003.
20. Paterno Esmaquel II, "Cebu Launches Crackdown on Illegal Seashell Trade," *GMA News Online*, May 18, 2011.
21. Floren, "The Philippine Shell Industry."
22. Ibid.
23. Vincent Nijman, Denise Spaan, and K. Anne- Isola Nekaris, "Large- Scale Trade in Legally Protected Marine Mollusc Shells from Java and Bali, Indonesia," *PLoS ONE* 10, no. 12 (December 2015).
24. Amey Bansod, "Re- Framing Sustainability in Livelihoods," unpublished manuscript, 2015, ameybansod.com.
25. Amey Bansod, "The Story of Shells," *YouTube*, June 4, 2015.
26. 作者與布歇的訪談，巴黎國立自然史博物館資深教授。
27. Philippe Bouchet et al., "How Many Species of Molluscs Are There in the World's Oceans, and Who Is Going to Describe Them?" in *Tropical Deep- Sea Benthos*, Vol. 29 (Museum National d'Histoire Naturelle, 2016), 9– 24.
28. Bouchet and Mollusca- Base.
29. "Nature's Bounty: Revitalizing the Discovery of New Cancer Drugs from Natural Products," *National Cancer Institute*, March 22, 2019, cancer.gov.
30. Emma Sargent, "From Venoms to Medicine," *Chemistry World*, December 12, 2017.
31. Yann Henaut et al., "The Use of Tarantulas in Traditional Medicine on Three Continents," presented at 20th International Congress of Arachnology, Golden, Colorado, July 2– 9, 2016.
32. 芋螺、筍螺和捲管螺都是都是軟體動物中的芋螺總科（Conoidea）。
33. "Rembrandt's Century," *Art in Print*, May– June 2013, 12.
34. Sue- Ann Watson et al., "Ocean Acidification Alters Predator Behavior and Reduces Predation Rate," *Biology Letters* (February 2017).
35. Ibid.
36. Manon Fallet et al., "Epigenetic Inheritance and Intergenerational Effects on Mollusks,"

Impact," *Journal of Development in Practice* 28, no. 5 (2018).
33. 作者與尼基克勞的訪談。
34. 作者與瑟屋米的訪談，帛琉自然資源、環境與旅遊部長。

第十三章｜信任自然

1. 作者與霍福德的訪談。
2. Dr. Estefania Rodriguez, Curator of Marine Invertebrates, American Museum of Natural History.
3. Alan J. Kohn, quoted in Ashley Braun, Meigan Henry, and Gord More, "The Killer Kiss of Kohn's Snails," *Hakai magazine*, September 27, 2016.
4. Melvin E. Page, ed., *Colonialism: An International Social, Cultural, and Political Encyclopedia*, Vol. One (ABC- CLIO, 2003), 711.
5. Georgius Everhardus Rumphius, *The Ambonese Curiosity Cabinet*, translated, edited, annotated, and with an introduction by E. M. Beekman (Yale University Press, 1999), 149.
6. Alan J. Kohn, "Conus Envenomation of Humans: In Fact and Fiction," *Toxins* 11, no. 1 (2019): 10.
7. A. J. Kohn, "Piscivorous Gastropods of the Genus Conus," *Proceedings of the National Academy of Sciences* 42, no. 3 (1956): 168– 71.
8. Ibid.
9. Baldomero M. Olivera et al., "Prey- capture Strategies of Fish- hunting Cone Snails: Behavior, Neurobiology and Evolution," *Brain, Behavior and Evolution* 86 (September 2016): 58– 74.
10. Kohn, "Conus Envenomation of Humans."
11. Shigeo Yoshiba, "Venom of a Stinging Snail Bekko- Imogai *Chelyconus fulmen* — Especially on Its Toxicities against Various Animals," *Japanese Journal of Medical Science and Biology* 32, no. 2 (April 1979): 112.
12. "Official Week in Review," *Official Gazette*, November 23– 29, 1958.
13. Gisela Telis, "Finding Venom's Silver Lining," Howard Hughes Medical Institute, *HHMI Bulletin* 27, no. 2 (Spring 2014).
14. Rajendrani Mukhopadhya, "From DNA Enzymes to Cone Snail Venom: The Work of Baldomero M. Olivera," *Journal of Biological Chemistry* 287, no. 27 (June 2012).
15. Ibid.
16. Ibid.

Mythology of All Races (Marshall Jones Co., 1916), 69.

12. Ibid., 194– 95.
13. Jules Verne, *Twenty Thousand Leagues Under the Sea* (Butler Brothers, 1887), 5.
14. Lovell Augustus Reeve, *Conchologia Iconica: Illustrations of the Shells of Molluscous Animals*, Vol. XIV (Lovell Reeve & Co., 1864), 188.
15. Charles Frederick Holder and Joseph Bassett Holder, *Elements of Zoology* (ND. Appleton and Company, Appletons' Science Text-Books, 1885), 56.
16. "Giant Clams Trap Sea Divers in Grip of Shells," *Popular Mechanics Magazine*, May 1924, 685.
17. "Giant Clam Is a Man- Killer," *New York Times*, December 12, 1937.
18. James D. Hornfischer, *The Fleet at Flood Tide: America at Total War in the Pacific, 1944–1945* (Bantam Books paperback edition, 2017), 93.
19. Eugenie Clark, "Siakong — Spear- Fisherman Pre- Eminent," *Natural History*, May 1953, 237– 34.
20. 作者與戈布的訪談，科羅爾島帛琉國際珊瑚礁中心執行長。
21. 關於自然科學院軟體動物蒐藏的細節，是根據與典藏部經理保羅・卡洛蒙（Paul Callomon）以及典藏研究員蓋瑞・羅森伯格（Gary Rosenberg）的訪談與導覽。
22. 作者與卓克索大學蜜雪兒・甘農的訪談。
23. 作者與楊舒的訪談，賓州大學物質結構研究實驗室材料科學暨工程教授。
24. John S. Lucas, "Giant Clams: Mariculture for Sustainable Exploitation," in M. Bolton, ed., *Conservation and the Use of Wildlife Resources* (Chapman & Hall, 1997), 81.
25. Ibid., 82.
26. South Pacific Commission, *Fisheries Newsletter*, no. 33, June 1985, 4.
27. Mei Lin Neo et al., "Giant Clams (Bivalvia: Cardiidae: Tridacninae): A Comprehensive Update of Species and Their Distribution, Current Threats and Conservation Status," *Oceanography and Marine Biology: An Annual Review* 55 (2017): 87– 388; 132.
28. Lin Qiqing, "In China's Hawaii, an End to Small Fortunes from Giant Clams," *Sixth Tone*, January 19, 2017, sixthtone.com.
29. Christina Larson, "Shell Trade Pushes Giant Clams to the Brink," *Science* 351 (January 2016): 323– 24.
30. Qiqing, "In China's Hawaii, An End to Small Fortunes from Giant Clams."
31. Patrick Cabaitan and Cecilia Conaco, "Bringing Back the Giants: Juvenile *Tridacna gigas* from Natural Spawning of Restocked Giant Clams," *Coral Reefs* 36, no. 2 (June 2017): 519.
32. Anne Moorhead, "Giant Clam Aquaculture in the Pacific Region: Perceptions of Value and

Biodiversity on Southern Coast of Dominican Republic," *Journal of Agricultural Science and Technology* B, no. 7 (2017): 415– 25.

61. Andres Viglucci, "Puerto Rico Recovery: Roofless Homes, Closed Schools, an Island Left to Fend for Itself," *Miami Herald*, September 20, 2018.
62. Ibid.
63. 作者與戴維斯博士的訪談，她是佛羅里達大西洋大學海港分支海洋學研究所研究教授。
64. Carson, *The Edge of the Sea*, 232.
65. Gabriel A. Delgado, Robert A. Glazer, and Nancy J. Brown- Peterson, "Arrested Sexual Development in Queen Conch (*Lobatus gigas*) Linked to Abnormalities in the Cerebral Ganglia," *Biological Bulletin* 237, no. 3 (December 2019): 241.
66. Ibid., 247.
67. LuAnn Dahlman and Rebecca Lindsey, "Climate Change: Ocean Heat Content," Climate.gov, NOAA, August 17, 2020.
68. Ilsa B. Kuffner et al., "A Century of Ocean Warming on Florida Keys Coral Reefs: Historic In Situ Observations," *Estuaries and Coasts* 38 (2015): 1085– 96.
69. Delgado et al., "Arrested Sexual Development in Queen Conch," 247.

第十二章｜光亮未來

1. 本章內容以作者與史威尼及其費城與帛琉團隊的訪談為基礎。
2. 作者與修格的訪談。
3. 本章許多考古與文化細節來自帛琉科羅爾島的帛琉國家博物館（Belau National Museum）。
4. S. M. Fitzpatrick and T. J. Donaldson, "Anthropogenic Impacts to Coral Reefs in Palau, Western Micronesia during the Late Holocene," *Coral Reefs* 26 (2007): 915– 29.
5. Belau National Museum, Koror, Palau.
6. Lincoln Rehm, "Giant Clams," in *Paradise of Nature: Understanding the Wonders of Palau* (Palau International Coral Reef Center, 2017), 160.
7. Graham Robb, *Victor Hugo: A Biography* (W. W. Norton, 1997), 96.
8. John Wrightson, *Mission to Melanesia: Out of Bondage* (Janus Publishing Co., 2005), 194.
9. Javier Senosiain, *Bio- Architecture* (Architectural Press, Elsevier, 2003), 49.
10. Pliny the Elder, *The Natural History of Pliny*, Vol. VI, trans. John Bostock and H. T. Riley (H. G. Bohn, 1857), 27.
11. Roland Burrage Dixon, *Oceanic Mythology*, Vol. IX in Louis Herbert Gray, ed., *The*

43. 作者與德爾加多的訪談。
44. Gabriel Delgado, Claudine T. Bartels, Robert A. Glazer, Nancy J. Brown- Peterson, and Kevin J. McCarthy, "Translocation as a Strategy to Rehabilitate the Queen Conch (*Strombus gigas*) Population in the Florida Keys," *Fishery Bulletin* 102, no. 2 (April 2004): 278– 88.
45. 作者與布朗彼特森的訪談。
46. Bertram Taylor, Conch Fest 2018, South Andros Video.
47. Carstarphen, *The Conch Book*, 26.
48. John E. Randall, "Monarch of the Grass Flats," *Sea Frontiers* 9, no. 3 (1963): 160– 67.
49. Prada et al., "Regional Queen Conch Fisheries Management and Conservation Plan," 3.
50. Allan Stoner and Martha Davis, "Queen Conch Stock Assessment: Historical Fishing Grounds, Andros Island, Bahamas," Report of Community Conch to the Nature Conversancy, Nassau, Bahamas, June 2010.
51. Allan W. Stoner, Martha H. Davis, and Andrew S. Kough, "Relationships between Fishing Pressure and Stock Structure in Queen Conch (*Lobatus gigas*) Populations: Synthesis of Long- Term Surveys and Evidence for Overfishing in the Bahamas," *Reviews in Fisheries Science & Aquaculture*, October 2018.
52. 作者與考夫的訪談。
53. Allan W. Stoner et al., "Maturation and Age in Queen Conch: Urgent Need for Changes in Harvest Criteria," *Fisheries Research* 131 (2012): 76– 84.
54. Elizabeth H. Silvy et al., "Illegal Harvest of Marine Resources on Andros Island and the Legacy of Colonial Governance," *British Journal of Criminology* 58, no. 2 (2018): 332– 50.
55. Andrew S. Kough et al., "Ecological Spillover from a Marine Protected Area Replenishes an Over- Exploited Population across an Island Chain," *Conservation Science and Practice* 1, no. 3 (March 2019).
56. "Ascertainment of the Estimated Excess Mortality from Hurricane Maria in Puerto Rico," Project report, The Milken Institute School of Public Health, The George Washington University, August 2018.
57. Jordan A. Massie et al., "Going Downriver: Patterns and Cues in Hurricane- Driven Movements of Common Snook in a Subtropical Coastal River," *Estuaries and Coasts*, July 2019.
58. Rowan Jacobsen, "Beyond Seawalls," *Scientific American*, April 2019.
59. 巴克島珊瑚礁流離失所、呻吟吱嘎的描述，是根據作者與珊蒂·希利斯史塔爾（Zandy Hillis-Starr）的訪談，她是巴克島礁國家紀念區的資源管理長。
60. Enrique Pugibet Bobea et al., "Hurricane Matthew Impacts to Marine and Coastal

25. Rachel Carson, *The Edge of the Sea* (Houghton Mifflin, 1955), 231– 32.

26. Christopher Lane, "Snails Popular, Endangered," *Miami Herald*, November 18, 1980.

27. United Press International, "State Okays New Limits on Fishing, Scalloping," *St. Petersburg Times*, May 27, 1985.

28. *2010 Census of Population and Housing*, The Commonwealth of The Bahamas Department of Statistics, see Andros. 從二〇二〇年起人口衰減了二點五個百分點，同一時間，巴哈馬的人口增加了十五個百分點。

29. William F. Keegan, *The People Who Discovered Columbus: The Prehistory of the Bahamas* (University of Florida Press, 1992).

30. Theodore J. Cachey Jr., "Between Humanism and New Historicism: Rewriting the New World Encounter," *Annali d'Italianistica* 10 (1992): 28–46. 朱利安諾・達第（Giuliano Dati）的木刻版畫，附有達第以義大利語翻譯的哥倫布宣告「發現」信。

31. Andrew Todhunter, "Deep Dark Secrets: The Blue Holes of the Bahamas Yield a Scientific Trove That May Even Shed Light on Life Beyond Earth," *National Geographic* 28, no. 2 (2010). nationalgeographic.com/magazine/2010/08/bahamas- caves- underwater- blue-holes/.

32. Keegan, *The People Who Discovered Columbus*, 147.

33. William F. Keegan and Lisabeth A. Carlson, *Talking Taino: Caribbean Natural History from a Native Perspective* (Fire Ant Books, 2008), 85.

34. Ibid., 58.

35. Carl Ortwin Sauer, *The Early Spanish Main* (University of California Press, 1966), 160.

36. Ibid.

37. Grace Turner, *Honoring Ancestors in Sacred Space* (University of Florida Press, 2017), 35.

38. Michael Craton and Gail Saunders, *Islanders in the Stream: A History of the Bahamian People*, Vol. Two (University of Georgia Press, 2000), 76.

39. Augustus J. Adderley, "The Fisheries of the Bahamas," 1883, collected in *Conferences Held in Connection with The Great International Fisheries Exhibition*, Vol. V, Part II (William Clowes & Sons, 1884), 20.

40. Thomas Henry Magness III, "The Conch: An Expandable Folk Food of the Bahamas," master's thesis, University of Wisconsin, Madison, 1969, 54–55. 該文作者是代表位於比米尼（Bimini）的美國自然史博物館雷納海洋實驗室（Lerner Marine Laboratory of the American Museum of Natural History）做研究，探索「（女王鳳凰螺）在加勒比海強化利用的潛力，」頁iv。

41. Dee Carstarphen, *The Conch Book* (Pen & Ink Press), 1982, 41.

42. Elsie Clews Parsons, *Folk- Tales of Andros Island, Bahamas* (The American Folk- Lore Society, 1918), 102– 103.

明貝殼誘餌的品種，不過在文件解密之前，一直謠傳是女王鳳凰螺。中情局考慮過一個相關密謀，讓當時與卡斯楚協商釋放豬羅灣犯人的詹姆斯．多諾萬將軍（General James Donovan），送一套染了毒的浮潛衣給那位獨裁者。根據中情局委員會一九七五年的報告：「中情局計畫在潛水衣內側撒上會導致馬杜拉足腫（Madura foot）的真菌，一種會致殘的慢性皮膚病，並計畫用肺結核桿菌汙染潛水裝備中的呼吸器。」多諾萬並不知曉這項計畫，該計畫最後被拉掉，「因為多諾萬出於自願送了一套未汙染的浮潛衣給卡斯楚，以示友誼。」

7. Prada et al., "Regional Queen Conch Fisheries Management and Conservation Plan," 39– 41.
8. Gabriel A. Delgado and Robert A. Glazer, "Demographics Influence Reproductive Output in Queen Conch: Implications for Fishery Management," *Bulletin of Marine Science* 96, no. 4 (March 2020).
9. I have relied on several conch scientists to describe the Queen Conch's life cycle, especially Dr. Megan Davis.
10. I have based this section on video captured in Dr. Davis's microscope at Harbor Branch.
11. Charles Frederick Holder, "In Conch Land," *The Outlook*, January 5, 1895, 101. (See next note; Holder is describing an earlier time.)
12. Charles Frederick Holder, "On a Coral Reef," *The Californian*, October 1892, 611.（霍爾德正在描述二十八年前在西礁島看到的珊瑚礁。）
13. Ibid.
14. Holder, "In Conch Land," 101.
15. Thelma Peters, "The American Loyalists in the Bahama Islands: Who They Were," *Florida Historical Quarterly* 40, no. 3 (January 1962): 226– 40.
16. "Key West and the Conchs," *New York Times*, May 11, 1884, 612.
17. "Life on the Coral Keys: Odd Customs of a People in the Gulf of Mexico," *Atlanta Constitution*, March 10, 1887.
18. *Florida: A Guide to the Southernmost State*, Works Progress Administration Federal Writers' Project (Trinity University Press, 2014), 3099.
19. Katherine Alex Beaven, "That Time the Florida Keys Tried to Secede from the U.S. by Dropping Conch Fritter Bombs," *Vice*, April 21, 2017.
20. Dennis Wardlow, "The Conch Republic Proclamation of Secession," speech to U.S. federal court in Miami, Florida, April 23, 1982.
21. Henry O'Malley, "Report of the U.S. Commissioner of Fisheries for the Fiscal Year 1923," U.S. Department of Commerce Bureau of Fisheries, 59.
22. Ibid., 59.
23. Gilbert Voss, "First Underseas Park," *Sea Frontiers* 6, no. 2 (May 1960): 90– 91.
24. Ibid., 87– 94.

(2010): 395– 406.

52. *Tampa Bay Watch*, "Scallop Search Counts Since 1996," tampabaywatch.org.
53. *Cornell Cooperative Extension, Suffolk County*, "Scallop Program: Overview and Results," ccesuffolk.org.
54. Charity Robey, "The Baymen's Nightmare: All the Scallops Are Dead," *New York Times*, November 7, 2019.
55. Christopher Walsh, "Is Climate the Culprit?" *East Hampton Star*, November 7, 2019.
56. A. W. and Julian A. Dimock, *Florida Enchantments* (Hodder and Stoughton, 1909), 3.
57. "Monkey Island of Homosassa," *Atlas Obscura*, atlasobscura.com.
58. John McPhee, "Wild Man," *New York Times*, January 10, 1976.
59. Euell Gibbons, *Stalking the Blue- Eyed Scallop* (David McKay Co. 1964; paperback field guide, 1973), 66.
60. Rogers, *The Shell Book*, 412.
61. Ibid.
62. Gibbons, *Stalking the Blue- Eyed Scallop*, 67.
63. John McPhee, "A Forager," *New Yorker*, April 6, 1968.
64. Gibbons, *Stalking the Blue- Eyed Scallop*, vii.
65. Ibid., 308.
66. Gibbons, *Stalking the Blue- Eyed Scallop*, 88– 89.
67. Lijing Cheng et al., "Record- Setting Ocean Warmth Continued in 2019," *Advances in Atmospheric Sciences* 37 (February 2020): 137– 42.

第十一章｜拯救女王

1. 「*Aliger gigas*」這個學名是在二〇二〇年從「*Lobatus gigas*」改過來的。最早是在一七五八年由林奈命名為「*Strombus gigas*」。
2. Megan Davis, Species Profile, Queen Conch, Southern Regional Aquaculture Center, USDA.
3. 我是在二〇一九年十月造訪一年一度的鳳凰螺節。
4. Martha C. Prada et al., *Regional Queen Conch Fisheries Management and Conservation Plan* (Rome: Food and Agriculture Organization of the United Nations, 2017), 39.
5. Ashley E. Sharpe, "The Ancient Shell Collectors: Two Millennia of Marine Shell Exchange at Ceibal, Guatemala," *Ancient Mesoamerica* 30 (2019): 509.
6. David W. Belin, CIA Commission Report, "Summary of Facts—Investigation of CIA Involvement in Plans to Assassinate Foreign Leaders," June 5, 1975, 60. 聯邦幹員從未指

de Santiago," culturedcamino.com/history/codex- calixtinus- v/.
34. *Codex Calixtinus, Pilgrim's Guide*, "Chapter IX. The City and Basilica of St. James, Apostle of Galicia," culturedcamino. com/history/codex- calixtinus- v/.
35. Ibid.
36. Thomas Fuller, *The Church History of Britain: From the Birth of Jesus Christ Until the Year* MDCXLVIII (T. Tegg and Son, 1837), 227.
37. Simon Roffey et al., "Investigation of a Medieval Pilgrim Burial Excavated from the *Leprosarium* of St. Mary Magdalen, Winchester, UK," *Neglected Tropical Diseases* 11, no. 1 (January 2017).
38. Rick Steves, *Rick Steves' Europe*, "A Medieval Pilgrimage in Modern Times," ricksteves. com.
39. Ernest Ingersoll, "The Scallop and Its Fishery," *American Naturalist* XX, no. 12 (December 1886): 1004.
40. Ibid. 英格索爾當時寫的是*Pecten tenuicostatum*。今日的名稱是麥哲倫海扇蛤(*Placopecten magellanicus*)。
41. Matthew P. J. Oreska et al., "The Bay Scallop Industry Collapse in Virginia and Its Implications for the Successful Management of Scallop- Seagrass Habitats," *Marine Policy* 75 (2017): 119.
42. Ibid., 122.
43. James F. Murdock, "Investigation of the Lee County Bay Scallop Fishery," University of Miami Marine Laboratory for the Florida State Board of Conservation, March 1955, 9.
44. Sara- Ann F. Treat et al., eds., *Proceedings, Tampa Bay Area Scientific Information Symposium, May 1982* (Bellwether Press, 1985), 213.
45. Ibid., 212.
46. Clyde MacKenzie, "The Bay Scallop, *Argopecten irradians*, Massachusetts through North Carolina: Its Biology and the History of Its Habitats and Fisheries," *Marine Fisheries Review* 70, no. 3– 4 (2008): 6.
47. *Final Report of the New York State Seagrass Task Force*, New York State Department of Environmental Conservation, December 2009, 14.
48. Brett Walton, "Ecosystems Are Dying as Long Island Contends with a Nitrogen Bomb," *Circle of Blue*, November 4, 2015.
49. The *New York Times* archive.
50. Hannah Waters, "Bringing Back Tampa Bay's Seagrass," *Smithsonian Ocean*, January 2017.
51. Jay R. Leverone et al., "Increase in Bay Scallop Populations Following Releases of Competent Larvae in Two West Florida Estuaries," *Journal of Shellfish Research* 29, no. 2

and Animal Bones at the Archaic Sanctuary of Apollo at Ancient Zone, Thrace, Greece," in Alexandra Livarda et al., eds., *The Bioarchaeology of Ritual & Religion* (Oxbow, 2018), 95.

13. Ibid., 94.
14. Hope B. Werness, *The Continuum Encyclopedia of Animal Symbolism in Art* (Continuum International, 2003), 359.
15. Julia Ellen Rogers, *The Shell Book* (Doubleday, 1908), 412.
16. *Smithsonian Ocean*, "Seagrass and Seagrass Beds," ocean.si.edu.
17. Robert Costanza et al., "The Value of the World's Ecosystem Services and Natural Capital," *Nature* 387 (1997): 253– 60.
18. Michelle Waycott et al., "Accelerating Loss of Seagrasses around the Globe Threatens Coastal Ecosystems," *Proceedings of the National Academy of Sciences* 106, no. 30 (July 2009): 12377– 381.
19. 對於海灣扇貝生命週期與棲地的各項敘述，我要感謝佛羅里達魚類與野生動物保護委員會海洋漁業研究部門的研究科學家史蒂芬・蓋格博士。
20. Ernest Ingersoll, "Special Report on the Mollusca," in *Bulletin of the United States Geological and Geographical Survey of the Territories*, Second Series, No. 1 (1875): 127.
21. Ernest Ingersoll, "In a Snailery," *Scribner's Monthly* 17, no. 6 (April 1879): 796.
22. Ibid.
23. Ernest Ingersoll, "The Scallop Industry," in G. B. Goode, ed, *The Fisheries and Fish Industries of the United States*, Section V, Vol. II (U.S. Government Printing Office, 1887), 567.
24. Clyde L. MacKenzie Jr., "History of the Bay Scallop: *Argopecten irradians*, in Eastern North America, Massachusetts through Northeastern Mexico," *Marine Fisheries Review* 70, no. 3– 4 (2008): 16.
25. Clyde L. MacKenzie Jr. "Biographic Memoir of Ernest Ingersoll: Naturalist, Shellfish Scientist, and Author," *Marine Fisheries Review* 53, no. 3 (1991): 26.
26. Ingersoll, "The Scallop Industry," 572– 73.
27. Ibid., 568.
28. Ibid., 571.
29. Ibid., 569.
30. Ibid.
31. Ibid., 570.
32. Walter Starkie, *The Road to Santiago: Pilgrims of St. James* (University of California Press, 1965), 67.
33. *Codex Calixtinus*, *Pilgrim's Guide*, "Chapter VII. The Lands and Peoples along the Camino

56. Cindy Chalmers, "Proposed Ordinance Prohibits Any Live Shelling," *Sanibel Captiva Islander*, December 28, 1982.
57. "Live Shell Limit to Be Submitted to Council," *Sanibel Captiva Islander*, February 27, 1979.
58. Chalmers, "Proposed Ordinance Prohibits Any Live Shelling."
59. Lynn Scheu, "Robert Tucker Abbott, Lieutenant, U.S. Navy," arlingtoncemetery.net.
60. M.G. Harasewych, "The Life and Malacological Contributions of R. Tucker Abbott (1919-1995)," *The Nautilus*, 110 (1997): 55.
61. Gregory P. Dietl, Gregory S. Herbert, and Geerat J. Vermeij, "Reduced Competition and Altered Feeding Behavior among Marine Snails After a Mass Extinction," *Science* 306 (December 2004): 2229– 31.
62. Jose H. Leal and Rebecca Mensch, "Swift Strike by the Gastropod *Scaphella junonia* on Its Gastropod Prey *Americoliva sayana*," *Bulletin of Marine Science*, August 2018.
63. Michal Kowalewski et al., "Vanishing Clams on an Iberian Beach: Local Consequences and Global Implications of Accelerating Loss of Shells to Tourism," PLoS ONE 9(1) (January 8, 2014).

第十章｜豐饒不再

1. Benjamin A. Palmer et al., "The Image-Forming Mirror in the Eye of the Scallop," *Science* 358, no. 6367 (December 2017): 1172.
2. Elizabeth Gosling, *Marine Bivalve Molluscs* (John Wiley & Sons, 2015), 10.
3. R. Tucker Abbott, *Kingdom of the Seashell* (Crown, 1982), 170.
4. B. Wiledge, "Shell: A Word's Pedigree," in Ian Cox, ed., *The Scallop: Studies of a Shell and Its Influence on Humankind* (The Shell Transport and Trading Co., 1957), 11– 12.
4. Ibid, 12.
6. W. J. Rees, "The Living Scallop," in Cox, *The Scallop: Studies of a Shell*, 18.
7. "Otto Muller," *Linda Hall Library*, lindahall.org.
8. Sir Mortimer Wheeler, "A Symbol in Ancient Times," in Cox, *The Scallop: Studies of a Shell*, 37.
9. Frances Stahl Bernstein, "This is Where I Found Her: The Goddess of the Garden," *Journal of Feminist Studies in Religion* 12, no. 2 (Fall 1996): 105.
10. Ibid., 113.
11. Ibid.
12. Rena Veropoulidou and Daphne Nikolaidou, "Ritual Meals and Votive Offerings: Shells

32. Paul Callomon,"The Nature of Names: Japanese Vernacular Nomenclature in Natural Science," Master of Science thesis, Drexel University, Philadelphia, Pennsylvania, September 2016, 87.

33. Pratt, "Shell Shock."

34. Paul Callomon, the Academy of Natural Sciences of Drexel University, "The Buttonwood Farm Auctions," presentation, 2019 Conchologists of America Convention, June 15– 21, 2019, Captiva, Florida.

35. Adeline Pepper, "A Field Day for Shell Collectors," *New York Times*, September 7, 1958.

36. Pratt, "Shell Shock."

37. Reeve Lindbergh, "Of Flight and Life," *Virginia Quarterly Review* 88, no. 4 (Fall 2012): 78.

38. Charles Augustus Lindbergh, *The Wartime Journals of Charles A. Lindbergh* (Harcourt, Brace, Jovanovich, 1970), 308– 309.

39. Susan Hertog, *Anne Morrow Lindbergh: Her Life* (Nan A. Talese Doubleday, 1999), 383.

40. Lynne Olson, *Those Angry Days: Roosevelt, Lindbergh, and America's Fight Over World War II* (Random House, 2013; quote is from the 2014 paperback edition), 313.

41. Hertog, *Anne Morrow Lindbergh*, 425.

42. Anne Morrow Lindbergh, *Gift from the Sea* (Pantheon, 1955), 83.

43. Elsie F. Mayar, *My Window on the World: The Works of Anne Morrow Lindbergh* (Archon, 1988), 64.

44. Eric Pace, "Anne Morrow Lindbergh, 94, Dies; Champion of Flight and Women's Concerns," New York Times, February 8, 2001.

45. Lindbergh, *Gift from the Sea*, 114.

46. Ibid., 17.

47. Pratt, "Shell Shock."

48. Pepper, "A Field Day for Shell Collectors."

49. Horace Sutton, "Shell Collecting Gains as Hobby," *Washington Post*, January 5, 1958.

50. R. Tucker Abbott, "A Farewell to Bill Clench," *The Nautilus* 98, no. 2 (April 1984): 57.

51. Lynn Scheau, "Robert Tucker Abbott, Lieutenant, U.S. Navy," *Arlington National Cemetery* website, arlingtoncemetery.net.

52. 與馬歇爾的私人交談。

53. Sam Hodges, "A Populist for Mollusks," *Orlando Sentinel*, May 31, 1989.

54. LeBuff and Anholt, *Protecting Sanibel and Captiva Islands*, 142– 43.

55. Martha Riley Kinney, "Mr. Seashell," *Island Reporter*, July 22, 1977.

Florida," *American Midland Naturalist* 24, no. 2 (September 1940): 369.

11. Samuel Turner, "Juan Ponce de León and the Discovery of Florida Reconsidered," *Florida Historical Quarterly* 92, no. 1 (Summer 2013): 22.
12. Ibid., 24.
13. *Costa de Carocoles*: Alonso de Chaves, cosmographer to the King of Spain, issued this guide in 1527. Elinore M. Dormer, *The Sea Shell Islands: A History of Sanibel and Captiva* (Rose Printing Co., 1987), 35.
14. Andre- Marcel d'Ans, "The Legend of Gasparilla: Myth and History on Florida's West Coast," *Tampa Bay History* 2, no. 2 (Fall/Winter 1980): 5– 25.
15. E. A. Hammond, "Sanibel Island and Its Vicinity, 1833," *Florida Historical Quarterly* 48, no. 4 (April 1970): 392– 93.
16. Ibid., 397– 98.
17. Ibid., 399.
18. Ibid., 408.
19. Dormer, *The Sea Shell Islands*, 131.
20. Betty Anholt, *Sanibel's Story: Voices and Images Calusa to Incorporation* (City of Sanibel, 1998), 19.
21. Jerald T. Milanich, *Florida's Indians from Ancient Times to the Present* (University Press of Florida 1998), 129.
22. Charles LeBuff and Betty Anholt, *Protecting Sanibel and Captiva Islands: The Conservation Story* (History Press, 2018), 29.
23. Anholt, *Sanibel's Story*, 36.
24. Rogers, *The Shell Book*, 83.
25. Ibid., 88.
26. William J. Clench, "The Marine Shells of Sanibel Florida," from 1921, in R. Tucker Abbott, ed., *The Best of the Nautilus* (American Malacologists, 1976), 19– 20.
27. Sam Bailey, quoted in the Esperanza Woodring display, Sanibel Historical Museum and Village.
28. Anholt, *Sanibel's Story*, 151.
29. Louise M. Perry, *Marine Shells of the Southwest Coast of Florida* (Paleontological Research Institution, 1940), 155– 56.
30. Albert Field Gilmore, "The Spell of 'Shell Shock,'" *Christian Science Monitor*, March 11, 1939.
31. Theodore Pratt, "Shell Shock," *Saturday Evening Post*, February 22, 1941.

產線製造低密度聚乙烯（LLDPE）。
93. Corkery, "A Giant Factory Rises."
94. Jonker and van Zanden, *A History of Royal Dutch Shell Vol. 1*; see especially pages 5 and 381.
95. Stephen Howarth and Joost Jonker, *A History of Royal Dutch Shell, Vol. 2* (Oxford University Press), 427.
96. Ibid., 433.
97. Ibid.
98. Marcus Samuel Jr., "Liquid Fuel," remarks to the Society of Arts, London, March 15, 1889. In *Journal of the Society of Arts*, XLVII (1889): 385.
99. Roland Geyer et al., "Production, Use, and Fate of All Plastics Ever Made," *Science Advances* 3, no. 7 (July 2017): advances.sciencemag.org.
100. Quote from Southampton harbor Captain Steven Young, "Storm-hit Ship Docks," *Southern Daily Echo*, February 15, 1997. 報導中附了一張照片，四十英尺長的貨櫃箱如骨牌一樣倒塌，有些還掛在「東京特快號」船側。
101. The Lego Lost at Sea section is based on personal communication with Tracey Williams.
102. Zoë Schlanger, "Virgin Plastic Pellets Are the Biggest Pollution Disaster You've Never Heard Of," *Quartz*, August 19, 2019.
103. 海洋垃圾資料庫是非營利組織Heal the Bay（healthebay.org.）的一項專案。

第九章｜貝殼轟炸

1. Daniel Mark Epstein, *What Lips My Lips Have Kissed: The Loves and Love Poems of Edna St. Vincent Millay* (Henry Holt 2001), 153.
2. Edna St. Vincent Millay, February 1937 foreword, in Karl Yost, *A Bibliography of the Works of Edna St. Vincent Millay* (Harper & Bros, 1937), 67.
3. Allan Ross Macdougall and Edna St. Vincent Millay, *The Letters of Edna St. Vincent Millay* (Harpers, 1952), 38.
4. Epstein, *What Lips My Lips Have Kissed*, 246.
5. Ibid., 246.
6. Yost, *A Bibliography of the Works of Edna St. Vincent Millay*, foreword by Millay, 67.
7. Julia Ellen Rogers, *The Shell Book* (Doubleday, 1908), 83.
8. S. Peter Dance, *Rare Shells* (Faber and Faber, 1969), 92.
9. William Gaillard Maz ck, *Contributions from the Charleston Museum: Catalog of Mollusca of South Carolina* (The Charleston Museum, 1913), 10.
10. Fritz Haas, "Ecological Observations on the Common Mollusks of Sanibel Island,

究人員強調，儘管如此，還是需要一個禁漁季節，在產卵與繁殖的高峰期保護骨螺。

76. Jan Zalasiewicz et al., "The Geological Cycle of Plastics and Their Use as a Stratigraphic Indicator of the Anthropocene," *Anthropocene* 13 (March 2016).
77. Marcus Eriksen et al., "Plastic Pollution in the World's Oceans: More than 5 Trillion Plastic Pieces Weighing over 250,000 Tons Afloat at Sea," *PLoS ONE* 9, no. 12 (December 2014).
78. Jennifer L. Lavers et al., "Significant Plastic Accumulation on the Cocos (Keeling) Islands, Australia," *Scientific Reports* 9, no. 1 (2019).
79. Jennifer L. Lavers et al., "Entrapment in Plastic Debris Endangers Hermit Crabs," *Journal of Hazardous Materials* 387 (November 2019).
80. Amanda Tazkia Siddharta, "Bali Fights for its Beautiful Beaches by Rethinking Waste, Plastic Trash," *National Geographic*, October 14, 2019.
81. Kenneth R. Weiss, "Altered Oceans Part Four: Plague of Plastic Chokes the Seas," *Los Angeles Times*, August 2, 2006.
82. Britta Baechler et al., "Microplastic Concentrations in Two Oregon Bivalve Species: Spatial, Temporal, and Species Variability," *Limnology and Oceanography Letters* 5, no. 1 (November 2019).
83. Alister Doyle, "Plastic Found in Mussels from Arctic to China— Enters Human Food," *Reuters*, December 20, 2017.
84. Giuseppe Suaria et al., "The Mediterranean Plastic Soup: Synthetic Polymers in Mediterranean Surface Waters," *Scientific Reports* 6 (November 2016).
85. Ibid.
86. Sami Abidli et al., "Microplastics in Commercial Molluscs from the Lagoon of Bizerte," *Marine Pollution Bulletin* 142 (May 2019).
87. Ibid.
88. Kieran D. Cox et al., "Human Consumption of Microplastics," *Environmental Science and Technology*, June 5, 2019.
89. "Shell Pennsylvania Petrochemicals Complex," Hydrocarbons- Technology.com.
90. Michael Corkery, "A Giant Factory Rises to Make a Product Filling Up the World: Plastic," *New York Times*, August 12, 2019.
91. John R. Hale et al., "Questioning the Delphic Oracle," *Scientific American*, August 2003, 67– 73.
92. 賓州石化公司的加工單位、產品與市場說明來自殼牌公司，參見 www.shell.com/chemicals。兩個聚乙烯單位製造高密度聚乙烯（HDPE）等級的顆粒，第三個生

58. Ron Chernow, *Titan: The Life of John D. Rockefeller, Sr.* (Vintage, 2004), 248.
59. "Petroleum in Bulk and the Suez Canal," *The Economist*, January 9, 1892, 36– 37.
60. Joost Jonker and Jan Luiten van Zanden, *From Challenger to Joint Industry Leader, 1890–1939, A History of Royal Dutch Shell, Vol. 1* (Oxford University Press, 2007), 42.
61. Henriques, *Bearsted*, 87.
62. Ibid., 119.
63. Howarth, *SeaShell*, 29.
64. Henriques, *Bearsted*, 347– 48.
65. Ibid., 頁88. 亨里克斯的原文是「meaning of the world shell」（世界貝殼的意義），而非「the word shell」（貝殼一詞），但這或許是一種潛意識的錯字。
66. V. Axiak et al., "Imposex in *Hexaplex trunculus*: First Results from Biomonitoring of Tributyltin Contamination in the Mediterranean," *Marine Biology* 121 (1995): 685– 91.
67. Ameer Abdulla and Olof Linden, eds., *Maritime Traffic Effects on Biodiversity in the Mediterranean Sea*, Vol. 1 (IUCN Global and Mediterranean Marine Programme, 2008), 30.
68. Johann T.B.H. Jastrzebski and Gerard Van Koten, "Intramolecular Coordination in Organotin Chemistry," in F.G.A. Stone and Robert West, eds., *Advances in Organometallic Chemistry*, Vol. 35 (Academic Press, 1993)；參見赫里特・范・德・克爾克八十大壽的祝賀詞，頁241。
69. Deloitte, "Tributyltin and Booster Biocides: A Socio- Economic Impact Assessment of NERC Funded Research," Natural Environmental Research Council, July 2016, 10.
70. Deloitte, 10.
71. Jakob Strand et al., "TBT Pollution and Effects in Molluscs at U.S. Virgin Islands, Caribbean Sea," *Environment International* 35 (2009): 707– 11.
72. David Santillo, Paul Johnston, and William J. Langston, "TBT Antifoulants: A Tale of Ships, Snails and Imposex," in Poul Harremos et al., eds., *The Precautionary Principle in the 20th Century* (European Environment Agency, 2002), 153– 54.
73. Vinicius Bermond Marques et al., "Overview of the Pathophysiological Implications of Oranotins on the Endocrine System," *Frontiers in Endocrinology* 9 (March 2018).
74. Youssef Lahbib et al., "First Assessment of the Effectiveness of the International Convention on the Control of Harmful Anti- Fouling Systems on Ships in Tunisia Using Imposex in *Hexaplex trunculus* as Biomarker," *Marine Pollution Bulletin* 128 (January 2018): 17– 23.
75. Kamel Elhansi et al., "Harvesting and Population Status of *Hexaplex trunculus* in Intertidal Areas Along the Gulf of Gabès," J*ournal of Coastal Conservation* 22 (2018): 頁347–60. 研

33. Kerlijne Romanus et al., "Brassicaceae Seed Oil Identified as Illuminant in Nilotic Shells from a First Millennium A.D. Coptic Church in Bawit, Egypt," *Analytical & Bioanalytical Chemistry* 290, no. 2 (January 2008): 783– 93.
34. Mao Huahe, *The Ebb and Flow of Chinese Petroleum: A Story Told by a Witness* (Brill, 2019), 4.
35. Doran, *Breaking Rockefeller*, 12.
36. Daniel Yergin, *The Prize: The Epic Quest for Oil, Money & Power* (Free Press, 2008), 87.
37. Ibid., 56.
38. Stephen Howarth, *SeaShell: The Story of Shell's British Tanker Fleets, 1892– 1992* (Thomas Reed, 1992), 18.
39. Ibid., 20.
40. Lincoln Paine, *The Sea and Civilization: A Maritime History of the World* (Vintage, 2013), 543.
41. Doran, *Breaking Rockefeller*, 49– 50.
42. Ibid., 50– 51.
43. Yergin, *The Prize*, 49.
44. Henriques, *Bearsted*, 159.
45. Doran, *Breaking Rockefeller*, 53.
46. Howarth, *SeaShell*, 24.
47. Henriques, *Bearsted*, 52.
48. Sarah Searight, "Region of Eternal Fire," *History Today*, August 1, 2000, 48– 49.
49. Howarth, *SeaShell*, 20.
50. Catherine Perlès, *Ornaments and Other Ambiguous Artifacts from Franchthi Cave, Greece*, Vol. 1 (Indiana University Press, 2018), 70.
51. John Coakley Lettsom, *History of the Origin of Medicine: An Oration*, Medical Society of London (J. Phillips for E. & C. Dilly, 1778), as told by the Greek scholar Pollux, 113.
52. Deborah Ruscillo, "Reconstructing Murex Royal Purple and Biblical Blue in the Aegean," in Daniella E. Bar- Yosef Mayer, ed., *Archaeomalacology: Mollusks in Former Environments of Human Behavior* (Oxbow Books 2005), 100.
53. 與魯西洛的私人談話。
54. Ruscillo, "Reconstructing Murex Royal Purple and Biblical Blue in the Aegean," 100– 106.
55. Howarth, *SeaShell*, 25.
56. Ibid.
57. Ibid.

12. Henriques, Bearsted, 37.（文中所提一八七〇年的四萬英鎊，約相當於二〇二〇年的四百八十萬英鎊，根據UK Consumer Price Index通貨膨脹計算器，www.officialdata/ UK-inflation.org.。）
13. Ibid., 39.
14. Ibid., 39.
15. Ibid., 38.
16. Cornelius Walford et al., "The Famines of the World: Past and Present," *Journal of the Statistical Society of London* (1878): 17.
17. Peter B. Doran, *Breaking Rockefeller: The Incredible Story of the Ambitious Rivals Who Toppled an Oil Empire* (Penguin, 2017), 30.（文中所提一八七三年的三百萬英鎊，約相當於二〇二〇年的三億英鎊，根據UK Consumer Price Index通貨膨脹計算器，www.officialdata/ UK-inflation.org.。）
18. Henriques, *Bearsted*, 42.
19. Doran, *Breaking Rockefeller*, 31.
20. Ibid., 31.
21. Michael C. Howard, *Transnationalism in Ancient and Medieval Societies: The Role of Cross-Border Trade and Travel* (McFarland & Co., 2012), 128.
22. Mark Cartwright, "Trade in the Phoenician World," *Ancient History Encyclopedia*, April 2016, ancient.eu/article/881/.
23. Joe Carlin, *A Brief History of Entrepreneurs: The Pioneers, Profiteers, and Racketeers Who Shaped Our World* (Columbia University Press, 2016), 36– 38.
24. Dierk Lange, *Ancient Kingdoms of West Africa* (J. H. Roll, 2004), 278.
25. Michael C. Astour, "The Origin of the Terms 'Canaan,' 'Phoenician,' and 'Purple'," *Journal of Near Eastern Studies* 24, no. 4 (October 1965): 348.
26. S. Peter Dance, *Rare Shells* (Faber and Faber, 1969), 75.
27. R. Tucker Abbott, *Kingdom of the Seashell*, (Bonanza Books, 1982), 155.
28. Winston F. Ponder et al., *Biology and Evolution of the Mollusca*, Volume 1 (CRC Press, 2020), 153.
29. Ibid.
30. Mehmet Guler and Aynur Lok, "Embryonic Development and Intracapsular Feeding in *Hexaplex trunculus*," *Marine Ecology* 35, no. 2 (2014): 193– 203.
31. Alessandro Ciccola et al., "Dyes from the Ashes: Discovering and Characterizing Natural Dyes from Mineralized Textiles," *Molecules* 25, no. 6 (March 2020).
32. Riccardo Cattaneo- Vietti, *Man and Shells: Molluscs in the History* (Bentham Books, 2016), 96.

Carolina, 1993), 65.
105. Stroud, *Thomas Say*, 254.
106. Norwood, *Made From This Earth*, 65.
107. W. S. W. Ruschenberger, *A Biographical Notice of George W. Tryon Jr., Conservator of Conchological Section of the Academy of Natural Sciences of Philadelphia* (H. Binder, 1888), 9.
108. Ibid.
109. Horace Burrington Baker, "The Pilsbry Nautilus," *The Nautilus* 71, no. 3 (January 1958): 112– 15.
110. Ibid., 247.
111. Hideo Mohri, *Imperial Biologists: The Imperial Family of Japan and Their Contributions to Biological Research* (Springer, 2019), 70.
112. The American Malacological Union Annual Report of 1952, 19.

第八章｜貝殼石油

1. Robert Henriques, *Bearsted: A Biography of Marcus Samuel, First Viscount Bearsted and Founder of 'Shell' Transport and Trading Company* (Viking Press, 1960), 16– 17.
2. Ibid., 13– 14.
3. "Official Catalogue of the Educational Exhibition," St. Martin's Hall, Society for the Encouragement of Arts, Manufactures, and Commerce, London, July 4, 1854, 140.
4. Lauren Miskin, "The Victorian 'Cameo Craze'," *Victorian Review* 42, no. 1 (Spring 2016): 176.
5. Charles Dickens, *The Old Curiosity Shop* (Pollard & Moss, 1885), 5.
6. Isaac F. Marcosson, *The Black Golconda: The Romance of Petroleum* (Harper & Brothers, 1923), 72. 作者講述了一個顯然是杜撰的故事，說是塞謬爾的子女在馬蓋特發明了維多利亞貝殼盒子。比較合理的情況是，塞謬爾在馬蓋特時靈光一閃，覺得可將這些盒子當成紀念品販售。
7. Carole and Richard Smyth, *Neptune's Treasures* (Carole Smyth Antiques, 1998), 77. 作者是維多利亞貝殼工藝的年代測定專家，他們將維多利亞統治期間流行不輟的皇冠針插，歸功於塞謬爾。
8. Henriques, *Bearsted*, 21.
9. 一六〇一年，英屬東印度公司取得特許；一六〇二年，荷屬東印度公司—雇用倫菲爾斯的那家公司—取得特許。
10. Henriques, *Bearsted*, 32.
11. Mark Westgarth, *A Biographical Dictionary of Nineteenth Century Antique and Curiosity Dealers* (The Regional Furniture Society, 2009), 163.

82. A. W. Dimock, "Camera vs. Rifle," in Edward L. Wilson, ed., *Photographic Mosaics: An Annual Record of Photographic Progress*, Vol. 26, (Edward L. Wilson, 1890), 75.
83. Rogers, *The Shell Book*, viii.
84. Anthony Weston Dimock, *The Book of the Tarpon* (Outing Publishing, 1911), 60.
85. Julia Ellen Rogers, talk, "Minutes of the Conchological Club of Southern California," October 1944, 28.
86. Rogers, *The Shell Book*, viii.
87. Ibid., 412.
88. A. Dimock and J. Dimock, *Florida Enchantments* (Hodder and Stoughton, 1909), 290.
89. Jack E. Davis, *The Gulf: The Making of An American Sea* (Liveright, 2017), 166.
90. see A. W. Dimock, "Cruising on the Gulf Coast of Florida," *Harper's*, December 1, 1906.
91. Anna Botsford Comstock, *The Comstocks of Cornell: The Definitive Autobiography*, ed. Karen Penders St. Clair (Cornell University Press, 2020), editor's commentary and epilogue.
92. That would be Glenn W. Herrick and Ruby Green Smith, eds., Anna Botsford Comstock, author, *The Comstocks of Cornell: John Henry Comstock and Anna Botsford Comstock* (Cornell University Press, 1953).
93. Armitage, *The Nature Study Movement*, 3– 4.
94. Ibid., 197.
95. Nathalie op de Beeck, "Children's Ecoliterature and the New Nature Study," *Children's Literature in Education*, February 2018, 77. Op de Beeck寫道，性別論辯是這項運動的特色所在，爭論的主題是，編碼為女性的學校教師是否能客觀執行科學方法。
96. Kim Tolley, *The Science Education of Girls* (Routledge, 2003), 183.
97. City of Long Beach, Ordinance 17-0016. 這項歷史性派任列出的服務時間為一九一八到一九二八。
98. "Talk on Nature," *The Long Beach Telegram*, November 15, 1921.
99. Linda Lear, *Witness for Nature* (Houghton Mifflin Harcourt, 1997), 14.
100. Curt Meine, *Aldo Leopold: His Life and Work* (University of Wisconsin Press, 2010), 17.
101. 與科學家暨自然研究史家史坦利・坦波（Stanley A. Temple）的私人交談，他也是奧爾多・李奧帕德基金會的高級研究員暨科學顧問。
102. Stroud, *Thomas Say*, 210– 11.
103. Patricia Tyson Stroud, " 'At What Do You Think the Ladies Will Stop?' " Women at the Academy, *Proceedings of the Academy of Natural Sciences of Philadelphia* 162 (March 2013): 196.
104. Vera Norwood, *Made From This Earth: American Women and Nature* (University of North

(August 1995).

63. The Hawkeye, *Junior Annual*, Vol. 2, 1893, page 200. 羅傑斯是一八九二年畢業於愛荷華州，但文中提到的回憶是收入一八九三年的年刊。
64. City of Long Beach, Ordinance 17- 0016, designating the property at 355 Junipero Avenue as a historic landmark, p. 2.
65. Nathaniel Peabody Rogers, "Letter from the Old Man of the Mountain," in Crispin Sartwell, ed., *Herald of Freedom: Essays of Nathaniel Peabody Rogers, American Transcendentalist and Radical Abolitionist* (CreateSpace, 2016), 69.
66. *Autobiography of Daniel Farrand Rogers*, unpublished memoir, Michael J. Spinelli Jr. Center for University Archives and Special Collections, Plymouth State University, gift of Sarah Kinter of Canterbury, NH, 1998, undated.
67. "Julia Ellen Rogers," *The Arrow of Pi Beta Phi* 23 (November 1906): 204– 207.
68. Daniel F. and Julia E. Rogers, "Camping and Climbing in the Big Horn," *Midland Monthly* 6, no. 2 (August 1896): 99– 107.
69. L. H. Bailey, *The Holy Earth* (Charles Scribner's Sons, 1916), 22.
70. Ibid.
71. Ibid, 22– 23.
72. Ibid, 23– 24.
73. Karen Penders St. Clair, ed., and Anna Botsford Comstock, *The Comstocks of Cornell: The Definitive Autobiography* (Cornell University Press, 2020), see epilogue.
74. Julia E. Rogers, "Materials for Winter Work in Nature Study," master's thesis, College of Agriculture, Cornell University, Ithaca, NY, 1902.
75. Eetu Puttonen et al., "Quantification of Overnight Movement of Birch (Betula Pendula) Branches and Foliage with Short Interval Terrestrial Laser Scanning," *Frontiers in Plant Science*, February 29, 2016. 作者們形容，這是第一個報導樹枝幾何形狀在一天週期內的空間變化的研究。
76. 羅傑斯是在一九〇四年開始研究貝殼，她在該年發表了 "The Common Shells of the Seashore and the Queer Creatures that Live Inside," *Country Life Magazine* 6, July 1904。
77. A. W. Dimock, *Wall Street and the Wilds* (Outing Publishing, 1915), 13.
78. Dimock's *New York Times* obituary has him taking a degree, but he wrote in his autobiography that his education ended at Andover. Dimock, *Wall Street and the Wilds*, 27.
79. "A. W. Dimock Dead; Financier- Author," *New York Times*, September 13, 1918.
80. Jerald T. Milanich and Nina J. Root, *Hidden Seminoles: Julian Dimock's Historic Florida Photographs* (University Press of Florida, 2011), 12.
81. Dimock, *Wall Street and the Wilds*, 426.

Press, 1941; new paperback edition 1998), 130.

43. Stephen Jay Gould, "Poe's Greatest Hit," *Natural History* 102, no. 7 (1993).
44. Quinn, *Edgar Allan Poe*, 277.
45. Gould, "Poe's Greatest Hit."
46. Stroud, *Thomas Say*, 173.
47. Carol A. Kolmerten, *Women in Utopia: The Ideology of Gender in the American Owenite Communities* (Syracuse University Press, 1998), 143.
48. Harry B. Weiss and Grace M. Ziegler, "Mrs. Thomas Say," *Journal of the New York Entomological Society* 41, no. 4 (December 1933): 554.
49. Leonard Warren, *Maclure of New Harmony: Scientist, Progressive Educator, Radical Philanthropist* (Indiana University Press, 2009), 97.
50. Stroud, *Thomas Say*, 183.
51. Chris Jennings, *Paradise Now: The Story of American Utopianism* (Random House, 2016), 137.
52. Ibid., 140.
53. Ibid, 140.
54. Stroud, *Thomas Say*, 193.
55. John Craig, ed., with Julia E. Rogers, assisting, "Nature Study Outlines for the Use of Teachers in the State," Iowa State Horticultural Society and State Agricultural College, Ames, Iowa, 1899. 羅傑斯寫了給教師的導論與討論蚱蜢的章節。一八九九年，園藝學會（Horticultural Society）主席在年度報告中，形容該項計畫是學會、農業學院以及州教育廳長（State Superintendent of Public Instruction）的共同努力，致力將自然研究帶入愛荷華州各學校。
59. Kevin Armitage, *The Nature Study Movement: The Forgotten Popularizer of America's Conservation Ethic* (University of Kansas Press, 2009), 3.
57. Rogers, quoted in Craig, "Nature Study Outlines for the Use of Teachers in the State," 1899, 4.
58. Ibid.
59. Dorma P. Goley, "Julia Ellen Rogers," *Pacific Northwest Shell News* III, no. 4 (July 1963): 41.一九五八年五月，羅傑斯於長灘去世，但她的書迷持續為她追悼，長達許多年。
60. Katharine A. Rodger, *Breaking Through: Essays, Journals, and Travelogues of Edward F. Ricketts* (University of California Press, 2006), see 147 and 163.
61. Goley, "Julia Ellen Rogers," 41.
62. Richard Wolkomir, "Seeking Gifts from the Sea, Sanibel- style," *Smithsonian* 26, no. 5

(Bailliere Bros, 1859), viii.

21. Ibid., xix.
22. Simon Baatz, "Philadelphia Patronage: The Institutional Structure of Natural History in the New Republic, 1800– 1833," *Journal of the Early Republic* 8, no. 2 (Summer 1988): 112.
23. Ibid., 118.
24. Stroud, *Thomas Say*, 40.
25. Ibid., 40– 41.
26. Porter, "The Concussion of Revolution," 274.
27. John S. Doskey, *The European Journals of William Maclure* (American Philosophical Society, 1988), xviii.
28. Maclure, quoted in J. Percey Moore, "William Maclure— Scientist and Humanitarian," *Proceedings of the American Philosophical Society* 91, no. 3 (August 1947): 235.
29. Thomas Say, "A Letter of the Distinguished Naturalist, Thomas Say, to Rev. J. F. Melsheimer," *Journal of the Linnaean Society* (June 10, 1818): 37.
30. Ibid.
31. Titian Peale, quoted in L. Peale, "A Visit to Florida in the Early Part of the Century," manuscript, American Museum of Natural History digital repository. digitallibrary.amnh.org/ handle/2246/6166
32. Ibid.
33. Ibid.
34. Elizabeth Kolbert, *The Sixth Extinction: An Unnatural History* (Henry Holt, 2014), 36– 43.
35. Say, "A Letter of the Distinguished Naturalist," 38.
36. Thomas Say, "Conchology," in William Nicholson, *The British Encyclopedia: Or, Dictionary of Arts and Sciences*, Vol. 4 (London: The Philosophical Journal, 1819), A- 4.
37. "Low Country Gullah Culture Special Resource Study," National Park Service, U.S. Department of the Interior, December 2003, 76.
38. Ibid., 221.
39. Lester D. Stephens, *Science, Race, and Religion in the American South* (University of North Carolina Press, 2000), 67.
40. Ravenel, 1834, Malacolog Version 4.1.1, the Academy of Natural Sciences, malacolog.org.
41. Henry Ravenel, *Ravenel Records: A History and Genealogy of the Huguenot Family of Ravenel of South Carolina* (Franklin Printing, 1898), 157– 58.
42. Arthur Hobson Quinn, *Edgar Allan Poe: A Critical Biography* (Johns Hopkins University

Pennsylvania Press, 2012), 9.

3. Simon Baatz, "Philadelphia Patronage: The Institutional Structure of Natural History in the New Republic, 1800– 1833," *Journal of the Early Republic* 8, no. 2 (Summer 1988): 122.
4. Harry B. Weiss and Grace M. Weiss, *Thomas Say, Early American Naturalist* (C. C. Thomas, 1931), 53.
5. Ibid., 53.
6. Stroud, *Thomas Say*, 179.
7. Ibid., 188.
8. Bryony Onciul, Museums, *Heritage and Indigenous Voice: Decolonizing Engagement* (Routledge, 2015), 1- 25.
9. Caroline Winterer, *American Enlightenments: Pursuing Happiness in the Age of Reason* (Yale University, 2016), 56.
10. John Bartram, map, "Middle Atlantic states, showing rivers and mountains and location of sea shells on the tops of mountains," circa 1750, American Philosophical Society Library, Philadelphia.
11. Ibid.
12. Charlotte M. Porter, "The Concussion of Revolution: Publications and Reform at the Early Academy of Natural Sciences, Philadelphia, 1812– 1842," *Journal of the History of Biology* 12, no. 2 (Autumn 1979): 273.
13. William G. Mazyck, "History of the Museum, The Period Previous to 1798," *Bulletin of The Charleston Museum* 3, no. 6 (October, 1907): 49– 51.
14. Albert E. Sanders and William D. Anderson Jr., *Natural History Investigations in South Carolina from Colonial Times to the Present* (University of South Carolina Press, 1999), 12–13.
15. Adrienne Mayor, *Fossil Legends of the First Americans* (Princeton University Press, 2005), 56.
19. Benjamin Franklin, in "Humble Address of the Directors of the Library Company of Philadelphia" to patron Thomas Penn, May 16, 1733, *National Archives*, "Founders Online," https://founders .archives .gov .
17. William Souder, *Under a Wild Sky: John James Audubon and the Making of The Birds of America* (Milkweed Editions, 2014 edition), 47– 48.
18. Stroud, *Thomas Say*, 22.
19. Ibid., 25.
20. George Ord, "A Memoir of Thomas Say," in *The Complete Writings of Thomas Say*, Vol. 1

edition, published 2018.
60. Ruth Watts, *Women in Science: A Social and Cultural History* (Routledge, 2007), 65.
61. Londa Schiebinger, "Gender and Natural History," in N. Jardine et al., eds., *Cultures of Natural History* (Cambridge University Press, 1996), 169.
62. Mark Knights, *The Devil in Disguise: Deception, Delusion and Fanaticism in the Early English Enlightenment* (Oxford University Press, 2011), 124.
63. Dance, *Shell Collecting*, 228.
64. George Sarton, "Rumphius, *Plinius Indicus* (1628– 1702)." *Isis* 27, no. 2 (1937): 242– 57.
65. Georgius Everhardus Rumphius, *The Ambonese Curiosity Cabinet*, translated, edited, annotated, and with an introduction by E. M. Beekman (Yale University Press, 1999), xlii.
66. Georg Eberhard Rumpf, *The Poison Tree: Selected Writings of Rumphius on the Natural History of the Indies*, ed. and trans. E. M. Beekman (University of Massachusetts Press, 1981), 2.
67. Ibid.
68. Rumphius, *The Ambonese Curiosity Cabinet*, lxvi.
69. Georg Eberhard Rumpf, *Rumphius' Orchids*, editor and translator, E. M. Beekman (Yale University Press, 2003), 86.
70. Rumpf, *The Poison Tree*, 29.
71. Dance, *Shell Collecting*, 49.
72. Beekman in Rumphius, *The Ambonese Curiosity Cabinet*, xcviii.
73. Sarton, "Rumphius, *Plinius Indicus* (1628– 1702)," 242– 57.
74. Rumphius, *The Ambonese Curiosity Cabinet*, 317.
75. Conniff, *The Species Seekers*, 81.
76. Rumphius, *The Ambonese Curiosity Cabinet*, 328.
77. Ibid., lxviii.
78. Ibid., lxviii.
79. Ibid., 134.
80. Beekman in Rumphius, *The Ambonese Curiosity Cabinet*, civ– cv.

第七章｜美國貝殼

1. Patricia Tyson Stroud, *Thomas Say: New World Naturalist* (University of Pennsylvania Press, 1992), 163.
2. Robert McCracken Peck and Patricia Tyson Stroud, *A Glorious Enterprise: The Academy of Natural Sciences of Philadelphia and the Making of American Science* (University of

Conchyliorum, published in London by J. W. Dillwyn, 1823), 14. 這枚藍灰色扇貝是最早來自美國的化石記載。馬丁寫道：「在我看來，它是 *Ostrea nodosa* 的變種。」這是林奈的命名，即今日的 *Nodipecten nodosus*，備受喜愛的獅爪海扇蛤。

39. Ward and Blackwelder, "*Chesapecten*, A New Genus of Pectinidae," 5.
40. Mark V. Barrow, *Nature's Ghosts: Confronting Extinction from the Age of Jefferson to the Age of Ecology* (Chicago: University of Chicago Press, 2009). 42– 46.
41. Alan Cutler, *The Seashell on the Mountaintop* (Dutton, 2003), 134.
42. Martin J.S. Rudwick, *The Meaning of Fossils: Episodes in the History of Palaeontology* (University of Chicago Press, first edition 1972; American edition 1985), 63.
43. Dance, *Shell Collecting*, 54.
44. Jennifer Larson, *Greek Nymphs: Myth, Cult, Lore* (Oxford University Press, 2001), 251.
45. Brenda Longfellow, *Roman Imperialism and Civic Patronage: Form, Meaning and Ideology in Monumental Fountain Complexes* (Cambridge University Press, 2011), 113.
46. Riccardo Cattaneo- Vietti, *Man and Shells: Molluscs in the History* (Bentham Books, 2016), 89.
47. Hazelle Jackson, *Shell Houses and Grottoes* (Shire Publications, 2001), 11.
48. "Versailles on Paper," exhibit, Princeton University Library, rbsc.princeton.edu/ versailles/ grotto.
49. Andre Felibien, *Description de la Grotte de Versailles* (France: 1672), Princeton University Library, rbsc.princeton.edu/ versailles/item/862.
50. Francois Chauveau, Etching, *Masques de coquillages et de rocaille*. Plate 15 in *Description de la Grotte de Versailles*, 1675.
51. "Versailles on Paper," exhibit, Princeton University Library, rbsc.princeton.edu/ versailles/ grotto.
52. Geri Walton, *Marie Antoinette's Confidante: The Rise and Fall of the Princesse de Lamballe* (Pen and Sword Books, 2016), 145.
53. Ibid., 146.
54. Annette Condello, *The Architecture of Luxury* (Routledge, 2016), 83– 84.
55. Jackson, *Shell Houses and Grottoes*, 13.
56. letter from Pope to his friend Edward Blount, quoted in Tom Brigden, *The Protected Vista: An Intellectual and Cultural History* (Routledge, 2019), 30.
57. Hannah Smith, "English 'Feminist' Writings and Judith Drake's *An Essay in Defence of the Female Sex* (1696)," *Historical Journal* 44, no. 3 (2001): 727.
58. Ibid., 737– 38.
59. Judith Drake, *An Essay in Defence of the Female Sex* (London, 1696), Gutenberg.org

Currencyconverter .html .
21. Dance, *Shell Collecting: An Illustrated History*, 230– 31.
22. Joseph Heller, *Sea Snails: A Natural History* (Springer International, 2015), 164– 65.
23. Peter Hogarth, "Dr. Martin Lister (1639– 1712), The Spider Man," *Yorkshire Philosophical Society*, "Yorkshire Scientists and Innovators," ypsyork.org.
24. Anna Marie Roos, ed. and trans., *The Correspondence of Dr. Martin Lister (1639– 1712), Volume One: 1662– 1677* (Brill, 2015), 5.
25. Roos, *Martin Lister and His Remarkable Daughters*, 70.
26. Martin Lister, "Dr. Martin Lister's Journey to Paris," *Retrospective Review* XIII (1826): 95–108.
27. Dance, *Shell Collecting*, 44.
28. 例如一隻長有馴鹿角的龜狀軟體動物，參見該書圖230，Filippo Buonanni, *Ricreatione dell'occhio e della mente* (Rome: 1681), Internet Archive, archive.org/details/ricreationedello00buon/ page/n591。
29. Stephen Jay Gould, *Dinosaur in a Haystack* (Three Rivers Press, 1995), 214.
30. In *Martin Lister and His Remarkable Daughters*，魯斯在書中用一段迷人的描述談論在銅板上蝕刻與鑿刻的種種要求，參見頁104-12。
31. Thomas Thomson, *History of the Royal Society: From Its Institution to the End of the Eighteenth Century* The Royal Society, 1812), 88.
32. Martin Lister and John Banister, "The Extracts of Four Letters from Mr. John Banister to Dr. Lister, Communicated by Him to the Publisher," *Philosophical Transactions of the Royal Society* 17, no. 198 (December 31, 1693): 672.
33. Joseph and Nesta Ewan, "John Banister, Virginia's First Naturalist," *Banisteria* no. 1 (1992): 4.
34. Nesta Dunn Ewan and Joseph Ewan, "Banister, John (1649 or 1650– 1692)," *Dictionary of Virginia Biography* 1, John T. Kneebone et al., eds. (Richmond: Library of Virginia, 1998), 313– 15.
35. Roos, *Martin Lister and His Remarkable Daughters*, 76.
36. Lauck W. Ward and Blake W. Blackwelder, "*Chesapecten*, A New Genus of Pectinidae from the Miocene and Pliocene of Eastern North America," U.S. Department of the Interior, Geological Survey Professional Paper 861, (U.S. Government Printing Office, 1975), 1.
37. Martin Lister, with credit to Susanna and Anna Lister on title plate, *Historiae sive Synopsis Methodicae Conchyliorum* (London, 1685), notes to illustration 167. Via Biodiversity Heritage Library, biodiversitylibrary.org.
38. Martin Lister, *An Index to the Historia Conchyliorum of Lister* (Lister's notes to

第六章｜貝殼瘋

1. Anne Goldgar, *Tulipmania: Money, Honor, and Knowledge in the Dutch Golden Age* (University of Chicago Press, 2007), 80.
2. bid, 80– 81.
3. Jean-Jacques Rousseau, *The Confessions of Jean Jacques Rousseau* Vol. II (Privately printed, 1904) 106.（日後的許多版本都省略掉「貝殼狂躁症」一詞或該則貝殼故事。）
4. Richard Conniff, *The Species Seekers: Heroes, Fools, and the Mad Pursuit of Life on Earth* (W. W. Norton, 2011), 74.
5. S. Peter Dance, *Out of My Shell: A Diversion for Shell Lovers* (C- Shells- 3, 2005), 11– 12.
6. Paul Crenshaw, *Rembrandt's Bankruptcy: The Artist, His Patrons, and the Art Market in Seventeenth- Century Netherlands* (Cambridge University Press, 2005), 94. Use of *extensive* is based on "The inventory of Rembrandt's insolvent estate," [Fol. 33v.] (25– 26 July 1656), [179]: "A great quantity of shells, coral branches, cast from life and many other curios," The Rembrandt Documents project, www .ru .nl/remdoc/ .
7. Dance, *Out of My Shell*, 23– 34.
8. S. Peter Dance, *Rare Shells* (Faber and Faber, 1969), 24.
9. Leopoldine Prosperetti, " 'Conchas Legere': Shells as Trophies of Repose in Northern European Humanism," *Art History* 29, no. 3 (June 2006): 395.
10. Daniel Margocsy, *Commercial Visions: Science, Trade, and Visual Culture in the Dutch Golden Age* (University of Chicago Press, 2014), 39.
11. 荷蘭盾歷史價值的換算標準是根據International Institute of Social History, www.iisg.nl/hpw/calculate .php。
12. Anna Marie Roos, *Martin Lister and His Remarkable Daughters: The Art of Science in the Seventeenth Century* (Bodleian Library, 2019), 64.
13. Prosperetti, " 'Conchas Legere', 403.
14. Peter S. Dance, *Shell Collecting: An Illustrated History* (University of California Press, 1966), 227– 28.
15. Ibid., 229. 丹斯記載的四千荷蘭盾，是先透過International Institute of Social History的計算器換算成歐元，再換算美元。
16. A. Hyatt Verrill, *Strange Sea Shells and Their Stories* (Farrar, Straus and Cudahy, 1936), 52.
17. Dance, *Out of My Shell*, 94– 95.
18. Leo Ruickbie, *The Impossible Zoo: An Encyclopedia of Fabulous Beasts and Mythical Monsters* (Robinson, 2016); "Golden Limpet," p. 2038 on Kindle edition.
19. Dance, *Rare Shells*, 87.
20. Currency conversion via HistoricalStatistics. Org, www .historicalstatistics .org/

by Hani Amir, Hani- Amir.com.

42. Xavier Romero- Frias, *Folk Tales of the Maldives* (Nordic Institute of Asian Studies, 2012), 250.
43. Catherine Blackledge, *The Story of V: A Natural History of Female Sexuality* (Rutgers University Press, 2004), 50.
44. Joseph Heller, *Sea Snails: A Natural History* (Springer, 2015), 268.
45. Stephen Quirke, *Exploring Religion in Ancient Egypt* (Wiley, 2015), 60.
46. Blackledge, *The Story of V*, 49.
47. J. Arthur Thompson, *Secrets of Animal Life* (Henry Holt, 1919), 68.
48. G. Elliot Smith, quoted in Thompson, *Secrets of Animal Life*, 69.
49. Yang, *Cowrie Shells and Cowrie Money*, 230.
50. Hala Alarashi et al., "Sea Shells on the Riverside: Cowrie Ornaments from the PPNB Site of Tell Halula (Euphrates, northern Syria)," *Quaternary International* 490 (2018): 111.
51. Yang, *Cowrie Shells and Cowrie Money*, 230.
52. M. A. Murray, "The Meaning of the Cowrie- Shell," *Man* 39 (October 1939): 167.
53. Quoted in Yang, *Cowrie Shells and Cowrie Money*, 232.
54. Romero- Frias, *The Maldive Islanders*, 243.
55. (Kaashidhoo was then called Kardiva Island.) Commander A. D. Taylor, *The West Coast of Hindustan Pilot Including the Gulf of Manar, the Maldive and Laccadive Islands* (Hydrographic Office, Admiralty, 1898), 334.
56. Egil Mikkelsen, *Archaeological Excavation of a Monastery at Kaashidhoo: Cowrie Shells and Their Buddhist Context in the Maldives* (National Centre for Linguistic and Historical Research, 2000), 4.
57. Mikkelsen, *Archaeological Excavations of a Monastery at Kaashidhoo*, 9.
58. Author interview with J. J. Robinson; and see Robinson, *The Maldives*, 115.
59. Batuta, *The Travels of Ibn Batuta*, 177.
60. Kai Schultz, "Maldives, Tourist Haven, Casts Wary Eye on Growing Islamic Radicalism," *New York Times*, June 18, 2017.
61. Meera Subramanian, "Humans versus Earth: The Quest to Define the Anthropocene," *Nature*, August 6, 2019.
62. 關於反對該詞彙的論述，有篇不錯的入門，參見Matthew Henry, "Are We All Living in the Anthropocene?" Oxford University Press blog post, October 29, 2017, blog.oup . com/2017/10/are-we-all-living-in-the-anthropocene/。

21. David Scheel and Peter Godfrey- Smith, "*Octopus tetricus* as an Ecosystem Engineer," *Scientia Marina*, December 2014.
22. 這段內容是根據作者與邁爾的訪談內容，邁爾是史密森尼學會自然史博物館軟體動物典藏研究員。
23. Clive Wilkinson et al., "Ecological and Socioeconomic Impacts of 1998 Coral Morality in the Indian Ocean," *Ambio* 28, no. 2 (March 1999): 190.
24. Neville Coleman et al., *Marine Life of the Maldives Indian Ocean 2019* (Atoll Editions, 2019), viii.
25. Quoted in A. Gray, "The Maldives Islands," *Journal of the Royal Asiatic Society of Great Britain and Ireland* 10, no. 2 (April 1878): 178– 79.
26. Quoted in Jan Hogendorn and Marion Johnson, *The Shell Money of the Slave Trade* (Cambridge University Press, 1986), 23.
27. Husnu Al Suood, *Political System of the Ancient Kingdom of the Maldives* (Maldives Law Institute, 2014), 9.
28. H.C.P. Bell, *The Maldive Islands: An Account of the Physical Features, Climate, History, Inhabitants, Productions and Trade* (Government Printer, Ceylon, 1883), 117.
29. Ibn Batuta, *The Travels of Ibn Batuta*, Cambridge professor of Arabic Samuel Lee, trans. (Oriental Translation Fund, 1829), 176. (The spelling of Batuta was corrected in later literature.)
30. Mernissi, *The Forgotten Queens of Islam*, 108.
31. Batuta, *The Travels of Ibn Batuta*, 179.
32. Yang, *Cowrie Shells and Cowrie Money*, 30– 31.
33. Francois Pyrard et al., *The Voyage of Francois Pyrard of Laval to the East Indies, the Maldives, the Moluccas and Brazil* (Hakluyt Society, 1887), 236.
34. Ibid., 240.
35. The Maldives was one of the few Asian nations spared foreign colonization. Xavier Romero- Frias, *The Maldive Islanders: A Study of the Popular Culture of an Ancient Ocean Kingdom* (Nova Ethnographia Indica, 1999), introduction.
36. Bell, *The Maldive Islands*, 58.
37. *Statistical Pocketbook of Maldives 2019* (National Bureau of Statistics, 2020), statisticsmaldives.gov.mv.
38. Mernissi, *The Forgotten Queens of Islam*, 107– 109.
39. Mohamed, "Note on the Early History of the Maldives."
40. Robinson, *The Maldives*, 131.
41. Yameen Rasheed, "The Republic of Whatever!" November 11, 2008, curated and archived

2. Bin Yang, *Cowrie Shells and Cowrie Money: A Global History* (Routledge, 2019), x.
3. Ibid., 1.
4. Ibid., xi.
5. Mirani Lister, *Cowry Shell Money and Monsoon Trade: The Maldives in Past Globalizations*, PhD dissertation, The Australian National University, 2016, 14.
6. A. C. Christie and A. Haour, "The 'Lost Caravan' of Ma'den Ijafen revisited: Re-appraising Its Cargo of Cowries, a Medieval Global Commodity," *Journal of African Archaeology* 16 (2018): 125– 44.
7. Anne Haour and Annalisa Christie, "Cowries in the Archaeology of West Africa: The Present Picture," *Azania: Archaeological Research in Africa* 54, no. 3 (2019): 287– 321.
8. Lister, *Cowry Shell Money and Monsoon Trade*, 4.
9. As quoted from the Maldives constitution, "2019 Report on International Religious Freedom: Maldives," Office of International Religious Freedom, U.S. Department of State, 2019, state.gov/ reports/2019-report-on-international-religious freedom/maldives/.
10. J. J. Robinson, *The Maldives: Islamic Republic, Tropical Autocracy* (Hurst & Company, 2015), 80–81. 羅賓森本人是外國記者，書中有一個迷人的章節描述外國媒體如何癡迷於馬爾地夫「下沉」這個主題。
11. Mohamed Junayd, "MVTreegrab: Removal of Trees Continues for Landscaping Resorts," *Maldives Independent*, November 22, 2018.
12. Maldives Housing Development Corporation, "Hulhumale: The City of Hope," hdc.com.mv/hulhumale/.
13. Alison Flood, "Maldives Will Censor All Books to Protect Islamic Codes," *The Guardian*, September 25, 2014.
14. Naseema Mohamed, "Note on the Early History of the Maldives," *Archipel* 70 (2005): 7.
15. Egil Mikkelsen, "Archaeological Excavations of a Monastery at Kaashidhoo: Cowrie Shells and Their Buddhist Context in the Maldives" (National Centre for Linguistic and Historical Research, Republic of Maldives, 2000).
16. Lopamudra Maitra Bajpai, "Maldives- Bengal Trade Flourished under Maldivian Queen Khadeeja of Bengal Origin," *News In Asia*, October 1, 2018.
17. Yang, *Cowrie Shells and Cowrie Money*, 26.
18. Ibid., 6.
19. Peter S. Dance, *Shell Collecting: An Illustrated History* (University of California Press, 1966), 227– 28..
20. E. Donovan, *The Naturalist's Repository* (Printed for the author and W. Simpkin and R. Marshall, 1823), Vol. 1, Plate XXXII.

the Evening Conch and Goddesses in Bengali Hindu Homes," *Religions*, January 15, 2019, 7– 8.

99. V. H. Sonawane, "Harappan Shell Industry: An Overview," *Indian Journal of History of Science* 53, no.3 (2018): 253– 62.
100. James Hornell, *The Sacred Chank of India: A Monograph of the Indian Conch*, Madras Fisheries Bureau, Bulletin no. 7 (1914): 1.
101. Hornell, *The Sacred Chank of India*, 11.
102. K. Nagappan Nayar and S. Mahadevan, "Chank Fisheries and Industrial Uses of Chanks," in *The Commercial Mollusks of India*, Central Marine Fisheries Research Institute (CMFRI) bulletin no. 25, 1974, 122– 40.
103. Nayar and Mahadevan, "Chank Fisheries," 122– 40.
104. Aarthi Sridhar, producer, *Fishing Palk Bay*, documentary film, Dakshin Foundation, 2016.
105. Ibid.
106. Aarthi Sridhar, "A Journey with the Sacred Chank," *Frontline* of India, March 30, 2018.
107. S. Senthalir, "Tamil Nadu Deep Sea Divers Who Bring Conches to the World Are Losing Their Hearing," *Scroll.in*, February 10, 2019.
108. R. Ravinesh et al., "Status of Marine Molluscs in Illegal Wildlife Trade in India," *G Wild Cry*, 34– 39.
109. Stephen Hegarty, "Residents, City Can't Agree on Who Pays for Repairs to Blushing Concrete," *St. Petersburg Times*, October 29, 1984.
110. George M. Luer, "Response to Looting on Josslyn Island," *Florida Anthropologist* 61 (March– June 2008): 34– 35.
111. "Lightning Whelk, the State Shell of Texas," Texas Parks & Wildlife, tpwd.texas.gov.
112. Stephenson et al., "Abundance and Distribution of Large Marine Gastropods."
113. 在該項研究的頭二十個月，貼了標籤的兩百八十隻香螺中，至少有二十隻是再次被捕獲的。
114. 皮涅拉斯角沒有說明。不過，如果想深入了解這個遺址以及其他東南部印第安遺址的真相、記憶與歷史詮釋，可參考Chapter 1, "Shell Mounds and Indianness," in Thomas Hallock, *A Road Course in Early American Literature: Travel and Teaching from Atzlán to Amherst* (University of Alabama Press, 2021)。
115. "The Calusa: 'The Shell Indians,' " Florida Center for Instructional Technology, Short History of Florida section, fcit.usf .edu.

第五章｜貝幣

1. Fatima Mernissi, *The Forgotten Queens of Islam* (University of Minnesota Press, 2003), 107. Mernissi spells her name Khadija; I have gone with the more common spelling with two H's.

80. E. D. Estevez, "Mining Tampa Bay for a Glimpse of What Used to Be," *Bay Soundings*, Spring 2010.
81. William Grant Mcintire, "Prehistoric Settlements of Coastal Louisiana," PhD dissertation, Louisiana State University, June 1954, 69.
82. "Face of Marco Island Undergoing a Change," *Miami Herald*, August 8, 1971.
83. 法蘭克・麥克爾三世（Frank Mackle III）在公司歷史中寫道，該開發公司在馬可島上興建了九十五英里的運河和九十英里的公路。Chapter 16, "Marco Island," themacklecompany.com.
84. Quentin Quesnell, "Relocating Cushing's Key Marco," *Florida Anthropologist* 49, no. 1 (March 1996): 4.
85. Quesnell, "Relocating Cushing's Key Marco," 4.
86. Randolph J. Widmer, "Recent Excavations at the Key Marco Site, 8CR48, Collier County, Florida," *Florida Anthropologist* 49, no. 1 (March 1996): 10.
87. Randolph J. Widmer, "The Key Marco Site, A Planned Shell Mound Community on the Southwest Florida Coast," in Mirjana Roksandic et al., eds., *The Cultural Dynamics of Shell- Matrix Sites* (University of New Mexico Press, 2014), 11.
88. Eagles Retreat, a 16- unit condominium on Bald Eagle Drive.
89. Widmer, "Recent Excavations at the Key Marco Site," 24.
90. Torrence, "A Topographic Reconstruction," 162– 63.
91. Ibid., 162–63. 獵槍的故事是史密斯的兒子泰德・史密斯（Ted Smith）在一九九二與一九九三年的訪談中說的。
92. Marquardt and Walker, *The Archaeology of Pineland*, 868– 69.
93. The Randell Research Center, Pineland, Florida; www.floridamuseum.ufl.edu /rrc/.
94. Karen J. Walker, "The Pineland Site Complex: Environmental Contexts," in Marquardt and Walker, eds., *The Archaeology of Pineland*, 42–43. 海平面下降與小冰期（Little Ice Age）有關。有關水溫的新研究，參見Victor D. Thompson, et al., "Ancient Engineering of Fish Capture and Storage in Southwest Florida," *Proceedings of the National Academy of Sciences* 117, no. 15 (2020)。
95. Sarah P. Stephenson et al., "Abundance and distribution of Large Marine Gastropods in Nearshore Seagrass Beds along the Gulf Coast of Florida," *Journal of Shellfish Research* 32, no. 2 (August 2013).
96. Jules Verne, *Twenty Thousand Leagues Under the Sea* (Brothers, 1870), 141– 42.
97. 不過，菲利浦・布歇（Philippe Bouchet）和安德斯・瓦倫（Anders Warén）倒是以這位虛構人物替一種軟體動物命名：*Marginella aronnax*（阿龍納斯榖米螺）。
98. Sukanya Sarbadhikary, "Shankh- er Shongshar, Afterlife Everyday: Religious Experience of

57. Randolph J. Widmer, new introduction to Frank Hamilton Cushing, *Ancient Key- Dweller Remains on the Gulf Coast of Florida* (University Press of Florida, 2000), xviii– xix.
58. Kolianos and Weisman, *The Lost Florida Manuscript*, introduction, 12.
59. "Preserved Against the Odds, the Key Marco Cat is Returning to Marco Island," September 7, 2018, Smithsonianmag.com.
60. Cushing, "A Preliminary Report," 386– 87.
61. Ibid., 366.
62. Ibid., 411.
63. Ibid., 360.
64. Marion S. Gilliland, *Key Marco's Buried Treasure* (University Press of Florida, 1989), 107.
65. John Wesley Powell, "Report of the Director," in *The Twenty- First Annual Report of the Bureau of American Ethnology* (Smithsonian Institution, July 1, 1900), xxxvii.
66. Brian M. Fagan, *Before California: An Archaeologist Looks at Our Earliest Inhabitants* (AltaMira Press, 2004), 253.
67. The Emeryville Historical Society, *Emeryville* (Arcadia Publishing, 2005), 9.
68. Laura Klivans, "There were once more than 425 shell mounds in the Bay Area. Where did they go?" KQED news, December 6, 2019.
69. Steam shovel photo in the collection of the Phoebe Hearst Museum of Anthropology, University of California– Berkeley.
70. Corrina Gould and Michelle LaPena, "Buried in Shells," *GIA Reader* (Grantmakers in the Arts) 29, no. 2 (2018).
71. Ibid.
72. Timothy H. Silver, "Three Worlds, Three Views: Culture and Environmental Change in the Colonial South," the National Humanities Center, nationalhumanitiescenter.org.
73. Gould and LaPena, "Buried in Shells."
74. William Kaszynski, *The American Highway: The History and Culture of Roads in the United States* (Jefferson, NC: McFarland & Co., 2000), 32. (The agency was the Office of Public Roads.)
75. Corbett McP. Torrence, "A Topographic Reconstruction of the Pineland Site Complex as it Appeared in 1896," in Marquardt and Walker, eds, *The Archaeology of Pineland*, 164.
76. Torrence in Marquardt and Walker, *The Archaeology of Pineland*, 161 and 863.
77. Torrence, "A Topographic Reconstruction," 161.
78. Tracy Owens, "How Barron Collier Got His County," *Gulfshore Life* magazine, July 2018.
79. MacMahon and Marquardt, *The Calusa and Their Legacy*, 88.

Changing Environment," in Johan Ling, Richard Chacon, and Kristian Kristiansen, eds., *Trade Before Civilization: Long Distance Exchange and the Development of Social Complexity* (Cambridge University Press, 2020), p. 16 of review chapter.

37. MacMahon and Marquardt, *The Calusa and Their Legacy*, 2.
38. Cynthia Barnett, *Blue Revolution: Unmaking America's Water Crisis* (Beacon Press, 2011), 26.
39. Sascha T. Scott, "Ana- Ethnographic Representation: Early Modern Pueblo Painters, Scientific Colonialism, and Tactics of Refusal," *Arts* 9, no. 1 (2020).
40. John Wesley Powell, remarks, memorial to Frank Hamilton Cushing, Anthropological Society of Washington, April 24, 1900; reprinted in *American Anthropologist* 2 (1900): 366.
41. Alex F. Chamberlain, "In Memoriam: Frank Hamilton Cushing," *Journal of American Folklore* 14, no. 49 (Spring 1900): 129.
42. Nancy J. Parezo, "Reassessing Anthropology's Maverick: The Archaeological Fieldwork of Frank Hamilton Cushing," *American Ethnologist* 34, no. 3 (August 2007): 575– 80.
43. The "Harvard man" was Jesse Walter Fewkes. For more on Cushing's feud with Fewkes, see Curtis Hinsley, "Ethnographic Charisma and Scientific Routine: Cushing and Fewkes in the American Southwest, 1879– 1893," in George W. Stocking, ed., *Observers Observed: Essays on Ethnographic Fieldwork* (University of Wisconsin Press, 1983), 53.
44. Frank Hamilton Cushing, "A Preliminary Report on the Exploration of Ancient Key-Dweller Remains on the Gulf Coast of Florida," *Proceedings of the American Philosophical Society* 35, no. 153 (December 1896): 329.
45. Ibid., 330.
46. Ibid., 331.
47. Mary Kaye Stevens, *Pine Island* (Arcadia Publishing, 2008), 34.
48. Davis, *The Gulf*, 154.
49. Marquardt and Walker, "The Pineland Site Complex," in *The Archaeology of Pineland*, 860.
50. Cushing untitled manuscript 1896, Phyllis E. Kolianos and Brent R. Weisman, *The Lost Florida Manuscript of Frank Hamilton Cushing* (University Press of Florida, 2005), 69.
51. Cushing, "A Preliminary Report," 339.
52. Cushing, *The Lost Florida Manuscript*, 62– 63.
53. Ibid., 63.
54. Ibid., 67.
55. Davis, *The Gulf*, 25– 26.
56. Cushing, "A Preliminary Report," 347.

Left- Handed Snails," *Biological Letters* 2 (2006): 439– 42.

19. See the section "Handedness and the Notion of Constraint" in Geerat Vermeij, *A Natural History of Shells* (Princeton University Press, 1995), 21– 27.
20. Marquardt and Kozuch, "The Lightning Whelk," 3– 4.
21. "Left- Handedness," *Scientific American*, May 13, 1871, 310.
22. Jerald T. Milanich, "Origins and Prehistoric Distributions of Black Drink and the Ceremonial Shell Drinking Cup," in Charles M. Hudson, ed., *Black Drink: A Native American Tea* (University of Georgia Press, 1979), 84– 86.
23. William Bartram, *Travels* (James & Johnson, 1791), 451.
24. Marquardt and Kozuch, "The Lightning Whelk: An Enduring Icon," 10.
25. Kozuch, "Shark Teeth and Sea Shells."
26. Cheryl Claassen, *Shells* (Cambridge University Press, 1998), 216.
27. Laura Kozuch, Karen J. Walker, and William H. Marquardt, "Lightning Whelk Natural History and a New Sourcing Method," *Southeastern Archaeology* 36, no. 3 (2017): 226–40.
28. Darcie A. MacMahon and William H. Marquardt, *The Calusa and Their Legacy* (University Press of Florida, 2004), 4.
29. MacMahon and Marquardt, in *The Calusa and Their Legacy*, explore the environmental aspects of the Calusa domain.
30. Jack E. Davis, *The Gulf: The Making of an American Sea* (Liveright: 2017), 35– 39.
31. Gonzalo Solis de Meras, quoted in MacMahon and Marquardt, *The Calusa and Their Legacy*, 74.
32. 庫欣發現了六到七件磨損過的玩具獨木舟。"A Preliminary Report on the Exploration of Ancient Key-Dweller Remains on the Gulf Coast of Florida," *Proceedings of the American Philosophical Society* 35, no. 153 (December 1896): 364.
33. William H. Marquardt and Karen J. Walker, "The Pineland Site Complex: An Environmental and Cultural History," in Marquardt and Walker, eds., *The Archaeology of Pineland* (University Press of Florida, 2013), 878– 79.
34. William H. Marquardt, *Culture and Environment in the Domain of the Calusa*, Monograph 1, Institute of Archaeology and Paleoenvironmental Studies (University of Florida, 1992), Josslyn pits, page 19.
35. For the many Calusa Lightning Whelk tools, see William H. Marquardt, Chapter 5, "Shell Artifacts from the Caloosahatchee Area," in Marquardt, ed., *Culture and Environment in the Domain of the Calusa*, 191.
36. William H. Marquardt, "Trade and Calusa Complexity: Achieving Resilience in a

2. Timothy R. Pauketat, *Cahokia: Ancient America's Great City on the Mississippi* (Viking, 2009), 5– 8.
3. Alice Beck Kehoe, "Cahokia, the Great City," *OAH Magazine of History* 27, no. 4 (2013): 17.
4. Pauketat, *Cahokia*, 5– 8.
5. (Emphasis added) Thomas Say; quoted in T. R. Peale, "Ancient Mounds at St. Louis, Missouri, in 1819," *Annual Report of the Board of Regents of the Smithsonian Institution, 1861*, 388.
6. Pauketat, *Cahokia*, 2.
7. "Falcon Drive- In" (formerly called Mounds Drive- In), Cinema Treasures, cinematreasures.org.
8. William H. Marquardt and Laura Kozuch, "The Lightning Whelk: An Enduring Icon of Southeastern North American Spirituality," *Journal of Anthropological Archaeology* 42 (2016): 1– 26.
9. William Henry Holmes, "Art in Shell of the Ancient Americans," extract, *Second Annual Report of the Bureau of Ethnology*, 1883, 191– 92.
10. Laura Kozuch, "The Significance of Sinistral Whelks from Mississippian Archaeological Sites," PhD dissertation, the University of Florida, 1998, 136.
11. Author interview with William H. Marquardt, curator and director emeritus, South Florida Archaeology and Ethnography and the Randell Research Center at Pineland, Florida Museum of Natural History.
12. Thomas E. Emerson et al., "Paradigms Lost: Reconfiguring Cahokia's Mound 72 Beaded Burial," A*merican Antiquity* 81, no. 3 (2016).
13. Ibid.
14. Laura Kozuch, "Shark Teeth and Sea Shells from East St. Louis," Emerson et al., eds., *Revealing Greater Cahokia, North America's First Native City* (Illinois State Archaeological Survey, 2018), 413.
15. 作者與柯祖希的訪談。柯祖希分析了七十二號丘塚的所有貝珠，確認兩萬三千九百五十八個圓片貝珠幾乎都是左旋香螺，而三萬五千兩百八十九個柱形貝珠中，有九成三是左旋香螺。
16. Personal communication, Jose H. Leal, editor of *The Nautilus*, Science Director & Curator, the Bailey- Matthews National Shell Museum.
17. Stephen Jay Gould, "Left Snails and Right Minds," *Natural History* 104, no. 4 (1995): 10– 18.
18. Gregory P. Dietl and Jonathan R. Hendricks, "Crab Scars Reveal Survival Advantage of

(Hataf Segol Publications, 2018), 178.
32. Perry R. Cook et al., "Acoustic Analysis of the Chavín *Pututus*," *Journal of the Acoustical Society of America* 128, no. 4 (September 2010).
33. Miriam A. Kolar, "Conch Calls into the Anthropocene: *Pututus* as Instruments of Human-Environmental Relations at Monumental Chavin," *Yale Journal of Music & Religion* 5, no. 2 (August 2019): 36– 37.
34. Miriam A. Kolar, "Tuned to the Senses: An Archaeoacoustic Perspective on Ancient Chavin," *The Appendix* 7 (July 2013).
35. Miriam A. Kolar, "Situating Inca Sonics: Experimental Music Archaeology at Huánuco Pampa, Peru," in *Flower World: Music Archaeology of the Americas*, Vol. 6 (Ekho Verlag, 2020), 28.
36. Abbott, *Kingdom of the Seashell*, 176.
37. Karl Taube, *Aztec & Maya Myths* (Austin: University of Texas Press, 1993), 37– 39.
38. Barbara J. Mills and T. J. Ferguson, "Animate Objects: Shell Trumpets and Ritual Networks in the Greater Southwest," *Journal of Archaeological Method Theory* 15 (2008): 338– 61; see list of pueblos and gastropod species found there, 347– 49, and map, 350.
39. Ibid.
40. Ibid.
41. Charles Hudson and Robbie Ethridge, *Knights of Spain, Warriors of the Sun: Hernando de Soto and the South's Ancient Chiefdoms* (University of Georgia, 2018), 109.
42. Ibid., 110.
43. Wassilowsky, "Pututu and Waylla Kepa." 瓦希洛夫斯基寫道，遲至一七〇〇年，在起訴薩滿安德烈斯・阿雷瓦洛（Andrés Arévalo）的巫術審判中，海螺號角與海菊蛤殼依然被當成證據。
44. William Golding, *The Lord of the Flies* (Faber & Faber, 1954). Chapter 1 is "The Sound of the Shell."
45. William Golding, *The Inheritors* (Faber & Faber, 1955).
46. Rick, "The Evolution of Authority and Power at Chavin de Huantar," 71.
47. Ibid., 71.
48. Ibid.

第四章｜貝殼大城

1. Sarah E. Baires, "Cahokia's Rattlesnake Causeway," *Midcontinental Journal of Archaeology* 39, no. 2 (2014): 145.

15. Richard L. Burger, "The Sacred Center of Chavín de Huántar," in Richard F. Townsend, ed., *The Ancient Americas: Art from Sacred Landscapes* (Prestel Verlag, 1992), 271.
16. Kembel S. Rodriguez and John W. Rick, "Building Authority at Chavín de Huántar: Models of Social Organization and Development in the Initial Period and Early Horizon," in Helaine Silverman, ed., *Andean Archaeology* (Blackwell, 2004), 66– 67.
17. Izumi Shimada, *Pampa Grande and the Mochica Culture* (University of Texas Press, 2010), 238– 39; and Shimada, "Evolution of Andean Diversity (500 BCE– CE 600)," in Frank Salomon and Stuart B. Schwartz, eds., *The Cambridge History of the Native Peoples of the Americas, Volume 3: South America, Part 1* (Cambridge University Press, 1999), 350– 517.
18. Rodriguez and Rick, "Building Authority at Chavin de Huantar," 57.
19. Called *Strombus galeatus* in archaeological literature, they are now classified by the World Register of Marine Species as *Titanostrombus galeatus*.
20. Author interview with John Rick.
21. 這些鳳凰螺屬的成員，先前名為*Strombus galeatus*（捕手套鳳凰螺），現在歸類為*Titanostrombus galeatus*。
22. Roberto Cipriani et al., "Population Assessment of the Conch *Strombus galeatus* in Pacific Panama," *Journal of Shellfish Research* 27, no. 4 (2008): 889– 96, August.
23. Miriam A. Kolar with John W. Rick, Perry R. Cook, and Jonathan S. Abel, "Ancient *Pututus* Contextualized: Integrative Archaeoacoustics at Chavin de Huantar," in Matthias Stockli and Arnd Adje Both, eds., *Flower World: Music Archaeology of the Americas*, Vol. 1 (Berlin: Ekho Verlag, 2012), 28.
24. *Ovid, Metamorphoses* (Oxford World's Classics), A. D. Melville, trans. (Oxford University Press, 1986), 74.
25. Annie Besant and Bhagavan Das, *The Bhagavad- Gita*, with Sanskrit text and English translation (Theosophical Publishing Society, 1905), 7– 9.
26. R. Tucker Abbott, *Kingdom of the Seashell* (Bonanza Books, 1982), 186.
27. Robert Beer, *The Handbook of Tibetan Buddhist Symbols* (Serindia Publications, 2003), 9.
28. Tseten Namgyal, "Significance of 'Eight Traditional Tibetan Buddhist Auspicious Symbols/ Emblems' (*bkra shis rtags brgyad*) in Day to Day Rite and Rituals," *Tibet Journal* 41, no. 2 (2016): 29– 51, 30.
29. 本節根據作者與寇拉的訪談所寫，寇拉是阿莫斯特學院（Amherst College）訪問學者。
30. Miriam A. Kolar, "Tuned to the Senses: An Archaeoacoustic Perspective on Ancient Chavín," *The Appendix* 1, no. 3 (July 2013).
31. Jeremy Montagu, *The Conch Horn: Shell Trumpets of the World from Prehistory to Today*

26. Jeffrey Goldberg, "How the Atlantic Began," TheAtlantic.com, May 5th 2017.
27. Oliver Wendell Holmes, *The Autocrat of the Breakfast-Table* (James. R. Osgood and Co., 1873; originally published in *The Atlantic* in January 1858), accessed at Project Gutenberg, gutenberg.org.
28. R. Tucker Abbott, *The Kingdom of the Seashell* (Bonanza Books, 1982), 110.
29. Ibid., 110.

第三章｜往日之聲

1. Author interview with Miriam Kolar.
2. John W. Rick, "Context, Construction, and Ritual in the Development of Authority at Chavin de Huantar," in William J. Conklin and Jeffrey Quilter, eds., *Chavin: Art, Architecture and Culture* (Costen Institute of Archaeology at UCLA, 2008), 29.
3. John W. Rick, "The Evolution of Authority and Power at Chavín de Huántar," *Archeological Papers of the American Anthropological Association* 14, no. 1 (June 2008): 87.
4. Tom Colligan, "The Loudest Competition on Earth," *California Sunday Magazine*, September 29, 2016.
5. Geerat J. Vermeij, "Sound Reasons for Silence: Why Do Molluscs Not Communicate Acoustically?" *Biological Journal of the Linnean Society* 100, no. 3 (2010): 485– 93, 487.
6. Bradley Strauchen- Scherer, "Brass Beginnings: A Fanfare for the Conch Trumpet," The Met, *Collection Insights* blog, March 8, 2018.
7. Jeremy Montagu, *Horns and Trumpets of the World: An Illustrated Guide* (Rowman & Littlefield, 2014), 29
8. J. Arthur Thomson, *Secrets of Animal Life* (Henry Holt, 1919), 65.
9. Ibid., 65.
10. Robin Skeates, "Triton's Trumpet: A Neolithic Symbol in Italy," *Oxford Journal of Archaeology* 10 (1991): 17– 31.
11. J. Wilfrid Jackson, *Shells as Evidence of the Migration of Early Culture* (Manchester University Press, 1917), 23.
12. Richard L. Burger, "Chavín de Huántar and Its Sphere of Influence," in Helaine Silverman and William Isabell, eds., *Handbook of South American Archaeology* (Springer, 2008), 681.
13. Peter G. Roe, "How to Build a Raptor," in Conklin and Quilter, eds., *Chavin: Art, Architecture and Culture*, 182.
14. Alexander Herrera Wassilowsky, "Pututu and Waylla Kepa: New Data on Andean Pottery Shell Horns," translated from R. Eichmann et al., eds. and trans., *Studien zur Musikarchaeologie* 7 (2010): 17– 37, 18.

7. Philip Ashley Fanning, *Isaac Newton and the Transmutation of Alchemy: An Alternate View of the Scientific Revolution* (North Atlantic Books, 2009), 213.
8. Ibid.
9. King- Hele, *Charles Darwin's The Life of Erasmus Darwin*, xiii.
10. Simon Darroch et al., "Biotic Replacement and Mass Extinction of the Ediacara Biota," *Proceedings of the Royal Society B* 282, no. 1814 (September 2015).
11. Ibid.
12. Aodhán Butler, "Fossil Focus: The Place of Small Shelly Fossils in the Cambrian Explosion, and the Origin of Animals," *Palaeontology Online* 5, Article 7 (January 2015): 1– 14.
13. Ibid.
14. Mikhail A. Fedonkin and Benjamin M. Waggoner, "The Late Precambrian Fossil Kimberella Is a Mollusc- Like Bilaterian Organism," *Nature* 388 (August 1997): 868– 71.
15. Ibid., 871.
16. Jakob Vinther et al., "Ancestral Morphology of Crown- Group Molluscs Revealed by A New Ordovician Stem Aculiferan," *Nature* 542 (February 2017): 471– 74.
17. Peter Van Roy et al., "The Fezouata Fossils of Morocco: An Extraordinary Record of Marine Life in the Early Ordovician," *Journal of the Geological Society* 172 (2015): 541– 49.
18. Jakob Vinther et al., "A Molecular Palaeobiological Hypothesis for the Origin of Aplacophoran Molluscs and Their Derivation from Chiton- Like Ancestors," *Proceedings of the Royal Society B* 279, no. 2 (November 28, 2020).
19. Author interview with Peter D. Ward.
20. Peter Ward, Frederick Dooley, and Gregory Jeff Barord, "Nautilus: Biology, Systematics, and Paleobiology as Viewed from 2015," *Swiss Journal of Paleontology* 135 (February 2016): 169– 85.
21. Elizabeth Kolbert, *The Sixth Extinction: An Unnatural History*(Henry Holt, 2014), 96– 97.
22. David P. G. Bond and Stephen E. Grasby, "Late Ordovician Mass Extinction Caused by Volcanism, Warming, and Anoxia, Not Cooling and Glaciation," *Geology* 48, no. 8 (May 2020): 777– 81.
23. Uwe Brand et al., "Methane Hydrate: Killer Cause of Earth's Greatest Mass Extinction," *Palaeoworld* 25, no. 4 (December 2016): 496– 507.
24. Author interview with Lydia Tackett, professor, North Dakota State University.
25. Sierra V. Petersen, Andrea Dutton, and Kyger C. Lohmann, "End- Cretaceous Extinction in Antarctica Linked to Both Deccan Volcanism and Meteorite Impact via Climate Change," *Nature Communications 7*, no. 1 (2016).

1998), 313– 15.

50. Banister's writing as quoted in Ewan and Ewan, *John Banister and His Natural History of Virginia*, 45.
51. Robert H. Dott,"Charles Lyell's Debt to North America," in Lyell: *The Past Is the Key to the Present*, Special Publications, Vol. 143 (Geological Society of London, 1998): introduction.
52. Martina Kölbl-Ebert, "Female British Geologists in the Early Nineteenth Century," *Earth Sciences History* 21, no. 1 (2002): 7.
53. Eugene W. Wilgard, "Cotton Production in the United States" (U.S. Department of the Interior, 1884).
54. Sir Charles Lyell, *A Second Visit to the United States of North America, Volumes 1–2* (Harper Bros., 1849), 19.
55. Ibid.
56. Renee Clary, "Mary Anning: She Sold (Fossil) Sea Shells by the Seashore," collected in Rock Stars, *GSA Today*, May 2019, available at Geosociety.org.
57. The Lyme Regis Museum, "Mary Anning: The World's Greatest Fossil Hunter," lymeregismuseum.co.uk.
58. Hugh Torrens, "Mary Anning (1799–1847) of Lyme; 'the greatest fossilist the world ever knew'," *The British Journal for the History of Science* (September 1995): 257–84.
59. Thomas W. Goodhue, "The Faith of a Fossilist: Mary Anning," *Anglican and Episcopal History* (March 2001): 80–100.
60. Ibid. For more on Anning, see also Shelley Emling, *The Fossil Hunter* (Palgrave Macmillan 2009).

第二章｜萬物始於貝

1. Horace Sutton, "Shell Collecting Gains as Hobby," *Washington Post*, January 5, 1958.
2. Paul Callomon, "The Nature of Names" (Master's thesis, Drexel University, September 2016), 87.
3. Merrill Folsom, "The Tahitis of the Gulf," *New York Times*, March 4, 1956.
4. Erasmus Darwin, "The Botanic Garden," 1791. Accessed at Project Gutenberg, gutenberg.org.
5. Erasmus Darwin, "The Temple of Nature; or, the Origin of Society" (Published posthumously, T. Bensley, 1803), Accessed at Project Gutenberg, gutenberg.org.
6. Desmond King- Hele, ed., *Charles Darwin's The Life of Erasmus Darwin* (Cambridge University Press, 2004), xiii.

33. Martin Lister, *Historiae sive Synopsis Methodicae Conchyliorum* (London, 1685), illustration 167. Available at Biodiversity Heritage Library, biodiversitylibrary.org. 為何學者認為是巴尼斯特將它送給李斯特，相關討論可見Clayton E. Ray, "Geology and Paleontology of the Lee Creek Mine, North Carolina I," *Smithsonian Contributions to Paleobiology* No. 53 (Smithsonian Institution Press, 1983): 4–5。
34. Thomas Say later named this fossil *Chesapecten jeffersonius* in honor of Thomas Jefferson. It is the state fossil of Virginia.
35. Mark V. Barrow Jr., *Nature's Ghosts: Confronting Extinction from the Age of Jefferson to the Age of Ecology* (University of Chicago Press, 2009), chap. 1, "Bones of Contention," 15–45.
36. Banister, *Mollusca, Fossils, and Stones*, reconstructed in Ewan and Ewan, *John Banister*, 323.
37. "The Animals, Plants, and Resources of the British Atlantic Colonies, Images & Commentary, 1692– 1760," in *Becoming American: The British Atlantic Colonies 1690 to 1763*, National Humanities Center, nationalhumanitiescenter.org.
38. Ernest Ingersoll, "The Oyster Industry," in Francis W. Walker, *The History and Present Condition of the Fisheries Industries, Tenth Census of the United States* (U.S. Department of Commerce, 1881), 19.
39. John Josselyn, *An Account of Two Voyages to New England, Made during the Years 1638, 1663* (William Veazie, 1865), 86.
40. Marc Shell, *Wampum and the Origins of American Money* (University of Illinois Press, 2013), 36.
41. see Shell, *Wampum*, 51– 52.
42. Chief Irving Powless Jr., *Who Are These People, Anyway?* (Syracuse University Press, 2016), 132.
43. Shell, *Wampum*, 12.
44. Powless, *Who Are These People*, 132.
45. The Onondaga Nation, "Two Row Wampum — Gaswenta," onondaganation.org.
46. Shell, *Wampum*, 36.
47. Caroli Linnaei, *Systema Naturae*, accessed at World Register of Marine Species, marinespecies.org.
48. John Lederer, "The Discoveries of John Lederer in three several Marches from Virginia to the West of Carolina, and other parts of the Continent: Begun in March 1669, and ended in September 1670," accessed at Archaeology at UNC Chapel Hill, rla.unc.edu, 2.
49. Nesta Dunn Ewan and Joseph Ewan, "Banister, John (ca. 1650– 16 May 1692)," *Dictionary of Virginia Biography*, Vol. 1, ed. John T. Kneebone et al. (Library of Virginia,

13. Italo Calvino, *The Complete Cosmicomics* (Houghton Mifflin Harcourt, 2014), 146.
14. Patrick T. Norton, "Fossils of the Maine State Capitol," *Maine Naturalist* 1, no. 4 (1993): 193– 204.
15. William M. Balch et al., "Factors Regulating the Great Calcite Belt in the Southern Ocean and Its Biogeochemical Significance," *Global Biochemical Cycles* 30 (May 2016): 1124– 44.
16. Thomas H. Huxley, *Discourses Biological and Geological, Essays by Thomas H. Huxley* (D. Appleton and Co., 1896), "On a Piece of Chalk," 4.
17. Colin R. Gagg, "Cement and Concrete as an Engineering Material: An Historic Appraisal and Case Study Analysis," *Engineering Failure Analysis* 40 (2014): 114.
18. Alex Morss, " 'Not just weeds':How Rebel Botanists Are Using Graffiti to Name Forgotten Flora," *The Guardian*, May 1, 2020.
19. Carl Newell Jackson, "*Molle Atque Facetum*," *Harvard Studies in Classical Philology* 25 (Harvard University Press, 1914): 118– 22.
20. Richard John Huggett, *Fundamentals of Geomorphology* (Routledge, 2017), box 1.1, "The Origin of Geomorphology."
21. Alan Cutler, *The Seashell on the Mountaintop* (Dutton, 2003), 8– 9.
22. Adrienne Mayor, *Fossil Legends of the First Americans* (Princeton University Press, 2013), 116.
23. Sylvester Baxter, "An Aboriginal Pilgrimage," *The Century Illustrated Monthly Magazine* 24 (1882): 526– 36.
24. Famously recounted by Baxter in "An Aboriginal Pilgrimage."
25. Frank Hamilton Cushing, "Zuni Fetishes," *Second Annual Report of the Bureau of Ethnology* (Secretary of the Smithsonian Institution, 1880– 81), 29.
26. Kenneth J. McNamara, *The Star- Crossed Stone* (University of Chicago Press, 2011), 142.
27. Edward McCurdy, trans., *Leonardo da Vinci's Notebooks: Arranged and Rendered into English with Introductions* (Empire State Book Co., 1923). Available at Internet Archive, archive. org.
28. Cutler, *Seashell on the Mountaintop*, 49.
29. John Garrett Winter, *The Prodromus of Nicolaus Steno's Dissertation Concerning a Solid Body Enclosed by Process of Nature Within a Solid* (Macmillan, 1916), 253.
30. Steno's *De solido*, translated in Winter, *The Prodromus*, 250.
31. Cutler, *Seashell on the Mountaintop*, 142.
32. John Banister, *Mollusca, Fossils, and Stones*, reconstructed in Joseph Ewan and Nesta Ewan, *John Banister and His Natural History of Virginia 1678– 1692* (University of Illinois Press, 1970), 323.

14. Laura Parker et al., "Predicting the Response of Mollusks to the Impact of Ocean Acidification," *Biology* (June 2, 2013).
15. Maria Byrne and Susan Fitzer, "The Impact of Environmental Acidification on the Microstructure and Mechanical Integrity of Marine Invertebrate Skeletons," *Conservation Physiology* 7, no. 1 (November 2019).
16. Ben P. Harvey et al., "Dissolution: The Achilles' Heel of the Triton Shell in an Acidifying Ocean," *Frontiers in Marine Science* 5 (October 2018): 371.
17. 這項調查的靈感構想來自朵莉・希普施曼（Dorrie Hipschman），貝里－馬修斯國家貝殼博物館二〇一三到二〇二〇年的館長，她也帶領博物館從死的貝殼轉向活的軟體動物。
18. Jerald T. Milanich, *Florida's Indians from Ancient Times to the Present* (University Press of Florida, 1998),129.

第一章｜最早的殼

1. "Carol Wagner Allison," obituary, *Fairbanks Daily News- Miner*, March 24, 1991.
2. " 'Bug Men' Lead Hunt: Searching for Oil with a Microscope," *Popular Mechanics*, March 1932.
3. Interview of Richard Allison by Dan O'Neill and Bill Schneider, Eagle, Alaska, August 27, 1991, University of Alaska Fairbanks Oral History Program.
4. Ibid.
5. Cheryl Claassen, "Shells Below, Stars Above: Four Perspectives on Shell Beads," *Southeastern Archaeology* 38, no.1 (October 2018): 89– 94.
6. Mario Divio, in *The Golden Ratio* (Broadway Books, 2002), p. 117, said that nature loves them.
7. Thomas M. Annesley, "da Vinci's Spirals," *Clinical Chemistry* 63, no. 4 (April 2017): 931– 33.
8. Budd Titlow, *Seashells: Jewels from the Ocean* (Voyageur Press, 2007), 84.
9. Phoebe Cohen et al.,"Phosphate Biomineralization in Mid- Neoproterozoic Protists," *Geology* 39 (June 2011): 539– 42.
10. Phoebe Cohen et al., "Controlled Hydroxyapatite Biomineralization in an ~810 Million-Year- Old Unicellular Eukaryote," *Science Advances* 3, no. 6 (June 28, 2017): advances.sciencemag.org.
11. Nicholas J. Butterfield, "The Neoproterozoic," *Current Biology* 25, no. 19 (October 2015): 859– 63.
12. Steve Parker, ed., *Evolution: The Whole Story* (Firefly Books, 2015), 38– 39.

註釋

導論｜鳥尾蛤

1. Dirk L. Hoffmann et al., "Symbolic Use of Marine Shells and Mineral Pigments by Iberian Neandertals 115,000 Years Ago," *Science Advances* 4, no. 2 (February 22, 2018): advances.sciencemag.org.
2. João Zilhão et al., "Symbolic Use of Marine Shells and Mineral Pigments by Iberian Neandertals," *Proceedings of the National Academy of Sciences* 107, no. 3 (January 2010): 1023– 28.
3. "Cowrie Shell," The Thomas Jefferson Encyclopedia, Monticello, monticello.org.
4. "Life Surprisingly Thrives Near Deepest Spot on Earth," *LiveScience*, February 23, 2012.
5. Bec Crew, "Violet Snail an Ocean Wanderer," *Australian Geographic*, March 6, 2014: australiangeographic.com.au/blogs/creatura- blog/2014/03/violet- snail- janthina-janthina/.
6. Stephen C. Cunnane and Kathlyn M. Stewart, eds., *Human Brain Evolution: The Influence of Freshwater and Marine Resources* (John Wiley & Sons, 2010), 46– 51.
7. Josephine C. A. Joordens et al.,"Homo erectus at Trinil on Java used shells for tool production and engraving,"*Nature* 518 (2015): 228– 31.
8. Francesco d'Errico and Lucinda Backwell, "Earliest Evidence of Personal Ornaments Associated with Burial: The Conus Shells from Border Cave," *Journal of Human Evolution* 93(March 15, 2016): 91–108.
9. 作者與考古學家齊良的訪談。
10. José H. Leal, "Mollusks in Peril" forum, The Bailey- Matthews National Shell Museum, May 2016.
11. Robert H. Cowie et al., "Measuring the Sixth Extinction: What Do Mollusks Tell Us?" *The Nautilus* 131, no1 (March 2017): 3.
12. Lovell Augustus Reeve,*Conchologia Iconica*: *Illustrations of the Shells of Molluscous Animals*, Vol. XIV(Lovell Reeve & Co., 1864), 188.
13. National Oceanic and Atmospheric Administration (NOAA), "Ocean Acidification," noaa.gov/education/resource- collections/ocean- coasts/ocean- acidification.

臉譜書房 FS0157

海之聲

貝殼與海洋的億萬年命運

The sound of the sea : Seashells and the Fate of the Ocean

作　　者　辛西亞·巴內特（Cynthia Barnett）
譯　　者　吳莉君
審　　定　邱郁文
責任編輯　郭淳與
行銷企畫　陳彩玉、陳紫晴、林詩玟
封面設計　日央設計

發 行 人　凃玉雲
編輯總監　劉麗真
出　　版　臉譜出版
城邦文化事業股份有限公司
臺北市民生東路二段141號5樓
電話：886-2-25007696　傳真：886-2-25001952
發　　行　英屬蓋曼群島商家庭傳媒股份有限公司城邦分公司
臺北市中山區民生東路二段141號11樓
讀者服務專線：02-25007718；25007719
24小時傳真專線：02-25001990；25001991
服務時間：週一至週五09:30-12:00；13:30-17:00
劃撥帳號：19863813　戶名：書虫股份有限公司
讀者服務信箱：service@readingclub.com.tw
城邦網址：http://www.cite.com.tw
香港發行所　城邦（香港）出版集團有限公司
香港灣仔駱克道193號東超商業中心1樓
電話：852-25086231或25086217　傳真：852-25789337
馬新發行所　城邦（馬新）出版集團
Cite（M）Sdn. Bhd.（458372U）
41-3, Jalan Radin Anum, Bandar Baru Sri Petaling,
57000 Kuala Lumpur, Malaysia.
電話：+6(03)-90563833　傳真：+6(03)-90576622
讀者服務信箱：services@cite.my

一版一刷　2022年11月

城邦讀書花園
www.cite.com.tw

ISBN 978-626-315-203-8

定價：520元

國家圖書館出版品預行編目資料

海之聲：貝殼與海洋的億萬年命運／辛西亞.巴內特(Cynthia Barnett)作　；吳莉君譯. -- 一版. -- 臺北市：臉譜出版，城邦文化事業股份有限公司出版：英屬蓋曼群島商家庭傳媒股份有限公司城邦分公司發行, 2022.11
　面；　公分. --（臉譜書房；FS0157）
譯自：The sound of the sea : seashells and the fate of the oceans
ISBN 978-626-315-203-8（平裝）
1.CST：貝殼類　2.CST：軟體動物　3.CST：歷史
386.709　111014714